U0266516

# 地情专题地图
# 智能综合理论与方法

李成名　殷　勇　武鹏达　吴　伟　著

科学出版社

北　京

# 内 容 简 介

地理国情专题地图（简称"地情专题地图"）是自然资源与环境专题空间铺盖与重要地形要素混搭内容的宏观多尺度表达。多年来，面向地情专题地图的自动化及智能化综合一直是世界性技术难题。针对此问题，作者团队进行了十多年的科研实践，并经系统性理论思考，撰写成本书。本书首先分析地情专题地图的典型特征及综合过程中的难点问题，其次构建一整套地情专题地图自动综合理论方法，并原创了智能综合系统；最后以地理国情普查、1∶25万公众版地图、"天地图"等国家重大工程实践为例，详细介绍本书研究成果在生产实际中的应用效果。

本书可供从事数字地图制图与表达、地理信息系统等领域的科研、教学、应用开发和工程项目管理人员使用，也可作为高等院校地图学与地理信息工程专业的研究生教材。

**图书在版编目（CIP）数据**

地情专题地图智能综合理论与方法/李成名等著. —北京：科学出版社，2019.11

   ISBN 978-7-03-063060-5

   Ⅰ. ①地…　Ⅱ. ①李…　Ⅲ. ①测绘–地理信息系统–研究　Ⅳ. ①P208

   中国版本图书馆 CIP 数据核字（2019）第 245497 号

责任编辑：彭胜潮　赵　晶/责任校对：何艳萍
责任印制：肖　兴/封面设计：铭轩堂

**科学出版社** 出版
北京东黄城根北街 16 号
邮政编码：100717
http://www.sciencep.com

**北京通州皇家印刷厂** 印刷
科学出版社发行　各地新华书店经销
\*
2019 年 11 月第 一 版　开本：787×1092　1/16
2019 年 11 月第一次印刷　印张：23　插页：6
字数：557 000

定价：186.00 元
（如有印装质量问题，我社负责调换）

# 前　言

为贯彻落实习近平总书记"加强自然资源和生态环境监管"的指示精神和党中央关于"强化自然资源和生态环境管理，推动美丽中国建设"的战略部署，我国开展了三次全国国土调查、一次全国地理国情普查，以及持续的监测，形成了规模宏大、多时相、覆盖全国的自然资源数据库，采用"微观数值化分析、宏观多尺度表达"两种技术路径，科学支撑我国生态文明建设。地情专题地图是自然资源专题空间铺盖与重要地形要素内容混搭的宏观多尺度表达，是我国国土空间规划和自然资源开发、利用、保护及修复不可或缺、基础性的空间支撑。

高效实现微观大尺度数据到宏观多尺度表达，核心在于地图自动综合。国内外专家学者、研究机构几十年来坚持不懈地致力于这方面的研究，已经在地形图单一要素或多要素的综合、质量评价，以及人机交互式地形图缩编系统等研究方面取得了较大进展。与上述地形图相比，地情专题地图自动综合，类型内容更为多样，涉及专题空间铺盖、重要地形要素及其多重空间冲突；数据体量更为庞大，覆盖范围大多以县、市、省乃至全国为单位；尺度跨度更为跳跃，从1∶1万数据到1∶100万多尺度表达。因此，其难度更大、复杂性更高、挑战性更强。尽管国内外学者开展了广泛研究，但仍然有三方面存在明显不足：一是理论方法基础不完备；二是并行融解技术不成熟；三是智能综合系统尚空白。

历经10多年协同创新，作者团队紧紧围绕我国三次全国国土调查、一次全国地理国情普查、两版1∶25万公众版地图制作等国家重大任务需求，聚焦地情专题地图自动综合这一世界性难题，系统创建了地情专题地图综合理论方法，突破了基于深度学习海量图斑并行融解关键技术，原创了智能综合系统，形成了我国地情专题地图自动综合一整套完全自主知识产权的理论体系、技术方法和系列化成果，实现了地情专题地图综合从现代技术条件下的人工作业到95%以上自动化的跨越。

立足于丰富扎实的科研实践，经系统性理论思考，作者团队撰写了本书。本书面向地情专题地图自动综合，重点研究顾及统计、语义、空间格局等多重约束的综合算子，面向地情专题地图数据自动缩编的系统化知识驱动与决策推理机制，以及高性能智能化综合系统，从而实现多尺度地情专题地图的高效生产与制作，满足依托地情专题地图数据对地理空间进行全面认知以及生态文明建设的多样化需求。

本书分为7章，各章节内容如下。

第1章：绪论。介绍本书研究的对象——地情专题地图，并分析地情专题地图的典型特征以及进行地情专题地图综合的重要意义，同时给出地情专题地图综合的难点及本书的主要研究内容。

第2章：专题空间铺盖综合。重点介绍专题空间铺盖的综合，主要研究小图斑、狭长图斑、结构化地物图斑的综合。通过提出一种兼顾局部最优与整体面积平衡的小图斑合并方法、一种顾及结构特征的狭长图斑分裂线提取方法和一种保持结构化地物轮廓特征的图斑合并方法，使专题空间铺盖综合结果既顾及了单个图斑自身的自然形态，又考虑了各类图斑的局部空间格局，还保证了全局统计上各类图斑的相对百分比变化在规定的限差范围。

第3章：重要地形要素综合。重点介绍道路、水系两种重要地形要素的综合，通过总结现有国内外研究的基础及局限，创新地提出一种自河口追踪的树状河系自动编码、stroke 特征约束的树状河系层次关系构建及简化和大比例尺下顾及多特征协调的路网渐进式选取方法，实现人类认知规律在计算机视觉中的科学转换与表达，其选取结果可以准确保持这两种线状地形要素的空间分布特征。

第4章：空间冲突处理。解决地情专题地图综合过程中的多重空间冲突问题。通过研究一种空间关系约束下的线要素全局化简方法、一种多力源作用下的移位场模型和一种毗邻区自动识别与处理方法，全面应对地情专题地图上线状目标、离散面群或点群以及具有自相似性的聚集面群等交织混搭引起的复杂空间冲突难题。

第5章：海量数据处理。针对地情专题地图中的海量数据处理问题，通过总结现有国内外研究的基础及局限，创新地提出一种改进的狭长图斑融解分块方法和一种顾及拓扑一致性的狭长图斑分块融解方法，突破地情专题地图海量数据融解因计算量大且复杂导致计算机难以实现的技术瓶颈，大幅度提升地情专题地图数据综合效率。

第6章：智能化综合技术系统。面向地情专题地图缩编生产的智能化与自动化需求，研究建立一种图数统一表达基元模型以及空间关系表达模型，研究模型实体化时的拓扑自动补偿方法和模型地图化时的制图自动补偿方法，统一构建适应地形要素、专题空间铺盖和电子地图等数据类型的自动缩编知识驱动与决策推理机制，集成第2章~第5章技术内容开发智能化综合技术系统，填补国内外地情专题地图高效自动化生产系统的空白。

第7章：重大工程应用。重点介绍本书理论方法及智能化综合技术系统在地理国情普查、1:25万公众版地图、"天地图"等国家重大工程中的应用情况及取得的成果。

本书成果引领了地情专题数据到宏观多尺度表达的重大技术变革，帮助我国在该领域的理论方法与系统方面占领国际学术制高点，改变了地情专题地图现行生产作业模式，是地情专题地图综合迈向智能化的标志性科研成果。

本书的研究先后得到了国家自然科学基金"邻近场空间关系约束下线要素化简方法研究"（41871375）等多项国家与相关部委项目的资助。同时，本书得到了国家数字城市/智慧城市创新团队、武汉大学、中国国土勘测规划院等单位的支持，如本书4.2节的撰写引用了武汉大学艾廷华教授的研究成果并得到了艾教授的支持，中国国土勘测规划院高莉研究员对本书相关实验及重大工程应用给予了很大帮助，谨在此一并致以衷心的感谢。由于作者团队水平有限，书中内容难免存在疏漏与瑕疵，敬请广大读者提出宝贵意见。

作　者

2019 年 10 月

# 目 录

**彩图**

# 第1章 绪 论

## 1.1 地情专题地图

地理国情专题地图(简称"地情专题地图")是自然资源和环境专题空间铺盖与重要地形要素混搭内容的宏观多尺度表达,是我国国土空间规划和自然资源开发、利用、保护及修复不可或缺、基础性的空间支撑。

习近平同志在党的十九大报告中指出,要"加快生态文明体制改革,建设美丽中国""加强自然资源和生态环境监管"。2018年3月,中华人民共和国第十三届全国人民代表大会第一次会议表决通过了关于国务院机构改革方案的决定,批准成立中华人民共和国自然资源部,"强化自然资源和生态环境管理,推动美丽中国建设"。随着自然资源部的组建,"六统一"自然资源调查监测体系形成的综合反映专题普查数据时空分布规律的地情信息愈加丰富。具体来讲,我国自然资源与环境专题调查情况包括以下几个方面。

**1. 地理国情普查**

为了全面掌握我国地理国情现状,满足经济社会发展和生态文明建设的需要,国务院于2013~2015年开展了第一次全国地理国情普查工作。地理国情普查的目标是利用高分辨率航空航天遥感影像数据、基础地理信息数据和其他专题数据等,按照统一的标准和技术要求,查清我国地形地貌、地表覆盖等地表自然和人文地理要素的现状和空间分布情况,建立多种普查成果数据库,基于多种地理单元开展基本地理国情的统计分析,完成普查报告和普查成果系列地图,建立地理国情监测业务体系和成果的审核发布机制等,为开展常态化地理国情监测奠定基础,满足经济社会发展和生态文明建设的需求,提高地理国情信息对政府、企业和公众的服务能力。地理国情普查成果包括地表形态、地表覆盖、重要地理国情要素信息数据,以及统计分析数据等。

此次普查采用覆盖全国优于1 m分辨率遥感影像,以2015年6月30日为标准时点,以我国资源三号高分辨率测绘卫星影像为主要数据源,收集整合多行业专题数据,获取了由10个一级类、58个二级类和135个三级类共2.6亿个图斑构成的全覆盖、无缝隙、高精度的海量地理国情数据。

这次普查有4个特点:一是全面,对除港澳台地区以外的全部陆地国土实现无缝隙覆盖;二是真实,遵循"所见即所得"原则,如实反映地表客观情况;三是精细,普查最小图斑对应地面的实地面积为200 m²,就是城市里的一块绿地、水池基本上都能在这次普查数据当中统计出来;四是系统,在查清自然和人文地理要素空间分布状况的基础上,分析了要素之间的相互关系。总的来看,普查成果客观反映了我国资源环境和国情国力的本底状况,有利于促进相关部门科学合理保护和利用自然,推动国家重大发展战略落实。

**2. 全国土地（国土）调查**

土地调查是一项重大的国情国力调查，是查实土地资源的重要手段。2007 年第二次全国土地调查（简称"二调"）工作正式启动，历时两年，最终形成以 2009 年 12 月 31 日为统一时点的调查成果。按照"国家总体控制、地方细化调查"的总体思路和"三下两上"的工作流程，"二调"成果逐年更新。

随着生态文明建设、自然资源管理体制改革和新经济、新业态的发展，对土地调查数据提出了更高的要求。为了适应新形势的要求，2017 年 10 月国务院正式启动第三次全国土地调查（简称"三调"）工作。"三调"将采用新版分类标准，即《土地利用现状分类》（GB/T 21010—2017）。与"二调"采用的旧版相比，该标准综合考虑了当前生态文明建设和国土资源管理的需要，并兼顾农、林、水、交通、城市、环保等有关部门对涉土管理工作的需求，能够与住建部门的《城市用地分类与规划建设用地标准》（GB 50137—2011）建立"一对一"或"多对一"的对应关系。此次调查以 2019 年 12 月 31 日为标准时点。

2018 年 8 月 20 日，《国务院办公厅关于调整成立国务院第三次全国国土调查领导小组的通知》（国办函〔2018〕53 号）文件明确，根据机构设置、人员变动情况和工作需要，国务院决定，第三次全国土地调查调整为第三次全国国土调查。这一改变也是为了更好地满足自然资源管理和生态文明建设的新需要。

**3. 自然资源调查**

新组建的自然资源部整合了国土资源部、国家发展和改革委员会等八个部门在规划、确权登记等领域的职能，其责权较以前有了很大的增加，肩负着生态空间用途管制、自然资源资产管理、国土整治等职能。党的十八大把生态文明建设纳入中国特色社会主义事业"五位一体"总体布局，使生态文明改革不断推进。党的十九大更是把生态文明建设提高到一个新的高度，决定要设立国有自然资源资产管理和自然生态监管机构，统一行使全民所有自然资源资产所有者职责。自然资源部无疑就是这一决策的落地机构。

目前，自然资源部已初步形成自然资源调查监测总体工作思路。一是构建"1+X"型自然资源调查体系。在调查体系上，"1"是"基础调查"，"X"是多项"专业调查"。在调查周期上，自然资源基础调查每 10 年开展一次，专业调查 5 年为一个周期，变更调查每年开展一次。在推进步骤上，拟分两步走：第一步是通过形成新的"三调"工作分类，调整工作内容，完善工作方案，加快推进与水、草原、森林、湿地等自然资源现有调查的实质融合，解决标准不一和空间重叠的问题，查清各类自然资源在国土空间上的水平分布，支撑国土空间规划和用途管制；第二步是在查清各类自然资源水平分布的基础上，通过开展专业调查，查清不同自然资源的质量和生态状况，形成统一的自然资源调查，全面支撑山水林田湖草整体保护、系统修复和综合治理，也就是将土地调查转为国土调查，再逐步向全面开展自然资源调查过渡，最终建立完备的"1+X"型自然资源调查体系，实现自然资源调查"六统一"，即统一组织开展、统一法规依据、统一调查体系、统一分类标准、统一技术规范、统一数据平台。

国务院牵头组织的我国第一、第二、第三次全国土地调查,第一次全国地理国情普查,以及持续的监测,虽然其目标、采用的技术以及数据内容各有侧重,但数据成果均表现为地情专题地图数据,这些地情专题地图数据形成了规模宏大、现势性好、覆盖全国的自然资源数据库。

## 1.2　地情专题地图典型特征

通常,地情专题地图在数据内容、空间分布及语义结构上具有如下特征。

### 1. 多层关联数据组织结构

地情专题地图数据一般采用多级分层的组织结构,除了基础地理信息数据外,还涉及其他专题数据,如土地利用数据、地理国情数据、城乡规划数据等,每种数据又根据逻辑类型不同包含不同的数据层,并且不同数据层之间的空间数据还存在一定的空间约束关系(如境界线和某种权属类型的边界)。数据组织既包含图斑类、线状地物,也包含零星点状地物。这种多层关联的数据组织结构,使得数据综合或者地图编辑时,需要考虑多层间的地物联动效应和拓扑一致性,给计算机自动化处理带来一定困难。

### 2. 全覆盖无重叠空间铺盖

地情专题地图中的专题数据在空间分布上呈现全覆盖、无重叠、无缝隙的严格拓扑特征,每个图斑都有严格的拓扑一致性约束,因此,当某个图斑发生变更时,其拓扑相邻的关联图斑也需要做相应的联动更新,否则会引起图斑间出现缝隙或重叠现象,导致拓扑不一致。

### 3. 多类型多层次语义信息

地情专题地图中的专题数据除了具有一般基础地理信息数据的空间特征外,还具有丰富的语义信息和专题特征,根据不同的分类目的,可形成不同的分类。例如,参照《土地利用现状分类》(GB 21010—2017),采用二级层次分类体系,可将土地利用类型分为耕地、园地、林地、草地、商服用地、工矿仓储用地、住宅用地、公共管理与公共服务用地、特殊用地、交通运输用地、水域及水利设施用地、其他用地 12 个一级类、73 个二级类,其将在第三次全国土地调查中得到全面应用。地理国情数据获取了由 10 个一级类、58 个二级类和 135 个三级类。再如,地理国情主要是指地表自然和人文地理要素的空间分布、特征及其相互关系,地理国情信息分类对象主要包括地表形态、地表覆盖和重要地理国情监测要素三个方面,即从不同角度对基本地理国情、综合地理国情和分专题的地理国情进行比较全面的描述。地表覆盖分类信息反映土地表面自然营造物和人工营造物的自然属性或状况。地表覆盖不同于土地利用,一般不侧重于土地的社会属性(人类对土地自然属性的利用方式和目的意图)等。

# 1.3　地情专题地图综合及其难点分析

面向生态文明建设的多样化需求，从地情信息派生多尺度、多区域、多类型的地情专题地图更加急迫、频繁、按需。因此，地情专题地图的高效生产与制作已成为促进生态文明建设的核心技术支撑与保障。

从数据派生多尺度地图，自动综合是核心（高俊，2017）。国内外对此进行了大量研究，并取得许多进展，如针对居民地要素，Yan 等（2008）提出了散列式居民地合并算法，艾廷华和郭仁忠（2007）提出了基于 Delaunay 三角网的聚集居民地抽象化算法，Regnauld（2001）提出了顾及上下文关系的典型化算法，Lagrange 等（1995）、艾廷华等（2001）、童小华和熊国锋（2007）提出了居民地形状概括以及直角化等主要综合操作；针对水系要素，Jones 等（1995）、Stum 等（2017）进行了双线河降维转变为单线河的研究，Li（2006）提出了聚集水域毗邻化算法，Li 和 Su（1995）、Zhou 等（1999）设计了面状水系要素聚集特征识别及邻近湖泊聚类合并算法，Qiu 和 Li（2010）、Ai 等（2006）进行了复杂河系河流选取操作的研究；针对道路要素，Haunert 和 Sester（2008）提出了基于直骨架线的面状道路降维转变为线状道路的操作算法，Zhang（2005）构建了顾及空间关系的道路拓宽算法，Wang 和 Doihara（2004）研究了线状道路形状化简算法，Liu 等（2010）、Thomson 等（2010）、Shoman 和 Gülgen（2017）针对城市复杂道路网进行了选取操作研究。基于制图综合理论与算法支撑，一些地图自动综合软件被开发出来，如武汉大学的艾廷华等研制的大比例尺地形图缩编系统 AutoMap 软件、福州市规划勘测设计研究总院研制的地形图自动缩编程序 MapGeneralizer；此外，美国 ESRI 公司的 ArcGIS 软件、广东南方数码科技股份有限公司研制的 CASS 软件、广州开思测绘软件有限公司的 LengthStar 软件也带有地图自动缩编模块。

与传统单纯地形要素的综合相比，地情专题地图的综合不仅面临传统地形图的难题，同时还有其特殊要求。

（1）内容上：从"单一地形要素+空间冲突处理"拓宽至"专题空间铺盖+重要地形要素+多重空间冲突。"地形图综合的对象通常为居民地、道路、水系等单一地形要素，重要解决地形要素选取、图形轮廓的化简、空间关系冲突（Li et al.，1998；李成名，2004；李霖等，2015）的化解等综合问题，而地情专题地图综合的对象拓宽至专题空间铺盖及重要地形要素，重点处理专题语义的综合，如专题分类类型的重组、归并等，综合对象侧重点不同会导致综合方法、步骤的改变。此外，普通地形图综合时主要遵循以视觉感受为主的图形约束条件（齐清文，1998），如根据人眼最小分辨距离控制地物最小上图面积、最短线状目标长度，以及要素之间的距离。而地情专题地图除了这些图形约束外，还要遵循专业领域的应用需求，如统计约束条件、专题要素发展规律约束条件等。

（2）体量上：从以一幅、几幅、几十幅为单位扩展至以县、市、省乃至全国为单位的海量数据处理。地情专题地图综合的处理对象通常为一幅、几幅、几十幅的要素数据（祝国瑞等，1990；武芳等，2005），而地情铺盖数据多是海量，实际制图涉及一个县、一个市、一个省乃至全国的数据，覆盖十多万甚至上百万图斑，计算量巨大。如何在保证质量的情况下实现对海量地情专题地图数据的综合是一个难点。

(3)手段上：从以人工为主的辅助性工具提升为快速以机器为主的智能化系统。为了适应大数据信息更新快速应用，建立多比例尺多级制图数据库、快速一键成图，是生产一线的制图工作者一直在关注与探索的问题。这需要我们变革作业方式，改变地形图综合时代以人工为主的辅助性工具，提升为快速以机器为主的智能化系统。

内容、体量、手段上的深刻差异，使地情专题地图自动综合难度更大、复杂性更高、挑战性更强！

## 1.4　地情专题地图综合研究内容

整体而言，国内外专家、研究机构一直致力于自动综合难题的解决，在单一要素、多要素综合方面以及人机交互式缩编系统方面不断取得新进展(毋河海，2001；钱海忠等，2006；王家耀等，2011)，但目前的理论方法尚无法很好地解决上述难题，而且缺乏高性能智能化系统支撑。为此，本书面向地情专题地图自动综合，重点研究顾及统计、语义、空间格局等多重约束的综合算子、面向地情专题地图数据自动缩编的系统化知识驱动与决策推理机制，以及高性能智能化综合系统，从而实现多尺度地情专题地图的高效生产与制作，满足依托地情专题地图数据对地理空间进行全面认知以及生态文明建设的多样化需求。其研究总体思路如图 1.1 所示。

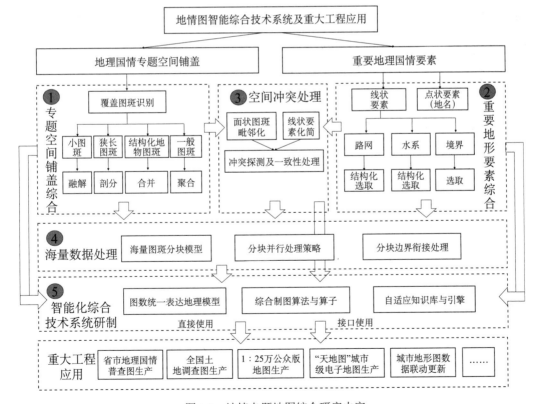

图 1.1　地情专题地图综合研究内容

基于上述总体思路，本书重点介绍专题空间铺盖综合、重要地形要素综合、空间冲突处理、海量数据处理以及智能综合系统五个方面的研究内容。

**1. 专题空间铺盖综合**

解决多约束条件下地情专题地图专题图斑最优化合并问题。通过研究一种兼顾局部最优与整体面积平衡的小图斑合并方法、一种顾及结构特征的狭长图斑分裂线提取方法和一种保持结构化地物轮廓特征的图斑合并方法，使合并结果既顾及了单个图斑自身的自然形态，又考虑了各类图斑的局部空间格局，还保证了全局统计上的各类图斑相对百分比变化规定的限差范围。

**2. 重要地形要素综合**

解决地情专题地图中水系和路网等线状地形要素的结构化识别与选取问题。通过研究一种自河口追踪的树状河系自动编码及分层剔除选取方法和一种顾及道路目标 stroke 特征保持的路网选取方法，实现人类认知规律在计算机视觉中的科学转换与表达，选取结果可以准确保持这两种线状地形要素的空间分布特征。

**3. 空间冲突处理**

解决地情专题地图综合过程中的多重空间冲突问题。通过研究一种空间关系约束下的线要素全局化简方法、一种多力源作用下的移位场模型和一种毗邻区自动识别与处理方法，全面应对地情专题地图上线状目标、离散面群或点群以及具有自相似性的聚集面群等交织混搭引起的复杂空间冲突难题。

**4. 海量数据处理**

解决地情专题地图综合过程中的海量数据处理问题。通过引入分块策略，研究一种改进的狭长图斑融解分块方法和一种顾及拓扑一致性的狭长图斑分块融解方法，突破地情专题地图海量数据融解因计算量大且复杂导致计算机难以实现的技术瓶颈；在并行调度方面，对海量数据的多种综合操作开展线程并行处理，即切分操作采用线程池控制、输出操作采用输出队列控制，大幅度提升地情专题地图数据的综合效率。

**5. 智能综合系统**

面向地情专题地图缩编生产的智能化与自动化需求，研究建立一种图数统一表达基元模型以及空间关系表达模型，研究模型实体化时的拓扑自动补偿方法和模型地图化时的制图自动补偿方法，统一构建适应地形要素、专题空间铺盖和电子地图等数据类型的自动缩编知识驱动与决策推理机制，集成上述技术开发智能化综合技术系统，从而使复杂的专题空间铺盖综合、重要地形要素综合、空间冲突处理等方面兼具智能和准确，填补国内外地情专题地图高效自动化生产系统的空白。

# 1.5 本书结构

围绕地情专题地图综合，本书的组织结构如下。

第 1 章：绪论。介绍本书的研究对象——地情专题地图，并分析地情专题地图的典型特征以及进行地情专题地图综合的重要意义，同时给出地情专题地图综合的难点及本书的主要研究内容。

第 2 章：专题空间铺盖综合。重点介绍专题空间铺盖的综合，主要研究小图斑、狭长图斑、结构化地物图斑的综合。通过总结现有国内外研究的基础及局限，创新地提出一种兼顾局部最优与整体面积平衡的小图斑合并方法、一种顾及结构特征的狭长图斑分裂线提取方法和一种保持结构化地物轮廓特征的图斑合并方法。

第 3 章：重要地形要素综合。重点介绍道路、水系两种重要地形要素的综合，通过总结现有国内外研究的基础及局限，创新地提出一种自河口追踪的树状河系自动编码及分层剔除选取方法和一种顾及道路目标 stroke 特征保持的路网选取方法。

第 4 章：空间冲突处理。针对地情专题地图上线状目标、离散面群或点群以及具有自相似性的聚集面群等交织混搭引起的复杂空间冲突问题，通过总结现有国内外研究的基础及局限，创新地提出一种空间关系约束下的线要素全局化简方法、一种多力源作用下的移位场模型和一种毗邻区自动识别与处理方法。

第 5 章：海量数据处理。针对地情专题地图中的海量数据处理问题，通过总结现有国内外研究的基础及局限，创新地提出一种改进的狭长图斑融解分块方法和一种顾及拓扑一致性的狭长图斑分块融解方法。

第 6 章：智能化综合技术系统。集成第 2～第 5 章的关键技术及方法，研制智能化综合技术系统。该系统基于图数统一表达基元模型以及空间关系表达模型，具有适应地形要素、专题空间铺盖和电子地图等数据类型的自动缩编知识驱动与决策推理机制。

第 7 章：重大工程应用。重点介绍本书理论方法及智能化综合技术系统在地理国情普查、第二次全国土地调查等国家重大工程中的应用情况及取得的成果。

## 参 考 文 献

艾廷华, 郭仁忠. 2007. 基于格式塔识别原则挖掘空间分布模式. 测绘学报, 36(3): 302-308.

艾廷华, 郭仁忠, 陈晓东. 2001. Delaunay 三角网支持下的多边形化简与合并. 中国图象图形学报, 6(7): 703-709.

高俊. 2017. 图到用时方恨少, 重绘河山待后生——《测绘学报》60 年纪念与前瞻. 测绘学报, 46(10): 1219-1225.

李成名. 2004. 空间关系描述的 Voronoi 原理与方法. 西安: 西安地图出版社.

李霖, 于忠海, 朱海红, 等. 2015. 地图要素图形冲突处理方法——以线状要素(道路、水系和境界)为例. 测绘学报, 44(5): 563-569.

齐清文. 1998. GIS 环境下智能化地图概括的方法研究. 地球信息, 1: 64-70, 38.

钱海忠, 武芳, 王家耀. 2006. 自动制图综合链理论与技术模型. 测绘学报, 35(4): 400-407.

童小华, 熊国锋. 2007. 建筑物多边形的多尺度合并化简与平差处理. 同济大学学报(自然科学版),

35(6): 824-829.

王家耀, 李志林, 武芳. 2011. 数字地图综合进展. 北京: 科学出版社.

毋河海. 2001. 地图综合基础理论与技术方法研究. 北京: 测绘出版社.

武芳, 侯璇, 钱海忠, 等. 2005. 自动制图综合中的线目标位移模型. 测绘学报, 34(3): 262-268.

祝国瑞, 徐肇忠, 等. 1990. 普通地图之图中的数学方法. 北京: 测绘出版社.

Ai T, Liu Y, Chen J. 2006. The Hierarchical Watershed Partitioning and Data Simplification of River Network. Progress in Spatial Data Handling. Berlin, Heidelberg: Springer.

Haunert J H, Sester M. 2008. Area collapse and road centerlines based on straight skeletons. GeoInformatica, 12: 169-191.

Jones C B, Bundy G L, Ware M J. 1995. Map generalization with a triangulated data structure. Cartography and Geographic Information Systems, 22(4): 317-331.

Lagrange J P, Weibel R, Muller J C, et al. 1995. GIS and Generalization: Methodology and Practice. Boca Raton, FL, USA: CRC Press.

Li C, Chen J, Li Z. 1998. A raster-based method for computing voronoi diagrams of spatial objects using dynamic distance transformation. International Journal of Geographical Information Science, 13(3):209-225.

Li Z. 2006. Algorithmic Foundation of Multi-Scale Spatial Representation. Bacon Raton, FL, USA: CRC Press.

Li Z L, Su B. 1995. From phenomena to essence: envisioning the nature of digital map generalization. The Cartographic Journal, 32(1): 45-47.

Liu X, Zhan F, Ai T. 2010. Road selection based on voronoi diagrams and "strokes" in map generalization. International Journal of Applied Earth Observation and Geoinformation, 12: 194-202.

Qiu J, Li W. 2010. River Network Dynamic Selection with Spatial Data and Attribute Data Based on Rough Set. Beijing: International Conference on Geoinformatics.

Regnauld N. 2001. Contextual building typification in automated map generalization. Algorithmica, 30(2): 312-333.

Shoman W, Gülgen F. 2017. Centrality-based hierarchy for street network generalization in multi-resolution maps. Geocarto International, 32(12): 1352-1366.

Stum A K, Buttenfield B P, Stanislawski L V. 2017. Partial polygon pruning of hydrographic features in automated generalization. Transactions in GIS, 21(5): 1061-1078.

Thomson R C. 2006. The stroke conception geographic network generalization and analysis. Progress in Spatial Data Handing, 11: 681-697.

Wang P, Doihara T. 2004. Automatic generalization of roads and buildings. Triangle, 50(2): 1.

Yan H, Weibel R, Yang B. 2008. A multi-parameter approach to automated building grouping and generalization. Geoinformatica, 12(1): 73-89.

Zhang Q. 2005. Road network generalization based on connection analysis//Developments in Spatial Data Handling. Berlin, Heidelberg: Springer: 343-353.

Zhou X, Truffet D, Han J. 1999. Efficient polygon amalgamation methods for spatial OLAP and spatial data mining// International Symposium on Spatial Databases. Berlin/Heidelberg, German: Springer: 167-187.

# 第 2 章  专题空间铺盖综合

地情专题地图专题图斑数据是一种全覆盖、无重叠的空间铺盖,当地图由大比例尺变化至小比例尺时,图上的细小图斑及狭长图斑难以在地图上进行表达,这时需要进行图斑合并操作。在进行合并操作时,既需要顾及各个图斑自身的边界自然形态,又需要考虑各类型用地的空间格局,即空间分布规律,还要保证全局统计上的各类型用地面积相对百分比不变。目前,虽然在图斑合并方面开展了部分研究,但仍旧存在小图斑合并前后地类变化大且面积不平衡、狭长图斑分裂线提取不准确、图斑合并后空间结构特征丢失等问题,其在很大程度上影响了合并结果的合理性和准确性。本章针对已有研究存在的问题,通过提出一种兼顾局部最优与整体面积平衡的小图斑合并方法、一种顾及结构特征的狭长图斑分裂线提取方法和一种保持结构化地物轮廓特征的图斑合并方法,保证合并结果既能够顾及各个图斑自身的自然形态,又能够考虑各类型用地的空间格局和优化布局,从而解决多约束条件下的地情专题地图上专题类图斑最优化合并问题。

首先,通过研究局部最优合并指标以及全局面积反馈调节,实现了一种兼顾局部最优与整体面积平衡的小图斑合并方法,较好地保证了全局统计上的各类型用地面积相对百分比不变。其次,通过考虑方向一致性与距离等要素,对狭长图斑复杂分支汇聚区骨架线上存在的形状抖动、结构特征偏移、拓扑不一致等问题进行修正,实现了一种顾及结构特征的狭长图斑分裂线提取方法,在合并过程中较好地反映了地物的主体结构特征,顾及了图斑的自然形态。最后,通过提取结构化地物,建立空间结构描述参数识别地物典型聚集模式,并基于形态学变换思想,引入 Miter 型缓冲区变换计算典型聚集模式外围边界轮廓,实现了一种保持结构化地物轮廓特征的图斑合并方法,较好地保持了在空间分布上具有特殊结构特征的聚集地物形态。接下来分别对小图斑融解、狭长图斑分裂线提取和结构化地物图斑合并三方面展开介绍。

## 2.1  兼顾局部最优与整体面积平衡的小图斑合并方法

融解(dissolving)是图斑综合过程中的一种常见操作,在地图由大比例尺向小比例尺转化的过程中,图上的细小图斑因面积太小无法在图上继续表达而必须融解(艾廷华等,2010)。土地利用数据是一种在空间分布上具有全覆盖、无重叠、无缝隙特征的铺盖数据,对于土地利用图斑数据而言,融解操作的基本思路是根据临近面要素的情况,按一定的规则将细小图斑分裂成若干"碎片",并将这些"碎片"兼并至邻近图斑,使图幅内的要素更加简洁。细小图斑通常包括两类:狭长图斑和小(面积)图斑,其中,小(面积)图斑是指土地利用数据中呈离散分布的细碎地表覆盖数据,其面积较小,但数量庞大、形状复杂多样且在区域内广泛分布。在进行土地利用数据综合时,小图斑的融解处理结果可直接影响土地利用数据综合结果的质量。

图斑分裂融解的关键是如何划定小图斑内的剖分分裂线。Delaunay 三角网由于具有"圆规则"或"最大最小角规则"等优势，成为图斑融解综合的常用方法 (Ware et al.，1997)。Jones 等 (1995) 提出了基于 Delaunay 三角网的分裂线提取方法，使用 Delaunay 三角网对小图斑内部进行剖分并对小图斑进行融解。艾廷华和郭文忠 (2000) 提出针对多边形面状目标的综合问题，可以通过建立约束 Delaunay 三角网剖分结构实现多边形合并等操作。Gao 等 (2004) 结合专题知识，基于 Delaunay 三角网提取小图斑分裂线对土地利用数据进行降维 (collapse) 操作。然而，以上操作均基于三角网的中轴化剖分，艾廷华等 (2002) 指出，中轴化剖分方法在提取骨架线的过程中未考虑邻近图斑空间竞争能力的强弱之分，不利于维持综合前后各类型用地面积的百分比，小图斑的分裂线应根据邻近图斑的重要程度进行调整，为此提出了一种加权骨架线剖分策略。刘耀林等 (2010) 利用该方法，建立了顾及空间邻近和语义邻近的加权骨架线对约束 Delaunay 三角网进行剖分的改进算法，其综合结果较好地保持了土地利用的特征。同样，Meijers 等 (2016) 提出 SPLITAREA 方法，基于局部要素实现 Delaunay 三角网的加权分裂线提取。

然而，已有算法多考虑局部最优约束，导致小图斑融解结果仍存在不足，如小面积图斑与邻近图斑地类相似程度及共享边界长度作为局部最优，导致剖分兼并后全局的地类面积变化较大，输出结果不符合实际情况。例如，Cheng 和 Li (2006) 分别利用相邻图斑面积以及共享边界长度这两种局部最优计算方法对小图斑进行融解，发现兼并前后分别有 12.3% 与 8.3% 的地类类别发生了变化。目前也已有少量文献提出保持地类整体面积平衡对于土地利用数据综合至关重要 (Haunert and Wolff，2010；杨志龙，2016；李建林等，2009)。在已有文献的基础上，本书提出了一种兼顾局部最优与整体面积平衡的小图斑融解方法，在顾及图斑局部空间格局最优的同时，又能维持融解前后整体地类面积的平衡。

## 2.1.1　现有方法及不足

### 1. 现有方法

对土地利用数据小图斑的融解包含空间上几何特征简化处理和语义上类型层次的归并以及相邻地块的邻近关系。艾廷华等 (2002) 基于 Delaunay 三角网提出了一种较好的小图斑融解方法，即顾及邻近图斑空间竞争剖分能力的加权骨架线剖分方法。其核心步骤如下。

步骤 1：识别比例尺上小于面积阈值的兼并图斑候选集，如图 2.1 (a) 中的图斑 $a$；

步骤 2：计算与相邻图斑 $b$、$c$ 的空间几何特征及语义距离等约束下的空间竞争剖分能力 (假设邻近地块 $b$、$c$ 对小图斑的剖分能力分别为 8、2)；

步骤 3：剖分点由原来三角形边的二等分点变为按剖分能力比例形成的分割点，如图 1.1 (b) 所示，小图斑 $a$ 被剖分融解至邻近地块 $b$、$c$。

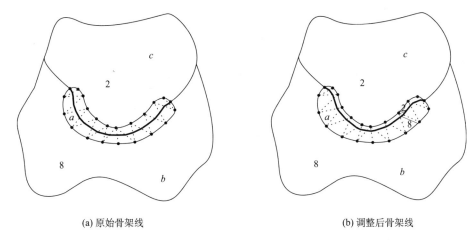

(a) 原始骨架线　　　　　　　　　　　　(b) 调整后骨架线

图 2.1　顾及邻近图斑空间竞争剖分能力的小图斑融解方法

**2. 现有方法的不足之处**

应用 Delaunay 三角网对土地利用数据小图斑进行融解时，最重要的就是确定小图斑的剖分点。现有小图斑融解方法更多地依赖于直接利用邻近图斑的局部最优计算结果进行小图斑的剖分融解(Podrenek，2002；Van Smaalen，2003)，如基于邻近图斑面积、共享边、局部语义距离等(艾廷华等，2010)，忽视了对全局地类面积平衡性的保持，导致融解操作前后各种土地分类面积在整个区域面积中所占比例变化较大(李晶等，2014；王冠，2009)。尤其在土地利用数据较为破碎、小图斑分布较多的情况下，基于局部最优方法进行小图斑融解在保持全局地类面积平衡上存在不足。

图 2.2(a)所示为原始土地利用数据，数据中的小图斑均用浅灰色高亮显示，假设矩形框为整个研究区；图 2.2(b)所示为基于 Delaunay 三角网利用局部最优算法(考虑了相邻图斑面积、共享边长、语义距离)修正后的分裂线；最终的小图斑融解结果如图 2.2(c)所示。

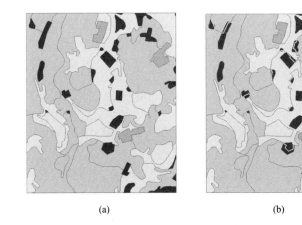

(a)　　　　　　　　　　　(b)　　　　　　　　　　　(c)

图 2.2　顾及局部最优的小图斑融解方法

对融解前后的一级地类图斑进行面积占比统计，结果如表 2.1 所示，可以看出，在融解前后，整个区域园地面积变化绝对值高达 56.2%，融解前后全局地类面积变化较大。

**表 2.1 融解前后一级地类图斑面积占比统计**

| 土地利用类型 | 融解前面积 | 融解后面积 | 面积变化率(%) |
| --- | --- | --- | --- |
| 耕地 | 4 7400.7 | 49 010.5 | 3.39 |
| 草地 | 86 270.0 | 88 923.7 | 3.08 |
| 园地 | 7 671.4 | 3 359.9 | −56.2 |

注：该图仅为示意图，区域中的土地利用类型未包含所有地类。

## 2.1.2 兼顾局部最优与整体面积平衡的小图斑融解方法

本章节提出的兼顾局部最优与整体面积平衡的小图斑融解方法，通过设立局部邻近图斑面积、共享边长度与语义距离约束和整体面积平衡多约束条件，实现更优的土地利用数据综合。其中，该融解操作主要包括四个部分：局部最优指标与计算、小图斑面积预分配、整体面积平衡、小图斑分裂线确定与融解。

### 1. 局部最优指标与计算

1）邻近图斑面积

邻近图斑面积大小是决定其"占有"小图斑能力的最直观的影响因素，针对小图斑的邻近图斑，原则上面积占比较大的图斑相对面积较小的图斑更属于局部最优融解对象。计算邻近图斑面积的方法一般采用坐标解析法，其数学模型如下：

$$S = \frac{1}{2}\sum_{i=1}^{n} x_i \left( y_{i+1} - y_{i-1} \right) \tag{2.1}$$

其中，该方法以一阶邻近场作为空间格局约束的区域，$i$ 为邻近多边形各结点按顺时针的编号；$x_i$ 为邻近多边形各结点横坐标；$y_{i+1}$、$y_{i-1}$ 为邻接多边形各结点纵坐标。

2）共享边长度

共享边长度是判断图斑之间空间邻近程度的重要指标，在景观生态学上，共享边越大，说明图斑之间有越良好的物质能量流通和过渡能力，因此，共享边越大的邻近图斑具有越优的小图斑归属"竞争力"。共享边通过在拓扑结构上附加语义信息进行识别，若某一弧段的结点具有两种不同的语义信息，则该边为共享边。计算邻近图斑与小图斑共享边两结点间距离($d$)的方法一般采用欧式距离法，其数学模型如下：

$$d = \sqrt{\left( x_i - x_{i+1} \right)^2 - \left( y_i - y_{i+1} \right)^2}, \quad i = 1,2,\cdots,n \tag{2.2}$$

3）语义距离

语义邻近度是判断小图斑归属的核心要素(Liu et al., 2002)，Van Oosterom (1995) 在经典的迭代兼并算法中就提出了将小面积图斑与其邻近图斑地类的语义相似程度作为邻近图斑局部最优的判断依据。基于制图知识相关理论，建立条件语义邻近度模型，细化了地类之间的语义距离计算方法。该方法既能够防止地类之间的不合理转换（杨俊等，2013），又能保证同类型图斑的兼并操作。

土地利用数据往往关心的是一、二级各地类的总量，但其原始数据中以更为精细的三级地类作为图斑分类管理单元。根据《地理国情普查内容与指标》中的分类及地理国情图斑数据兼并操作规则，该方法语义邻近度模型创建如下：

$$\text{SemNei}(X,Y_i)=\begin{cases} 1, & \text{if } X,Y_i \in \text{同一级地类其余类型} \\ 1-\dfrac{\text{Distance}(X,Y_i)}{m} & \\ & \begin{cases} X \in \text{自然地物}, Y_i \in \text{人工地物，且共享边长不等于} Y_i \text{的周长} \\ X \in \text{道路} \\ X \in \text{水系} \end{cases} \\ 0, & \text{if} \end{cases} \quad (2.3)$$

式中，$X$、$Y_i$ 为参与邻近度计算的两地类；$Y_i$ 为兼并源地类的地类类别；$X$ 为兼并目标地类的地类类别；$m$ 为与 $X$ 具有语义邻近关系的地类类别个数，规定相邻元素之间的语义距离为 1 个单位；$\text{Distance}(X,Y_i)$ 为兼并源地类在语义邻近地类集合中的位置（首先考虑与其同父类的地类之间的邻近关系，然后再考虑与非同父类的地类之间的邻近关系）。

**2. 小图斑面积预分配**

对局部空间格局约束的三项指标分别赋予权重。由于主观赋权法过多依赖于决策者的经验判断，随意性较大且不易操作，为此本书采用客观赋权法确定权值（樊治平等，1998）。CRITIC（criteria importance though intercrieria correlation）法是由 Diakoulaki 等（1995）提出的一种基于相互关系准则的客观权重赋权法，其以指标内部的对比强度及指标之间的冲突程度确定指标的客观权数，可根据区域图斑分布特征自适应计算指标权重，具体步骤在此不再赘述。其中，为避免各项指标量纲不同对计算结果造成影响，需对各项指标进行归一化处理，将各个指标的取值范围统一到[0, 1]。

定义邻近图斑剖分能力函数（split ability function，SAF）计算对于某一小图斑（$a$），其邻近图斑（$b$）的空间竞争能力，如式（2.4）所示：

$$\text{SAF}(a,b_i)=\sum_{i=1}^{3} w_i S_i \quad (2.4)$$

式中，$S_i(i=1,2,3)$ 分别为邻近图斑面积、共享边长度、语义距离三项约束指标；$w_i$ 为各项指标的权重；所有邻近图斑的 $\text{SAF}(a,b_i)$ 揭示了各个图斑对小图斑的剖分能力；若 $S_1$ 和 $S_2$ 有一个为 0，则 SAF 为 0。根据剖分能力的比例，得到每个邻近图斑对小图斑的剖分面积：

$$\text{Area}_i=\text{SAF}(a,b_i)/\text{SAF}(a,b)\times\text{Area} \quad (2.5)$$

式中，$\text{Area}_i$ 为第 $i$ 个邻近图斑剖分小图斑的面积；$\text{SAF}(a,b)$ 为所有邻近图斑剖分能力的总和；Area 为该小图斑的面积。

### 3. 整体面积平衡

#### 1）各地类面积统计

对空间预分后的一级地类的面积进行统计，并计算预分前后各地类面积的变化率。给定阈值 $V$，若至少一个地类变化率超过该阈值，则记录所有地类与阈值的差值 $U_i$，并对面积预分结果进行迭代调整；若不超过该阈值，则直接按照面积预分结果进行分裂线确定与融解。

#### 2）面积平衡迭代算法

需要调整的地类分为两类：一种为面积增加量超过阈值的地类（记为 A 地类）；另一种为面积降低量超过阈值的地类（记为 B 地类）。对于面积预分后面积变化在阈值范围内的地类记为 C 地类。面积预分后的地类主要包括这三种地类。记小图斑的总面积为 $N$，地类面积迭代调整的主要流程如下。

（1）查找需要调整地类的图斑信息。

对于需要调整的地类，首先遍历该地类图斑与小图斑相邻的所有图斑，并记录小图斑与其相邻图斑的信息。

（2）确定有效调整图斑信息。

过滤小图斑相邻图斑中只含有 A 地类或 B 地类的图斑，得到有效可调整图斑，记此时每个有效调整小图斑的面积为 $M_i$，有效小图斑的总面积为 $M$。

（3）统计全局尺度地类可调整面积。

假设全局 A、B 地类需要调整的面积分别为 $U_a$、$U_b$，C 地类可增加的最大限度面积为 $U_{c1}$，可降低的最大限度面积为 $U_{c2}$。

（4）统计局部每个小图斑尺度、地类可调整的面积。

将步骤（3）得到的全局调整面积分配到每一个有效小图斑 $i$ 上，则其相邻图斑的情况如下。

A 地类需要调整的面积为：$N_{ai} = U_a/M \times M_i$；

B 地类需要调整的面积为：$N_{bi} = U_b/M \times M_i$；

C 地类可增加调整的最大面积为：$N_{c1i} = U_{c1}/N \times M_i$；

C 地类可降低调整的最大面积为：$N_{c2i} = U_{c2}/N \times M_i$。

（5）面积调整。

若小图斑相邻图斑中只存在 A、B、C 地类中的任意两种地类，则两个地类调整的面积值均为 $\mathrm{Min}\{ N_{ai}, N_{bi}, N_{ci}\}$。

若三种地类均存在，则 A、B、C 地类调整的面积如表 2.2 所示。

其中，当相邻图斑有两个或两个以上 A 地类时（如地类 A1、地类 A2），则 A1 需要调整的面积为局部 A 地类调整面积与 A1 地类面积调整阈值占比的乘积。B 地类、C 地类处理相同。

表 2.2　地类调整量

| 判别条件 | A 地类调整面积 | B 地类调整面积 | C 地类调整面积 |
|---|---|---|---|
| $0 < N_{ai} - N_{bi} < N_{c1i}$ 或 $-N_{c2i} < N_{ai} - N_{bi} < 0$ | $N_{ai}$ | $N_{bi}$ | $|N_{ai} - N_{bi}|$ |
| $N_{ai} - N_{bi} > 0$ 且 $N_{ai} - N_{bi} > N_{c1i}$ | $N_{bi} + N_{c1i}$ | $N_{bi}$ | $N_{c1i}$ |
| $N_{ai} - N_{bi} < 0$ 且 $|N_{ai} - N_{bi}| > N_{c2i}$ | $N_{ai}$ | $N_{ai} + N_{c2i}$ | $N_{c2i}$ |

(6) 重复迭代调整。

对每一个小图斑均按照步骤 (5) 进行调整,将调整后面积与预分面积进行相应的相加或相减,得到调整后的相邻图斑剖分小图斑的面积 $\text{Area}_i$。通过全局面积统计,判断调整后面积是否在阈值范围内,不断迭代调整,直到所有地类满足条件。其中,将最大迭代次数设置为 10 000 次,即最大可执行 10 000 次迭代过程。

**4. 小图斑分裂线确定与融解**

使用 Delaunay 三角网提取图斑目标骨架线是实现对小图斑融解的基本思想,其中如何依据邻近图斑的面积剖分实现小图斑的无缝融解是关键。

所有邻近图斑的面积剖分揭示了各个图斑对小图斑的剖分能力,可据此对小图斑 $a$ 内部的骨架线进行调整,基本思路为:首先根据三角形的边确定对小图斑 $a$ 形成剖分的邻接图斑,剖分点按剖分能力比例形成,在具体操作时,分别对小图斑和邻近图斑进行两两计算。小图斑 $a$ 被剖分兼并至邻近地块 $b$、$c$,Delaunay 三角网剖分点 $(x, y)$ 的计算公式如下:

$$x = \frac{x_b * \text{Area}(a, c) + x_c * \text{Area}(a, b)}{\text{Area}(a, c) + \text{Area}(a, b)}$$

$$y = \frac{y_b * \text{Area}(a, c) + y_c * \text{Area}(a, b)}{\text{Area}(a, c) + \text{Area}(a, b)}$$

式中,$(x_b, y_b)$、$(x_c, y_c)$ 分别为三角网中边的点坐标;$\text{Area}(a, b)$、$\text{Area}(a, c)$ 分别为邻近图斑 $b$、$c$ 对小图斑 $a$ 的面积剖分值。依据剖分点生成分裂线,并完成小图斑融解。

## 2.1.3　实验与分析

依托中国测绘科学研究院研制的 WJ-III 地图工作站,利用 OpenMP 在 C++环境下实现地理国情数据的小图斑融解操作。实验以广东省某县地理国情全铺盖土地利用数据为例,原始数据比例尺为 1:1 万,需要融解的小图斑有 2604 个。地物类型以林地、耕地、水体等自然地物为主,它们分别占比 49.6%、26.2%、7.0%,园地、草地、房屋建筑、构筑物等地物分散,荒漠与裸露地表数量稀少,仅占比 0.01%。其中,化简目标比例尺为 1:10 万。该实验环境为 Microsoft Windows 7 64 位操作系统,CPU 为 Intel Core I7-4790,单机 8 核 8 线程,主频 3.2 GHz,内存 16 GB,固态硬盘 1024 GB。

依据地理国情普查成果图技术规定的要求,若成图比例尺大于 1:50 万,则各个地类最小上图面积如表 2.3 所示，以此作为小图斑的判定标准，其他比例尺小图斑的判定标准参考表 2.3 进行微调。

表 2.3　最小上图面积表

| 类型 | 耕地 | 园地 | 林地 | 草地 | 房屋建筑 | 构筑物 | 人工堆掘地 | 荒漠与裸露地表 | 水体 |
|---|---|---|---|---|---|---|---|---|---|
| 上图面积(mm²) (比例尺>1∶50 万) | 4 | 4 | 4 | 4 | 2 | 4 | 4 | 4 | 2 |

### 1. 优越性验证

首先利用空间格局约束与语义约束对实验区内的小图斑进行空间预分，并对预分后的面积进行统计，各地类空间预分前后的面积变化如表 2.4 所示。

表 2.4　面积预分前后一级地类图斑面积占比统计

| 土地利用类型 | 融解前面积(km²) | 融解后面积(km²) | 面积变化率(%) |
|---|---|---|---|
| 耕地 | 43.05 | 43.33 | 0.64 |
| 园地 | 7.77 | 7.78 | 0.14 |
| 林地 | 81.57 | 82.16 | 0.73 |
| 草地 | 5.74 | 5.35 | −6.75 |
| 房屋建筑 | 4.06 | 3.86 | −4.88 |
| 道路 | 8.91 | 8.91 | 0.00 |
| 构筑物 | 1.17 | 1.09 | −7.47 |
| 堆掘地 | 0.73 | 0.74 | 1.47 |
| 裸地 | 0.02 | 0.02 | 0.00 |
| 水体 | 11.48 | 11.27 | −1.89 |

由于缺少小图斑融解前后地类面积变化范围标准，该实验根据相关文献(刘耀林和焦利民，2009)及该实验区数据特点，将小图斑融解前后各地类面积的变化率阈值设置为 5%。由表 2.4 可知，仅利用局部最优方法进行小图斑融解，草地、人工构筑物土地类型的面积变化率均超过了阈值 5%，表明单纯利用局部最优算法不能保证全局地类面积的平衡。根据该算法，需对预分后的面积进行迭代调整。

实验经过 108 次迭代调整后，保证了小图斑融解后所有地类的面积变化率小于阈值。本章节统计了算法在第 10、第 20、第 30、第 40、第 50、第 60、第 70、第 80、第 90、第 100、第 108 次迭代时，各地类的变化率调整数值，并对每一次迭代调整后各个地类的面积变化率进行统计分析，结果分别如图 2.3、图 2.4 所示。

由图 2.3 和图 2.4 可知，随着迭代次数的增加，各地类调整的面积逐渐降低。对于每一次迭代调整，草地和人工构筑物的调整值均为正值，负值出现最多的为耕地和林地，其次为房屋建筑、堆掘地，但由于降低幅度较小，在图中显示不明显。各地类每一次迭代都是一个向阈值收敛的过程，直至调整结束后，所有地类的面积变化率均小于设定的阈值。这充分证明了该方法的可行性以及对保证全局地类面积平衡的优越性。结合该方法的可靠性验证可以发现，该方法在保证局部空间及语义特征的同时，又能够维持全局地类面积的平衡。

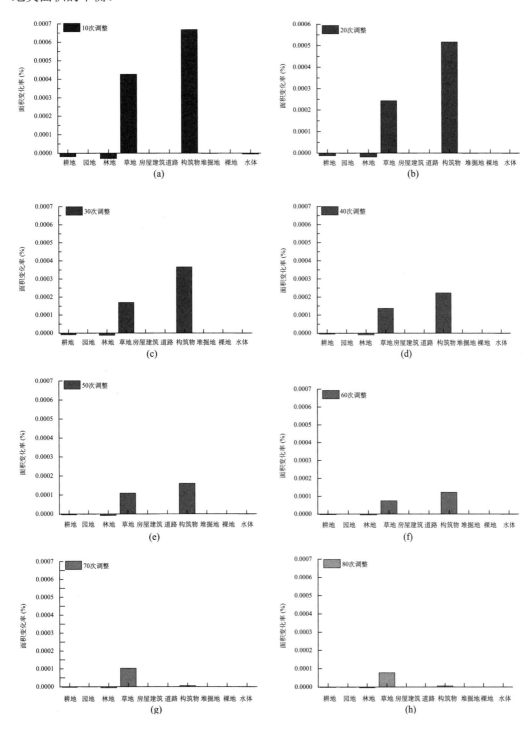

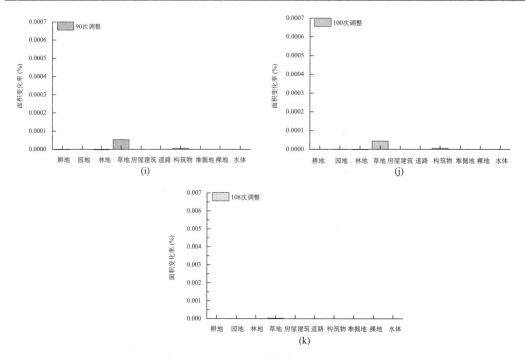

图 2.3　各地类面积变化率的调整值统计

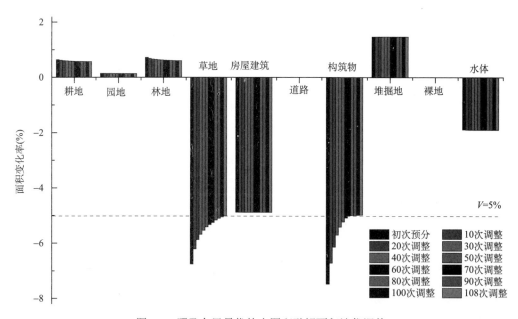

图 2.4　顾及全局最优的小图斑融解面积迭代调整

## 2. 可靠性验证

为验证方法的可靠性，即融解结果仍能保持局部最优，在实验区内选取实际小图斑，将调整后的融解结果与根据局部最优初步预分的融解结果进行对比。其中，选取面积变化率超出阈值的草地与构筑物作为测试地类。

分别以 $x_i$、$y_i$ 表示草地或构筑物图斑初始剖分面积与利用该算法调整后的剖分面积，并计算两者的差值 $x_i - y_i$，即各有效图斑的调整面积，其中，$i$ 表示地类所有调整的图斑个数，各图斑调整面积统计曲线结果如图 2.5 所示(由于调整的图斑个数较多，本章节仅选取了调整变化面积位于前 100 的图斑进行统计)。

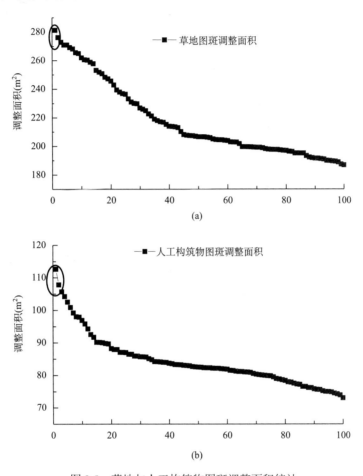

图 2.5 草地与人工构筑物图斑调整面积统计

由图 2.5 可以看出，草地图斑调整面积最大值为 283.3 m²，构筑物图斑调整面积最大为 112.6 m²，调整后面积相比初始预分无明显变化。在草地与构筑物地类调整图斑中，分别选取调整面积最大的前三个图斑(红色椭圆内)，对其调整后的融解结果与初始剖分结果进行对比，如图 2.6 所示。图 2.6 矩形框 A 表示利用该算法对土地利用铺盖数据小图斑的融解结果，矩形框 B1、B2 与 B3 表示草地调整面积较大的三个图斑，矩形框 C1、C2 与 C3 表示人工构筑物调整面积较大的三个图斑。其中，浅灰色实线显示了利用该算法小图斑的融解分裂线，黑色虚线表示只利用局部最优提取的小图斑融解分裂线。

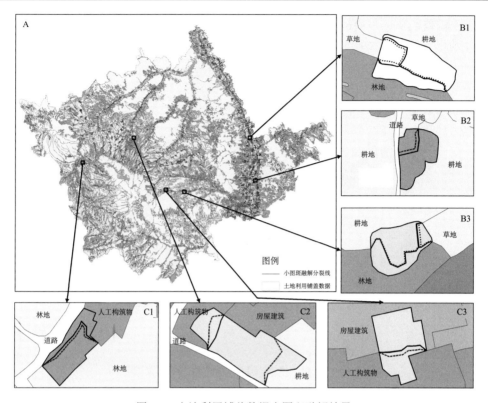

图 2.6　土地利用铺盖数据小图斑融解结果

对 B1、B2、B3 及 C1、C2、C3 矩形框中小图斑向周边各地类图斑的初始融解面积与调整后向各地类图斑的融解面积进行对比统计，结果如图 2.7 所示，其中浅灰色柱表示该小图斑根据局部最优向周边地类图斑的初始剖分面积，深灰色柱表示根据本章节方法调整后的剖分面积。

由图 2.6 和图 2.7 可知，利用本章节方法迭代调整后的小图斑融解结果与只考虑局部最优得到的结果相比，无论从空间特征还是具体的面积差值来看，周围图斑对小图斑的剖分能力相差不大，两种结果在局部特征上保持了较高的一致性，充分证明该方法仍能保持局部空间邻近及语义距离特征的可靠性。

## 2.2　顾及结构特征的狭长图斑分裂线提取方法

分裂线提取是实现图斑降维、分裂融合的关键步骤，对于保持图斑数据综合前后全覆盖、无重叠的空间特征以及不同地类图斑面积不发生明显变化具有重要作用（艾廷华和刘耀林，2002；江宝得等，2014）。其中，在分裂线提取中，最为棘手的则是狭长图斑的分裂线确定。狭长图斑是指图幅内一些长而窄的目标，如低等级的面状道路、公路以及田坎、细长的面状河流等。狭长图斑的形状特征使得其极易出现边界不平滑、不规则等结构现象，造成其在分裂线提取时有难度。因此，如何准确合理地确定狭长图斑分裂线是目前研究的难点，其对于实现更优分裂线的提取具有重要意义（艾廷华等，2010）。

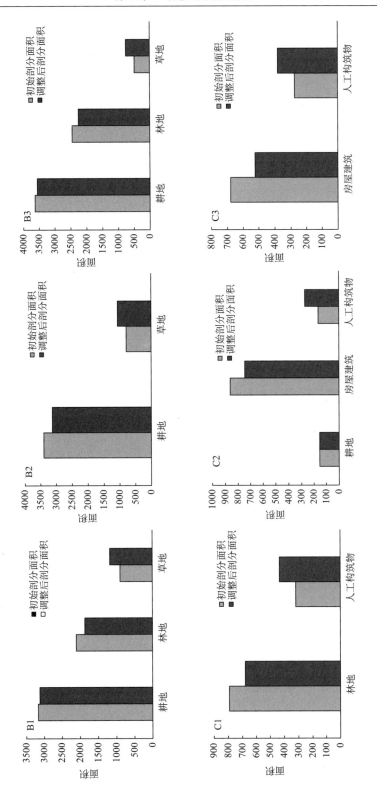

图 2.7　小图斑向周边地类图斑融解面积对比

确定狭长图斑分裂线的基础是提取多边形骨架线,常见的提取骨架线的方法有三种:圆骨架线(Lee,1982)、直骨架线(田启明等,2005;Das et al.,2010)以及基于 Delaunay 三角网的骨架线(王中辉和闫浩文,2011;陈涛和艾廷华,2004;Sintunata and Aoki,2016;Cao et al.,2015)。Delaunay 三角网由于具有"圆规则"或"最大最小角规则",成为提取分裂线的常用方法(Ware et al., 1997)。Delucia 和 Black(1987)率先提出了一种基于边界约束 Delaunay 三角网(CDT)的骨架线提取方法;Zou 和 Yan(2001)利用该方法构建了多边形骨架并证明了方法的有效性。Li 等(2006)对三角网中的骨架节点进行了分类,并对多边形的主骨架线进行了跟踪,该方法可以很好地反映多边形的形状特征和主延伸方向。对于形状规则且边界平整的简单狭长图斑骨架线提取容易,然而,对于非光滑边界、形状多样的复杂狭长图斑,Penninga 等(2005)指出直接应用边界约束 Delaunay 三角网提取的骨架线作为分裂线至少存在以下三个方面的问题:①分支连接点处的骨架线会出现"锯齿";②边界上的微小凸起导致生成多余的"尖刺"骨架线;③边界结点少导致末端分裂线拉长偏移。为此,Jones 等(1995)、Uitermark 等(1999)、Penninga 等(2005)分别提出利用分支骨架线方向、边界化简、加密边界结点等方式对骨架线进行修正,较好地解决了应用边界约束 Delaunay 三角网提取骨架线存在的问题。

然而,以上问题解决的不足对象通常为 Delaunay 三角剖分中只有一个Ⅲ类三角形或有两个相邻的Ⅲ类三角形(以下称 A 类聚合区);对于具有复杂特征的图斑数据,如道路分支汇聚区域,三角剖分多为多个相邻Ⅲ类三角形(以下称 B 类聚合区)或中间存在Ⅱ类三角形的Ⅲ类三角形(以下称 C 类聚合区),直接利用已有方法对骨架线进行提取时其内部结构特征不易区分,往往存在提取结构特征不准确、拓扑错误的问题。为此,本书基于 Delaunay 三角网提出了一种顾及结构特征的狭长图斑分裂线提取方法。

## 2.2.1　现有方法及不足

**1. 现有方法**

1)Delaunay 三角网分裂线提取原理

依据约束 Delaunay 三角网对狭长图斑进行分裂线提取主要分为两个步骤,结合图 2.8 进行说明。

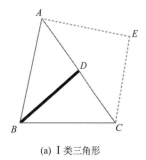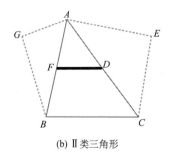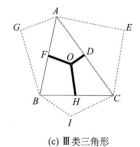

(a) Ⅰ类三角形　　　　　(b) Ⅱ类三角形　　　　　(c) Ⅲ类三角形

图 2.8　三角形分类

步骤 1：构建约束 Delaunay 三角网实现对狭长图斑的剖分；根据多边形内部三角形的邻近三角形数目，Delaunay 三角网内的三角形可以被细分为三类(Delucai and Black, 1987)。

Ⅰ类三角形：有且仅有一个邻近三角形，构成Ⅰ类三角形的其中两边是多边形的边界。如图 2.8(a)中的△ABC，顶点 A 为骨架线的端点。

Ⅱ类三角形：有两个邻近三角形，其是骨架线的骨干结构，描述了骨架线的延展方向。如图 2.8(b)中△ABC，Ⅱ类三角形中骨架线的前进方向唯一。

Ⅲ类三角形：有三个邻近三角形，其是骨架线分支的交会处，是向 3 个方向伸展的出发点。如图 2.8(c)中△ABC，在点 O 处向三个方向延展。

步骤 2：分别对三类三角形按如下方法提取中轴线，并对中轴线进行连接形成骨架线，其中两邻近三角形的公共边称为邻近边。

Ⅰ类三角形：连接唯一邻近边的中点与其对应的顶点，如图 2.8(a)中线段 AD。

Ⅱ类三角形：连接两条邻近边的中点，如图 2.8(b)中线段 DF。

Ⅲ类三角形：连接重心与三边的中点，如图 2.8(c)中线段 OD、OF、OH。

**2) 常用狭长图斑分裂线提取方法**

应用约束 Delaunay 三角网对狭长图斑进行分裂线提取时，常会出现分支连接点处的骨架线呈"尖刺"或"锯齿"状分布。针对这一问题，Jones 等(1995)提出了"T"形连接，即当只存在一个Ⅲ类三角形时，可以通过计算三个相关骨架线分支的方向来调整该三角形，具体如图 2.9 所示。但该方法不能用于具有两个相邻Ⅲ类三角形的+形分支，因此，Penninga 等(2005)提出将四个骨架线分支连接到两个Ⅲ类三角形的共同边缘的中点，解决了分支汇聚区域+形连接的问题，具体如图 2.10 所示。

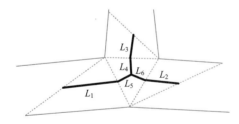
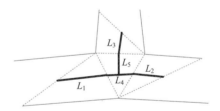

(a) 基于传统Delaunay三角网法　　　　　　　　(b) Jones基于Delaunay三角网的"T"形连接

图 2.9　存在单个Ⅲ类三角形的骨架线提取

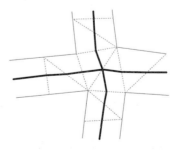

(a) 基于"T"形连接　　　　　　　　(b) Penninga基于三角网的+形连接

图 2.10　存在连续两个Ⅲ类三角形的骨架线提取

**2. 现有方法的不足之处**

应用 Delaunay 三角网提取狭长图斑分裂线时，可根据已有提出方法对 A 类聚合区的图斑边界处存在的拓扑变化、图斑弯曲处存在的冗余骨架线以及分支汇聚处存在的图斑抖动进行修正，然而这些方法在解决具有复杂特征分支汇聚区 B 类及 C 类聚合区图斑时仍存在不足，不足之处主要阐述如下。

模式 1　B 类聚合区（三角网中存在多个相邻Ⅲ类三角形）

图 2.11（a）所示为由 a、b、c、d、e、f 6 个分支道路组成的两个分叉口彼此相邻，a 与 b、c 与 d 方向一致；对该复杂图斑构建三角网时，出现了相邻的多个Ⅲ类三角形。应用已有三角网方法对图斑进行分裂线提取，得到的结果如图 2.11（a）所示。可以发现，提取结果没有较好地保持道路的主体方向与结构特征，且连接点处骨架线仍存在"锯齿"现象。

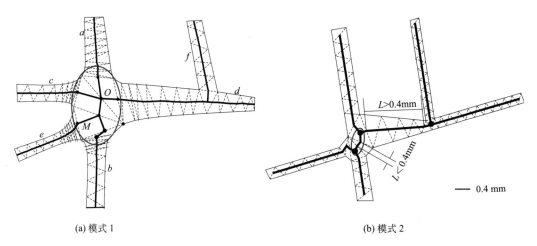

(a) 模式 1　　　　　　　　　　　　　　(b) 模式 2

图 2.11　基于现有方法模式 1、模式 2 分裂线提取结果

模式 2　C 类聚合区（三角网中存在有Ⅱ类三角形间隔的Ⅲ类三角形）

骨架线的方向是指骨架线的主体延伸方向，表现在三角网中即与Ⅲ类三角形邻近的Ⅱ类三角形中结点所形成的稳定不变的方向。然而，因Ⅲ类三角形通常位于分支汇聚处，与其邻近的、位于弯曲拐角处的Ⅱ类三角形（尤其两边距离<0.4 mm）形成的方向不能很好地代表分支骨架线的方向，如图 2.11（b）所示。因此，对于具有较多弯曲和扰动的不规则边界图斑，应用已有三角网法往往会存在不能准确识别主体延伸及其内部结构特征的不足。

## 2.2.2　顾及结构特征的狭长图斑分裂线提取方法

提取狭长图斑骨架线的关键在于对图斑主体及内部结构特征的保持，即既要保证整体骨架线的线性延展，又要保证局部区域如分支汇聚处骨架线形状结构的一致性。为此，本章节基于约束 Delaunay 三角网提出一种顾及区域几何结构特征的骨架线提取方法，以实现更优的分裂线提取，具体方法及过程如下。

**1. 识别Ⅲ类三角形与结点聚合区**

根据上述Ⅲ类三角形的分类定义，对三角网中的Ⅲ类三角形进行识别。

**2. 确定结点聚合区**

对于三角网中只有一个或两个相邻Ⅲ类三角形，首先剔除拓扑结构中的悬挂结点，在保留的结点中Ⅲ类三角形各边界与各骨架线的交点及内部所有结点确定为结点聚合区。

但在复杂分支汇聚区域，对于多个Ⅲ类三角形相邻排列即分支结点密集分布的情况，以及两个Ⅲ类三角形距离较远导致分支结点离散分布的情况，通过计算各个分支结点之间的骨架线长度确定结点聚合区。通过计算及实验，本章节提出，若两分支结点之间Ⅱ类三角形内骨架线的长度和小于宽度阈值 0.4 mm，两个结点可形成一个聚合区(如模式 2 的 $N_1$、$N_2$)；若仍存在邻近分支结点符合聚合条件，则满足条件的多个结点共同形成一个聚合区，同时记录包括各个分支结点在内的所有结点作为拟合结点；若两分支结点之间Ⅱ类三角形内骨架线的长度和大于或等于 0.4 mm，说明该段骨架线描述了不能被直接覆盖的地物结构，骨架线需保留(如模式 2 的 $N_1$、$N_3$)。

**3. 聚合区结点拟合处理**

针对聚合区结点拟合处理，Haunert 和 Sester(2008)采用直接聚合的方式对分支骨架线进行处理，规定若骨架线线段外延相交于一点，则该点为拟合结点，这种方式对线性延展的分支出现"抖动"时具有良好的拟合效果；而当该区域自身具有"扰动"特征、汇聚区形态结构比较复杂时，其对地物结构特征表达显得过于模糊。针对该问题，本书提出了方向一致性拟合原则。方向一致性是人们判断所提骨架线是否符合视觉认知规则的重要依据，然而已有文献对此考虑较少。本章节提出，当结点聚合区存在两条骨架线的方位角之差小于 5°且平行距离小于 0.4 mm 时，则认为这两条骨架线方向一致(如图 2.12 所示，模式 1 的 $a$ 与 $b$、$c$ 与 $d$；模式 2 的 $L_1$ 与 $L_2$)。

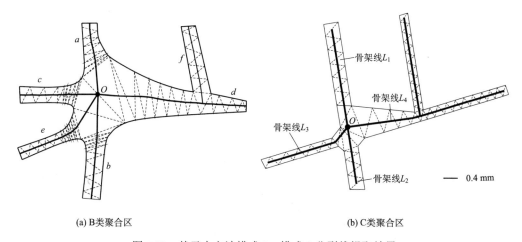

(a) B类聚合区　　　　　　　　　　　(b) C类聚合区

图 2.12　基于本方法模式 1、模式 2 分裂线提取结果

根据聚合区结点关联的骨架线方向特征,提出如下方法对聚合区内的结点进行拟合:

(1)若两条骨架线方向一致,则优先将其连接为一条直线,其余骨架线沿各自方向延伸至该直线。值得注意的是,当聚集区宽度足够大时,各个分支骨架线的延伸可能不能交于一点,为此,需要对距离较近的延伸线结点进行再聚合。主要思路为:若两结点间的距离小于最小宽度阈值(0.4 mm),直接将各点拟合至横坐标平均值所在结点(如图 2.12 所示,模式 1、模式 2 的 $O$ 点);若两结点间的距离大于最小宽度阈值,保持分支结构不变,无需拟合至同一结点。

(2)若两条骨架线方向不一致,则以结点之间的欧式距离作为相似性度量指标,将步骤 2 中确定的拟合结点聚合至该范围的几何中心,其余骨架线沿各自方向延伸与聚合结点进行连接(如图 2.12 所示,模式 1 的骨架线 $e$)。

其中,在骨架线延伸时,分支汇聚区域边界结点众多,导致Ⅱ类三角形分布密集,区域Ⅱ类三角形中属于多边形边界的边长度较小(小于边界结点加密距离 $D$)。该方法提出对Ⅱ类三角形内的骨架线长度与 $1/4D$ 为阈值(TD)进行比较,从而实现对拐角处骨架线的识别与过滤。对于任一Ⅲ类三角形,依据邻近关系识别与其相连的Ⅱ类三角形,并顺次计算各个Ⅱ类三角形内的骨架线方位角($A_i$)与长度($L_i$)。若某Ⅱ类三角形内的骨架线 $L_i <$ TD,则过滤该三角形,直至存在连续 4 个三角形内骨架线方向一致且 $L_i \geq$ TD,则以该方向作为骨架线方向;若在计算一定数量的Ⅱ类三角形之后,仍不存在可以确定方向的 4 个三角形,则说明该分支骨架线整体弯曲程度较大,此时,取与Ⅲ类三角形最邻近的 4 个三角形内方向作为骨架线方向。

图 2.12 为利用本章节提出的方法提取的模式 1(B 类聚合区)与模式 2(C 类聚合区)骨架线,经目视对比发现,提取结果既保证了各个分支骨架线的线性延展,又保持了汇聚处主体与内部结构的一致性,效果显著优于已有方法的提取结果。

## 2.2.3　实验与分析

依托中国测绘科学研究院研制的 WJ-Ⅲ 地图工作站,利用 OpenMP 在 C++环境下实现地理国情图斑的分裂线提取。实验以贵州省某县地理国情普查数据为例,原始数据比例尺为 1∶1 万,实验区Ⅲ类三角形存在的区域共有 1505 个,只有一个或两个相邻Ⅲ类三角形的分支汇聚图斑(A 类聚合区)共 1368 个,约占比 91%;有多个相邻Ⅲ类三角形的分支汇聚图斑(B 类聚合区)只有 2 个;Ⅲ类三角形中存在Ⅱ类三角形的分支汇聚图斑(C 类聚合区)有 135 个,约占比 9%。实验环境为 Microsoft Windows 7 64 位操作系统,CPU 为 Intel Core I7-3770,单机 8 核 8 线程,主频 3.2 GHz,内存 16 GB,固态硬盘 1024 GB。

**1. 普适性验证**

A 类聚合区是在道路选取时常见的情况,为验证该方法对 A 类聚合区分裂线提取的普适性,在实验区内分别选取了三种不同情形的图斑作为测试数据,得到提取结果如图 2.13 黑色实线所示,其中虚线表示利用其他已有方法的提取结果。

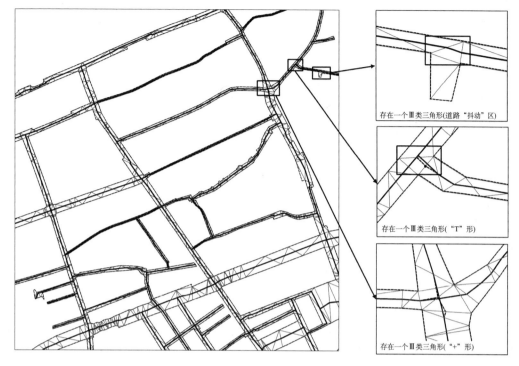

图 2.13　普适性分析

通过目视图 2.13 中 A 类聚合区不同情形的分裂线提取结果发现,根据该方法对简单分支汇聚区图斑提取的分裂线很好地反映了道路网的延伸方向和空间结构特征,矩形框中的“抖动”“T”形及“+”形分支汇聚区分裂线过度光滑,且不存在冗余的悬挂节点,较好地完成了对道路网主体结构的概括。且通过与已有方法提取结果对比发现,在道路略复杂区域,本书方法提取效果更优,充分证明了该方法对简单汇聚区狭长图斑分裂线提取的普适性。

**2. 优越性验证**

为验证该方法对于保持复杂分支聚合区地物空间结构及拓扑关系的优越性,选取地理国情实际数据中的两个案例进行说明。采用该方法提取试验数据分裂线的过程中,构建边界约束 Delaunay 三角网对狭长图斑进行剖分,并设定一定距离对边界结点进行加密,聚合区结点拟合长度距离阈值设为 0.4 mm。

案例一所示区域的特点为:①结点汇聚区为典型的 B 类聚合区,即构建的三角网中,存在有多个相邻的 III 类三角形;②分支汇聚处有两条道路方向一致。

图 2.14(a)中,首先判断出 $a$ 与 $e$ 道路的骨架线距离大于 0.4 mm,说明矩形框中为两个分支汇聚区,需单独处理,故 $f$ 道路骨架线保持结构不变;$d$、$f$ 与 $e$ 道路汇聚处为“T”形结构,处理较为简单,不再赘述。在 $a$、$b$、$c$ 与 $f$ 道路汇聚处,结合方向一致性优先原则,道路 $a$ 与 $b$ 方向一致,因此优先将其骨架线连接为一条直线,将其余分支延伸到该直线上,得到调整后的分裂线如图 2.14(b)所示,通过计算,图 2.14(b)矩形框内

$A$ 与 $B$ 结点的图上长度大于 0.4 mm，$A$ 与 $C$ 结点之间的距离小于 0.4 mm，故需对 $A$、$C$ 结点进行再聚合、$AB$ 结构特征进行保留，最终提取结果如图 2.14 (c) 所示。

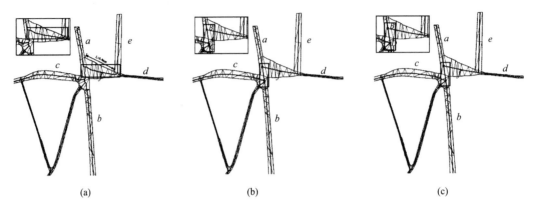

(a)　　　　　　　　　　　(b)　　　　　　　　　　　(c)

图 2.14　案例一：B 类聚合区且分支汇聚区方向一致

　　案例二所示区域的特点为：①结点汇聚区为典型的 C 类聚合区，即构建的三角网中，存在有多个 II 类三角形间隔的 III 类三角形，且 II 类三角形的长度和小于 0.4 mm；②在图 2.15 (a) 矩形框内所示道路交叉口处，各个分支道路的方向皆不一致。

　　由于各分支的方向不一致，若采用基于分支骨架线延展的连接点聚合重构方法很难将各个分支拟合至同一聚合结点，如图 2.15 (b) 所示。利用该方法，首先将区域内所有结点拟合至几何中心，进而连接拟合结点与分支骨架线，最终得到该分支汇聚区的分裂线，如图 2.15 (c) 所示。可以看到，该方法很好地实现了对于此种情况的骨架线调整，但同时也引起了该区域骨架线的一些抖动，后续仍需改进。

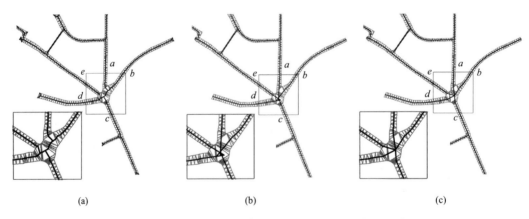

(a)　　　　　　　　　　　(b)　　　　　　　　　　　(c)

图 2.15　案例二：C 类聚合区且分支汇聚区方向不一致

## 2.3　保持结构化地物轮廓特征的图斑合并方法

　　土地利用专题数据是一种全覆盖、无重叠的空间铺盖，当地图由大比例尺变化至小比例尺，图上的细小图斑及狭长图斑难以在地图上进行表达，这时需要进行图斑合并操作。合并操作可分为融合(amalgamation)与聚合(aggregation)两种，其中，融合是指将细小图斑合并至具有不同语义类型的拓扑邻接图斑的过程，聚合是指合并被狭长图斑分割的具有相同语义类型的拓扑相离图斑的过程。现有研究指出，合并操作既要顾及各个图斑自身的边界自然形态，又要考虑各类型用地的空间格局，即空间分布规律，还要保证全局统计上的各类型用地面积相对百分比不变(Steiniger and Weibel, 2007; Sester, 2005)。

Van Oosterom(1995)提出了经典的迭代算法，其思想是从土地利用图数据集中迭代选择一个最不重要的小面积图斑合并到邻近图斑中，然而这种方法只能处理邻接图斑，即融合操作，且在综合后地类变化较大；艾廷华等(2002)提出建立边界约束 Delaunay 三角网进行合并操作，通过三角网提取细小图斑内骨架线，将其剖分至其多个拓扑相接的图斑中，实现融合操作，同时，利用三角网探测拓扑相离图斑间的"桥梁"区域，通过"或"运算实现多边形聚合操作；翁杰等(2012)提出了一种改进的图斑聚合算法，采用缓冲区合并的思想对"桥梁"区域进行合并，更好地保持了图斑自身的边界自然弯曲形态。然而，上述这些方法均未解决合并后地类变化较大的问题，为此，有学者提出了基于全局最优的图斑数据合并方法。杨志龙(2016)提出了基于蚁群算法对土地利用图斑合并进行全局优化，并实验证明了该方法对于地类面积变化率的保持明显优于经典的迭代算法；此外，Haunert 和 Wolff(2010)尝试利用混合整数规划的方法解决土地利用数据合并的最优化问题，在考虑地类面积变化最小的同时，顾及了合并结果的紧凑性。

总之，现有合并方法较好地保持了图斑自身的自然形态，有效顾及了地类面积变化量的总和达到最小，但是这些方法为了维持数据的全覆盖、无重叠特性，其合并大多从全局出发，将各个地类统一考虑，较少顾及在空间分布上具有内在规律性的地物特征，如建筑物、坑塘等。合并过程中，改变了这些具有特殊空间结构的地物边界，导致空间结构特征部分或全部丢失。本书在现有研究的基础上，以保持空间分布规律为前提，提出一种保持结构化地物轮廓特征的图斑合并方法。

## 2.3.1 现有方法及不足

### 1. 现有方法

1)经典合并算法

Van Oosterom(1995)提出了经典的迭代合并算法，该算法也可以理解为一种面积"生长"算法，其核心步骤为

```
S←set of areas below threshold for target scale
while S ≠ ∅ do
    a←smallest area in S
    merge a to most compatible neighbor
    update S
end while
```

邻近图斑通过局部最优的计算来选择，如小面积图斑与其邻近图斑地类的相似程度（语义距离）、相邻图斑面积或共享边界长度（几何距离）（Podrenek，2002；Van Smaalen，2003）。经典迭代合并算法是一种贪心算法，且只考虑了邻接图斑的合并，因此虽然其执行效率较高，但综合后地类变化较大，合并质量较低（Haunert and Wolff，2010）。

2）基于全局最优的铺盖数据合并方法

针对经典迭代合并算法存在的问题，Haunert 和 Wolff（2010）考虑综合前后各地类面积变化率及图形的紧凑性，尝试利用混合整数规划方法解决地情铺盖合并操作的最优化问题。其以图论语言对地情铺盖面群进行描述，如以结点代表面群，以结点权重代表面群大小，以颜色代表用地类型，以边代表邻接关系，如此一来，面群合并问题即转化为点群聚类问题，如图 2.16 所示。

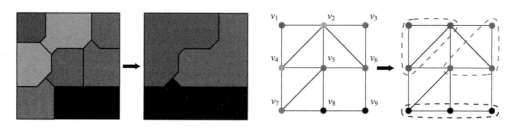

图 2.16　面群合并问题图论描述

对于数据量较少（结点较少）区域，Haunert 和 Wolff（2010）提出使用混合整数规划方法进行处理；对于数据量较大（结点较多）区域，则引入中心启发式及距离启发式算法进行处理。基于全局最优的铺盖数据合并方法，利用图斑之间的几何距离及语义、拓扑关系，使合并结果可以较好地体现图形的紧凑性，并尽量使综合前后各地类面积变化率达到最小，如图 2.17 所示，呈聚集状态的多个建筑物被合并为一个建筑物。

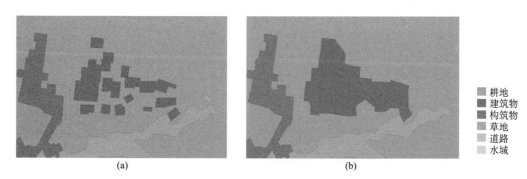

（a）　　　　　　　　　　　　（b）

耕地
建筑物
构筑物
草地
道路
水域

图 2.17　基于全局最优的铺盖数据合并方法

## 2. 现有方法的不足

现有方法对于呈聚集状态分布且无规律排列的地物合并效果较好，如耕地、林地等自然地物及少部分建筑物，然而，对于建筑物、坑塘这类人工地物，其分布具有内在的规律性和特有的复杂性，如呈格网状、线状排列的建筑物，呈毗邻化特征的坑塘等，当直接应用现有方法进行合并时，其空间分布规律容易被破坏。

图 2.18(a)为直线模式建筑物、图 2.19(a)为格网模式坑塘。当比例尺由大到小变化时，建筑物、坑塘的典型结构特征应得到保留，其周围的小图斑被合并至其他地类中，然而，现有方法大多从全局出发，不能顾及地物空间分布规律，导致小图斑被合并至邻近的同类图斑中，建筑物、坑塘原有的空间结构被破坏，如图 2.18(b)和图 2.19(b)所示。

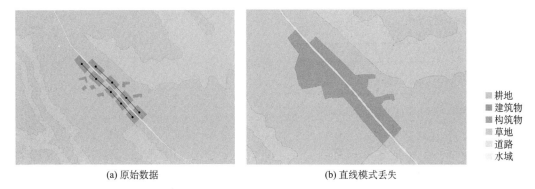

(a) 原始数据　　　　　　　　　　　(b) 直线模式丢失

图 2.18　直线模式建筑物

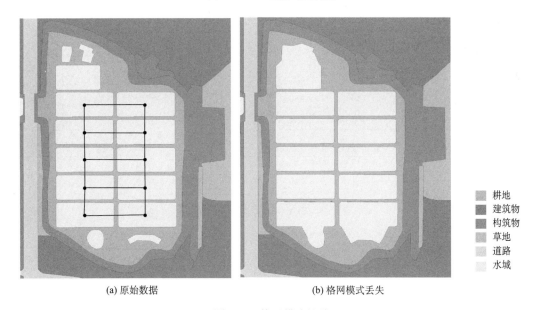

(a) 原始数据　　　　　　　　　　　(b) 格网模式丢失

图 2.19　格网模式坑塘

## 2.3.2　保持结构化地物轮廓特征的图斑合并方法

本章节提出一种保持结构化地物轮廓特征的图斑合并方法，基本思想是：①依据语义信息，在原始图斑数据中提取具有特殊空间结构特征的某类地物，标记为结构化地物；②识别结构其典型空间分布模式，并提取典型模式聚集地物的边界轮廓，同时对轮廓内部聚集地物进行聚合、典型化、毗邻化等合并处理；③基于全局最优的图斑合并方法对原始图斑数据进行合并操作，原始图斑数据合并结果；④对边界轮廓与原始图斑数据合并结果进行"异"（NOT）运算，确定结构化地物合并结果的补集，进而经空间插入（insert）运算，将具有典型空间分布模式的地物合并结果镶嵌至原始图斑数据合并结果中，重新构成完整、无缝的图斑数据。该方法具体流程图如图 2.20 所示。

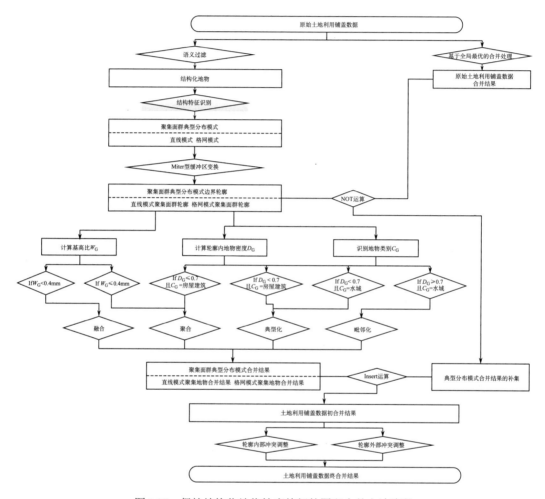

图 2.20　保持结构化地物轮廓特征的图斑合并方法流程

## 1. 典型模式特征识别

结构化地物在宏观上呈聚群分布，在聚群内部面要素具有相似的尺寸、形状、规律的距离关系、方向关系和拓扑关系。

### 1）空间结构描述参数及计算

本书基于已有研究成果（Liu，2013；Yan et al.，2017；Li et al.，2018a），选取以下参数作为聚集性地物空间结构的描述因子，包括主方向差异（$O_{diff}$）、路径方向差异

（$PO_{diff}$）、尺寸相似（$S_{size}$）、形状相似（$S_{shape}$）、带状桥接面宽度（$B_{distance}$）、有效连接比例（ECI）、分布格局指数（DPI），各参数定义详见图 2.21。在此主要介绍 $B_{distance}$ 和 ECI 的计算方法。

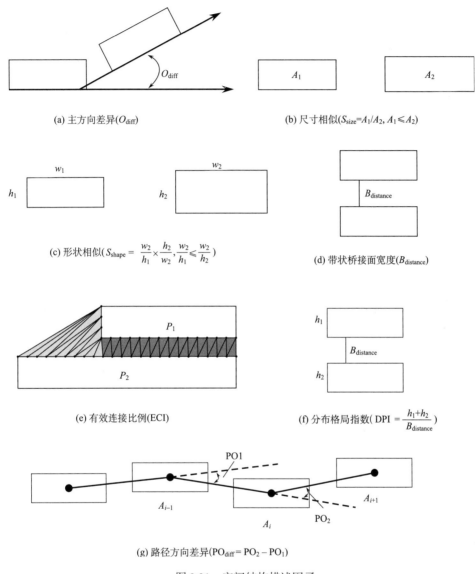

(a) 主方向差异($O_{diff}$)

(b) 尺寸相似($S_{size}=A_1/A_2$, $A_1 \leqslant A_2$)

(c) 形状相似($S_{shape} = \dfrac{w_2}{h_1} \times \dfrac{h_2}{w_2}$, $\dfrac{w_2}{h_1} \leqslant \dfrac{w_2}{h_2}$)

(d) 带状桥接面宽度($B_{distance}$)

(e) 有效连接比例(ECI)

(f) 分布格局指数( DPI $= \dfrac{h_1+h_2}{B_{distance}}$ )

(g) 路径方向差异($PO_{diff} = PO_2 - PO_1$)

图 2.21　空间结构描述因子

a. 带状桥接面宽度（$B_{distance}$）

步骤 1：计算聚集性面状要素群最小面积外接矩形，如图 2.22 所示。

步骤 2：加密最小面积外接矩形及面群各要素边界上结点。因为这些结点通常被用于描述面状地物重要形态特征，如拐点、相交点等，一般数量较少，为提高后续分割宽度计算精度，需加密两类边界上的结点。其具体方法为：设定加密步长 $d$，$d$ 的取值通常采用要素边界最短弧段的长度；以 $d$ 为基元，在两个结点之间进行采样得到加密点，如图 2.23 所示。

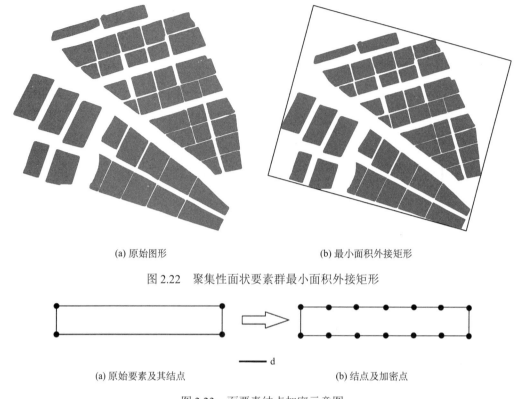

(a) 原始图形　　　　　　　　　　　　　　　(b) 最小面积外接矩形

图 2.22　聚集性面状要素群最小面积外接矩形

(a) 原始要素及其结点　　　　　　　　　　　(b) 结点及加密点

图 2.23　面要素结点加密示意图

步骤 3：采用逐点插入算法建立边界约束的 Delaunay 三角网，如图 2.24 (a) 所示。

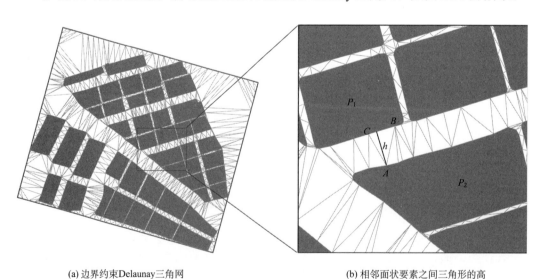

(a) 边界约束Delaunay三角网　　　　　　　　(b) 相邻面状要素之间三角形的高

图 2.24　桥接面宽度计算

步骤 4：约束 Delaunay 三角网中三角形连接了两个具有邻近关系的面状要素，图 2.24(b)为图 2.24(a)中三角网的局部放大。不难发现，通过三角形 $ABC$ 的边 $AB$ 或 $AC$，很容易获知 $P_1$ 和 $P_2$ 为邻近面状要素。计算两个相邻面状要素之间所有 Delaunay 三角网中三角形的高($h$)(在要素边界轮廓上的边所对应的高)，并将其平均值作为邻近要素之间的间距($B_{distance}$)(Li et al., 2018b)，见式(2.6)：

$$B_{distance} = \frac{\sum_{i=1}^{n} h_i}{n} \tag{2.6}$$

式中，$n$ 为两相邻面之间 Delaunay 三角网中三角形的总个数。

b. 有效连接比例(ECI)

针对彼此邻近的面要素，根据 Gestalt 连续性原则(continuation)，当其中一个面要素某些部分视觉上与另一个面要素连接在一起时，那么这两个要素可以认知为一个整体，故判断两邻近要素之间的可连接区域面积在整体中的占比是识别地物模式的核心指标。本书引入有效连接指数(effective connection index，ECI)来反映该指标。该指标计算的具体步骤如下。

步骤 1：基于边界约束 Delaunay 三角网，识别连接两邻近要素的 II 类三角形(有两个邻近三角形的三角形)，并将其作为两要素之间的连接区域，如图 2.25 中灰色及浅灰色背景区域。

步骤 2：计算各个三角形的内角，将内角不包含钝角，且其邻近三角形的内角同样不包含钝角的三角形称为有效三角形。这些有效三角形覆盖的区域称为有效连接区域(connectable area，CA)，如图 2.25 中灰色背景区域，其他区域称为无效连接区域，如图 2.25 中浅灰色背景区域。

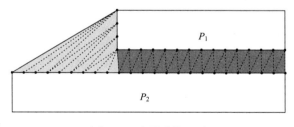

图 2.25　有效连接区域

步骤 3：依据有效连接区域在整体连接区域中的面积占比计算有效连接指数(ECI)，见式(2.7)：

$$ECI_{X_s, X_t} = \frac{CA_{X_s, X_t}}{TA_{X_s, X_t}} \tag{2.7}$$

式中，$ECI_{X_s, X_t}$ 为两邻近面状要素 $X_s$、$X_t$ 之间的有效连接指数；$CA_{X_s, X_t}$、$TA_{X_s, X_t}$ 分别为两要素间的有效连接区域面积和整体连接区域面积。

2) 典型模式识别

直线模式、格网模式是聚集性地物的两种典型结构，结合格式塔连续性原则中的封闭性、延展性和连通性等原则（Zhang et al.，2013，2018），依据上述空间结构描述参数对这两种结构进行识别，模式识别的控制参数如表 2.5 所示。

表 2.5　聚集性地物结构化特征识别控制参数

| 典型模式 | 模式描述 | 识别参数及准则 |
| --- | --- | --- |
| 直线模式 | (1) 模式群内的各对象形状、大小相似；<br>(2) 模式群内各对象的主方向基本一致，且模式的全局方向与各对象的主方向近似相同或正交 | $O_{\mathrm{diff}} <$ 最大方向差异 $\delta_{O_{\mathrm{diff}}}$<br>$B_{\mathrm{distance}} <$ 最大宽度 $\delta_{B_{\mathrm{distance}}}$<br>$S_{\mathrm{size}} >$ 最小尺寸相似 $\delta_{S_{\mathrm{size}}}$<br>$S_{\mathrm{shape}} >$ 最小形状相似 $\delta_{S_{\mathrm{shape}}}$<br>ECI $>$ 最小有效连接比例 $\delta_{\mathrm{ECI}}$<br>$PO_{\mathrm{diff}} <$ 最大方向差异 $\delta_{PO_{\mathrm{diff}}}$ |
| 格网模式 | (1) 存在两组直线模式；<br>(2) 每组直线模式近似平行；<br>(3) 两组直线模式近似正交；<br>(4) 两组直线模式具有连接关系 | (1) 依据拓扑关系，建立直线模式连接图，识别所有连接的直线模式；<br>(2) 建立直线模式的方向关系图，识别方向近似相同的直线模式组；<br>(3) 格网模式初提取，设置角度阈值，选取方向近似正交且相互连接的两个直线模式组；<br>(4) 格网模式后处理，对初始格网模式建立拓扑关系，循环删除度小于 2 的结点，剔除其上的"毛刺"或者"尾巴"等不合理之处 |

构建聚集性地物所在区域边界约束 Delaunay 三角网，根据三角形边长关联的图斑，捕捉各个地物的空间邻近关系并构成一个初始二元群，计算每一个二元群中要素之间的群结构描述参数，识别直线模式，进而由直线模式识别格网模式。

**2. 典型模式边界轮廓提取**

聚集性地物模式的保持需借助其外围边界轮廓，为此，本章节基于形态学变换思想，引入 Miter 型缓冲区处理提取外围边界轮廓（Park and Chung, 2003；Yi et al., 2008；Li et al., 2018b）。以图 2.26(a)所示原始图形为例，说明该操作的主要步骤。

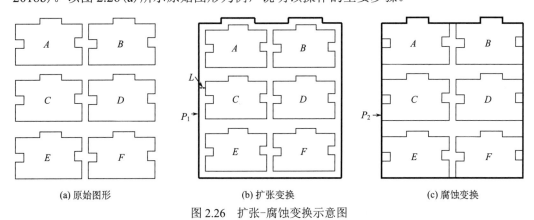

(a) 原始图形　　　　　　(b) 扩张变换　　　　　　(c) 腐蚀变换

图 2.26　扩张-腐蚀变换示意图

步骤 1：聚集面群的扩张-腐蚀变换。首先对原始聚集面群向外进行缓冲距离为 $L$ 的扩张变换，融合各个多边形扩张后的重叠部分，得到边界多边形 $P_1$，如图 2.26(b) 所示；然后对多边形 $P_1$ 向内进行缓冲距离为 $L$ 的腐蚀变换，得到多边形 $P_2$，如图 2.26(c) 所示。

由图 2.26 可以发现，扩张-腐蚀变换具有"保凸""保平""减凹"等特点，变换前后，图形的总体形态不变，凸起和直线部分形态得到保留，即"保凸""保平"；图形凹陷部分在变换过程中被融合，使图形整体形态趋于光滑，即"减凹"。当然，"减凹"的强度与距离 $L$ 相关。

步骤 2："补凹"。首先识别多边形的凹陷部分(凹部)，其原理为：将多边形 $P_2$ 与原始面群统一构建拓扑，并把面要素语义信息赋予相应弧段，若多边形中的弧段仅由某一语义及无语义信息的弧段组成，则该多边形为腐蚀变换中舍去的凹部，进而将具有语义信息的弧段代替无语义信息弧段，实现"补凹"。经此操作形成的新面群边界多边形 $P$，即该聚集面群的最小包络多边形，其边界即为聚集面群边界轮廓。如图 2.27(a) 所示，拓扑多边形 $O$ 由弧段 $L_1$、$L_2$ 组成，其中，$L_2$ 具有多边形 $A$ 的语义信息，$L_1$ 属于 $P_2$ 中的弧段，因此，其不具有语义信息，由此可判定多边形 $O$ 为凹部区域，将 $L_2$ 代替 $L_1$ 作为边界 $P$ 的弧段，得到如图 2.27(b) 所示的边界轮廓 $P$。

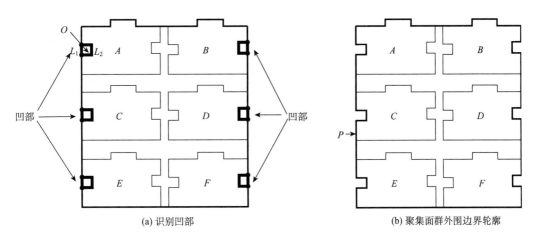

(a) 识别凹部          (b) 聚集面群外围边界轮廓

图 2.27 "补凹"过程示意图

### 3. 典型模式地物合并处理

对于外围边界轮廓内的聚集地物，根据其结构特征，通常可对直线模式地物进行聚合或融解处理。对格网模式聚集地物处理如下。

设由聚集地物组成的格网模式为 $G_i = \{O_1, O_2, \cdots, O_n\}$，其外围轮廓为 $\mathrm{BC}_{G_i}$，外围轮廓围成的多边形面积为 $S_{G_i}$，各个地物对应的面积为 $\{S_{O_1}, S_{O_2}, \cdots, S_{O_n}\}$，则可以由式 (2.8) 定义该格网模式内的地物密度 $D_{G_i}$：

$$D_{G_i} = \frac{S_{O_1} + S_{O_2} + \cdots + S_{O_n}}{S_{G_i}} \tag{2.8}$$

　　若 $D_{G_i} < 0.7$，则认为格网模式内地物间隔较大，排列稀疏，未能很好地填充外围轮廓围成的多边形，此时适宜进行典型化操作；若 $D_{G_i} \geqslant 0.7$，则认为格网模式内地物间隔较小，排列紧密，较好地填充了外围轮廓围成的多边形，此时对水域要素格网模式进行毗邻化处理，对房屋建筑格网模式进行聚合处理。

1）融解处理

　　若由组成直线模式的地物聚合而成的面要素符合狭长图斑的定义，则需对该面要素进行融解处理。本书基于约束 Delaunay 三角网实现狭长面要素的融解操作，其主要包括以下五个步骤（艾廷华等，2002；Ai et al.，2017），现结合图 2.28 进行说明。

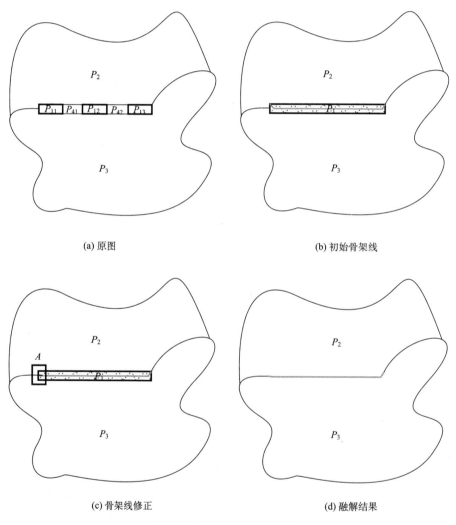

(a) 原图

(b) 初始骨架线

(c) 骨架线修正

(d) 融解结果

图 2.28　狭长要素融解处理

　　步骤 1：加密边界结点，构建边界约束 Delaunay 三角网对狭长面要素进行空间剖分，并依据三角网提取狭长图斑骨架线，如图 2.28（b）所示，图中灰色实线为狭长图斑 $P_1$ 的骨架线。

步骤 2：为实现狭长面要素的无缝剖分，需顾及边界处的拓扑约束，即保证骨架线的每一个末端点刚好位于邻接多边形的边界结点上，因此，通过最邻近点法对边界处骨架线进行修正，如图 2.28(c)矩形框 A 内红色实线。

步骤 3：若狭长面要素内部骨架线上存在"尖刺抖动"及"T 形抖动"等，则同样需对其修正，以得到反映狭长图斑主体形状与延展性的骨架线。

步骤 4：去除多余分支骨架线，即循环删除骨架线中的悬挂弧段，获得最终骨架线，将其作为狭长面要素分裂线。

步骤 5：依据分裂线对狭长面要素进行分裂，完成狭长面要素的融解，如图 2.28(d)所示。

2) 毗邻化处理

毗邻化是对水系地物中呈格网模式聚集面要素的一项综合操作。Yan 等(2008)给出了毗邻化操作的实现思路：计算聚集面群的最小外接矩形(minimum bounding rectangle, MBR)，并通过最小外接矩形对原始面群求补，从而提取面群之间的狭长桥接面，并将其转换为可操作的面要素，进而计算其骨架线，并将其作为面群新的边界线，达到毗邻化操作的目的，如图 2.29 所示。过去的研究中已完成了针对简单及复杂多边形的毗邻化处理，在此不再赘述。

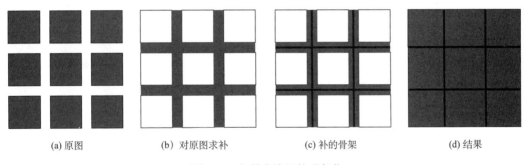

| (a) 原图 | (b) 对原图求补 | (c) 补的骨架 | (d) 结果 |

图 2.29 矢量多边形的毗邻化

3) 典型化处理

以开方根模型确定目标比例尺内聚集地物的数量，应用分解质因数方法将该数值分解为两个数的乘积，并以此数目对聚集地物外围轮廓进行等间距分割。以图上最小分辨距离 0.4mm 划分分割线周围缓冲区，实现典型化处理。值得注意的是，若目标比例尺内聚集地物数值为质数，则以"向上加 1"的方式修正该值，并重新分解。

**4. 边界轮廓还原**

对于单独处理的结构化地物合并结果，需将其还原至原始图斑内，还原过程中需保证原始图斑全覆盖、无重叠的空间铺盖特征，其基本思路为：对边界轮廓与原始图斑数据合并结果进行"异"(NOT)运算，确定结构化地物合并结果的补集，进而经空间插入

(insert)运算，将具有典型空间分布模式的地物合并结果镶嵌至原始图斑数据的合并结果中，重新构成完整、无缝的图斑数据(Song et al., 2015)。还原过程中会与原始图斑产生空间冲突，依据空间冲突与边界轮廓位置的关系，将冲突分为内部冲突与边界冲突两种。

1) 内部冲突调整

将聚合后的同类图斑镶嵌至原始图层中，虽然重新构成了一幅完整的面状图斑数据，但当呈聚集状态的图斑数据之间的空白区域存在具有分割特征的重要线状地物，如道路、河流等时，镶嵌的聚合多边形会截断这些地物，导致这些地物的连贯性及空间结构遭到破坏，如图 2.30(b)所示，狭长图斑 $D$ 被聚合多边形所形成的镶嵌面 $P$ 分割为 $D_1$、$D_2$、$D_3$ 三部分，原有结构被破坏。为此，需要对聚合多边形的镶嵌过程做进一步调整。

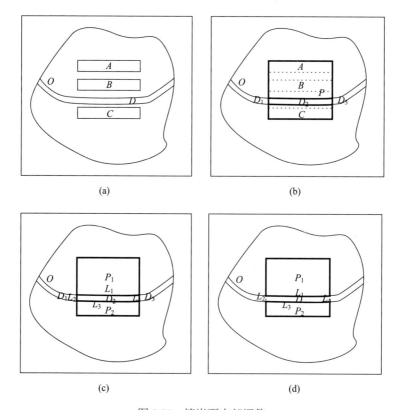

图 2.30　镶嵌面内部调整

镶嵌面内部调整具体步骤如下。

步骤 1：遍历接缝边内原始图斑数据的地物类型，若存在道路、河流数据，则进行标记，如图 2.30(a)所示。

步骤 2：对标记的面状数据与镶嵌面(聚合多边形)作空间相交(intersect)运算，得到相交面，如图 2.30(b)所示，$D_2$ 为狭长图斑 $D$ 与镶嵌面 $P$ 形成的相交面。

步骤 3：获取相交面边界弧段，该弧段可分为两类，即位于镶嵌面内部的弧段集，如图 2.30(c)中的弧段 $\{L_2, L_3\}$，以及位于镶嵌面边界的弧段集，如图 2.30(c)中的弧段

$\{L_1 、 L_4\}$。

步骤 4：将位于镶嵌面内部的弧段集与镶嵌面边界一同构建点线面拓扑，重构镶嵌多边形，如图 2.30(c)中新生成的多边形 $P_1$、$P_2$。

步骤 5：删除位于镶嵌面边界的弧段集，还原标记数据，如图 2.30(d)中弧段 $L_2$、$L_3$ 被删除，$D_1$、$D_2$、$D_3$ 还原为初始多边形 $D$。

2) 边界冲突调整

除需注意镶嵌面内部的狭长图斑对镶嵌的影响外，镶嵌面边界处的其他地类小图斑同样对镶嵌过程具有重要意义。因需对聚集图斑之间的空白区域进行填充以及对聚集边界进行直角化，当聚集图斑边界出现细小图斑时，其部分区域聚合至聚集图斑内，导致其面积不再符合上图面积要求，此时，需要对镶嵌面边界处做进一步调整。如图 2.31(a) 所示，呈聚集状态的地类 $A$、$B$、$C$ 与另一地类 $O$、$D$ 形成了对区域的全覆盖表达，图 2.31(b) 为地类 $A$、$B$、$C$ 形成的聚合面 $P$ 与原始数据镶嵌后的结果，可以看到，地类 $D$ 被分割为小图斑。

对于边界处的小图斑，本章节提出一种基于视觉邻近关系的合并算法，以缓冲区探测该小图斑的邻近图斑，若在视觉邻近距离阈值(DT)内存在与其同类的小图斑，则将其聚合至同类图斑；若在视觉邻近距离阈值(DT)内不存在与其同类的小图斑，则通过空间包含关系探测其邻近包含面，将其融合至邻近包含面内。如图 2.31(c) 所示，小图斑 $D$ 融合至其包含面 $O$ 内。

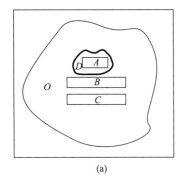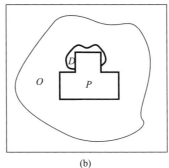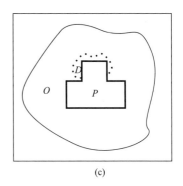

(a)　　　　　　　　(b)　　　　　　　　(c)

图 2.31　镶嵌面边界调整

## 2.3.3　实验与分析

为验证本书方法的有效性，依托中国测绘科学研究院研制的 WJ-III 地图工作站，嵌入基于 out-in 的地情铺盖合并方法，采用南方省县 1∶10 000 地理国情普查数据进行测试。实验数据空间范围为 699.38 km²，包含耕地、林地、建筑物、水系等一级地类，实验区域建筑群密集，但不均匀，不同方向、不同大小的建筑物交错相邻分布，在视觉上呈现出明显的直线模式与网格模式。软件系统运行环境为 Windows7 64 位操作系统、CPU为 Intel Core I7-3770、主频 3.2 GHz、内存 16 GB、固态硬盘 1024 GB。

### 1. 轮廓特征保持有效性验证

将由本书方法与 Wolff (2010)提出的混合整数规划方法得到的合并结果进行对比分析，其中，房屋建筑、构筑物、水体三类地物在本书方法中被视作结构化地物，共识别出典型地物模式215处，其中，直线模式127处，格网模式88处，统计两种方法下对各模式的保持及其占比情况，如表2.6所示。

表 2.6 实验区狭长图斑边界处拓扑不同模式统计

| 方法 | 直线模式 | | 格网模式 | |
|---|---|---|---|---|
| | 模式保持数量 | 模式保持占比(%) | 模式保持数量 | 模式保持占比(%) |
| 本书方法 | 127 | 100 | 88 | 100 |
| 混合整数规划方法 | 18 | 14 | 15 | 17 |

实验区两模式典型区域局部放大如图2.32～图2.35所示，其中，图2.32为混合整数规划方法与本书方法对于由排列整齐、规则的聚集地物形成的普通直线模式的合并结果；图2.33为存在邻近地物干扰的复杂直线模式下，上述两种方法的合并结果；图2.34为排列普通整齐、规则的格网模式下，上述两种方法的合并结果；图2.35为存在分支的复杂网格模式下，上述两种方法的合并结果。

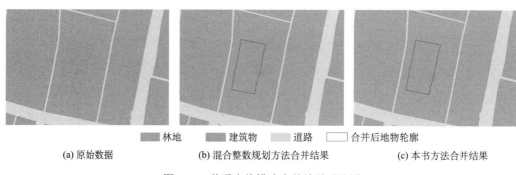

林地　　建筑物　　道路　　合并后地物轮廓

(a) 原始数据　　　　　(b) 混合整数规划方法合并结果　　　　　(c) 本书方法合并结果

图 2.32　普通直线模式合并结果对比图

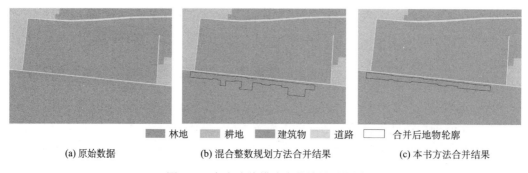

林地　　耕地　　建筑物　　道路　　合并后地物轮廓

(a) 原始数据　　　　　(b) 混合整数规划方法合并结果　　　　　(c) 本书方法合并结果

图 2.33　复杂直线模式合并结果对比图

由图 2.32 可以看出，对于普通直线模式，混合整数规划方法与本书方法的合并结果基本一致，较好地对聚集地物进行了合并，边界轮廓准确地反映了聚集地物的特征；由图 2.33 可以看出，对于复杂直线模式，混合整数规划方法会受到邻近同类地物的干扰，仅仅保留地物的聚集特征，而丢失了聚集地物的直线特征，与之相反，本书方法的合并结果较好地保留了地物的直线特征，邻近干扰地物均合并至其他地物内。

由图 2.34 可以看出，对于简单格网模式，混合整数规划方法与本书方法的合并结果基本一致，合并形成的边界轮廓较为准确地反映了地物聚集特征；由图 2.35 可以看出，对于复杂格网模式，混合整数规划方法不能顾及格网分支结构对于模式的影响，形成的地物轮廓丢失了地物典型的格网特征，与之相反，本书方法的合并结果较好地描述了地物的格网特征，去掉了分支结构对于格网模式的影响。

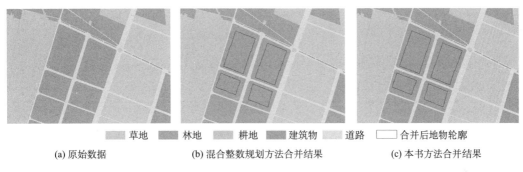

草地　　林地　　耕地　　建筑物　　道路　　☐合并后地物轮廓

(a) 原始数据　　　　　　　(b) 混合整数规划方法合并结果　　　　　(c) 本书方法合并结果

图 2.34　简单格网模式合并结果对比图

林地　　建筑物　　道路　　☐合并后地物轮廓

(a) 原始数据　　　　　　　(b) 混合整数规划方法合并结果　　　　　(c) 本书方法合并结果

图 2.35　复杂格网模式合并结果对比图

### 2. 面积平衡可靠性验证

为验证本书方法保持合并前后各地类面积变化平衡的可靠性，将本书方法与 Wolff (2010) 提出的混合整数规划合并方法进行对比分析，统计经过合并操作后各类用地类型的面积变化值，如表 2.7 所示。

由表 2.7 可以看出，由混合整数规划合并方法处理后的各类用地在合并前后面积总量变化不大，各类用地类型之间的面积比例基本保持平衡。其中，道路、裸地面积变化率为 0，这是因为实验区域道路全部为狭长图斑，不存在细碎道路，且其具有自身的独特形状特征，不参与合并其他地物；裸地在此区域数量较少，零星分布于实验区域内，且单个图斑面积较大，因此其未被合并也未合并其他地物。

表 2.7　合并操作后各类用地类型的面积变化值统计

| 用地类型 | 合并前面积(km²) | 混合整数规划合并方法 | | 本书方法 | |
|---|---|---|---|---|---|
| | | 合并后面积(km²) | 面积变化率(%) | 合并后面积(km²) | 面积变化率(%) |
| 耕地 | 451.32 | 458.78 | 1.65 | 459.14 | 1.73 |
| 园地 | 15.69 | 15.32 | −2.36 | 15.32 | −2.36 |
| 林地 | 111.9 | 109.01 | −2.58 | 109.02 | −2.57 |
| 草地 | 24.56 | 23.36 | −4.88 | 23.36 | −4.89 |
| 房屋建筑 | 51.57 | 49.34 | −4.32 | 49.03 | −4.93 |
| 道路 | 12.65 | 12.65 | 0.00 | 12.65 | 0.00 |
| 构筑物 | 10.15 | 9.69 | −4.56 | 9.68 | −4.63 |
| 堆掘地 | 1.51 | 1.56 | 3.33 | 1.56 | 3.31 |
| 裸地 | 1.12 | 1.12 | 0.00 | 1.12 | 0.00 |
| 水体 | 18.91 | 18.55 | −1.89 | 18.5 | −2.17 |
| 合计 | 699.38 | 699.38 | — | 699.38 | — |

经本书方法进行合并处理后，房屋建筑、构筑物、水体三类地物面积变化较混合整数规划合并方法稍大，面积变化率分别增加了 0.61%、0.07%、0.19%；耕地面积变化率增加了 0.08%(表中深灰色标注部分)，但这种程度的变化不会影响地类面积变化的全局效果。整体而言，各类用地合并前后面积总量与混合整数规划合并方法处理结果基本一致。

**3. 冲突调整可靠性验证**

为验证本书方法对于合并过程中边界轮廓处冲突处理的可靠性，选择实验区内两个典型区域进行验证，如图 2.36 和图 2.37 所示。其中，图 2.36 为边界轮廓内部冲突处理结果，图 2.37 为边界轮廓边界冲突处理结果。

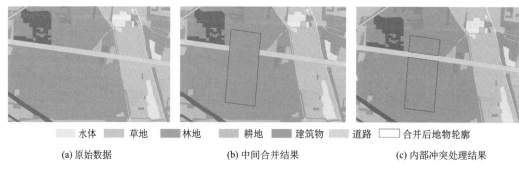

水体　　草地　　林地　　耕地　　建筑物　　道路　　□合并后地物轮廓

(a) 原始数据　　　　　　　(b) 中间合并结果　　　　　　(c) 内部冲突处理结果

图 2.36　边界轮廓内部冲突处理结果

由图 2.36 可以看出，位于道路两侧的建筑物因符合结构描述参数约束条件而被判定为格网模式，合并形成的边界轮廓截断了在其内部穿越而过的道路，如图 2.36(b)所示，图 2.36(c)为该冲突的处理结果，道路被还原为一个整体，连贯性得到保持。

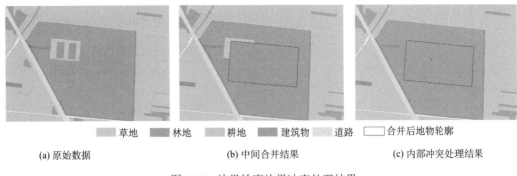

草地　　林地　　耕地　　建筑物　　道路　　☐合并后地物轮廓

　　(a) 原始数据　　　　　　　　(b) 中间合并结果　　　　　　　　(c) 内部冲突处理结果

图 2.37　边界轮廓边界冲突处理结果

　　由图 2.37 可以看出，位于林地、草地两种不同地类内的建筑物因符合结构描述参数约束条件而被判定为格网模式，合并形成的边界轮廓明显地缩小了原草地的面积，使其成为一个小图斑，如图 2.37(b) 所示，图 2.37(c) 为该冲突的处理结果，草地被包围其的林地合并，不存在明显的视觉冲突。

## 参 考 文 献

艾廷华. 2004. 基于场论分析的建筑物群的移位. 测绘学报, 33(1): 89-94.

艾廷华, 刘耀林. 2002a. 土地利用数据综合中的聚合与融合. 武汉大学学报: 信息科学版, 27(5): 486-492.

艾廷华, 刘耀林. 2002b. 保持空间分布特征的群点化简方法. 测绘学报, 31(2): 175-180.

艾廷华, 杨帆, 李精忠. 2010. 第二次土地资源调查数据建库中的土地利用图综合缩编. 武汉大学学报: 信息科学版, (8): 887-891.

陈涛, 艾廷华. 2004. 多边形骨架线与形心自动搜寻算法研究. 武汉大学学报: 信息科学版, 29(5): 443-446.

樊治平, 张全, 马建. 1998. 多属性决策中权重确定的一种集成方法. 管理科学学报, 1(3): 50-53.

江宝得, 吴信才, 万林. 2014. 土地利用图中狭长多边形降维综合一致性改正. 测绘科学, 39(12): 116-119.

李建林, 朱德海, 宋晓眉, 等. 2009. 一种基于面积平衡约束的图斑化简算法. 地理与地理信息科学, 25(1): 103-106.

李晶, 赵晓霞, 任俊涛, 等. 2014. 土地利用现状图斑选取方法. 测绘通报, (7): 10-108.

刘耀林, 焦利民. 2009. 顾及尺度效应和景观格局的土地利用数据综合指标研究. 测绘学报, 38(6): 549-555.

刘耀林, 李红梅, 杨淳惠. 2010. 基于本体的土地利用数据综合研究. 武汉大学学报: 信息科学版, 35(8): 883-886.

田启明, 罗予频, 胡东成. 2005. 圆角化的图形区域直骨架及其算法. 计算机辅助设计与图形学学报, 17(12): 2642-2646.

王冠. 2009. 基于 ArcEngine 的土地利用数据综合方法研究. 辽宁工程技术大学硕士学位论文.

王中辉, 闫浩文. 2011. 多边形主骨架线提取算法的设计与实现. 地理与地理信息科学, (1): 42-44, 48.

翁杰, 郭庆胜, 王晓妍, 等. 2012. 一种改进的图斑合并算法. 武汉大学学报: 信息科学版, 37(9): 1116-1119.

杨俊, 席建超, 孔凡强, 等. 2013. 基于语义优先的土地利用图斑综合的研究——以大连旅顺口区北海街道为例. 地理科学, 33(8): 949-956.

杨志龙. 2016. 基于蚁群算法的土地利用(图)图斑合并方法. 测绘与空间地理信息, 39(2): 210-212.

Ai T, Ke S, Yang M, et al. 2017. Envelope generation and simplification of polylines using Delaunay triangulation. International Journal of Geographical Information Science, 31(2): 297-319.

Cao T, Edelsbrunner H, Tan T. 2015. Proof of correctness of the digital Delaunay triangulation algorithm. Computational Geometry: Theory and Applications, 48.

Cheng T, Li Z. 2006. Toward Quantitative Measures for the Semantic Quality of Polygon Generalization. Cartographica: The International Journal for Geographic Information and Geovisualization, 41(2): 135-148.

Delucia A, Black T. 1987. A Comprehensive Approach to Automatic Feature Generalization. Proceedings of the 13th International Cartographic Conference.

Diakoulaki D, Mavrotas G, Papayannakis L. 1995. Determining objective weights in multiple criteria problems: the critic method. Computers & Operations Research, 22(7): 763-770.

Gao W, Gong J, Li Z. 2004. Thematic knowledge for the generalization of land use data. The Cartographic Journal, 41(3): 245-252.

Haunert J H, Sester M. 2008. Area collapse and road centerlines based on straight skeletons. GeoInformatica, 12(2): 169-191.

Haunert J H, Wolff A. 2010. Area aggregation in map generalisation by mixed-integer programming. International Journal of Geographical Information Science, 24(12): 1871-1897.

Jones C B, Bundy G L, Ware M J. 1995. Map generalization with a triangulated data structure. Cartography and Geographic Information Systems, 22(4): 317-331.

Lee D T. 1982. Medial axis transformation of a planar shape. IEEE Transactions on Pattern Analysis and Machine Intelligence, (4): 363-369.

Li C, Yin Y, Liu X, et al. 2018b. An automated processing method for agglomeration areas. International Journal of Geo-Information, 7(6): 204.

Li C, Yin Y, Wu P, et al. 2018a. Improved jitter elimination and topology correction method for the split line of narrow and long patches. ISPRS Int. J. Geo-Inf, 7: 402.

Liu Y, Molenaar M, Kraak M J. 2002. Semantic similarity evaluation model in categorical database generalization. International Archives of Photogrammetry & Remote Sensing Vol.

Meijers M, Savino S, Oosterom V P. 2016. Splitarea: an algorithm for weighted splitting of faces in the context of a planar partition. International Journal of Geographical Information Science, 30(8): 1522-1551.

Park S C, Chung Y C. 2003. Mitered offset for profile machining. Computer-Aided Design, 35(5): 501-505.

Penninga F, Verbree E, Quak W, et al. 2005. Construction of the planar partition postal code map based on cadastral registration. GeoInformatica, 9(2): 181-204.

Podrenek M. 2002. Aufbau des DLM50 aus dem Basis-DLM und Ableitung der DTK50–Lösungsansatz in Niedersachsen. Kartographische Schriften, 6: 126-130.

Sester M. 2005. Optimization approaches for generalization and data abstraction. International Journal of Geographical Information Science, 19(8-9): 871-897.

Sintunata V, Aoki T. 2016. Skeleton Extraction in Cluttered Image Based on Delaunay Triangulation. Multimedia(ISM). California, USA: 2016 IEEE International Symposium on. IEEE.

Song T,C ui X, Yu G. 2015. A general vector-based algorithm to generate weighted Voronoi diagrams based on ArcGIS Engine//Mechatronics and Automation(ICMA), 2015 IEEE International Conference on. IEEE: 941-946.

Steiniger S, Weibel R. 2007. Relations among map objects in cartographic generalization. Cartography and

Geographic Information Science, 34 (3): 175-197.

Uitermark H, Vogel S A, Van O P. 1999. Semantic and Geometric Aspects of Integrating Road Networks. Interoperating Geographic Information Systems. Berlin, Heidelberg: Springer: 177-188.

Van Oosterom P. 1995. The GAP-tree, an approach to "on-the-fly" map generalization of an area partitioning. GIS and Generalization, Methodology and Practice, 120-132.

Van Smaalen J. 2003. Automated aggregation of geographic objects: a new approach to the conceptual generalisation of geographic databases.

Ware J M, Jones C B, Bundy G L. 1997. A triangulated spatial model for cartographic generalization of areal objects//Kraak M J, Molenaar M. Advance in GIS Research II (the 7th Int. Symposium on Spatial Data Handling). London: Taylor & Francis: 173-192.

Wolff A. 2010. Area aggregation in map generalization by mixed-integer programming. International Journal of Geographical Information Science, 24 (12): 1871-1897.

Yan H, Weibel R, Yang B, 2008. A multi-parameter approach to automated building grouping and generalization. Geoinformatica, 12 (1): 73-89.

Yan X, Ai T, Zhang X. 2017. Template matching and simplification method for building features based on shape cognition. ISPRS International Journal of Geo-Information, 6 (8): 250-266.

Yi I L, Lee Y S, Shin H. 2008. Mitered Offset of A Mesh Using QEM and Vertex Split. Proceedings of the 2008 ACM Symposium on Solid and Physical Modeling.

Zhang X, Stoter J, Ai T, et al. 2013. Automated evaluation of building alignments in generalized maps. International Journal of Geographical Information Science, 27 (8): 1550-1571.

Zhou Q, Li Z L. 2012. A comparative study of various strategies to concatenate road segments into strokes for map generalization. International Journal of Geographical Information Science, 26 (4): 691-715.

Zou J J, Yan H. 2001. Skeletonization of ribbon-like shapes based on regularity and singularity analyses. IEEE Transactions on Systems, Man, and Cybernetics, Part B (Cybernetics), 31 (3): 401-407.

# 第3章  重要地形要素综合

地情专题地图重要地形要素通常包括水系、交通、境界、地名等，一般不含等高线、居民地。在地形要素的综合中，境界的综合通常通过高等级境界合并为低等级境界实现，地名的综合则主要通过重要性和整体平衡等原则选取，两者技术均较为成熟。而对于水系和路网要素的综合而言，其关键在于要素的结构化识别和选取，两者在空间上均具有特殊的层次或网状分布特征，往往等级繁多、关系复杂且连续覆盖面积较大，保持层次结构、网络关系、连续性表达等的结构化综合程度一直都有欠缺。本书针对已有研究存在的问题，通过提出一种自河口追踪的树状河系自动编码方法、stroke 特征约束的树状河系层次关系构建及简化和大比例尺下顾及多特征协调的路网渐进式选取方法，实现这两种要素的人类认知规律在计算机视觉中的科学转换与表达，确保选取结果准确保持水系和路网地形要素空间分布特征，从而解决地情专题地图中水系和路网等线状地形要素的结构化识别与选取问题：

第一，以河流实体为单元，依据河流等级定义，自河口追踪对河系进行逐级编码，实现了一种自河口追踪的树状河系自动编码方法，可以更好地反映由河流汇水关系形成的河流层次特征。

第二，在考虑河系对象等级、长度、角度等因素的基础上，进一步融入河流间距、河网密度等结构特征指标进行河系"由外及内"分层剔除选取，较好地解决了传统方法中难以保持树状河系原有空间分布特征这一难题。

第三，将描述单条道路完整地理意义的 stroke 特征及描述道路整体结构的网眼特征引入路网选取过程中，依据道路 stroke 与网眼的关联特征对其进行分类并分类别评价其重要性，智能识别路网末端信息渐进式进行路网"由外及内"剔除选取，较好地解决了传统方法中难以保持路网原有空间分布特征这一难题。

## 3.1  自河口追踪的树状河系自动编码

树状河系具有明显的层次结构和分形特征(何宗宜，2004)，对其进行编码可以有效地反映河流等级及河系空间结构特征，因此，树状河系编码一直是地图综合领域研究的重点和热点(Zhang et al., 2007；Gülgen, 2017)。

Horton(1945)基于水流在重力作用下随机发育的自然规律，针对河流实体提出了最为经典的 Horton 编码，该编码将树状河系末梢无分支的支流定义为第一级，其上层河流定义为第二级，依此类推，河系中的主流定义为最高级($N$ 级)。Horton 编码实现了对河流等级的区分并可以较好地反映河流子树的深度，是定量分析河网结构特征的有力工具。Strahler(1957)及 Scheidegger 等(1961)率先将其应用于水文地貌分析，Moharir 和 Pande (2014)及 Harish 等(2016)将其与遥感影像结合，对流域地貌特征进行分析，此外，因

Horton 编码可以有效区分河流等级，Sen 和 Gokgoz(2015)将其应用于水系综合中，用于完成河流选取操作。

Strahler(1957)发展了 Horton 学说，提出了以河段为对象的 Strahler 编码，其编码思路与 Horton 编码一致，即将河系末梢无分支的河段定义为第一级，并将凡是由两个或两个以上的一级河段汇合而成的河段称为二级河段，依此类推，直至河系内全部河段划分完毕。Strahler 编码可较好地反映河系子流域的范围大小及形态特征，其更有利于体现河网的树形结构特征，为此，Khatun 和 Sharma(2018)应用其对河流进行分级，并结合遥感影像分析区域水系特征；Stanislawski 和 Savino(2011)将其作为河段重要性的判别标准之一，应用于河流综合选取。此外，因为以河段为对象进行编码更加符合地图数据中河系的组织方式，Shreve(1975)、Scheidegger(1965)、Horsfield 和 Cumming(1968)在 Strahler 编码的基础上分别进行了优化，提出了各自的编码方法，以反映河系支流数量、密度差异等河系特征。

上述编码方法广泛地应用于水文地貌分析及河流综合中，然而，这些编码方法均采用"自上而下"的编码思路，即自河系末梢(河源)向河系主流(河口)编码，当处理大范围的树状河系时，河流编码不利于准确反映由河流汇水关系形成的河流层次特征。Gravelius(1914)基于河流汇水关系提出了一种经典的河流等级定义，受该定义启发，本书提出一种自河口追踪的树状河系自动编码方法，以河流实体为单元，顾及河流层次对河流等级进行编码标识。

## 3.1.1 现有方法及不足

### 1. 现有方法

#### 1) Horton 编码

Horton 编码的基本思想是将不同流域内具有相似形状及结构特征的河流实体归为同一编码，为此，Horton 编码首先将树状河系末梢无分支的支流定义为 1，其次根据河流流向，将仅包含编码值为 1 的河流定义为 2，将包含编码值为 1 和 2 的河流定义为 3，依此类推，河系中的主流，即包含最多分支的河流定义为最高级($N$ 级)，如图 3.1(a)所示。

#### 2) Strahler 编码

地图数据中，河流通常以河段为单元进行存储，当河流的流向建立后，即可对树状河系进行 Strahler 编码，具体步骤如下。

步骤 1：建立包含结点和弧段拓扑信息的河系树结构；

步骤 2：基于河系流向信息，计算各个结点的出入度，出度为 1、入度为 0 的结点识别为河源结点，出度为 0、入度为 1 的结点识别为河口结点；

步骤 3：将河源结点关联的弧段编码为 1 级河段，由两个或两个以上的 1 级河段汇合而成的河段编码为 2 级河段，依此类推，将由两个或两个以上的 $n$ 级河段汇合而成的河段编码为 $n+1$ 级河段；

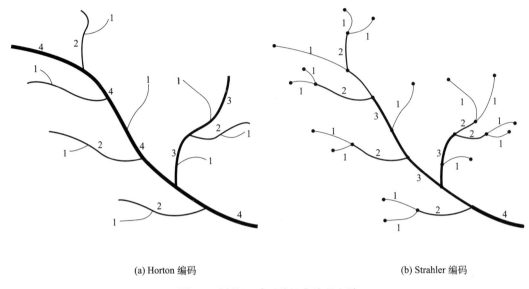

(a) Horton 编码　　　　　　　　　　　　　　　　(b) Strahler 编码

图 3.1　树状河系两种经典编码方法

步骤 4：遍历所有河段，重复步骤 3，直至全部河段编码完毕，得到河系的 Strahler 编码，如图 3.1(b)所示。

**2. 现有方法的不足之处**

由图 3.1(a)可以看出，对于以河流实体为编码对象的 Horton 编码，虽然该编码可以很好地区分河流等级并描述河流子树深度，然而，由于采用了"自上而下"(由河源至河口)的编码思路，对于范围较大的河系，具有同一 Horton 等级编码值的支流实体，其实际等级并不一致。如图 3.2 所示，河流 *AB*、*CD*、*EF* 编码值均为 1，然而其实际层级却并不相同，河流 *AB* 与主流相连，为一级支流；河流 *CD* 与一级支流相连，为二级支流；

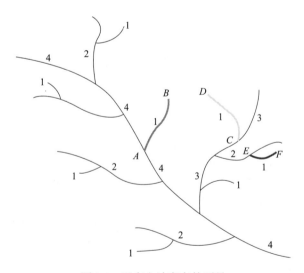

图 3.2　现有方法存在的不足

河流 *EF* 与二级支流相连，为三级支流。因此，应用 Horton 编码无法实现具有同一编码值的河流实体间的相互比较，其值不利于反映由河流汇水关系形成的河流层次特征。Strahler 编码同样不能反映河流实体的层次特征，由图 3.1(b)可以发现，以河段为编码对象的 Strahler 编码关注于河流深度及形态特征，未顾及河流的上下文关系，无法体现河流实体的连贯性与层次性。

### 3.1.2　自河口追踪的树状河系编码方法

Gravelius(1914)提出了一种经典的河流等级定义，其将河流主流定义为第 1 级，将与主流相连的支流定义为第 2 级，依此类推，河系末梢无分支的支流定义为最高级，该定义很好地体现了由河流汇水关系形成的河流层次特征，受此定义启发，本书提出一种自河口追踪的树状河系编码方法，其核心包括三部分：①构建河系有向拓扑树；②构建河系 stroke 实现河段连接并识别主流；③自河口追踪进行树状河系编码。

**1. 构建河系有向拓扑树**

树状河系带有流向的拓扑结构图也称有向拓扑树(directed topology tree，DTT)(吴静等，2013)，DTT 是结点和结点之间弧段的集合，结点记录度、出度、入度等信息(张园玉等，2004)，弧段(边)的方向定义为从流经起始结点到终止结点时的方向，同时记录河流语义(名称、类型等)、几何(长度、宽度等)等信息。

**2. 构建 stroke 连接并识别主流**

识别主流是构建河系编码的关键步骤，有学者提出依据长度最长原则、180°逼近原则或综合两种原则将河段连接为河流实体，然而，这些方法缺少对河流语义、流向等信息的综合利用；Thomson 和 Brooks(2000，2001)基于 Gestalt 认知中的"良好连续性"原则，通过综合利用河流的语义、几何、拓扑、流向信息，以构建河系 stroke 实现河段连接，取得了良好的效果。为此，本书基于有向拓扑树，以语义一致性、方向一致性、较长河流优先为原则，迭代计算树状河系 stroke 连接并适合河系主流。以图 3.3 为例，说明计算 stroke 连接并识别主流方法，主要步骤如下。

步骤 1：树状河系下游河段通常只有一个河口，为此，本书选择河口作为 stroke 连接追踪起始结点(点 *O*)，将河口关联弧段作为追踪弧段(弧段 *OP*)，得到弧段的另一个结点(点 *P*)，将其作为追踪结点；

步骤 2：将追踪结点关联弧段作为 stroke 连接候选集 $R\{PS, PT\}$，并计算弧段夹角 $\{\angle OPS, \angle OPT\}$；

步骤 3：基于语义一致性、方向一致性、较长河流优先原则获取候选集 *R* 中与弧段 *AO* 构成 stroke 连接的弧段，图 3.3 中为 *OS*，将 *S* 作为追踪结点；

步骤 4：依据步骤 2、步骤 3 的思路，继续向上追踪计算 stroke 连接，至河源追踪结束，形成河口所在主流；

步骤 5：计算与河源关联弧段所在 stroke 连接，得到与主流关联的支流；

步骤 6：依此类推，计算与支流关联弧段所在 stroke 连接，直至有向拓扑树中所有弧段均已计算，stroke 连接计算结束。

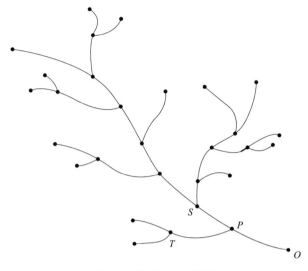

图 3.3　构建 stroke 连接

### 3. 自河口追踪的树状河系编码方法

遵循 Gravelius(1914)对河流等级的定义，该方法自河口所在的河流进行编码，将河口所在的主流定义为 1 级，编码为 1，与主流相连的河流定义为支流，编码为 2，依此类推，与 $n$ 级支流关联的次级支流编码为 $n+1$，直至所有河源关联河流编码完成。

### 4. 树状河系自动编码流程

以图 3.4 所示河系为例，说明树状河系自动编码流程，具体步骤如下。

步骤 1：自河口 $O$ 计算 stroke 连接，得到河系主流，将其编码为 1，如图 3.4(a)所示；

步骤 2：计算与主流关联弧段所在 stroke 连接，得到与主流关联的支流，将其编码为 2，如图 3.4(b)所示；

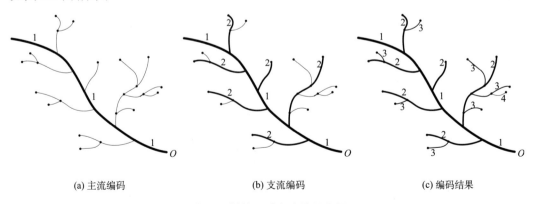

(a) 主流编码　　　　　　　　　　(b) 支流编码　　　　　　　　　　(c) 编码结果

图 3.4　树状河系自动编码流程

步骤 3：依此类推，计算与支流关联弧段所在 stroke 连接，顺序为其编码，得到最终编码结果如图 3.4(c) 所示。

### 3.1.3　实验与分析

**1. 实验数据与环境**

实验以南方某城市部分树状河系为例，该数据初始比例尺为 1∶20 万，共有河流 80 条。通过与河流实体经典编码方法——Horton 编码进行对比分析，对本书编码方法进行实验验证。实验环境为 Microsoft Windows 7 64 位操作系统，CPU 为 Intel Core I7-3770，主频 3.2 GHz，内存 16 GB，固态硬盘 1024 GB。

**2. 编码特点比较分析**

图 3.5 为分别依据 Horton 编码方法及本书编码方法对实验河系进行层次标识的结果。由图 3.5 可以看出，本书编码方法与 Horton 编码方法对该河流的等级划分范围一致，均为 6，然而 Horton 编码的思路为"自下而上"（自河源至河口），本书编码的思路为"自下而上"（自河口至河源），因此，本书编码的顺序与 Horton 编码的顺序相反，如主流在本书编码方法中为最小值 1，在 Horton 编码中为最大值 6。与此同时，Horton 编码可以直接用于反映子树深度，如某条河流其 Horton 编码为 3，则其一定具有编码为 2 和 1 的分支，即该河流的流域深度为 3；本书编码方法不能直接反映河流子树深度的概念，但本书编码可以更好地反映由河流汇水关系形成的河流层级。

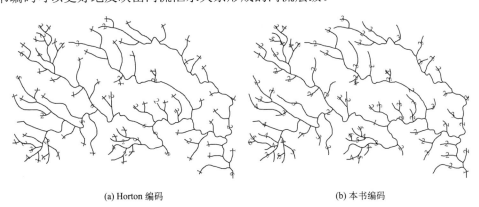

(a) Horton 编码　　　　　　　　　　　　　　(b) 本书编码

图 3.5　编码方法对比图

统计两种编码各等级下河流数目分布情况，如表 3.1 所示。

表 3.1　两种编码各等级下河流数目分布对比

| 编码方法 | 等级 | 1 | 2 | 3 | 4 | 5 | 6 |
|---|---|---|---|---|---|---|---|
| Horton 编码 | 编码 | 6 | 5 | 4 | 3 | 2 | 1 |
|  | 数目(条) | 1 | 2 | 3 | 4 | 15 | 55 |

续表

| 编码方法 | 等级 | 1 | 2 | 3 | 4 | 5 | 6 |
|---|---|---|---|---|---|---|---|
| Horton 编码 | 占比(%) | 1.25 | 2.50 | 3.75 | 5.00 | 18.75 | 68.75 |
| 本书编码 | 编码 | 1 | 2 | 3 | 4 | 5 | 6 |
| | 数目(条) | 1 | 22 | 34 | 14 | 7 | 2 |
| | 占比(%) | 1.25 | 27.50 | 42.50 | 17.50 | 8.75 | 2.50 |

　　为了更直观地统计两种编码各等级下河流数目的分布情况，根据表 3.1 两种编码各等级下河流数目分布对比绘制直方图，如图 3.6 所示。

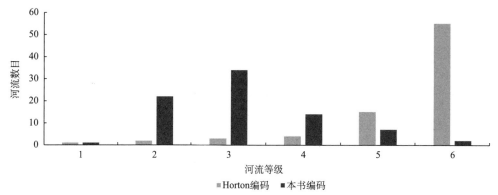

(a) 两种编码各等级下河流数目对比直方图

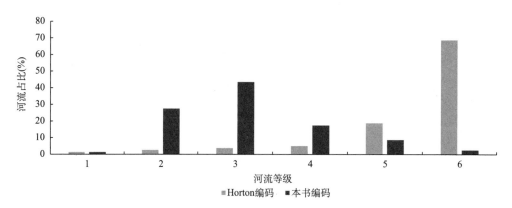

(b) 两种编码各等级下河流数目占比对比直方图

图 3.6　两种编码各等级下河流数目分布对比

　　由表3.1 及图 3.6 可以看出，两种编码中主流的数目一致，均为 1，其他等级中河流数目明显不同。Horton 编码中河流数目按照其等级逐级减少，河系边缘部分(河源所在)1 级支流占比最高，达到 66.27%，超过其他所有级别河流数目之和；本书编码中各级河流数目分布呈"钟"形，两侧级别河流数目少，中间级别河流数目多，其原因在于两种不同方法对河源所在支流(悬挂弧)的判定不一样，Horton 编码中河源所在支流一定为 1

级，而本书编码中若河源所在支流与高级别的河流相连，则其同样可以获得较高等级的编码值，因此，河源所在支流被分配到各个不同等级下。这也导致依据本书编码方法对河系进行编码时，高等级河流（编码值较低的河流）在河系整体中占比较大；依据 Horton 编码方法对河系进行编码时，低等级河流（编码值较低的河流）在河系整体中占比较大。

**3. 编码在河流选取综合中的应用效果分析**

树状河系选取综合过程中，河流编码通常是确定选取对象的主要因素。采用经典的河流选取方法，基于 Horton 编码及本书编码方法分别进行河流选取，对比分析两种编码方法的选取效果。经典的河流选取思路为（Stanislawski and Savino，2011）：①基于开方根模型（Toepfer，1963，1966；Regnauld，2001）确定选取数量；②对河流进行编码以区分河流等级，采取"保留主流、剔除支流"的方式确定选取河流，同级别河流考虑长度因素做进一步区分，保留长度较长的河流，剔除长度较短的河流；③自主流至支流逐级进行保留选取，直至选取河流数量满足开方根数量要求。

图 3.7(a)、图 3.8(a)、图 3.9(a)为实验数据中的三个典型区域的选取结果，其中，图 3.7(a)为普通河系子流域，即与主流连接的各个支流深度一致；图 3.8(a)为浅层嵌套、支流均匀分布的河系子流域，即与主流连接的各个支流深度较浅且相差较小；图 3.9(a)为深层嵌套结构的河系子流域，即与主流连接的各个支流深度相差较大。将三个典型区域数据综合至 1 : 50 万比例尺，对比分析两种编码方法的选取效果。

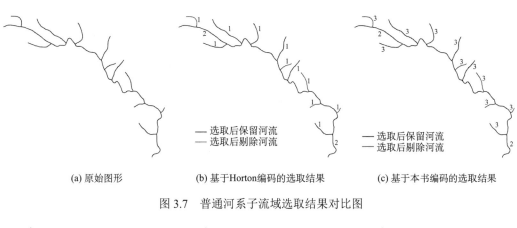

(a) 原始图形　　　　　(b) 基于Horton编码的选取结果　　　　　(c) 基于本书编码的选取结果

图 3.7　普通河系子流域选取结果对比图

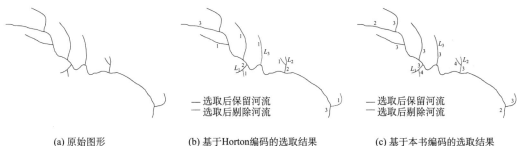

(a) 原始图形　　　　　(b) 基于Horton编码的选取结果　　　　　(c) 基于本书编码的选取结果

图 3.8　浅层嵌套、支流均匀分布的河系子流域选取结果对比图

图 3.7(a)所示河系子流域共有河流 12 条,由开方根模型可知,保留河流为 7 条,需剔除 5 条,选取结果如图 3.7(b)、图 3.7(c)所示。可以看出,对于普通河系子流域,各个支流所在层次一致、深度一致,在同一编码方法下各个支流的编码均一致,相互之间可作比较,因此,基于两种不同编码方法获得的选取结果相同。

图 3.8(a)所示河系子流域共有河流 10 条,由开方根模型可知,保留河流为 6 条,需剔除 4 条,选取结果如图 3.8(b)、图 3.8(c)所示。可以看出,对于浅层嵌套、支流均匀分布的河系子流域,基于 Horton 编码进行选取时,长度较短但深度为 2 的河流 $L_1$、$L_2$ 被保留,长度较长但深度为 1 的河流 $L_3$ 被剔除,整体上未能保持原始图形的空间结构;与此相反,基于本书编码进行选取时,$L_1$、$L_2$ 被剔除,$L_3$ 被保留,整体上较好地保持了原始图形的空间结构。

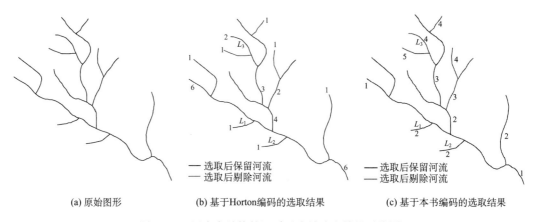

(a) 原始图形　　　　　(b) 基于Horton编码的选取结果　　　　　(c) 基于本书编码的选取结果

图 3.9　深层嵌套结构的河系子流域选取结果对比图

图 3.9(a)所示河系子流域共有河流 12 条,由开方根模型可知,保留河流为 7 条,需剔除 5 条,选取结果如图 3.9(b)、图 3.9(c)所示。可以看出,对于具有深层嵌套结构的河系子流域,基于 Horton 编码进行选取时,与主流相连但深度较小的河流 $L_1$、$L_2$ 被剔除,与支流相连但深度较大的河流 $L_3$ 被保留,整体上较好地保持了原始图形的嵌套结构;与此相反,基于本书编码进行选取时,$L_1$、$L_2$ 被保留,$L_3$ 被剔除,整体上丢失了原始图形的嵌套结构。

## 3.2　Stroke 特征约束的树状河系层次关系构建及简化

河系数据描述了自然河流的网络连通与分布情况,是主要的基础地理信息要素之一,在地图表达时是不可或缺的骨架。河系通常包括树枝状、格状、羽毛状等类型,其中树状河系具有明显的层次结构和密度特征,主流、支流蕴含着空间上的"父子关系",既无环路,河网密度又存在区域性差异。因此,当对树状河系进行综合选取时,必须保持这些主干河流,而且能够反映河系的空间结构特征和河网的密度差异,实际选取过程中主观经验判断处理较多,致使自动化水平不高,其直接导致了该领域的研究演变为热点和难点。

河流选取模型通常包括一元回归、多元回归、开方根等简单选取模型及模糊数学、综合指标等结构化综合模型(何宗宜，2004)。其中，一元回归模型、多元回归模型分别依据单位面积内河流长度、河流长度与条数关联实现河流的选取；开方根模型则依据地物要素选取数量与地图比例尺之间的关系，通过计算确定新比例尺下的河流数量进行选取。简单选取模型往往缺少对于河流空间结构的考虑。结构化综合是指顾及地图要素分布特点及规律的综合(毋河海，1996)。河系结构化综合通常包括模糊数学模型和综合指标模型等(何宗宜，2004)。其中，模糊数学模型考虑了河流的长度、密度、相对重要性和河网类型等因素，从而建立模糊综合评判矩阵进行河流选取；综合指标模型则分析河系简化涉及的多种因素，以河流长度为主要依据，并辅以河网密度和河流所处层次等标准，从而将河流等级、长度、层次组合起来进行河流选取(何宗宜，2004；邵黎霞等，2004；张青年，2006)。结构选取模型虽然能够顾及河系密度差异确定河流选取标准，但是处理过程复杂，过多依赖于人的主观经验，难以自动化实现。

基于层次关系的河系简化方法为综合集成应用河流选取多项指标提供了一种较好的解决思路(艾廷华等，2007)，其本质是依据河系树来确定河系的层次关系，进而对其进行逐层选取。河系树结构的构建基于 Paiva 等(1992)提出的两个重要角度假设："180°假设"和"锐角假设"；毋河海(1995)较早研究了河系树结构的建立方法，并提出了河系递归特征的树结构模型，但主流干流仍靠长度识别或者人工指定；郭庆胜和黄远林(2008)根据子河系呈现的空间特征，提出利用空间推理的方法确定水流流向和主支流的层次关系，丰富扩展了"180°假设"和"锐角假设"的应用范围；Thomson 和 Brooks(2001)提出基于知觉组织原则构建河流 stroke 连接方法，却仅涉及建立河系树某些环节的处理，并未形成完整的解决方案；张园玉等(2004)结合树状河系自身的结构特点和图论思想，提出了基于图论的河系结构化绘制模型，较好地解决了河系的主流和流向的自动判别问题。现有方法虽然能够通过逐层保留主干河系完成河流选取，但其经常出现整条河流被删除的现象，破坏了河流的空间分布形态，无法保证河系边缘的连通性。

鉴于此，本书将 Gestalt 认知原则中描述良好连续性的 stroke 特征引入选取过程中，提出一种顾及 stroke 特征约束的树状河系层次关系构建及简化方法，即依据树状河系有向拓扑树，综合考虑 stroke 对象语义、几何及拓扑等特征，构建河系层次关系，进而自动识别河流间距、河网密度等结构特征，实现河系自动简化。

## 3.2.1　现有方法及不足

### 1. 现有方法

地图中河系的形态复杂多样，但大多数河系呈树状结构，即河系间具有明显的主支流层次结构，河系之间蕴含着空间上的"父子关系"。树结构是树状河系结构化表达的常用方法，然而，树状河系的内部通常蕴含着多种其他特征的河流，如辫状分支、闭合环路与湖泊相连等，这些特征制约了河系树的建立。为此，有学者提出了基于河段的河系结构化数据模型，以图论的原理依据拓扑结构对复杂的河系实体进行描述，有效地实现了对于河流实体的一体化表达(卢开澄和卢华明，1995；翟仁键和薛本新，2007)。本书依据上述原理,将复杂河流实体打散为拓扑弧段,以有向拓扑树对河系进行结构化组织。

有向拓扑树中,弧段(边)的方向定义为从流经起始结点到终止结点时的方向。在实际地图空间数据库中,一条河流因与其他河流交汇,被打散成多条弧段,但它的图层、要素、名称等语义信息,长度、角度、流向等几何信息均融入弧段中,如弧段的要素名称(featureID)、河流名称(nameID)、图层名称(layerID)蕴含了河流语义属性;弧段的geometry蕴含了河流的角度、长度等几何形状。河流的语义特征、几何特征、拓扑特征构成了河流的有向拓扑树,如图3.10所示。

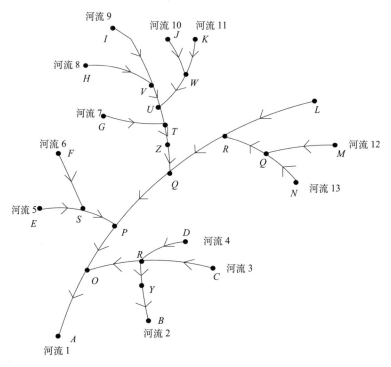

图 3.10　树状河系有向拓扑示意图

**2. 现有方法不足**

当前,依据河系树建立河流层次关系对河流进行选取主要采取"由上及下"(由第 1 层到第 n 层)的逐层保留选取方法(张青年,2007),即通过逐层保留主干河系完成河流选取,尽管这样可以较好地保留河系比较重要、层次较高的主要河流,但在选取过程中经常出现删除整条河系的情况,从而破坏了河流的空间分布形态,且无法保证河系边缘的连通性,造成河系边缘的断流。

## 3.2.2　Stroke 特征约束的树状河系层次关系构建及简化方法

河系简化过程中通常需要考虑多种因素,如河流长度、河网密度、河网类型、等级、层次等,其中河流长度是最基本的选取指标,但河流长度不能全面准确地衡量河流的重要性。顾及 stroke 特征约束的河流层级关系综合考虑了河流的语义特征、几何特征、拓扑特征，其对于判断河流的重要性具有重要意义。首先，河系层次关系反映了河系主支流的关系；其次，某一主流拥有支流数量越多，则其层级越高，在选取过程中更应得到保留；最后，子流域的河流总数越大，则河网密度越大，空间分布特征越复杂，选取前后应保持其空间特征不发生明显变化。基于层次关系的河系简化方法核心包括三部分：①确定选取数量；②由外及内分层剔除简化方法；③河流长度和河流间距权重系数 $\alpha$、$\beta$ 的确定。

**1. 确定选取数量**

本书采用开方根模型确定河系整体选取数量，开方根模型是德国制图学家 F. Toepfer 根据制图经验提出的地物选取规律公式（Regnauld, 2001; Toepfer, 1963），如式(3.1)所示：

$$n_F = n_A \sqrt{(M_A / M_F)^x} \tag{3.1}$$

式中，$n_F$ 为新编地物数量；$n_A$ 为原始地物数量；$M_A$ 为原始地图比例尺分母；$M_F$ 为新编地图比例尺分母；$x$ 为经验系数，$x$ 的取值受河流密度、新编地图的制图目的等因素影响，取值范围通常为 1～5。

**2. 由外及内分层剔除简化方法**

河流的选取可通过"河流保留"与"河流剔除"两种方式实现。河流逐层保留选取方法关注位于河系核心位置的主干河流，分层河流剔除选取方法与该思路相反，其处理对象为河系边缘的支流。本书提出一种根据河系拓扑关系进行"由外及内"分层剔除的河流选取方法。在树状河系拓扑结构中，可将弧段分为"主干弧"和"悬挂弧"两种。主干弧指连接各个弧段的中间弧段，通常是主干河流；悬挂弧指弧段(河段)的某一端点未与其他任意一条弧段的端点相连的弧，处在河系外部边缘，主要是无支流的小河系。河系分层之后，某些悬挂弧只与其上层弧段相连，有相对低一级的重要性，这样的弧段称为上一层弧段的"子悬挂弧"，如图 3.11 所示，图 3.11 (a) 中位于第 3 层的弧段 $L_3$ 是位于第 2 层的弧段 $L_2$ 的子悬挂弧，图 3.11 (b) 中当删除位于第 3 层的弧段 $L_3$ 后，位于第 2 层的弧段 $L_2$ 即位于第 1 层的弧段 $L_1$ 的子悬挂弧。

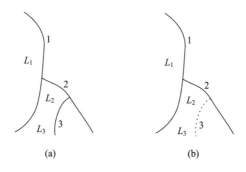

图 3.11　子悬挂弧

分层河流剔除选取方法是一种循环处理子悬挂弧过程，每一次循环包括四个步骤。

步骤 1：遍历整条河系，根据河系层次，统计各个层次的子悬挂弧。

步骤 2：选取数量非均等分配。将剔除数量分配到各个层次，分配方式按式(3.2)(何宗宜，2004)计算：

$$n_{\mathrm{C}i} = n_{\mathrm{C}} \times \frac{n_{\mathrm{m}i}}{n_{\mathrm{m}}} \tag{3.2}$$

式中，$n_{\mathrm{C}i}$ 为第 $i$ 层河流的剔除数量；$n_{\mathrm{C}}$ 为总的剔除数量；$n_{\mathrm{m}i}$ 为第 $i$ 层河流数量；$n_{\mathrm{m}}$ 为各个层次的河流总数。子流域若是含支流少或无支流的小河系，剔除数量可能是 0，为此，如果存在许多小河系，则将这些小河系统计相加作为一个整体进行计算。选取数量按四舍五入处理为整数。

步骤 3：将各个层次的剔除数量分配到各个子流域。

步骤 4：在子流域内部每一个层次上依据河流长度和河间距剔除河流。

如此循环，直至剔除的河段数量满足根据开方根模型确定的整体剔除总数，循环结束。

河流的选取需要顾及河流的空间特征，河流长度($L$)和河流间距($D$)是维持河流空间密度特征的两项常用指标。为保存化简后河系的空间分布特征不变，长度更大、间隔更远的河流应该得到保留；相反长度较小、间隔较近的河流应该予以删除。但实际情况中，对于长度小、间隔大或者长度大、间隔小的河流尚无明确办法进行区别选取，为此，本书提出应用式(3.3)计算每一条河流的重要性指数 $I_{\mathrm{R}}$：

$$I_{\mathrm{R}} = \alpha L + \beta D \tag{3.3}$$

式中，$\alpha$、$\beta$ 分别为河流长度($L$)和河流间距($D$)的权重系数，介于 0~1 且其和为 1，其值与比例尺、河系特点相对无关，可通过足量的样本数据采用"增量法"解算。河流间距主要指某河流与其属于同一主流的同侧河流间距，将某一河流与主流的交点及其前后两条河流与主流的交点的距离之和作为该条河流的间距值。如图 3.12 所示，对于两侧均有相邻河流的 $r_2$ 而言，其间距值为 $l_2$($N_3$ 与 $N_2$ 之间的距离)与 $l_3$($N_3$ 与 $N_4$ 之间的距离)之和；对于只有一侧有相邻河流的 $r_1$ 而言，其间距值为 $l_1$($N_2$ 与 $N_1$ 之间的距离)与 $l_2$($N_2$ 与 $N_3$ 之间的距离)之和。这种方法计算河流的间距，可以充分考虑河流的上下文环境，且该值不会受河流夹角的影响。当存在两条河流的重要性指数 $I_{\mathrm{R}}$ 相同时，则按长度指标进行选取；若长度指标也相等，说明长度、间距、长度权重系数、间距权重系数全部相等，则任选其一。

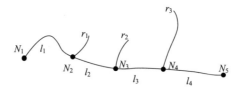

图 3.12　河流间距值的计算方法

### 3. α、β 的确定

河流长度($L$)和河流间距($D$)权重系数 $\alpha$、$\beta$ 的确定是该方法的关键，对于河系最终的选取结果具有决定作用，通过样本数据采用"增量法"进行解算。

样本数据来源于邵黎霞等(2004)，为湖北省西部部分 1∶20 万水系图，共有 68 条河流，通过将其综合至 1∶50 万说明参数 $\alpha$、$\beta$ 的确定方法。取 0.1 为增量，则 0～1 共有 11 组数据，分别应用各组数据对该水系图进行选取，部分实验结果如图 3.13 所示。可以看到，当 $\alpha > \beta$ 时，图 3.13(a)、图 3.13(b)中实验数据区域 $B$、$C$ 中选取的弧段均为长度相对较大的河流，相比图 3.13(c)、图 3.13(d)，河系分布比较密集，河流间距较小；随着 $\alpha$ 的减小、$\beta$ 的增大，部分长度较短但与其他河流间距较大的弧段得到保留[图 3.13(c)、图 3.13(d)的 $b1$]，河流较长但间距较近的河流被剔除[图 3.13(a)、图 3.13(b)中的 $b2$、$b3$，图 3.13(a)、图 3.13(b)、图 3.13(c)中的 $c1$]。通过将选取结果与邵黎霞等(2004)中的手工简化图[图 3.14(b)]对照，选出最接近图 3.14(b)的方案是 $\alpha = 0.8$，$\beta = 0.2$[图 3.13(b)]。

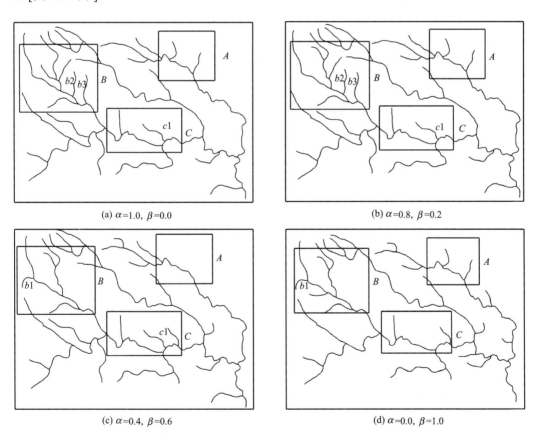

(a) $\alpha$=1.0, $\beta$=0.0　　　　　　　　　　　　(b) $\alpha$=0.8, $\beta$=0.2

(c) $\alpha$=0.4, $\beta$=0.6　　　　　　　　　　　　(d) $\alpha$=0.0, $\beta$=1.0

图 3.13　$\alpha$、$\beta$ 部分取值及相应选取结果图

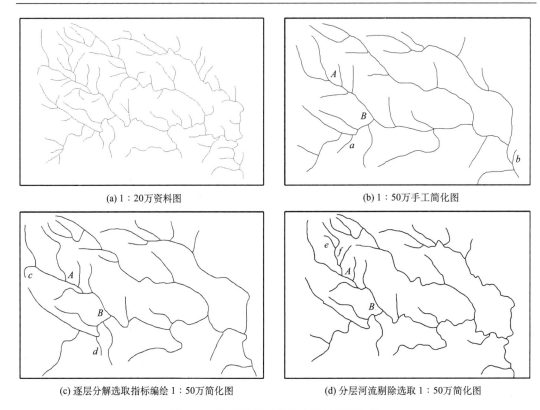

(a) 1：20万资料图　　　　　　　　　　　　　(b) 1：50万手工简化图

(c) 逐层分解选取指标编绘1：50万简化图　　　　　　(d) 分层河流剔除选取1：50万简化图

图3.14　河系选取可靠性实验结果对比图

### 3.2.3　实验与分析

依托中国测绘科学研究院研制的 WJ-III 地图工作站，嵌入河系简化方法，采用邵黎霞等(2004)中湖北省西部部分1：20万水系图作为样本数据[图3.14(a)]，简化目标比例尺为1：50万，分别在少量样本数据和实际河系数据上进行实验，验证方法的可靠性和合理性。

**1. 可靠性分析**

为了验证方法的可靠性，与手工选取方法[图3.14(b)，已做化简处理]、何宗宜(2004)按层次分解选取指标的方法[图3.14(c)，已做化简处理]进行比较。实验中相关参数设置如下：公式(10)中的指数 $x$ 取2，与何宗宜(2004)保持一致，$\alpha$、$\beta$ 的值为0.8、0.2。根据上述参数，得到按照本书方法选取的1：50万水系图[图3.14(d)，未做化简处理]。

采用目视比较方法评价河流选取结果，可以看出，图3.14(d)选取的河流与图3.14(b)、图3.14(c)基本一致，河系中心弧段和边缘弧段的选取数量分配较为合理，河流密度的区域差异及河系的空间结构特征在综合后的图上保持得较好，选取的河流很好地照顾了河流长度和间距的平衡，不存在间隔较密、长度较短的河流，选取效果较好，证明了使用本书方法进行河流选取的可靠性。

进一步分析可以发现，图 3.14(d)在河系密集的子流域 $A$ 中选取的河段数量比图 3.14(b)、图 3.14(c)多 2 条(河段 $e$、$f$)，在保持河系的整体空间分布结构方面效果良好，同时图 3.14(d)剔除了图 3.14(b)、图 3.14(c)中较短的河段(河段 $b$、$c$)，保证了简化后图形选取均为较长的河流，子流域 $B$ 中选取的河段数量比图 3.14(b)、图 3.14(c)少 1 条(河段 $a$、$d$)，实现了河系基本轮廓的保持。

**2. 实际数据实验**

对湖北省某县 1∶1 万地理国情水系数据进行实验，验证方法的性能及有效性，实验数据的空间大小为 $(90.91×106.56)\,km^2$，空间范围内水系发达，共有 944 条河流。数据预处理阶段首先去掉河网中的闭合环，使其成为树状结构，进而识别河口河段，采取"自下而上"的方式迭代构建 stroke 特征约束的河系层次关系，如图 3.15 所示。因实验区河段过多，图中只对 1 层、2 层、3 层河流进行了标注。

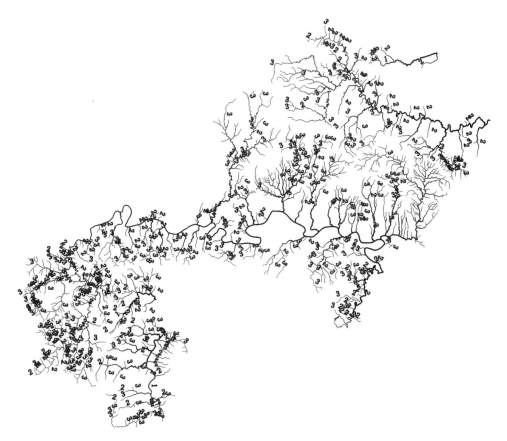

图 3.15　原始数据及其层次关系

选取 1∶5 万、1∶10 万、1∶25 万作为目标比例尺，首先采用开方根规律计算河流的整体选取数量。开方根模型计算简单，但其参数 $x$ 受原比例尺与目标比例尺之间跨度的影响(王家耀等，2011；毋河海，2004)，跨度越大，线状符号在空间中缩减的速度越快。为此，将各个目标比例尺中 $x$ 的取值分别设为 1、1、2，参数 $\alpha$、$\beta$ 的值为 0.8、0.2。最后依据上述河流剔除选取方法选取河流（未做河流化简），直到选取数量达到要求为止，各个目标比例尺选取结果如图 3.16(b)、图 3.16(c)、图 3.16(d) 所示，各层次河流数量如表 3.2 所示。

表 3.2  不同目标比例尺河系选取实验

| 比例尺 | $x$ | 河流条数 | 一级 | 二级 | 三级 | 四级 | 五级 | 六级 | 七级 | 八级 | 九级 |
|---|---|---|---|---|---|---|---|---|---|---|---|
| 1∶1 万 | 1 | 944 | 6 | 203 | 351 | 245 | 100 | 27 | 9 | 2 | 1 |
| 1∶5 万 | 1 | 418 | 6 | 111 | 154 | 100 | 35 | 9 | 2 | 1 | 0 |
| 1∶10 万 | 1 | 296 | 6 | 90 | 107 | 66 | 20 | 5 | 1 | 1 | 0 |
| 1∶25 万 | 2 | 40 | 6 | 21 | 8 | 3 | 1 | 1 | 0 | 0 | 0 |

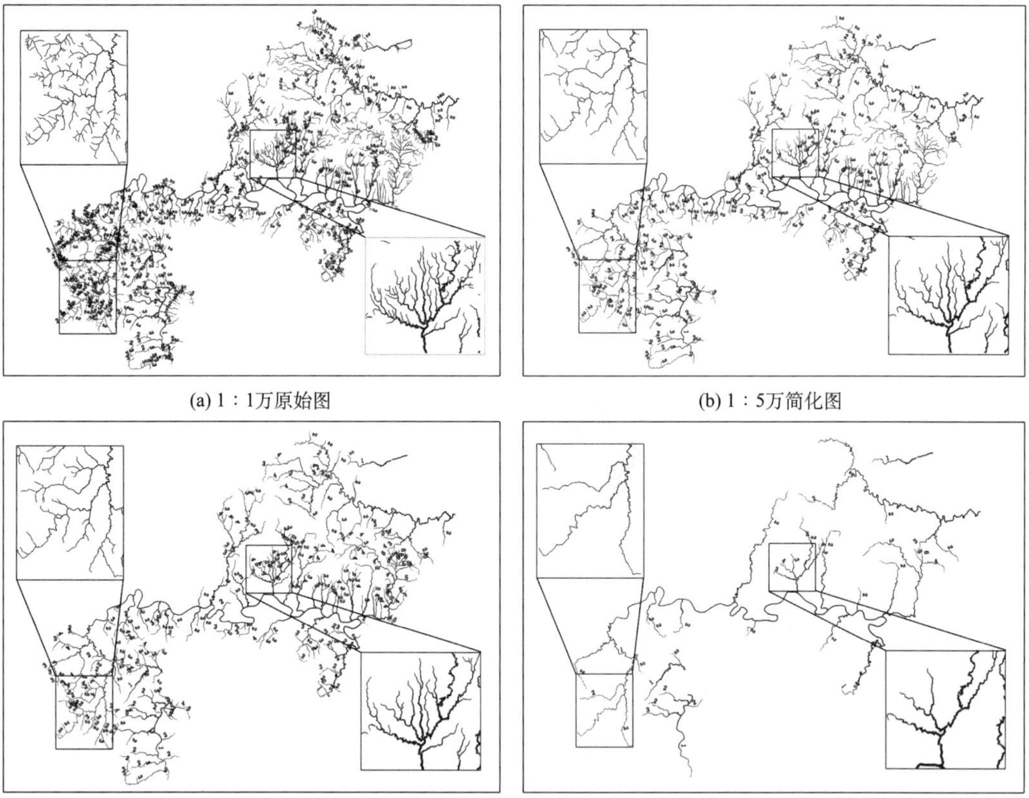

(a) 1∶1万原始图      (b) 1∶5万简化图

(c) 1∶10万简化图      (d) 1∶25万简化图

图 3.16  实际河系数据不同目标比例尺选取结果

由图 3.16 可知，采用本书方法对于多个目标比例尺进行河系选取的结果在不同尺度上较为准确地反映了河系原始的空间分布特征及不同子流域的河系密度差异，有效地避免因层级较高的河流被删除而导致与其相关的子流域全部被删除的情况，且较好地保证了河系边缘的连通性，不会出现河系边缘断流的现象。

由表 3.2 可以发现，采用"由外及内"分层剔除选取方法较好地保留了河系主干部分，一级河流由于位于内层核心位置，在选取中一直会被保留，各个支流的取舍亦较好地照顾了支流数量在河系中所占的比例，保证了河系的空间分布特征，且随着目标比例尺的逐渐缩小，层次越低的河系会优先被剔除。

此外，本书所述方法已在湖北、贵州等省份地理国情普查专题数据综合中进行了实际应用，并取得了良好的效果，验证了该方法的合理性和有效性。

## 3.3　大比例尺下顾及多特征协调的路网渐进式选取方法

地图上的道路网是对真实地理世界道路网络连通与分布情况的客观构建，是地图的骨架要素。通常，道路网等级繁多、关系复杂、呈网络状，因此，道路网自动综合一直是一个难点问题(Jiang and Claramunt，2004; Zhang, 2005)。路网选取过程中，选取的侧重点依赖于比例尺跨度，然而，已有研究均未限定其方法适用的综合比例尺范围，对于城市大比例尺(大于 1∶100 000)道路网的地图自动综合而言，对路网的构建十分精细，因此，在对其进行自动综合选取的过程中，既要考虑道路自身的连通性、完整性，又要顾及路网整体的网络特性和密度特征(Jiang and Harrie, 2004; Wang and Doihara，2004)。

道路网选取过程包括两个方面：选取多少和选取哪些，当比例尺发生变化时，选取结果的空间分布特征完全依赖于这两个要素。其中，前者即定额选取问题，一般可通过开方根模型解决(Topfer and Pillewizer, 1966)；后者是结构化、最优化选取问题，一直是研究的热点(Bulatov et al., 2017; Shoman and Gülgen, 2017)。在已有研究中，基于图论的选取方法为组织路网数据、顾及路网拓扑约束奠定了基础(Mackaness and Beard, 1993; Wanning and Muller, 1996)，然而，这种方法难以实现路网的结构化选取。Thomson (2006) 引入 Gestalt 视觉感知中的良好延续性(good continuation)原则，提出将路段连接成 stroke 作为选取对象，依据 stroke 重要性完成选取，以保证路网的连通性。基于 stroke 特征选取方法的关键是计算 stroke 重要性，Thomson 等率先提出以长度指标评价 stroke 重要性，但该评价指标过于单一，因此，Liu 等(2009，2010)进一步考虑了 stroke 的长度、连通度及包含弧段的平均密度，Zhou (2012)加入了 stroke 在道路网络中的连接度、中心度及道路等级、类型其他语义信息。基于 stroke 的选取方法可以有效模拟人工选取中的道路视觉长度，保持道路连通性的同时考虑了道路目标整体性，即其能够识别主要、次要道路，然而，该方法对次要道路的选择方面相对粗糙，导致其选取结果路网网络特征以及道路网局部密度特征丢失(Yang et al., 2013; Zhou and Li, 2016)。胡云岗等(2007)针对已有研究存在的不足，提出了基于道路网眼密度的道路选取方法，以道路数据中的网眼密度反映局部区域的道路密集程度，并提出了三种方法来获取密度阈值，确定选取率，该方法很好地保持了道路网在密度、拓扑、几何及语义方面的特征，但因其以路段为单位做取舍，经常会舍弃中间路段，破坏路网连通性。

基于以上分析，在已有研究的基础上，本书提出一种大比例尺下顾及多特征协调的路网渐进式选取方法，顾及道路连通性、完整性及路网网络特征与局部密度多特征协调完成路网选取。

## 3.3.1　现有方法及不足

**1. 现有路网选取方法**

1）基于 stroke 特征的路网选取方法

杨敏等(2013)给出了顾及道路目标 stroke 特征保持的路网自动综合方法，该方法的基本思想是将描述道路完整地理意义的 stroke 特征引入选取过程中，构建道路网 stroke 连接并依据其重要性和空间邻近关系等进行道路选取。其具体步骤如下。

步骤 1：构建路网点、线、面拓扑，并依据弧段语义、方向、长度等信息形成道路 stroke 连接，考虑长度、连通度、包含弧段的平均密度、中心度及空间邻近关系，计算单条 stroke 连接的重要性；

步骤 2：根据源比例尺及目标比例尺，以开方根模型确定选取数量 $M$；

步骤 3：根据 stroke 连接重要性实行"资格"选取，保留重要性较大的 stroke 连接，直至选取数量为 $M$。

2）基于网眼密度的路网选取方法

胡云岗等(2007)给出了基于网眼密度的道路选取方法，该方法的基本思想是根据路网的网络特征，通过确定目标尺度要求的密度阈值，循环剥离密度最大的网眼，并利用反映路段重要性的参数及其优先级，渐进筛选出舍弃的路段，并完成与邻近网眼的合并。其具体步骤如下。

步骤 1：构建路网点、线、面拓扑，依据路网拓扑关系识别网眼，并计算网眼密度；

步骤 2：根据源比例尺及目标比例尺，确定网眼密度阈值；

步骤 3：对密度超过阈值的网眼按密度值从大到小排序，剥离密度最大的网眼；

步骤 4：比较道路网眼边界上各路段的重要性，判断最次要的路段，舍弃并作标识；

步骤 5：根据标识路段的左右多边形拓扑关系，合并网眼并重新组织路段，标识网眼类型，如果该网眼密度超过阈值，加入密度超过阈值的网眼集，并排序；

步骤 6：依次从网眼集剥离出网眼，按步骤 4、步骤 5 处理，直至网眼集中的所有网眼被处理。

**2. 现有路网选取方法的不足**

1）基于 stroke 的路网选取方法的不足

基于 stroke 的选取方法能够较好地识别并保留主要道路，但其对次要道路的选取结果不利于保持路网的拓扑连通性及局部区域密度分布特征。以图 3.17(a)所示数据为例，如图 3.17(b)所示，当删除 stroke(*BGHJ*)时，会破坏路网的拓扑连通性，出现多个悬挂路段 *CG*、*DH*。有学者为顾及拓扑连通性，采用删除 stroke 连接中部分路段的方法进行优化，但这不利于保持道路的局部完整性及路网密度的分布特征。如图 3.17(c)所示，当只删除部分路段(*GH*)时，虽不会造成拓扑连通性，但会破坏中间 *GH* 所在道路的完整性及其附近的网眼结构。

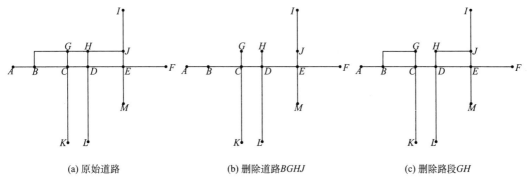

图 3.17　现有路网选取方法不足示意图

2) 基于网眼密度的路网选取方法的不足

基于网眼密度的路网选取方法，采用网眼密度反映局部区域的道路密集程度，但这种方法的选取单元为路段，当其循环剥离密度最大网眼中重要性最低的路段时，同样会破坏道路的完整性，此外，这种方法不利于处理道路网中无法构成网眼的悬挂路段、孤立路段等。如图 3.17(a) 所示，网眼 *CDGH* 为密度最大的网眼，当删除其中重要性最低的路段 *GH* 时，道路的完整性丢失[图 3.17(c)]。

## 3.3.2　顾及多特征协调的路网渐进式选取方法

本书针对大比例尺下现有路网选取方法的不足，结合基于 stroke 的路网选取方法与基于网眼的路网选取方法，提出一种顾及多特征协调的路网渐进式选取方法，该方法包括四个关键步骤，即：①末梢特征识别：为路网构建拓扑，识别其中的网眼，同时考虑道路语义、几何及拓扑特征生成 stroke 连接，并识别末梢弧段、末梢 stroke 与末梢网眼；②道路 stroke 分类：根据道路 stroke 首末端点关联道路 stroke 集合、末梢弧段的个数和末梢网眼个数划分道路 stroke 类型；③确定选取数量：基于统计分析的方法计算网眼密度阈值(TN)及道路 stroke 连接重要性阈值(TS)，确定选取数量；④渐进式选取：计算各个 stroke 连接的重要性，并依据上述阈值，分含有末梢网眼的道路 stroke、不含有末梢网眼的道路 stroke 两种类别进行道路渐进式选取。

### 1. 方法流程

如图 3.18 所示，本书方法的计算流程为：①为路网构建点、弧段、多边形拓扑，识别其中的网眼，同时考虑道路语义、几何及拓扑特征生成 stroke 连接，并识别末梢弧段、末梢 stroke 与末梢网眼；②确定网眼密度阈值(TN)及道路 stroke 连接重要性阈值(TS)；③划分道路 stroke 类型，并根据各类型特征，评价 stroke 连接的重要性；④对于不含有末梢网眼的 stroke 连接，若该 stroke 连接的重要性小于 TS，则删除；⑤根据网眼含有道路 stroke 的类型对网眼进行分类，含有 II 类道路 stroke 的网眼优先处理，其次为含有 III 类道路 stroke 的网眼，最后为含有 IV 类道路 stroke 的网眼，处理识别密度大于 TN 的网

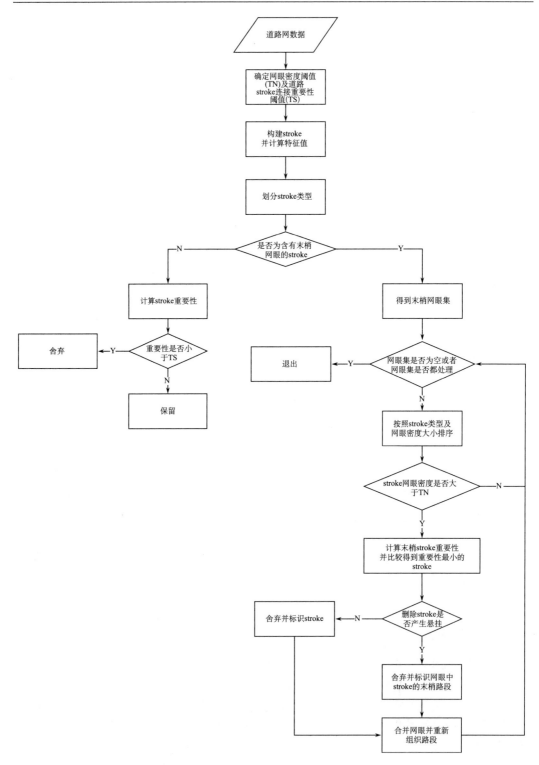

图 3.18　本书方法的计算流程图

眼，剥离出密度最大的网眼及其关联的末梢 stroke 集合，比较末梢 stroke 重要性，并得到重要性最小的 stroke；⑥删除该 stroke，判断是否会产生悬挂弧段：若不产生悬挂弧段，则删除该 stroke，并合并该 stroke 左右两边的拓扑多边形，生成新的网眼，若产生悬挂弧段，则删除网眼中该 stroke 的末梢路段，合并该路段左右两边的拓扑多边形，生成新的网眼；⑦循环步骤⑤、步骤⑥，直至所有大于 TN 的网眼处理完成。

### 2. 末梢特征识别

stroke 源于 Gestalt 认知原则中良好连续性原则，该概念从一笔画出曲线段的思想中产生。构建路网点、线、面拓扑，并依据弧段语义、方向、长度等信息形成道路 stroke 连接，如图 3.19 中的道路 stroke 连接 $S_1$、$S_2$、$S_3$、$S_4$、$S_5$、$S_6$。

末梢弧段：若道路 stroke 连接中的某一弧段与该道路 stroke 连接中所有弧段的交集个数小于 2，则称该弧段为该道路 stroke 连接中的末梢弧段。如图 3.19 所示，末梢弧段包括 $S_1$ 中的弧段 AB、DE，$S_2$ 中的弧段 FG、IJ，$S_3$ 中的弧段 KL、NO，$S_4$ 中的弧段 BG、LP，$S_5$ 中的弧段 CH、MQ，$S_6$ 中的弧段 DI、IN。值得注意的是，若存在首尾结点相同的闭合弧段，其同样属于末梢弧段。

末梢网眼：依据路网拓扑关系，识别道路网眼，如图 3.19 中的网眼 Ⅰ、Ⅱ、Ⅲ、Ⅳ。将含有道路 stroke 连接中末梢弧段的网眼称为末梢网眼，如图 3.19 中的网眼 Ⅰ、Ⅱ、Ⅳ。

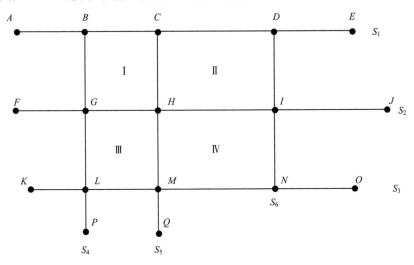

图 3.19　末梢弧段及末梢网眼示意图

### 3. 道路 stroke 分类

将与道路 stroke($S_i$)首端点相接的其他道路 stroke 集合记为 Start$V(S_i)$；与道路 stroke($S_i$)末端点相接的其他道路 stroke 集合记为 End$V(S_i)$；道路 stroke($S_i$)的末梢弧段数目为 Burr$N(S_i)$；与道路 stroke($S_i$)的末梢弧段相关联的道路网眼数目为 Net($L_i$)，通过判断以上 4 个参数将道路 stroke 划分为以下 4 类。

Ⅰ类道路 stroke：Net($L_i$)=0。

II 类道路 stroke：intersection[Start$V(S_i)$, End$V(S_i)$]>0 且 Burr$N(S_i)$=1 且 Net$(L_i)$>0。

III 类道路 stroke：intersection[Start$V(S_i)$, End$V(S_i)$]>0 且 Burr$N(S_i)$>1 且 Net$(L_i)$>0。

IV 类道路 stroke：intersection[Start$V(S_i)$, End$V(S_i)$]=0 且 Net$(L_i)$>0。

图 3.20 中 I 类道路 stroke 有 $S_1$、$S_2$、$S_3$、$S_4$、$S_9$、$S_{11}$、$S_{12}$、$S_{13}$、$S_{14}$、$S_{15}$，II 类道路 stroke 有 $S_8$，III 类道路 stroke 有 $S_5$，IV 类道路 stroke 有 $S_6$、$S_7$、$S_{10}$。

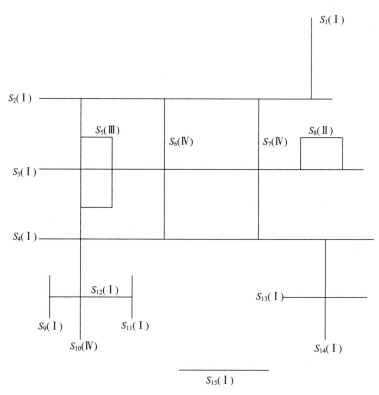

图 3.20　stroke 分类

## 4. 确定选取数量

1）网眼密度阈值（TN）

网眼密度是指包含网眼的最小区域内道路总长度与网眼面积的比值，如式（3.4）所示：

$$D = P / A \tag{3.4}$$

式中，$D$ 为网眼密度；$P$ 为网眼边界上路段总长度；$A$ 为网眼的面积。

依据胡云岗文献，采用基于统计分析的方法确定网眼密度阈值。通过分析样图综合前后相同等级网眼密度与网眼个数的关系来确定密度阈值。

以源比例尺 1∶1 万，目标比例尺 1∶5 万为例说明，将道路分为主要道路和次要道路两种，则网眼分为由主要道路构成的网眼和由次要道路构成的网眼。图 3.21（a）和图 3.21（b）中曲线分别表示次要、主要道路网眼密度分布对比。

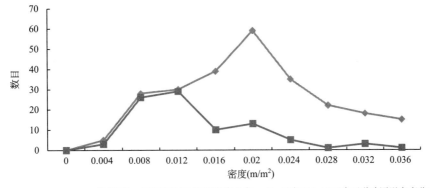

(a) 次要道路网眼密度分布对比

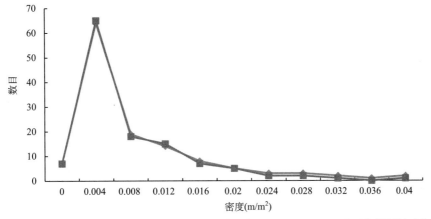

(b) 主要道路网眼密度分布对比

图 3.21 网眼密度阈值的估算

由图 3.21(a) 可以看出,密度值 0.012 m/m² 是两条曲线的分界点,密度大于 0.012 m/m² 的网眼在 1∶5 万比例尺下需要选取;由图 3.21(b) 的分布曲线可知,两种主要道路网眼密度分布几乎吻合,表明主要道路在 1∶5 万比例尺下几乎没有舍弃,则取 0.012m/m² 为 1∶5 万比例尺下网眼密度阈值(TN)。

2) 道路 stroke 连接重要性阈值(TS)

通常,制图专家认为图上视觉可分辨的距离为 0.4 mm,则依据式(3.5)计算目标比例尺(1∶$\text{Scale}_{\text{Target}}$)下,道路 stroke 连接重要性阈值(TS):

$$TS = 0.4 \times \text{Scale}_{\text{Target}} \tag{3.5}$$

## 5. 渐进式选取

1) stroke 重要性评价

对于含有末梢网眼的道路 stroke,如 II 类道路 stroke、III 类道路 stroke、IV 类道路 stroke,

根据式(3.6)计算 stroke 重要性。

$$I = BC \times L \tag{3.6}$$

式中，$I$ 为 stroke 重要性；BC 为 stroke 中介中心性(Zhou，2012)；$L$ 为 stroke 长度。

对于不含有末梢网眼的道路 stroke，如 I 类道路 stroke，根据式(3.7)计算 stroke 重要性。

$$I = (1+N) \times L \tag{3.7}$$

式中，$I$ 为 stroke 重要性；$N$ 为 stroke 连通度；$L$ 为 stroke 长度。

2) 渐进式选取

分类型进行 stroke 选取：对于含有末梢网眼的道路 stroke，利用网眼密度渐进式选取；对于不含有末梢网眼的道路 stroke，利用道路 stroke 连接重要性进行选取。

### 3.3.3　实验与分析

**1. 实验数据与环境**

依托中国测绘科学研究院研制的 WJ-III 地图工作站，嵌入提出的顾及多特征协调的路网渐进式选取方法，以 1：1 万江苏某地区道路地形图为例进行可靠性及优越性验证。实验数据空间范围为 23.91×18.67 km²，共有道路 5064 条，源比例尺 1：1 万、目标比例尺 1：5 万，软件系统运行环境为 Windows 7 64 位操作系统、CPU 为 Intel Core I7-3770、主频 3.2 GHz、内存 16 GB、固态硬盘 1024 GB。

**2. 可靠性分析**

为验证本书方法的可靠性，以 1：5 万标准比例尺地图作为参考，将本书方法与基于 stroke 的路网选取方法、基于网眼密度的选取方法进行对比分析，选取结果如图 3.22 所示。

通过目视判断可以发现，在整体结构上，本书选取结果与基于 stroke 的路网选取方法、基于网眼的路网选取的方法的结果基本相似，选取结果几乎保持相同的覆盖范围，不存在明显的道路缺失。

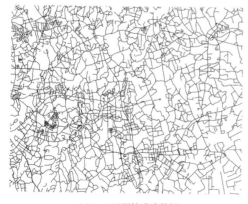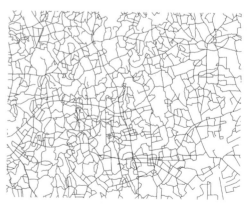

(a) 1：1万原始道路数据　　　　　　　　　(b) 1：5万标准图幅

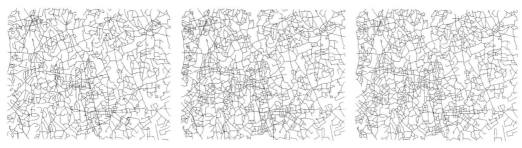

(c) 基于stroke的路网选取方法结果　　(d) 基于网眼的路网选取方法结果　　(e) 本书选取方法结果

图 3.22　可靠性分析

为进一步验证选取结果的可靠性，除上述的目视比较结果外，采用"最大相似度"和"相对平均连通性"两个指标定量描述选取结果与相应标准比例尺地图的一致性和选取网络的通达性。

"最大相似度"计算公式为

$$\text{Similarity} = \frac{A \bigcap B}{A + B - A \bigcap B} \tag{3.8}$$

式中，$A$ 为选取路网的总长度；$B$ 为相应比例尺标准地图的道路总长度；$A \bigcap B$ 为 $A$ 和 $B$ 中共有道路长度之和。

"平均连通度"计算公式为

$$\text{AC} = \frac{\displaystyle\sum_{i \in N} \sum_{j \in N, i \neq j} \partial_{ij}}{N(N-1)} \tag{3.9}$$

式中，$N$ 为网络节点数；当 $i$ 节点到 $j$ 节点有一条路径时 $\partial_{ij}$ 为 1，否则为 0。

"相对平均连通度"是指经由某一方法所得选取结果的平均连通性与标准地图平均连通度的比值，计算公式为

$$\text{RAC}_i = \frac{\text{AC}_i}{\text{AC}_s} \tag{3.10}$$

式中，$\text{AC}_i$ 为第 $i$ 种选取方法所得结果的平均连通度；$\text{AC}_s$ 为标准地图的平均连通度。

以 1∶5 万标准图幅为参考，根据式(3.8)、式(3.10)计算出的各个方法的最大相似度及相对平均连通度如表 3.3 所示。

表 3.3　"最大相似度"与"相对平均连通度"比较

| 源比例尺 | 目标比例尺 | 选取结果 | 最大相似度(%) | 相对平均连通度(%) |
|---|---|---|---|---|
| | | 基于 stroke 的路网选取方法 | 77.91 | 95.01 |
| 1∶1 万 | 1∶5 万 | 基于网眼的路网选取方法 | 77.52 | 98.62 |
| | | 本书方法 | 78.64 | 99.33 |

由表 3.3 可以发现，在最大相似度方面，本书选取结果与 1∶5 万标准图幅最大相似度为 78.64%，说明本书方法与标准图幅整体较为相似，此外，本书方法与另外两种方法

的最大相似度值相差均不到 1%，说明本书方法同样具有良好的可行性；在相对平均连通度方面，本书方法获取的选取结果相对平均连通度为 99.33%，与 1∶5 万标准图幅极为接近，说明本书方法较好地保持了道路的连通性，未产生过多的孤立弧段。值得注意的是，本书方法选取结果的最大相似度、相对平均连通度均高于另外两种方法，说明本书方法对局部复杂路网选取的效果更佳。

统计三种方法处理该区域数据所耗费的时间，如表 3.4 所示。

表 3.4　三种方法计算耗时

| 源比例尺 | 目标比例尺 | 选取结果 | 选取时间(s) |
|---|---|---|---|
| 1∶1 万 | 1∶5 万 | 基于 stroke 的路网选取方法 | 0.960 |
| | | 基于网眼的路网选取方法 | 0.951 |
| | | 本书方法 | 0.904 |

由表 3.4 可以发现，本书处理时间仅为 0.904 s，且略优于其他两种方法，说明本书方法计算效率良好。

### 3. 优越性分析

为验证本书方法的优越性，分别对基于 stroke 的路网选取方法、基于网眼的路网选取方法及本书方法选取结果中因选取而造成的悬挂道路个数、网眼个数和总面积进行连通性及路网网络特征分析，统计结果如表 3.5、表 3.6 所示。

表 3.5　因选取而造成的悬挂道路个数

| 源比例尺 | 目标比例尺 | 图幅 | 悬挂道路(个) |
|---|---|---|---|
| 1∶1 万 | 1∶5 万 | 1∶5 万标准图幅 | 2 |
| | | 基于 stroke 的路网选取方法结果 | 92 |
| | | 基于网眼的路网选取方法结果 | 8 |
| | | 本书方法选取结果 | 5 |

表 3.6　网眼个数和总面积

| 比例尺 | 选取结果 | 网眼个数(个) | 网眼总面积(km²) |
|---|---|---|---|
| 1∶1 万 | 原始数据 | 1424 | 356.06 |
| 1∶5 万 | 1∶5 万标准图幅 | 813 | 352.91 |
| | 基于 stroke 的路网选取方法 | 630 | 332.78 |
| | 基于网眼的路网选取方法 | 871 | 354.92 |
| | 本书方法 | 887 | 354.95 |

由表 3.5 可以看出，实验区数据标准图幅连通性保持较好，1∶5 万标准图幅仅存在 2 个悬挂道路。本书方法选取结果中新生成 5 个悬挂道路，与标准图幅及基于网眼的路

网方法选取结果基本一致，而基于 stroke 的路网方法选取结果新产生的悬挂道路是本书的 18.4 倍，说明本书方法很好地克服了基于 stroke 的路网选取方法的问题，有效地保持了道路的连通性。

　　由表 3.6 可以看出，原始数据中存在 1424 个网眼，总面积达到 356.06 km²，说明实验区数据网眼密布，网络特征明显。本书方法选取结果中存在 887 个网眼，网眼面积为 354.95 km²，在三个方法中保留网眼数量最多、面积最大，且比较接近 1∶5 万标准图幅内的网眼数量，最接近 1∶1 万原始数据的网眼面积，说明本书方法很好地顾及了路网的网络特征。

　　从上述自动化处理结果中，选择代表性强的某一区域，将本书方法与标准图幅、传统两种方法的效果进行对比，如图 3.23 所示。

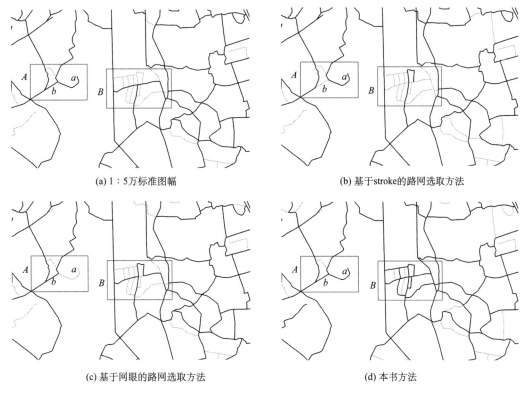

(a) 1∶5 万标准图幅　　　　　　　　　　　(b) 基于 stroke 的路网选取方法

(c) 基于网眼的路网选取方法　　　　　　　　(d) 本书方法

图 3.23　局部道路网

　　由图 3.23 可以发现，对于矩形 A 内的道路，基于 stroke 的路网选取方法结果，图 3.23(b) 中保留了末端的路段 a，但丢失了起连通作用的路段 b，导致道路连通性遭到破坏；基于网眼的路网选取方法结果，图 3.23(c) 中保留路段 b，却丢失了路段 a，导致道路完整性遭到破坏；本书选取方法，图 3.23(d) 中同时保留了路段 a、b，从而更好地保持了路网的连通性与完整性。此外，对于矩形 B 内的道路，受网眼聚集影响，基于 stroke 的路网选取方法，图 3.23(b) 中无法探测该处的复杂结构，导致原有结构丢失，出现悬挂弧段；基于网眼的路网选取方法，图 3.23(c) 中虽顾及了该处路网的连通性，但结构发生明显变化；本书选取方法，图 3.23(d)中则很好地提取了该处的主干路，在顾及路网连通性的同时，很好地概括了该处的路网结构。

# 参 考 文 献

艾廷华, 刘耀林, 黄亚锋. 2007. 河网汇水区域的层次化剖分与地图综合. 测绘学报, 36(2): 231-236.

艾自兴, 毋河海, 艾廷华, 等. 2012. 河网自动综合中 Delaunay 三角的应用. 地球信息科学学报, 5(2): 39-42.

郭庆胜, 黄远林. 2008. 树状河系主流的自动推理. 武汉大学学报(信息科学版), (9): 978-981.

郝志伟, 李成名, 殷勇,等. 2017. 一种启发式有环河系自动分级算法. 测绘通报, (11): 68-73.

何宗宜. 2004. 地图数据处理模型的原理与方法. 武汉: 武汉大学出版社.

胡云岗, 陈军, 李志林,等. 2007. 基于网眼密度的道路选取方法. 测绘学报, (3): 351-357.

卢开澄, 卢华明. 1995. 图论及其应用. 北京: 清华大学出版社.

乔庆华, 吴凡. 2004. 河流中轴线提取方法研究. 测绘通报,(5): 14-17.

邵黎霞, 何宗宜, 艾自兴, 等. 2004. 基于 BP 神经网络的河系自动综合研究. 武汉大学学报: 信息科学版, 29(6): 555-557.

王家耀, 李志林, 武芳. 2011. 数字地图综合进展. 北京：科学出版社.

毋河海. 1995. 河系树结构的自动建立. 武汉测绘科技大学学报, 20(增刊): 7-14.

毋河海. 1996. 自动综合的结构化实现. 武汉大学学报(信息科学版), (3): 277-285.

吴静, 邓敏, 刘慧敏. 2013. 一种有向线间拓扑关系与方向关系的集成表达模型. 武汉大学学报(信息科学版),(11): 1358-1363.

吴伟, 李成名, 殷勇, 等. 2016. 有向拓扑的河系渐变自动绘制算法. 测绘科学, 41(12): 89-93.

杨敏, 艾廷华, 周启. 2013. 顾及道路目标 stroke 特征保持的路网自动综合方法. 测绘学报, 42(4): 581-587.

翟仁键, 薛本新. 2007. 面向自动综合的河系结构化模型研究. 测绘科学技术学报, 24(4): 294-298.

张青年. 2006. 顾及密度差异的河系简化. 测绘学报, 35(2): 191-196.

张青年. 2007. 逐层分解选取指标的河系简化方法. 地理研究, 26(2): 222-228.

张园玉, 李霖, 金玉平, 等. 2004. 基于图论的树状河系结构化绘制模型研究. 武汉大学学报(信息科学版), 29(6):537-539.

Bulatov D, Wenzel S, Häufel G, et al. 2017. Chain-wise generalization of road networks using model selection. ISPRS Annals of the Photogrammetry, Remote Sensing and Spatial Information Sciences, 4: 59.

Gravelius H. 1914. Flusskunde, Goschen'sche Verlagshandlung. Berlin.

Gülgen F. 2017. A stream ordering approach based on network analysis operations. Geocarto International, 32(3): 322-333.

Harish N, Kumar P S, Raja M S, et al. 2016. Remote sensing and GIS in the morphometric analysis of macro-watersheds for hydrological Scenario assessment and characterization-A study on Penna river sub-basin, SPSR Nellore district, India.

Horsfield K, Cumming G. 1968. Morphology of the bronchial tree in man. Journal of Applied Physiology, 24(3): 373-383.

Horton R E. 1945. Erosional development of streams and their drainage basins: hydro physical approach to quantitative morphology. Geological Society of America Bulletin, 56(3): 275-370.

Jasiewicz J L, Metz M. 2011.A new GRASS GIS toolkit for Hortonian analysis of drainage networks. Computers & Geosciences, 37(8): 1162-1173.

Jiang B, Claramunt C. 2004. A structural approach to the model generalization of an urban street network.

GeoInformatica, 8(2): 157-171.

Jiang B, Harrie L. 2004. Selection of streets from a network using self-organizing maps. Transactions in GIS, 8(3): 335-350.

Khatun F, Sharma P. 2018. Strahler Order Classification and Analysis of Drainage Network by Satellite Image Processing. Advances in Communication, Devices and Networking. Singapore: Springer.

Liu X, Ai T, Liu Y. 2009. Road density analysis based on skeleton partitioning for road generalization. Geo-spatial Information Science, 12(2): 110-116.

Liu X, Zhan F, Ai T. 2010. Road selection based on voronoi diagrams and "Strokes" in map generalization. International Journal of Applied Earth Observation and Geoinformation, 12: 194-202.

Mackaness W A, Beard K M. 1993. Use of graph theory to support map generalization. Cartography and Geographic Information Systems, 20(4): 210-221.

Moharir K N, Pande C B. 2014. Analysis of morphometric parameters using remote-sensing and GIS techniques in the lonar nala in Akola district Maharashtra India. Int J Tech Res Eng, 1(10).

Paiva J, Egenhofer M J, Frank A. 1992. Spatial reasoning about flow directions: towards an ontology for river networks. International Archives of Photogrammetry and Remote Sensing, 24(B3): 318-324.

Regnauld N. 2001. Contextual building typification in automatcd map generalization. Algorithmica, 30(2): 312-333.

Sen A, Gokgoz T. 2015. An experimental approach for selection/elimination in stream network generalization using support vector machines. Geocarto International, 30(3): 311-329.

Shoman W, Gülgen F. 2017. Centrality-based hierarchy for street network generalization in multi-resolution maps. Geocarto International, 32(12): 1352-1366.

Shreve R L. 1966. Statistical law of stream numbers. The Journal of Geology, 74(1): 17-37.

Stanislawski L V, Savino S. 2011. Pruning of Hydrographic Networks: A Comparison of two Approaches. Paris: Proceedings of the 14th ICA Workshop on Generalization and Multiple Representation, Jointly Organized with ISPRS Commission II/2 Working Group on Multiscale Representation of Spatial Data.

Strahler A N. 1957. Quantitative analysis of watershed geomorphology. Eos, Transactions American Geophysical Union, 38(6): 913-920.

Thomson R C. 2006. The stroke conception geographic network generalization and analysis. Progress in Spatial Data Handing, 11:681-697.

Thomson R C, Brooks R. 2000. Efficient Generalization and Abstraction of Network Data Using Perceptual grouping. Chatham: Proceedings of the 5th International Conference on Geo-Computation.

Thomson R C, Brooks R. 2001. Exploiting Perceptual Grouping for Map Analysis, Understanding and Generalization: The Case of Road and River Networks. International Workshop on Graphics Recognition. Berlin, Heidelberg: Springer.

Topfer F, Pillewizer W. 1966. The principles of selection: a means of cartographic generalization. Cartographic Journal, 3(1): 10-16.

Wang P, Doihara T. 2004. Automatic generalization of roads and buildings. Triangle, 50(2): 1.

Wanning P, Muller J C. 1996. A dynamic decision tree structure supporting urban road network automated generalization. The Cartographic Journal, 33: 5-10.

Zhang L, Wang G Q, Dai B X, et al. 2007. Classification and codification methods of stream network in a river basin, a review. Environmental Informatics Archives, 5: 364-372.

Zhang Q. 2005. Road network generalization based on connection analysis//Developments in Spatial Data Handling. Berlin, Heidelberg: Springer: 343-353.

Zhou Q. 2012. Selective Omission of Road Networks in Multi-scale Representation. Hong Kong: The Hong

Kong Polytechnic University.

Zhou Q, Li Z. 2012. A comparative study of various strategies to concatenate road segments into strokes for map generalization. International Journal of Geographical Information Science, 26(4): 691-715.

Zhou Q, Li Z. 2016. Empirical determination of geometric parameters for selective omission in a road network. International Journal of Geographical Information Science, 30(2): 263-299.

# 第 4 章　空间冲突处理

地情专题地图专题图斑数据和地形要素数据的综合，会使这些空间数据在比例尺缩小的过程中，不可避免地产生数据在缩小图面上对有限地图空间的竞争，造成图形间的空间冲突，进而影响地图目标空间关系的正确性和地图表达的清晰性。现有空间冲突研究大多聚焦在符号压盖处理、线要素与面要素之间冲突处理等方面，对顾及空间关系的线状目标、多重空间冲突解决、聚集面群等空间冲突的研究较少。鉴于此，本书通过提出一种空间关系约束条件下的线要素全局化简方法、一种多力源作用下的移位场模型和一种聚集性面群中毗邻区自动识别与处理方法，解决线状目标、离散面群或点群以及局部聚集面群等综合过程中面临的空间冲突难题。

第一，通过考虑综合区域线要素与周边邻近线要素的距离关系、整体拓扑关系，基于经典的 Douglas-Peucker 算法和 Li-Openshaw 算法构造线要素全局化简判断模型和线要素全局化简光滑模型，实现一种空间关系约束条件下的线要素全局化简方法，在线要素弯曲多而密集的区域，不仅较好地维持了线要素的整体形状，而且有效保证了线要素空间关系不发生冲突。

第二，通过将空间群目标作为一个整体，建立包括内力、外力、斥力等多力源作用下的移位场模型，对于离散面群或点群，在解决空间冲突的同时，较好地保持空间目标的局部分布模式与整体分布特征。

第三，通过基于 Gestalt 原则，提炼代表毗邻区典型特征的桥接面宽度指数、分布格局指数、有效连接指数和重叠度指数，实现对毗邻区的自动辨识与处理，对于局部聚集面群，较好地解决了其在尺度变化中的空间冲突问题。

## 4.1　顾及空间关系约束的线化简算法

线要素在地图要素中占比较大，用于对道路、河流、等高线等重要线状地理要素的表达，因此，有关线要素的化简在制图综合领域中一直是研究的重点和热点，也取得了较好的结果。线要素化简算法的基本思想是在尽可能保持曲线形状特征的前提下，减少节点数量，如常用的 Douglas-Peucker 算法(Douglas and Peucker, 1973)、Li-Openshaw 算法(Li and Openshaw, 1994)以及改进的 Li-Openshaw 算法(朱鲲鹏等, 2007)和弧比弦算法(刘慧敏等, 2011)等。然而，现有线化简算法大多仅考虑单独线要素自身节点及其弧段特征，鲜有顾及线要素与周边邻近要素的整体空间关系，当化简复杂线要素(如密集等高线)时，由于线间距离过小，化简结果难以避免出现线相交或相接的拓扑错误。鉴于此，本书提出一种顾及空间关系约束的线化简算法，首先建立线要素全局化简方法(LGSM)，标识化简区域线要素的全局空间关系，然后，组合使用经典 Douglas-Peucker 算法、Li-Openshaw 算法对曲线进行自适应化简。该方法顾及了线要素与周边邻近环境的全局空间关系，使化简结果既保留了曲线整体形状特征，又保证了化简后的曲线光滑美观。

### 4.1.1　现有方法及不足

**1. 现有方法**

1）Douglas-Peucker（D-P）算法

D-P 算法出现较早，在线要素化简中影响较大。该算法的核心思想是对曲线上的点进行采样简化，即在曲线上取有限个点，将其变为折线，化简后的曲线可以在一定程度上保持原有的形状，其化简效率高且不会产生多余的点。其原理如图 4.1 (a) 所示，threshold$_v$ 为设定的距离综合阈值，$ABCDEFG$ 为原折线，$ACEG$ 为化简后的折线（顾腾等，2016）。可以发现，该算法生成的化简结果保留了曲线上重要的点，对原线段进行了概括，然而该算法无法在特征点处做光滑处理，这限制了该算法在线要素化简中的实际应用。

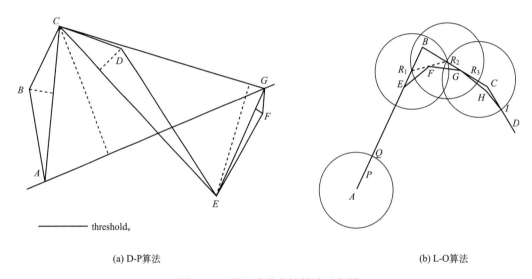

(a) D-P算法　　　　　　　　　　　　　　(b) L-O算法

图 4.1　两种经典线化简算法示意图

2）Li-Openshaw（L-O）算法

L-O 算法是一种基于自然法则的自适应线状要素综合算法。该算法的核心思想是：首先，依据源比例尺和目标比例尺估算出圆形最小可视目标（smallest visual object，SVO）的尺寸 $R$，见式（4.1）；然后，确定圆形 $SVO$ 的起始位置，一般以待综合曲线的首节点作为首个圆心，如图 4.1 (b) 所示，以 $A$ 点为圆心、圆形 SVO 的尺寸 $R$ 为直径作圆，交曲线于点 $Q$，选择 $AQ$ 的中点 $P$ 作为综合后的选取点，从 $Q$ 点开始，重复迭代，直到曲线末端点 $D$。

$$R = S_t \times D \times \left(1 - \frac{S_f}{S_t}\right) \tag{4.1}$$

式中，$S_t$ 为需要化简后的目标比例尺分母；$S_f$ 为原比例尺分母；$D$ 为化简后地图上的 SVO 的一个参数。Muller(1987)根据绘图笔的粗度和人眼分辨率推算，在地图上 $D$ 取 0.4 mm 为能保证视觉分辨的最小值。

在图 4.1(b)中，折线 ABCD 为原折线，AEFGHID 为化简后的折线(顾腾等，2016)，可以发现，经 L-O 算法化简的线要素比较光滑，局部特征处理美观，但因为算法会对局部特征点进行统一光滑概括，也导致了在对于整体形状具有支撑作用的局部特征点处会发生变形。

**2. 现有方法不足之处**

D-P 算法在能够对整条曲线进行压缩的同时，很好地保留曲线的特征弯曲点，但化简结果过于生硬且在特征点处容易产生尖角；L-O 算法则可以很好地光滑线要素特征弯曲点(尖角)，一定程度上克服了化简结果生硬的不足，但对所有特征弯曲点统一光滑却容易造成化简结果变形；改进后的 L-O 算法很好地保留了曲线的局部极大值点，但由于未考虑该线要素与周边的整体空间关系，当遇到复杂密集线要素时，其处理结果会出现线相交或相接的缺陷。

### 4.1.2 顾及空间关系约束的线化简算法

**1. 空间关系约束下的线化简算法原理**

针对以上两种算法的不足，本书首先考虑化简区域线要素与周边邻近线要素的距离关系、整体拓扑关系，当线要素形状复杂、弯曲多且密集、数据量较大时，不仅要尽可能地维持线要素形状，而且要保证线要素空间关系不变，避免化简结果出现相交或相接。为此，本书设计空间关系约束条件下的线要素全局化简方法(line global simplification method, LGSM)，该方法细分为全局化简判断模型(global simplification estimation model, GSEM)和全局化简光滑模型(global simplification smooth model，GSSM)。

GSEM 用作标识化简区域线要素的全局空间关系，见式(4.2)：

$$GSEM = F_s(Spacing_{L\text{-Others}} SpatialRelationship_{L\text{-Others}}) \tag{4.2}$$

式中，$F_s$ 为化简函数(function simplification)；$Spacing_{L\text{-Others}}$ 为某一条线 $L$ 与其他邻近线要素(others)之间的间距值；$SpatialRelationship_{L\text{-Others}}$ 为某一条线 $L$ 与其他邻近线要素之间的拓扑空间关系。

对于使用现有算法化简后,发生相交的部分多集中在曲线曲度较大之处,如曲线"瓶颈""凹槽"等部位，通常这些部位两条线间宽度间距较小。因此，为避免比例尺缩小时线化简出现拓扑变化，首先使用特征点计算这些部位的宽度间距 $Spacing_{L\text{-Others}}$(Nako and Mitropoulos, 2003; 艾廷华和刘耀林, 2002)，如果 $Spacing_{L\text{-Others}} \leqslant threshold_H$(间距阈值)，则标记这些部位，在化简处理时根据要素几何特征、语义优先级特征作出选取处理或跳过这些部位不作处理(表 4.1)；如果 $Spacing_{L\text{-Others}} > threshold_H$，且线要素之间符合空间拓扑约束，则可对这些部位进行线要素化简并记录化简前的空间关系。$threshold_H$

是一种经验阈值，参考 Muller(1987)，考虑到屏幕分辨率或绘图笔的粗度，实际阈值的基础参考值可设为保证视觉分辨的最小值 0.4 mm。

表 4.1　线要素 $Spacing_{L\text{-}Others} \leqslant threshold_H$ 时的处理方法

| 序号 | 情况描述 | 处理方法 | 图示 |
|---|---|---|---|
| 1 | 各个要素几何特征相似，优先级一致 | 选取处理：保留外侧曲线，删除中心曲线 | |
| 2 | 各个要素几何特征相似，优先级不一致 | 选取处理：保留优先级较高曲线，删除优先级较低曲线 | |
| 3 | 各个要素几何特征不相似 | 标记这些部分，在化简时跳过这些部分不作处理，保证拓扑关系正确 | |

对于符合化简条件的线要素，设计全局化简光滑模型(GSSM)进行光滑化简处理，见式(4.3)：

$$GSSM=F_s(DValue_{LD}, LValue_{LR}, Spacing_{L\text{-}Others} SpatialRelationship_{L\text{-}Others}) \qquad (4.3)$$

式中，$F_s$、$Spacing_{L\text{-}Others}$、$SpatialRelationship_{L\text{-}Others}$ 要素指代含义与上述 GSEM 模型中各要素含义一致；$DValue_{LD}$ 为应用 D-P 算法事先设定的距离综合阈值(line distance，LD)，该值用来筛选过滤线要素的局部极值点；$LValue_{LR}$ 为应用 L-O 算法估算出的圆形最小可视目标 SVO 的尺寸 $R$。

单独应用 D-P 算法会使线要素化简结果不够光滑，单独应用 L-O 算法则会出现局部极值点缺失等情况，因此，本书尝试将 D-P 算法与 L-O 算法结合应用，保留各自的算法优势并进行优化，以实现曲线化简。GSSM 用于对化简区域内的线要素进行光滑化简处理，每条曲线为一个处理单元，处理结束后计算线要素与其邻近要素之间的拓扑空间关系。若该线要素周围环境简单，则计算化简后的线要素与邻近线要素之间的间距是否符合后续制图表达时的间距要求。若小于间距要求，则对两线要素进行远离移位处理(表4.2)；若线要素周围环境复杂，移位处理涉及多条线要素，则保留曲线化简前形状特征，对该部分不作处理(表 4.1 序号 3)。

在线要素化简过程中，两条曲线之间的空间拓扑关系 LL(代表任意的两条曲线)可总结为 6 种(郭庆胜等，2006；何建华和刘耀林，2004；王家耀等，1985)，如图 4.2 所示，具体的组合方式如下：①共线，曲线 $L_1$ 与曲线 $L_2$ 部分重叠[图 4.2(a)]；②覆盖，曲线 $L_2$ 被曲线 $L_1$ 覆盖[图 4.2(b)]；③重合，直线段 $L_1$ 全部位于直线段 $L_2$ 中，与 $L_2$ 完全重合[图 4.2(c)]；④相接，$L_1$ 一端点在曲线 $L_2$ 上，两曲线相交于此点，$L_1$ 的另一端点在曲线 $L_2$ 的一侧[图 4.2(d)]；⑤相交，两曲线相交于非端点，$L_1$ 的两个端点分别位于 $L_2$ 的两侧[图 4.2(e)]；⑥相离，端点都不重合，两曲线不共线，两曲线相离[图 4.2(f)]。

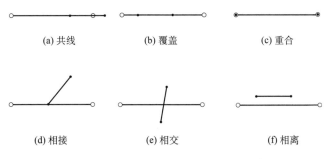

图 4.2　两条曲线之间的空间拓扑关系

以上定义的 6 种曲线之间的空间拓扑关系构成了整个线空间对象拓扑关系空间的一个覆盖，其他更加复杂的拓扑关系都可以用这 6 种拓扑关系的变形或复合来实现(Chen et al., 2001；Winter and Frank, 2000；邓敏等，2002)。本书通过模型参数 $SpatialRelationship_{L-Others}$ 来实现这些拓扑关系的运算、验证与表达。在线要素化简过程中，当两条曲线之间的空间拓扑关系为共线、覆盖、重合、相交时，不能进行化简，需进行拓扑纠正，以保证同一类要素中，线与线不能相互重叠、相交；同时，化简过程中，若相离关系因为线群密集或 $LValue_{LR}$ 值过大，化简后线要素相接或相交，则需进行如表 4.2 所示的拓扑移位处理。

表 4.2　空间关系变化后处理方法(粗线为化简后)

| 序号 | 原始空间关系 | 化简后空间关系 | 处理方法 | 图示 |
|---|---|---|---|---|
| 1 | 相离 | 相接 | 遍历曲线上所有点，找到空间关系变化区域，对相接部分进行移位处理 | |
| 2 | 相离 | 相交 | 遍历曲线上所有点，找到空间关系变化区域，对相交部分进行移位处理 | |

模型中，某一条线 $L$ 与其他邻近线要素(others)之间的间距值 $Spacing_{L-Others}$ 为 $L$ 上的特征弯曲点到各个邻近线要素体之间的最短距离；D-P 算法的距离综合阈值 $DValue_{LD}$ 为事先给定的经验值；L-O 算法的圆形最小可视目标 SVO 的尺寸 $LValue_{LR}$ 值由式(4.1)计算得到。

**2. 线要素全局化简方法计算流程**

线要素全局化简方法(LGSM)计算流程如下。

(1)根据经验及综合前后的比例尺跨度,应用 GSEM 模型设立空间间距阈值并判断线要素之间的空间关系,若满足模型空间约束条件,执行步骤(2);若不满足模型约束条件,则对不满足条件的曲线进行拓扑处理,拓扑处理属于该领域常用知识(陈述彭等,1999;王鹏波等,2009),这里不再赘述,对处理后满足条件的曲线执行步骤(2)。

(2)设定 GSSM 模型中的距离综合阈值 $\text{DValue}_{\text{LD}}$,采用 D-P 算法得到距离大于 $\text{DValue}_{\text{LD}}$ 的局部极值点集合,如图 4.3 所示,$B$、$E$、$F$、$G$ 为满足条件的极值点。

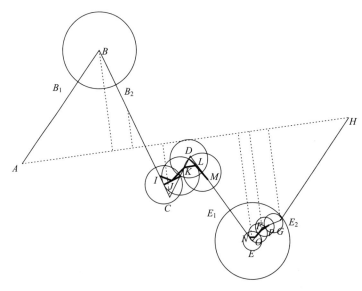

图 4.3　线要素全局化简方法(LGSM)

(3)应用式(4.1),按照目标比例尺和原比例尺估算出 GSSM 模型中最小可视目标 SVO 的尺寸 $R$。

(4)以局部极值点为圆点,以 2～3 倍的 $R$ 值为探测阈值,画 $SVO$ 交原曲线于点 $B_1$、$B_2$,记录 $B_1$、$B_2$、$E_1$、$E_2$ 为处理分界点。

(5)从首节点 $A$ 开始至相邻分界点 $B_1$、分界点 $B_2$ 至分界点 $E_1$、分界点 $E_2$ 至末节点 $H$ 应用 L-O 算法对该折线进行化简。

(6)对于极值点稀疏处(图 4.3 中极值点 $B$ 处),分界点 $B_1$、$B_2$ 之间不做处理,保留极值点 $B$。

(7)对于不包括极值点的曲线平滑部分(如 $B_2$ 至 $C$),为提高化简效率,减少节点数量,化简时不需逐点探测化简,采用如下优化算法找到该部分的"有效部分":判断 $B_2$ 至 $C$ 区间的距离($L$)所包含的探测结构 SVO($R$ 为 SVO 的半径)的个数 $n$($n$=1,2,3,…),从点 $B_2$ 开始,对 $n×R$ 距离内覆盖的平整曲线不做处理,而将($L-n×R$, $L$)的部分记为该段曲线的"有效部分",对"有效部分"使用 L-O 算法进行化简。

(8) 对于极值点聚集处 (图 4.3 中极值点 $E$ 处, 极值点 $F$、$G$ 在其探测范围内), 以 $E$ 点为圆心, 更改 SVO 半径 (如 $1/2R$) 画圆, 对 $F$、$G$ 极值点进行化简概括。

(9) 顺序处理, 保存末节点 $H$, 单独曲线化简结束。图 4.3 中, $ABCDEFGH$ 为原曲线, $ABIJKLMNOPH$ 为化简后曲线。

(10) 逐个线要素处理完成后, 应用 GSSM 模型检验化简后的曲线周围的空间关系, 对不满足化简间距要求的曲线进行远离移位, 保证线要素之间空间关系不变, 化简结束。

### 4.1.3　实验与分析

**1. 对比分析实验**

本书以南方某城市 $0.007~\mathrm{km}^2$ 范围等高线、$7.43~\mathrm{km}^2$ 范围道路与 $55.37~\mathrm{km}^2$ 范围水系数据综合化简为例, 对该方法进行化简效果验证, 同时, 选取该算法与 D-P 算法、朱鲲鹏等 (2007) 改进的 L-O 算法进行对比分析。其中, 等高线数据由原始的 1∶5 万比例尺地图综合至 1∶10 万比例尺, 对应的 GSEM、GSSM 模型分别为

$$\text{GSEM}=F_{\text{S}}(0.4,R1_{\text{d or f}})，\quad \text{GSSM}=F_{\text{S}}(0.8,20,0.4,R2_{\text{d or f}})$$

其中, GSEM 模型中 0.4 mm 为 1∶5 万比例尺等高线数据图上间距阈值; $R1_{\text{d or f}}$ 表示对符合图 4.2(d)、图 4.2(f) 中的相接、相离空间拓扑关系的线要素进行化简; 为突出三个算法的化简效果, GSSM 模型中设定 0.8 mm (0.2 mm×4) 为 D-P 算法图上距离综合阈值, 由式 (13) 计算得到 L-O 算法的 $R$ 值为 20 m (实际距离), 0.4 mm 为 1∶10 万比例尺等高线数据图上间距阈值, $R2_{\text{d or f}}$ 为与 $R1_{\text{d or f}}$ 完全对应的空间关系, 即保证化简前后线要素空间关系不发生变化。

道路和水系数据由原始 1∶1 万地图综合取舍至 1∶10 万比例尺, 对应的 GSEM、GSSM 模型分别为

$$\text{GSEM}=F_{\text{S}}(0.4, R1_{\text{d or f}})，\quad \text{GSSM}=F_{\text{S}}(0.8, 36, 0.4, R2_{\text{d or f}})$$

其中, GSEM 模型中 0.4 mm 为 1∶1 万比例尺道路和水系数据图上间距阈值; $R1_{\text{d or f}}$ 表示对符合图 4.2(d)、图 4.2(f) 中的相接、相离空间拓扑关系的线要素进行化简; 同样为突出三种算法的化简效果, GSSM 模型中设置 0.8 mm (0.2 mm×4) 为 D-P 算法图上距离综合阈值, 由式 (13) 计算得到 L-O 算法的 $R$ 值为 36 m (实际距离), 0.4 mm 为 1∶10 万比例尺道路和水系数据图上间距阈值, 为与 $R1_{\text{d or f}}$ 完全对应的空间关系。

在相同的参数条件下, 用 3 种算法对等高线、道路和河流数据进行化简, 图 4.4～图 4.6 分别截取了部分化简结果, 图中短线为 D-P 算法的距离综合阈值图解标识线。

在处理等高线等线群密集的要素时, D-P 算法化简效率最高, 但是化简结果显得粗糙, 线群密集时相交较多 [图 4.4(a)], 且在处理小面积闭合等高线时, 取长轴作为闭合等高线的首末节点连线, 而短轴小于距离阈值, 导致个别闭合等高线在化简时被删除, 没有产生化简后的图形; 改进的 L-O 算法在综合化简中对等高线做到了光滑过滤, 很好地保证了弯曲特征点, 线线相交或相接次数减少, 但局部特征点仍有缺失 [图 4.4(b)],

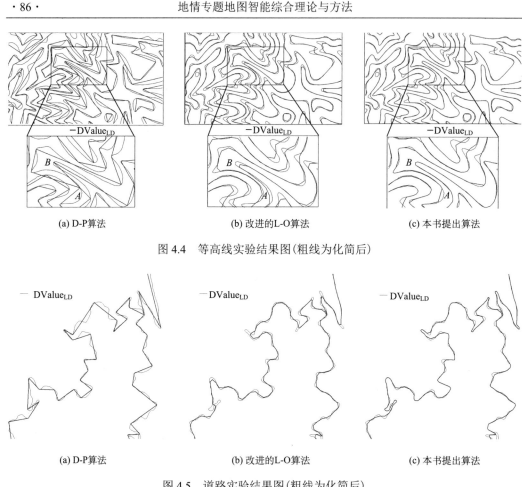

(a) D-P算法　　　　　　　　(b) 改进的L-O算法　　　　　　　(c) 本书提出算法

图4.4　等高线实验结果图(粗线为化简后)

(a) D-P算法　　　　　　　　(b) 改进的L-O算法　　　　　　　(c) 本书提出算法

图4.5　道路实验结果图(粗线为化简后)

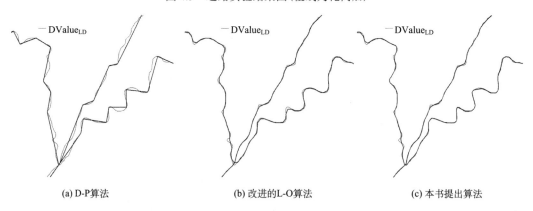

(a) D-P算法　　　　　　　　(b) 改进的L-O算法　　　　　　　(c) 本书提出算法

图4.6　水系实验结果图(粗线为化简后)

化简后曲线密集处($A$-$B$)仍有相交趋势,无法解决当综合前后的比例尺跨度较大时曲线的相交(接)问题;本书算法化简结果与原始数据贴合紧密,不仅在等高线要素化简中做到了光滑,而且精确地保留了局部极大值点,保证了曲线原有的形状特征不发生明显变化[图4.4(c)],且在曲线密集、两条线间宽度间距小于 GSEM 模型中的化简间距阈值时($A$-$B$ 部分),本书算法通过"标记"处理(表4.1 序号3),保证了该部分曲线化简前后线线间距、拓扑关系不变。

实验数据中，道路、水系线状要素结构平缓而稀疏，空间关系发生变化区域较少，数据化简特征与等高线效果相似，图 4.5(c) 中，改进的算法更多地保留了曲线特征拐点，与原始道路、水系形状贴合地更加一致，化简结果优于其他两种算法。

纵向对比 3 幅图的化简结果，当线要素平滑而稀疏时，改进的效果并不明显，而对于弯曲多且密集的线要素区域，本书提出的改进算法化简效果明显优于其他两种算法，化简后的线要素与原始数据贴合效果好，在保证了曲线压缩的基础上，最大限度地保留了曲线形状特征，且不会发生空间关系变化，因此本书提出的算法更加适用于制图综合及表达。

**2. 精度评价**

线要素制图综合中，算法化简对线要素几何精度的影响主要体现在曲线化简前后整体和局部的位移，因此，本书给出矢量位移、面积位移、位移标准差和位置误差等评价指标，对本书提出的算法与 D-P、改进的 L-O 两种算法进行位置精度比较评价。本书在矢量位移上采用线要素化简区域的平均偏移值，在面积位移上采用面积位移总和进行评价。

如表 4.3 所示，本书提出的改进算法不仅在视觉感官上的效果优于其他两种算法，而且矢量平均偏移值和面积位移总和也远远小于其他两种算法，表明本书算法对于维持线状要素的形状特征更有优势。

表 4.3　三种算法对不同线要素化简后矢量、面积位移评价结果

| 算法 | 等高线化简 | | 道路化简 | | 水系化简 | |
|---|---|---|---|---|---|---|
| | 平均偏移值 (m) | 面积位移总和 (m²) | 平均偏移值 (m) | 面积位移总和 (m²) | 平均偏移值 (m) | 面积位移总和 (m²) |
| D-P | 10.62 | 381.32 | 25.42 | 109465.77 | 29.59 | 253566.49 |
| 改进的 L-O | 7.56 | 235.36 | 18.61 | 121332.95 | 12.78 | 87671.82 |
| 本书算法 | 6.34 | 139.78 | 15.92 | 79078.67 | 12.69 | 72709.61 |

位移标准差 (standardized measure of displacement，SMD) (Wu et al.，2008) 计算方法见式 (4.4)：

$$\text{SMD}(\%)=100[1-(S-D)/S] \tag{4.4}$$

式中，$S$ 为算法化简后原始曲线上位移最大的点到曲线首末端点连线的距离；$D$ 为该点化简前后的位移值。SMD 主要针对局部最大值进行评价，本书进一步采用位置误差来评价化简前后的整体位移，计算方法见式 (4.5) (Wu et al.，2008；Chen et al.，2016)：

$$\delta=\Delta s / L \tag{4.5}$$

式中，$\Delta s$ 为曲线化简前后相交围成的面积；$L$ 为原始曲线的长度。

由表 4.4 可以看出，本书算法展现出了良好的性能，在位移标准差与位置误差两方面都处于三种方法中的最优位置，尤其在位置误差指标上表现得最为优异，其值很小，

表明该方法有效地维持了道路、水系数据的整体形状特征。

表 4.4 三种算法对不同线要素化简后位移标准差与位置误差评价结果

| 算法 | 等高线化简 | | 道路化简 | | 水系化简 | |
|---|---|---|---|---|---|---|
| | 位移标准差（%） | 位置误差（m） | 位移标准差（%） | 位置误差（m） | 位移标准差（%） | 位置误差（m） |
| D-P | 2.11 | 6.65 | 3.11 | 7.03 | 1.95 | 7.9 |
| 改进的 L-O | 1.47 | 1.96 | 1.93 | 3.85 | 0.91 | 2.53 |
| 本书算法 | 1.44 | 1.87 | 1.76 | 3.35 | 0.84 | 2.28 |

在线要素化简评价过程中，线要素的复杂度是评价的一个重要指标，而节点数量是反映复杂度的一个主要指标，因此，本书统计线要素的节点数量并使用开方根模型规律（何宗宜，2004；张青年，2007；邵黎霞等，2004）[式(4.6)]进行验证。

$$n_F = n_A \sqrt{M_A / M_F} \tag{4.6}$$

式中，$n_F$ 为新编地物数量；$n_A$ 为原始地物数量；$M_A$ 为原始地图比例尺分母；$M_F$ 为新编地图比例尺分母。

如表 4.5 所示，在等高线、道路、水系三种地物要素中，对于节点数量化简程度最大的是 D-P 算法，因为其在化简过程中删除了数量最多的极值点；改进的 L-O 算法及本书算法因为保持线要素化简的形状特征，故化简后的节点数量相对较多，但仍符合开方根模型规律，对于道路、水系等简单地物要素，化简后节点数量贴近开方根模型约束节点数量，对于等高线等复杂地物，化简后节点数量远远小于模型约束数量，去复杂化程度明显。

表 4.5 等高线、道路、水系化简节点数量变化情况

| 算法 | 等高线化简节点数量（个） | | | 道路化简节点数量（个） | | | 水系化简节点数量（个） | | |
|---|---|---|---|---|---|---|---|---|---|
| | 原始地图 | 开方根模型约束 | 化简后地图 | 原始地图 | 开方根模型约束 | 化简后地图 | 原始地图 | 开方根模型约束 | 化简后地图 |
| D-P | | | 440 | | | 110 | | | 189 |
| 改进的 L-O | 4540 | 3210 | 1560 | 2729 | 863 | 619 | 2948 | 932 | 982 |
| 本书算法 | | | 2023 | | | 723 | | | 954 |

## 4.2 面向多重空间冲突解决的移位场模型

在空间数据尺度变换中，表达空间的缩小会产生图形间的冲突，移位是一种解决这种冲突的有效操作（Topfer，1982；Paul et al.，1999）。完备合理的移位在解决空间冲突时应满足以下两个条件：①避免移位导致新的空间冲突，移位之后不在上下文中产生次生冲突；②移位后能够保持空间群目标的相对位置和分布模式形态。

目前制图综合中移位主要基于两种思想：第一种思想是一次性调整相关冲突目标的空间位置，通过分析上下文环境下空间目标的冲突情形，计算出各相关目标需要移动的距离，一次性移位处理。在地图综合研究领域提出了多种方法，包括利用空间目标的中心点生成的三角网构建 MST 树，并由此计算每个空间目标的偏移量，从而对空间目标进行移位(Ruas，1995；Christopher et al.，1995)；根据空间目标分布密度划分区域进行多层次移位(吴小芳等，2010)，将空间目标群作为一个完整的场，通过空间目标的 Voronoi 图来构建移位场，从而对建筑物进行移位(艾廷华，2004)。这一类移位算法快速简单，能够较好地保持空间目标的分布形态，但是对于密集区域会因为移位而产生新冲突，只能通过后处理解决。第二种思想是引用优化技术，通过多次迭代逐渐移动来解决空间目标的冲突。基于这种思想的移位算法包括利用模拟退火算法(Ware et al.，1998，2003)、遗传算法(WILSON et al.，2003)、最小二乘算法(Harrie et al.，1999，2002)、有限元方法(Hgjjholt，2000)以及在有限元基础上利用弹簧模型进行移位的算法(Matthias et al.，2005；武芳等，2005)。利用迭代的思想对空间群目标进行移位能够较好地解决要素冲突，但是在多次移动中空间目标的分布模式往往被破坏，在迭代过程中"好的位置"的目标函数判断难以形式化、定量化建立，另外这类算法所需的计算量也比较大，而且每次运行的结果不同。

与其他地图综合算子相比，移位的显著特点在于上下文、目标群条件的考虑，该特征与空间场模型思想相吻合。基于场(域)的模型思想可以假定空间中的目标分布是某种力的平衡作用结果，就像重力场中的重力或电磁场中的磁力，在地图综合的删除、夸大、合并等操作中，力的平衡体系发生变化，通过位置调整来求得新的平衡，这便是移位。

运用物理学中的场论思想对移位过程建模，关键是场的表达与作用力的模拟，笔者前期研究(艾廷华，2004)建立了"移位场"概念，以建筑物移位为例，提出了移位中的等关系曲线，将冲突视为移位的斥力力源。但前期研究的移位模型只考虑了街道拓宽产生的单一力源，移位后可能会产生新的冲突，同时也可能破坏目标群的整体模式。为改进该方法，本书提出一种多力源场模型，通过多源斥力的向量和计算得到最终移位的方向与偏移距离，来解决移位过程中多重冲突的问题。本书通过分析文献(艾廷华，2004)前期研究移位方法的不足，然后提出改进的多种力源的移位场模型，最后通过试验讨论改进方法在避免次生冲突、保持空间模式方面的特点。

## 4.2.1　现有方法及不足

### 1. 现有方法

在单一力源移位场模型中，利用 Voronoi 图构建空间目标群的无缝隙无重叠覆盖移位场。以移位场中空间目标剖分边界为力的作用对象。将外部收缩产生的向内挤压的力逐级递减向中心传递形成一系列的等势线。利用等势线确定空间目标受力大小及方向，从而对空间目标进行移位(艾廷华，2004)，如图 4.7(a)所示。

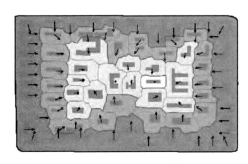 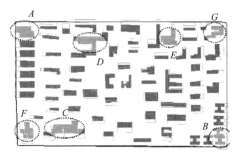

(a) 单一力源移位场及其受力　　　　　　　　　　　　(b) 单一力源移位场产生的问题

图 4.7　单一力源移位场产生的结果及问题

**2. 现有方法不足**

单一力源移位场比较好地考虑了移位过程中的"传递性"与"衰减性"效应，但是由于只考虑了街道拓宽产生的"外力"作用，移位后可能产生次生冲突并破坏建筑物分布结构的完整模式。以图 4.7 为例，单一力源移位场模型产生的问题包括以下方面。

(1) 破坏分布模式。如图 4.7(b) 中所示 $A$、$B$ 处的建筑群，移位后产生挤压或错位，破坏了原有的 $A$ 区域的线性排列、$B$ 区域的折线排列模式。

(2) 加重局部冲突。如图 4.7(b) 中 $C$、$D$、$E$ 区域原本就比较拥挤、已经存在一定冲突，在受到不同作用力的情况下更加拥挤，以致建筑物发生冲突。这种情况可以通过对 Voronoi 图分析，快速地探测到冲突区域。

(3) 出现次生冲突。如图 4.7(b) 中 $F$、$G$ 区域，该区域建筑物移位前分布密度不大且没有冲突，在移位操作中由于受到不同方向的作用力，产生次生冲突，可以通过后处理解决。

## 4.2.2　面向多重空间冲突解决的移位场模型

**1. 多力源移位场模型**

改进的移位场模型考虑空间冲突的产生来自多种力源，包括街道拓宽产生的外力、建筑物内部冲突产生的内力，以及次生冲突产生的内部斥力，多力源的探测是移位场模型建立的关键。空间目标密集区域容易在移位过程中产生冲突，空间分布密集特征需要定量化的计算方法。有很多参量可以用来体现空间目标分布的密集程度，包括空间目标与其影响范围的面积比、空间目标之间的距离等。距离直接影响移位后的空间目标是否冲突，本书采用距离作为冲突探测中的量化指标。多边形目标的距离有多种定义，本书采用空间目标的通视距离来探测冲突。

在空间目标群构建的 Voronoi 图(艾廷华和郭仁忠，2000)中，连接两个空间目标之间的区域为通视区域，通过计算通视区域的平均宽度可以得到通视距离。通视距离计算公式如下；其中，$D$ 为空间目标的通视距离；$n$ 为空间目标之间三角形的数目；$h_i$ 为第 $i$ 个三角形的高。

$$D = \sum_{i=1}^{n} h_i / n \tag{4.7}$$

采用通视距离作为探测冲突的量化指标具有以下优点：①提高计算效率，利用模型中构建的 Voronoi 图能够很快地计算出空间目标的通视距离；②探测过程更准确，较之于欧氏距离，通视距离得到的是平均距离，能够更好地体现空间目标的现有冲突。

若任意相邻的两个空间目标 $O_i$、$O_j$ 之间的距离 $D_{ij}$ 小于某一阈值 $D_{\min}$，则位移后这两个空间目标可能发生冲突。令 $i$、$j$ 在单一力源移位场模型中的移位距离分别为 $D(i)$、$D(j)$，则 $D_{\min}$ 的值正比于 $|D(i)-D(j)|$，同时空间目标之间需要保持一定的视觉辨析距离 $D_c$（通常为图面 0.4 mm），则有

$$D_{\min} = |D(i)-D(j)| + D_c \tag{4.8}$$

当 $D_{ij}$ 小于 $D_{\min}$ 时，判定两个空间目标存在空间冲突，令其 Voronoi 剖分的公共边为冲突边，如图 4.8 中 $C$、$D$、$E$ 区域存在空间冲突，$C$、$D$、$E$ 区域中边界线为冲突边。

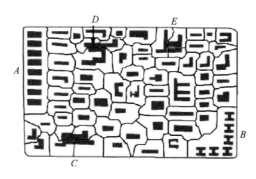

图 4.8　潜在冲突区域($C$、$D$、$E$)与模式分布区域($A$、$B$)

冲突边为移位场中的内力源，表现为斥力推动相邻目标移动，通过场的扩展逐渐向外扩散影响周围空间目标，其作用范围是一个衰减的过程。与冲突边相邻的空间目标设为 0 级目标，即该力源最直接作用的目标对象，然后依次向外递减，从而得到内力场的等势线。顾及内力的影响范围不如街道拓宽外力作用强的特点，对内力效应做如下处理：①不传递到所有空间目标而仅限定于内力源附近一定范围内，从多次实验的结果来看，内力的影响范围应该限制在距离冲突边 3 条等势线范围内得到的移位效果比较好，即邻近度大于或等于 3 的建筑物就不受该内力影响；②内力源两侧空间目标受到的斥力 $f_c$ 的大小取决于冲突边两侧空间目标的距离 $D_{ij}$，距离越小则内力强度越大，但不超过外力大小。内力的大小同外力一样按照邻近度逐层递减，可以利用公式 $f(d) = f_c - kd$ 按线性衰减得到，方向由等势线的法线方向确定（艾廷华，2004）。图 4.9(b)～(d) 分别对应 3 个不同力源的内力场，矢量法表示的箭头的长短和方向描述了内力场中建筑物所受内力的情况。

每个建筑物受到外力的挤压，同时受到不同内部空间冲突的内力排斥，其最终的位置通过多个力的合力作用决定，依据向量和的平行四边形原则，计算每个建筑物目标获得的多个力的合力，得到最终建筑物移动的方向和偏移量[图 4.9(e)]。

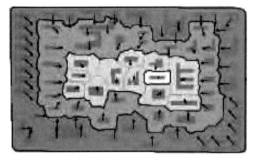

(a) 群组模式下的外力场（街区收缩）

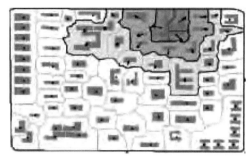

(b) 内力场（力源 1）

(c) 内力场（力源 2）

(d) 内力场（力源 3）

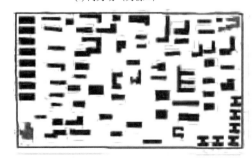

(e) 移位结果（灰色为原建筑物，浅灰色为移位后
建筑物）以及新的冲突（深灰色建筑物）

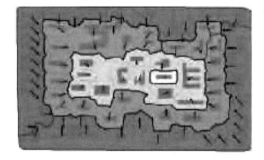

(f) 由于受外力方向不同引起的次生冲突

图 4.9　多力源移位场模型示意图

　　利用通视距离探冲突并引入内力场可以消除外力挤压大小不同产生的次生冲突。而不同方向的外力也会导致空间目标的次生冲突，这种情况在街区转角处多有发生。根据邻近空间目标外力方向的差异，可以在冲突区域引入新的斥力发生源[图 4.9(f)灰色边界]或引力发生源[图 4.9(f)浅灰色边界]作为内力源以建立内力场，使得这种差异可以平均地分散到邻近空间目标，减少冲突的可能性并保持相对空间位置。引入内力场进行移位不能完全避免次生空间冲突，同时空间分布模式往往需要精确地保持空间目标的位置，因此，下一部分将探讨空间模式的保持与次生冲突的消除。

### 2. 空间模式保持与次生冲突消除

　　保持空间群目标的分布模式是地图综合过程中一个重要的约束，分布模式主要指空间数据中重复出现的一些特征，如形状、方向、连通性、密度和分布等特征（Mackaness et al.，2002）。建筑群的分布模式反映了特定时期的建筑风格。在尺度变换后同一模式下的目标组应以一个整体保持。在移位场模型中，分布模式相同的空间目标被当成一个完整的群组进行分析。在建立移位场模型之前，需要先识别出空间群目标中的完整模式。空间群目标分布模式有多种形式，包括阵列式、直线式、弧线式等（Regnauld，1996，2001；Xiang et al.，2013）。关于如何识别多边形群空间分布模式超出了本书的研究范围，这里利用文献（Regnauld，1996，2001；Xiang et al.，2013）的研究成果将识别的结果应用到移位场模型，改进移位场对空间的剖分。

同一分布模式的空间群目标的分布特征具有规则性，在利用移位场模型进行移位的时候容易受到不同大小和方向的力而破坏其规则性。在移位场模型中，将其作为一个整体来分析它们在移位场中的受力情况，从而在移位过程中使得它们具有相同的偏移量，最终保持空间目标的分布模式。其实现的方法是，对原 Voronoi 剖分结果重新处理，删除同一模式下的空间目标之间的公共剖分边，对这些空间目标以单个空间目标的方式分析受力并计算偏移量，利用偏移量对这些空间目标进行移位。

图 4.8 中 A、B 区域分别为识别出的直线分布和曲线分布，在构建移位场的时候把 A、B 区域分别作为一个整体对待。同时在计算其受到的外力[图 4.9(a)]和内力[图 4.9(b)~(d)]时都将其当作一个整体对待。从图 4.9(f)可以看出，进行移位时群组内部的所有空间目标都具有相同的偏移量，移位后保持了原有的形态模式。

对图 4.9(f)分析可以发现，通过冲突检测并引入内力场可以有效地避免绝大部分次生冲突，但个别次生冲突由于目标受到不同方向的作用力而出现。为了解决这个问题，本书采用后处理的方法，即在利用多力源移位场模型对空间目标群进行移位之后，检查空间目标是否出现重叠确定次生冲突区域[图 4.9(f)中的灰色建筑物]，对次生冲突区域的空间目标附加单独的作用力[图 4.10(a)]进行移位而解决冲突。这个力的大小与冲突区域面积成正比，力的方向与冲突目标之间的邻近关系线的法线方向相同。

## 4.2.3 实验与分析

从最终移位结果[图 4.10(b)]中可以看出，该模型有效避免了次生冲突、保持了目标群的形态模式。移位操作保持形态模式且避免次生冲突后，评价其好坏最关键的是相对位置关系的保持状况，即移位后能够良好地保持空间目标的密度对比关系。空间目标在 Voronoi 图对应的剖分结构中体现了其影响范围，通过对比移位前后影响区域面积可以考察相对位置关系的保持状况，进而评价移位效果。图 4.11(a)、图 4.11(b)分别为实验中移位前后建筑物影响区域。图 4.11(c)中横坐标、纵坐标分别为移位前、后各建筑物影响区域的面积，通过直线拟合得到横纵坐标的关系为：$y = 0.861x$，其确定系数（$R^2$）为 0.8839，说明移位前后影响区域的面积高度相关；另外，通过统计计算得到影响区域前后面积比的平均值为 86.1%、标准差为 0.125，这同样也说明了移位前后建筑物影响区域面积比值集中分布在 86.1%附近[图 4.11(d)]，从定量分析说明该模型良好地保持了空间目标的分布密度，维持了空间目标的相对位置关系。

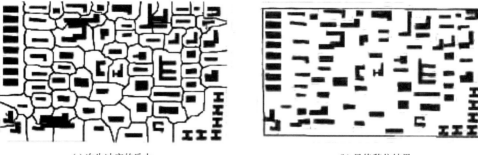

(a) 次生冲突的斥力　　　　　　　　　　　　　(b) 最终移位结果

图 4.10　次生冲突斥力引入以及最终移位结果

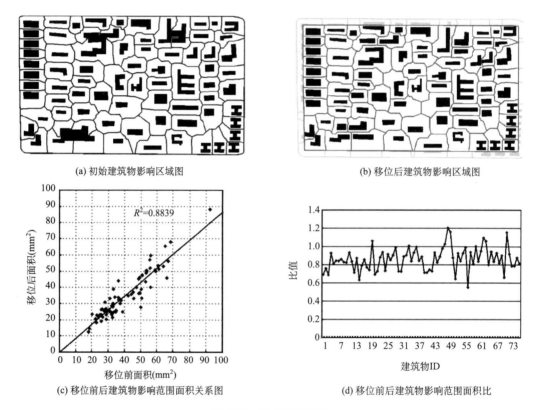

(a) 初始建筑物影响区域图　　　　　　　　　　(b) 移位后建筑物影响区域图

(c) 移位前后建筑物影响范围面积关系图　　　　(d) 移位前后建筑物影响范围面积比

图 4.11　综合评价结果

## 4.3　一种毗邻区特征自动处理方法

毗邻化(agglomeration)是保持具有毗邻特性的聚集性面状要素群(简称"毗邻区")结构化特征的几何变换,具体地讲,是指通过将毗邻区内的狭长空白分割(统称"桥接面")收缩为线,从而使被其分割的相离面要素成为毗邻面要素的几何变换过程(Deluci and Black,1987)。当地图表达的比例尺从大变小时,图上毗邻区内部的带状桥接面由于较为狭长难以在图上表现，而现实应用中又要求其结构特征必须保持，故毗邻化操作十分重要。

Delicia 和 Black(1987)率先提出了毗邻化操作的基本思路，即以空间叠加分析获取桥接面，并基于 Delaunay 三角网提取桥接面骨架线的方式实现聚集面群的毗邻化；Li(2007)、王家耀等(2011)进一步总结并细化了毗邻化实现的具体步骤；艾廷华等(2005)、蒙印等(2014)将毗邻化操作应用于水系要素中的散列湖泊、养殖水域多边形等要素的综合，并形象地把沿着骨架线将多边形边界进行缝合的毗邻化过程形容为"拉上拉链"，通过实验验证了良好的处理效果。然而，这些研究建立在一个假定前提下，即适合进行毗邻化操作的聚集性面状要素群(即毗邻区)已确认。在实际的地图数据中，面要素通常离散分布在各处，这一假定通常不成立，故如何准确识别毗邻区是一个难点和重点；另外，对于边界存在凹凸结构的复杂毗邻区，如何合理、准确地完成其毗邻化也是一个难点。针对以上两点，本书提出了一种聚集性面群中毗邻区自动识别方法，并对现有的毗邻化操作方法进行了改进，增强普适性。

### 4.3.1　现有方法及不足

**1. 现有方法**

Li(2007)给出了毗邻化操作的实现思路：计算聚集面群的最小外接矩形(minimum bounding rectangle，MBR)，并通过最小外接矩形对原始面群求补，从而提取面群之间的狭长桥接面，并将其转换为可操作的面要素，进而计算其骨架线，作为面群新的边界线，达到毗邻化操作的目的，如图 4.12 所示。

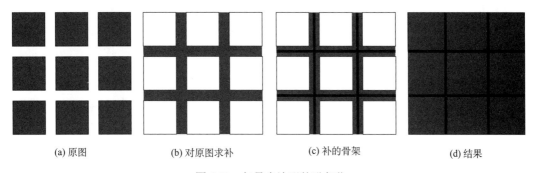

(a) 原图　　　　(b) 对原图求补　　　　(c) 补的骨架　　　　(d) 结果

图 4.12　矢量多边形的毗邻化

**2. 现有方法不足**

毗邻化操作是由计算最小外接矩形、提取桥接面等几个关键算法组合而成的地图综合操作，但它并不是上述几个算法的简单叠加，而是要求综合前后具有毗邻特性的聚集性面状要素群(毗邻区)具有一致的几何边界轮廓，桥接面骨架线具有与桥接面一致的主体形状及延展性，并能准确反映要素之间的邻近关系。由于实际地图数据的复杂性，现有方法存在以下不足。

（1）形状多样的面要素通常无规律地分布在一定的地理区域内，根据其形状及结构特征识别出具有毗邻特性的聚集面群（毗邻区）是实现毗邻化自动处理的重要前提，但现有研究均未对此给予足够的关注。

（2）实际地物边界轮廓并不规整，通常带有凹凸结构。当使用凸壳、最小外接矩形（MBR）或最小面积外接矩形（minimum area bounding rectangle，MABR）（Ruas，1995）对其外边界进行概括时，存在冗余的边界空间，如图 4.13 所示，现有方法在毗邻化过程中对原图求补时，所得结果比真实面积大，如图 4.13（c）中阴影部分所示，这些冗余空间会导致对骨架线的误提取。

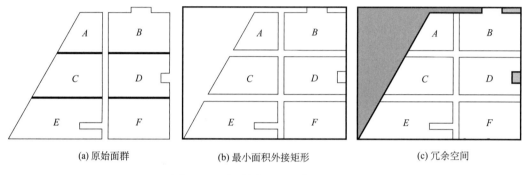

(a) 原始面群　　　　　　　　(b) 最小面积外接矩形　　　　　　　　(c) 冗余空间

图 4.13　面群最小面积外接矩形示例

（3）Delaunay 三角网因具备邻近性、最优性、区域性、凸多边形等多种优异特性，常被用于面要素骨架线提取，但据此提取的主骨架线并非是毗邻化操作的最优骨架线（称为毗邻化线）。由桥接面获取方式可知，毗邻区中各个面要素自身的几何凹凸结构同样会反映在桥接面的几何形状中，并对桥接面边界处的骨架线取舍有直接影响。若将骨架线长度或骨架线所占三角形面积作为最优骨架线的判别选取标准，容易造成对骨架线的误提取，如图 4.14 所示。依据主骨架线提取方法，则凹陷结构处形成的骨架线 $OB$ 会取代 $OA$ 成为最优骨架线，末端结点受凹陷部分影响并非落在边界，这是不合理的。

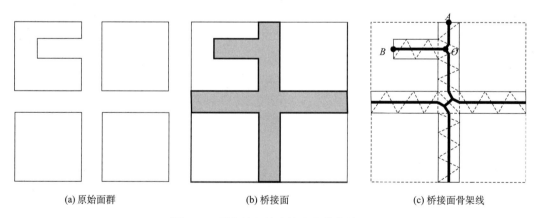

(a) 原始面群　　　　　　　　(b) 桥接面　　　　　　　　(c) 桥接面骨架线

图 4.14　最优骨架线末端点未落在边界

### 4.3.2　毗邻区特征自动处理方法

本书所提出的方法的核心包括三部分，即：①毗邻区自动识别：总结提炼毗邻区的典型结构特征，并基于这些特征渐进式辨识；②优化外围边界轮廓算法：引入缓冲区变换实现对外围边界轮廓的准确计算；③边界约束下的骨架线修正：以桥接面边界作为约束修正主骨架线，规避其末端结点未落在边界的缺陷，形成适宜毗邻化的最优骨架线。

**1. 毗邻区自动识别**

人在视觉感知过程中，往往服从于某些图形特定的组成规律，自然而然地会追求事物的结构整体性或守形性(祝国瑞，2004)。Gestalt 心理学的图形理论在这方面进行了深入的研究和讨论(黄亚锋等，2011)，对于毗邻化，适用的 Gestalt 原则包括邻近性原则(proximity)、连续性原则(continuation)、紧凑性原则(compactness)。遵从上述原则，提炼总结了毗邻区的结构特征，并开展基于这些特征的自动识别。

1) 带状桥接面宽度

聚集性面状要素群个体形状多样，带状桥接面宽度(width index，WI)实质上是相邻面要素之间的间距($TB_{Distance}$)。假设从原始尺度 $1:O_{scale}$ 综合至目标尺度 $1:T_{scale}$ ($T_{scale} > O_{scale}$)时，首要任务是通过分割宽度阈值($BW_{threshold}$)来辨识带状桥接面，以确定聚集性面状要素群是否为毗邻区。依据目标比例尺，根据式(4.9)计算出宽度阈值：

$$TB_{Distance} = BW_{threshold} \times T_{scale} \tag{4.9}$$

指标计算的具体步骤如下。

步骤 1：利用最小面积矩形计算聚集性面状要素群边界，如图 4.15 所示。

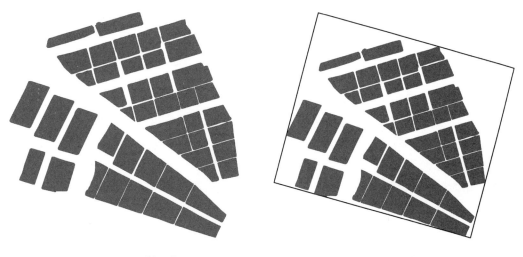

(a) 原始图形　　　　　　　　　　　　　　(b) 最小面积矩形边界

图 4.15　聚集性面状要素群边界

步骤 2：加密最小面积矩形边界及面群各要素边界结点(王骁等，2015)。结点通常被用于描述面状地物的重要形态特征，如拐点、相交点等，其数量一般较少，为提高后续分割宽度计算精度，需加密两类边界上的结点。其具体方法为：设定加密步长 $d$，$d$ 的取值通常采用要素边界最短弧段的长度；以 $d$ 为基元在两个结点之间进行采样得到加密点，如图 4.16 所示。

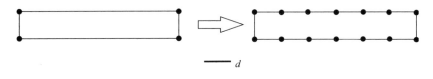

(a) 原始要素及其结点　　　　　　　　　　　　　　　　(b) 结点及加密点

图 4.16　面要素结点加密示意图

步骤 3：采用逐点插入算法建立边界约束的 Delaunay 三角网，如图 4.17(a) 所示。

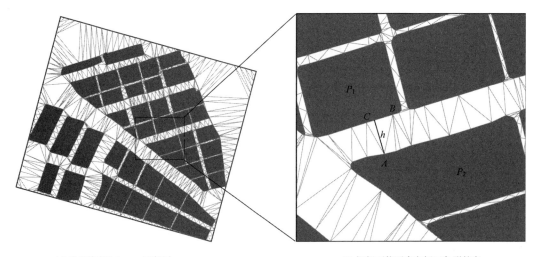

(a) 边界约束Delaunay三角网　　　　　　　　　　　　　(b) 相邻面状要素之间三角形的高

图 4.17　桥接面宽度计算

步骤 4：约束 Delaunay 三角网中三角形连接了两个具有邻近关系的面状要素，图 4.17(b) 为图 4.17(a) 中三角网的局部放大。不难发现，通过三角形 $ABC$ 的边 $AB$ 或 $AC$ 很容易获知 $P_1$ 和 $P_2$ 为邻近面状要素。计算两个相邻面状要素之间所有 Delaunay 三角形的高($h$)(要素边界轮廓上的边所对应的高)，并将其平均值作为邻近要素之间的间距($B_{\text{Distance}}$)，见式(4.10)：

$$B_{\text{Distance}} = \frac{\sum_{i=1}^{n} h_i}{n} \tag{4.10}$$

式中，$n$ 为两相邻面之间 Delaunay 三角形的总个数。

步骤 5：设置带状桥接面宽度阈值($\text{TB}_{\text{Distance}}$)，若两个邻近面状要素的 $B_{\text{Distance}} \leqslant$

TB$_{\text{Distance}}$，则识别为候选毗邻区子集，以此类推，提取候选毗邻区全集。

2）有效连接特征

针对彼此邻近的面要素，根据 Gestalt 连续性原则(continuation)，当其中一个面要素某些部分视觉上与另一个面要素连接在一起，那么这两个要素可以认知为一个整体，故判断两邻近要素之间的可连接区域面积在整体中的占比是识别毗邻区的核心指标。本书引入有效连接指数(effective connection index，ECI)来反映该指标。指标计算的具体步骤如下。

步骤 1：基于边界约束 Delaunay 三角网，识别两邻近要素之间的Ⅱ类三角形(艾廷华和郭仁忠，2000)(有两个邻近三角形的一种三角形)，并将其作为两要素之间的连接区域，如图 4.18 中灰色及浅灰色背景区域。

步骤 2：计算各个三角形的内角，将内角不包含钝角，且其邻近三角形的内角同样不包含钝角的三角形称为有效三角形。这些有效三角形覆盖的区域称为有效连接区域(connectable area，CA)，如图 4.18 中灰色背景区域，其他区域称为无效连接区域，如图 4.18 中浅灰色背景区域。

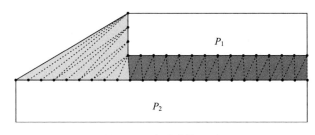

图 4.18 有效连接区域

步骤 3：依据有效连接区域在整体连接区域中的面积占比计算有效连接指数(ECI)，其计算公式为

$$\text{ECI}_{X_s,X_t} = \frac{\text{CA}_{X_s,X_t}}{\text{TA}_{X_s,X_t}} \tag{4.11}$$

式中，$\text{ECI}_{X_s,X_t}$ 为两邻近面状要素 $X_s$、$X_t$ 之间的有效连接指数；$\text{CA}_{X_s,X_t}$、$\text{TA}_{X_s,X_t}$ 分别为两要素间的有效连接区域面积和整体连接区域面积。

由式(4.11)可知，当其值介于 0～1，值越大表明邻近要素间可连接区域越大，越适宜进行毗邻化操作。根据多次实验，阈值一般设置为 0.5，若 ECI ≥0.5，则认为适宜毗邻化操作；反之，则不适合。

3）相靠邻近特征

有效连接指数可以较好地体现连续性原则，当 ECI 等于 1 时，邻近要素间的区域属于完全可连接区域，通常包括图 4.19 所示的三种情况。

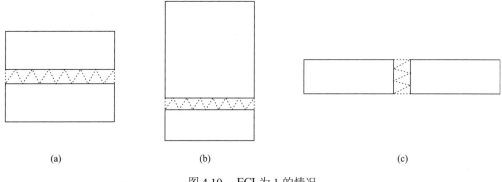

(a)　　　　　　　　　　　(b)　　　　　　　　　　　(c)

图 4.19　ECI 为 1 的情况

由图 4.19(c)可以发现，若对短边相对邻近的两要素进行毗邻化，则不利于保持紧凑性原则。对于面要素而言，长边相对短边可以更好地概括要素的主体结构及延展方向，所以在计算有效连接指数时，若长边参与计算，则认定其相靠邻近，适宜毗邻化处理，如图 4.19(a)、图 4.19(b)所示；反之，若短边相对邻近，则认为不适宜毗邻化处理，如图 4.19(c)所示。因此，本书提出投影点重叠度指数(overlap index，OI)，以区分邻近要素的相靠和相对邻近两种情况。指标计算的具体步骤如下。

步骤 1：分别以主骨架线(陈涛等)代替两邻近面状要素 $P_1$、$P_2$ 的长边，并相互投影，OI 为面要素 $P_1$(或 $P_2$)的骨架线首末端点在面要素 $P_2$(或 $P_1$)上的两个投影点(projection point)与 $P_2$(或 $P_1$)骨架线端点的欧式距离，见式(4.12)。为方便计算，本书所提投影并不是原有几何意义上的投影，而是将某一面要素主骨架线端点在另一面要素主骨架线上的最邻近点作为投影点。

$$OI_1 = \sqrt{(x_1 - x_i)^2 + (y_1 - y_i)^2}$$
$$OI_2 = \sqrt{(x_2 - x_i)^2 + (y_2 - y_i)^2}$$
(4.12)

式中，$(x_1, y_1)$、$(x_2, y_2)$ 分别为 $P_1$ 在 $P_2$ 上(或 $P_2$ 在 $P_1$ 上)的投影点 $p_1$、$p_2$ 的坐标；$(x_i, y_i)$ 为 $P_2$(或 $P_1$)的骨架线两端点坐标，$i = 1, 2$；$OI_1$、$OI_2$ 分别为两投影点距端点 $p_i$ 的距离。

若 $OI_1 = OI_2 = 0$，表明面要素 $P_1$ 在 $P_2$ 上的投影点是 $P_2$ 主骨架线的同一个端点；若 $P_2$ 在 $P_1$ 上的投影是同样情形，说明两要素短边相对相邻。如图 4.20 所示，$P_1$ 的骨架线投影至 $P_2$，$P_2$ 上骨架线的端点 $N_3$ 是 $N_1$、$N_2$ 的最邻近点，所以它为 $N_1$、$N_2$ 的投影点；同理，$N_2$ 为 $N_3$、$N_4$ 的投影点，此时，$OI_1 = OI_2 = 0$，不宜毗邻化处理。

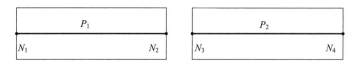

图 4.20　短边相对邻近

### 4) 基高比率特征

邻近要素的基高比与两者之间的间距从另外的视角反映了聚集性面状要素群的内部

结构。当两邻近面群要素的基高比之和大于或远大于狭长桥接面间距时，毗邻化结果在保持面群要素空间分布特征不变的条件下，可以较好地突出聚集状态，适宜毗邻化处理，如图 4.21(a)所示；当两邻近面群要素的基高比之和小于狭长桥接面间距时，若毗邻化处理发生较大变形，则该情形不适宜毗邻化，如图 4.21(b)所示。

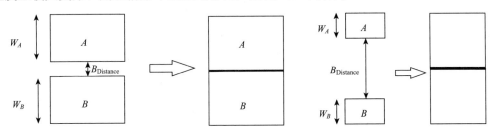

(a) 基高比之和大于$B_{\text{Distance}}$　　　　　　　　　　　　(b) 基高比之和小于$B_{\text{Distance}}$

图 4.21　相邻要素内部结构特征

为此，本书引入分布格局指数(distribution pattern index，DPI)，反映两面要素空间主体程度及邻近度，其计算公式见式(4.13)：

$$\text{DPI}_{X_s,X_t} = \frac{W_{X_s} + W_{X_t}}{B_{\text{Distance}(X_s,X_t)}} \tag{4.13}$$

式中，$\text{DPI}_{X_s,X_t}$ 为空间中彼此邻近的两面状要素 $X_s$、$X_t$ 形成的分布格局；$W_{X_s}$、$W_{X_t}$ 分别为要素 $X_s$、$X_t$ 的基高比；$B_{\text{Distance}(X_s,X_t)}$ 为要素 $X_s$、$X_t$ 之间的间距。

DPI 的主要计算步骤如下。

步骤 1：Mitropoulos 等(2005)提出了不规则面要素基高比(即平局宽度，$W$)计算方法，见式(4.14)：

$$W = S / \text{BL} \tag{4.14}$$

式中，$W$ 为要素的近似平均宽度；$S$ 为图斑面积；BL 为图斑最长长度基线，即面状要素最长骨架线的长度，如图 4.22 所示。

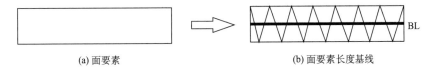

(a) 面要素　　　　　　　　　　　　(b) 面要素长度基线

图 4.22　面要素基高比计算示意图

步骤 2：计算两邻近面要素之间的间距[ $B_{\text{Distance}(X_s,X_t)}$ ]；

步骤 3：结合步骤 1、步骤 2 计算结果，利用式(4.13)计算分布格局指数(DPI)。

$\text{DPI}_{X_s,X_t}$ 的值越大表明两邻近面状要素聚集性特征越强，通常情况下，该阈值设定为 1。当 $\text{DPI}_{X_s,X_t} \geqslant 1$ 时，适宜毗邻化操作；反之，则不适宜。

根据上述四个特征对区域内的面状要素集 $\{P_i\}(i=1,2,\cdots,n)$ 进行毗邻区识别是一个迭代计算的过程，因为初始阶段识别的毗邻区极有可能成为下一阶段毗邻区的组成要素。

毗邻区识别的主要步骤如下：①计算包含全部面状要素的最小面积矩形，并将其作为区域边界，构建边界约束 Delaunay 三角网，并计算任意两个相邻面状要素之间的平均宽度；②利用带状桥接面宽度进行毗邻区初步识别，将符合带状桥接面宽度阈值约束的相邻面要素放入候选毗邻区全集 $O$；③按照面积由小到大的顺序对候选毗邻区全集 $O$ 内的面要素进行排序，从面积最小的面要素 $P_i$ 开始，依据有效连接指数(ECI)、分布格局指数(DPI)、重叠度指数(OI)约束进一步识别适宜与其进行毗邻化操作的邻近要素，并顺次计算适宜与该邻近要素进行毗邻化操作的面要素，合并识别出的所有要素，得到要素 $P_i$ 所在的毗邻区 $A_i$；④将毗邻区 $A_i$ 的外围边界形成的多边形要素替换其包含的面要素，放入候选毗邻区全集 $O$ 中，并更新其与各个邻近要素的宽度；⑤重复③、④，探索候选毗邻区全集 $O$ 内未参与识别要素所在的毗邻区，直至候选毗邻区全集 $O$ 内所有要素都被处理，迭代计算识别毗邻区结束。

### 2. 外围边界轮廓计算

针对现有方法在保持边界结构特征方面存在的明显不足(图 4.23)，本书引入了缓冲区变换及语义拓扑作为约束开展外围边界轮廓计算。其主要步骤如下。

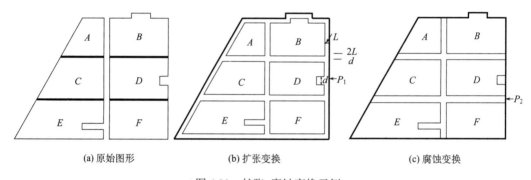

图 4.23  扩张-腐蚀变换示例

步骤 1：毗邻区面群的扩张-腐蚀变换表。先对原始多边形面群向外进行距离为 $L$ 的数学形态学意义上的扩张变换(Park and Chung, 2003)，以融合各个多边形扩张后重叠部分，得到边界多边形 $P_1$，如图 4.23(b)所示，然后对多边形 $P_1$ 向内进行距离为 $L$ 的腐蚀变换，得到多边形 $P_2$，如图 4.23(c)所示。

该变换具有"保凸""保平""减凹"等特点，变换前后，图形的总体形态不变，凸起和直线部分形态无变化，即"保凸""保平"；图形凹陷部分在变换过程中发生融合，使形态趋于光滑，即"减凹"。当然，"减凹"的强度与距离 $L$ 相关。

步骤 2："补凹"。将多边形 $P_2$ 与原始面群统一构建包含语义信息的拓扑结构，若多边形中的弧段仅由某一语义及无语义信息的弧段组成，则该多边形为腐蚀变换中舍去的凹陷。那么，将具有语义信息的弧段代替无语义信息的弧段以形成新的面群边界多边形 $P$，则该多边形为毗邻区的最小包络多边形，其边界为毗邻区外围边界轮廓。如图 4.24(a)所示，拓扑多边形 $O$ 由弧段 $L_1$、$L_2$ 组成，其中，$L_2$ 中具有多边形 $D$ 的语义信息，但因

$L_1$ 为 $P_2$ 中的弧段，因此，其不具有语义信息，由此可判定多边形 $O$ 为凹部区域，将 $L_2$ 代替 $L_1$ 作为边界 $P$ 的弧段，得到如图 4.24(b) 所示边界轮廓 $P$。

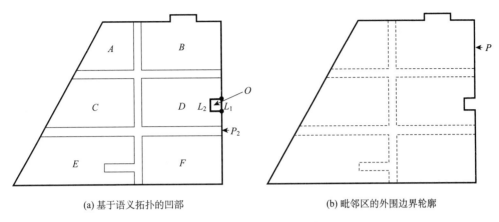

(a) 基于语义拓扑的凹部        (b) 毗邻区的外围边界轮廓

图 4.24 "补凹" 过程示例

### 3. 边界约束下骨架线修正

现有研究中基于边界约束 Delaunay 三角网法提取的主骨架线 (Yi et al., 2008; 唐常青等, 1990) 已可以很好地反映面要素的主延伸方向和主体形状特征，并可以有效去除桥接面汇聚处的 "抖动" 现象，本书针对主骨架线在边界处存在的不足 [图 4.25(a)] 进行修正，克服末端结点提取不准确的缺陷。主要过程如下。

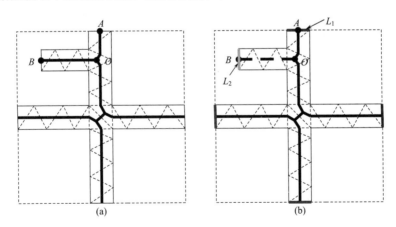

图 4.25 毗邻化线调整

将桥接面与原始面群统一构建语义拓扑结构，若某一弧段无语义信息且属于桥接面的组成弧段，则该弧段为边界弧段，与该弧段相连的骨架线优先得到保留；同时，若所提骨架线的末节点不在边界上，则该段骨架线应去除。如图 4.25(b) 所示，结点 $A$ 在边界 $L_1$ 上，因此骨架线 $OA$ 得到保留；结点 $B$ 在非边界的弧段 $L_2$ 上，因此骨架线 $OB$ 应去除。

**4. 毗邻化自动处理**

基于识别的毗邻区，进行毗邻化自动操作包括四步：一是计算各个毗邻区的外围边界轮廓；二是提取桥接面；三是提取桥接面毗邻化线；四是依据毗邻化线融解桥接面。其迭代计算流程如图 4.26 所示。

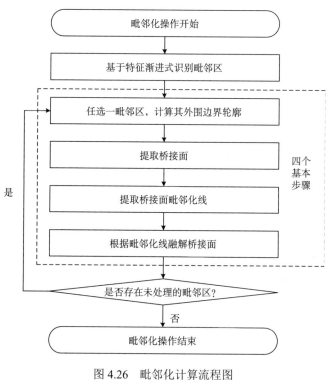

图 4.26　毗邻化计算流程图

### 4.3.3　实验与分析

**1. 实验数据与实验环境**

依托中国测绘科学研究院研制的 WJ-III 地图工作站，以坑塘面群为例进行合理性及效率验证。实验数据取自江苏省某市地形图数据库中的一个标准图幅，该市水产养殖发达，坑塘密布、形状多样，空间分布特征很有代表性。实验数据空间范围为(23.91× 18.67)km²，共有坑塘面要素 18 559 个，源比例尺 1∶1 万、目标比例尺 1∶5 万，软件系统运行环境为 Windows 7 64 位操作系统、CPU 为 Intel Core I7-3770、主频 3.2GHz、内存 16 GB、固态硬盘 1024 GB。

本次毗邻化实验总计用时 792s。其中，毗邻区识别耗时 760s，占总用时的 95.96%；毗邻化处理用时 32s。

**2. 可靠性分析**

1) 自动识别准确性

本次实验中，以 0.4 mm 作为图上的最小可视距离 (Haunert and Sester, 2008)，带状桥接面宽度阈值设定为 20 m，进行毗邻区自动识别与处理。该方法共识别出毗邻区 1065 个，其中，由排列规则、形状相似的面要素形成的普通毗邻区 158 个，占比 14.84%；由排列不规则、形状多样的面要素形成的复杂毗邻区 907 个，占比 85.16%。其与人工处理的结果对比如表 4.6 所示。其中，普通毗邻区符合度为 98.44%，复杂毗邻区符合度为 86.71%。

表 4.6　毗邻化识别结果准确性比较　　　　　　　　(单位：个)

| 毗邻区 | 人工识别结果 | 本书方法识别结果 | | | |
|---|---|---|---|---|---|
| | | 完全符合 | 高度符合 | 一般符合 | 不符合 |
| 普通毗邻区 | 158 | 156 | 2 | 0 | 0 |
| 复杂毗邻区 | 886 | 145 | 702 | 37 | 2 |

注：完整符合指两方法提取的毗邻区完全重叠；高度符合指两方法提取的毗邻区绝大部分重叠，只在边、角处存在细微差异的情形；一般符合指两方法提取的毗邻区主体部分重叠；不符合指两方法提取的毗邻区无重叠或重叠小于 50%

为了检验毗邻区自动识别结果的可靠性和准确性，将该结果与制图专业人员人工识别出的毗邻区进行比对分析并计算叠置度。叠置度=1–[|毗邻区面积(人工识别)–毗邻区面积(自动识别)|]/毗邻区面积(人工识别)。以该叠置程度为核心指标，将识别结果区分为四种情况：第一种情况(完整符合)，叠置度=100%；第二种情况(高度符合)，90%≤叠置度<100%且细微差异出现在边、角处；第三种情况(一般符合)，50%≤叠置度<90%且主体存在部分重叠；第四种情况(不符合)，叠置度<50%。

2) 毗邻化效果比较

从上述自动化处理结果中选择代表性强的毗邻区，将本书方法与传统毗邻化算法处理结果进行效果对比。对于普通毗邻区，两者处理结果基本一致，均能够较好地保持原始面群的结构特征，所提毗邻化线自然延展且形态光滑，不存在抖动，如图 4.27 所示；

(a) 典型普通面群　　　　　　　　(b) 传统毗邻化方法　　　　　　　　(c) 本书所提方法

图 4.27　普通毗邻区处理效果比较

对于复杂毗邻区，本书方法相对传统毗邻化算法，在毗邻化处理效果方面更好，如图 4.28
所示。这是由于传统方法未顾及外围边界在提取毗邻化线时的约束，边界有凹凸结构面
要素的毗邻化线误提取所致，其结果与地物真实分布不一致。

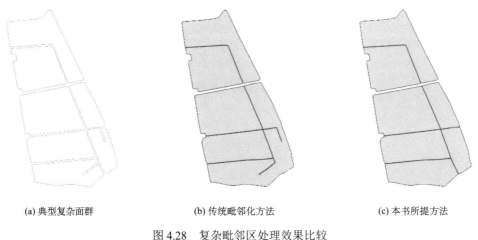

　　　(a) 典型复杂面群　　　　　　　　(b) 传统毗邻化方法　　　　　　　　(c) 本书所提方法

图 4.28　复杂毗邻区处理效果比较

# 参 考 文 献

艾廷华, 郭宝辰, 黄亚峰. 2005. 1∶5 万地图数据库的计算机综合缩编. 武汉大学学报(信息科学版),
　　30(4): 297-300.
艾廷华, 郭仁忠. 2000. 支持地图综合的面状目标约束 Delaunay 三角网剖分. 武汉大学学报(信息科学
　　版), 25(1): 35-41.
艾廷华, 刘耀林. 2002. 保持空间分布特征的群点化简方法. 测绘学报, 31(2): 175-180.
陈竞男, 钱海忠, 王骁, 等. 2016. 提高线要素匹配率的动态化简方法. 测绘学报, 45(4): 486-493.
陈述彭, 鲁学军, 周成虎. 1999. 地理信息系统导论. 北京: 科学出版社.
陈涛, 艾廷华. 2004. 多边形骨架线与形心自动搜寻算法研究. 武汉大学学报(信息科学版), 29(5): 443-446.
邓敏, 陈杰, 李志林, 等. 2009. 曲线简化中节点重要性度量方法比较及垂比弦法的改进. 地理与地理信
　　息科学, 25(1): 40-43.
邓敏, 李成名, 刘文宝. 2002. 利用拓扑和度量相结合的方法描述面目标间的空间关系. 测绘学报,
　　31(2): 164-169.
顾腾, 陈晓勇, 刘成强. 2016. 一种Douglas-Peucker 与 Li-Openshaw结合改进的曲线化简方法. 东华理工
　　大学学报(自然科学版), 39(4): 396-400.
郭庆胜, 刘小利, 陈宇箭. 2006. 线与线之间的空间拓扑关系组合推理. 武汉大学学报(信息科学版),
　　31(1): 39-42.
何建华, 刘耀林. 2004. GIS 中拓扑和方向关系推理模型. 测绘学报, 33(2): 156-162.
何宗宜. 2004. 地图数据处理模型的原理与方法. 武汉: 武汉大学出版社.
黄亚锋, 艾廷华, 刘鹏程. 2011. 顾及 Gestalt 认知效应的线性岛屿模式识别. 武汉大学学报(信息科学
　　版), 36(6): 717-720.
刘慧敏, 樊子德, 徐震, 等. 2011. 曲线化简的弧比弦算法改进及其评价. 地理与地理信息科学, 27(1): 45-48.
刘远刚, 郭庆胜, 孙雅庚, 等. 2015. 地图目标群间骨架线提取的算法研究. 武汉大学学报(信息科学
　　版), (2): 264-268.

蒙印, 艾廷华, 杨井源. 2014. 1:250 000 水系要素综合缩编技术方法. 测绘与空间地理信息, 37(3): 201-203.

邵黎霞, 何宗宜, 艾自兴, 等. 2004. 基于 BP 神经网络的河系自动综合研究. 武汉大学学报(信息科学版), 29(6): 555-557.

唐常青, 吕宏伯, 黄铮, 等. 1990. 数学形态学方法及其应用. 北京: 科学出版社.

王家耀, 李志林, 武芳. 2011. 数字地图综合进展. 北京: 科学出版社.

王家耀, 崔铁军, 王光霞. 1985. 图论在道路网自动选取中的应用. 解放军测绘学院学报, (1): 79-86.

王鹏波, 武芳, 翟仁健. 2009. 一种用于道路网综合的拓扑处理方法. 测绘科学技术学报, 26(1): 64-68.

王骁, 钱海忠, 何海威, 等. 2015. 利用空白区域骨架线网眼匹配多源面状居民地. 测绘学报, 44(8): 927-935.

王中辉, 闫浩文. 2011. 多边形主骨架线提取算法的设计与实现. 地理与地理信息科学, (1): 42-44,48.

武芳, 朱鲲鹏. 2008. 线要素化简算法几何精度评估, 武汉大学学报(信息科学版), 33(6): 600-603.

张青年. 2007. 逐层分解选取指标的河系简化方法. 地理研究, 26(2): 222-228.

朱鲲鹏, 武芳, 王辉连, 等. 2007. Li-Openshaw 算法的改进与评价. 测绘学报, 36(4): 450-456.

祝国瑞. 2004. 地图学. 武汉: 武汉大学出版社.

Chen J, Li C M, Li Z L, et al. 2001. A Voronoi-based 9-intersection Model for Spatial Relations. Int. Joural of GIS, 15(3): 201-220.

Cheng P, Yan H, Han Z. 2008. An algorithm for computing the minimum area bounding rectangle of an arbitrary polygon. J. Eng. Graph, 1: 122-126.

Deluci A A, Black R B. 1987. A Comprehensive Approach to Automatic Feature Generalization. Morelia, Mexico: Proceedings of 13th International Cartographic Conference.

Douglas D H, Peucker T K. 1973. Algorithms for the reduction of the number of points required to represent a digitized line or caricature.Canadian Cartographer,10(2): 112 -122.

Haunert J H, Sester M. 2008. Area collapse and road centerlines based on straight skeletons. GeoInformatica, 12(2): 169-191.

Li Z L. 2007. Algorithmic Foundation of Muli-scale Spatial Representation. Bacon Raton: CRC Press.

Li Z L, Openshaw S. 1994. Linear feature's self-adapted generalization algorithm based on impersonality generalized natural law. Translation of Wuhan Technical University of Surveying and Mapping, (1): 49-58.

Mcmaster R B. 1986. A statistical analysis of mathematical measures for line simplification. The American Cartographer, 13: 103-116.

Mcmaster R B. 1987. Automated line generalization. Cartographica, 24(2): 74-111.

Mitropoulos V, Xydia A, Nakos B, et al. 2005. The Use of Epsilonconvex Area for Attributing Bends Along a Cartographic Line. la Corona, Spain: International Cartographic Conference.

Morrison P, Zou J J. 2007. Triangle refinement in a constrained Delaunay triangulation skeleton. Pattern Recognit, 40: 2754-2765.

Muller J C. 1987. Fractal and automated line generalization. The Cartographic Journal , 24(1): 27-34.

Nako B, Mitropoulos V. 2003. Local Length Ratio as a Measure of Critical Point Detection for Line Simplification. The Symposium of the 5th ICA Workshop on Progress in Automated Map Generalization.

Park S C, Chung Y C. 2003. Mitered offset for profile machining. Computer-Aided Design, 35(5): 501-505.

Ruas A. 1995. Multiple paradigms for automating map generalization: geometry, topology, hierarchical partitioning and local triangulation. ACSM/ASPRS Annual Convention and Exposition, 68-69.

Serna A, Marcotegui B. 2014. Detection, segmentation and classification of 3D urban objects using mathematical morphology and supervised learning. ISPRS J. Photogram. Remote Sens., 93: 243-255.

Ware J M, Jones C B, Bundy G L. 1997. A Triangulated Spatial Model for Cartographic Generalization of Areal Objects//Kraak M J, Molenaar M. Advance in GIS Research II(the 7th Int. Symposium on Spatial Data Handling). London: Taylor & Francis: 173-192.

White E R. 1985. Assessment of line-generalization algorithms using characteristic points. The American Cartographer, 12(1): 17-28.

Winter S, Frank A U. 2000. Topology in raster and vector representation. Geo Informatica, 4(1): 35-65.

Yi I L, Lee Y S, Shin H. 2008. Mitered Offset of a Mesh Using QEM and Vertex Split. Proceedings of the 2008 ACM Symposium on Solid and Physical Modeling.

Zou J J, Yan H. 2001. Skeletonization of ribbon-like shapes based on regularity and singularity analyses. IEEE Trans. Syst. Man Cybern. B Cybern, 31: 401-407.

# 第 5 章　海量数据处理

地情专题地图的制图区域多是全省及地(市)、县各行政区域,其中专题铺盖的数据动辄十万图斑甚至上百万图斑,涉及大量的计算,如何实现海量地情专题地图数据的高效综合是一个难点。鉴于此,本书通过引入分块策略,提出一种改进的狭长图斑融解分块方法和一种顾及拓扑一致性的狭长图斑分块融解方法,依托并行计算框架,在保证综合质量的前提下,实现海量地情专题地图数据的高效综合。

第一,引入分块策略,针对传统分块方法不利于机器计算的负载平衡且格网边界容易对融解准确性及稳定性造成影响的问题,通过依据规则格网对海量图斑进行粗分,进而基于狭长图斑面积平衡对格网进行精分,并结合分块边界弧段拓扑及语义信息修正规则格网边界,实现一种改进的狭长图斑融解分块方法,使分块结果更适用于并行计算环境并去除格网边界对综合操作的影响,有效提高了海量地情专题地图数据综合的效率。

第二,针对引入分块策略进行大范围图斑数据融解时,块与块之间边界处狭长图斑分裂线存在的拓扑变化问题,通过归纳狭长图斑分块时在格网边界处出现的四种拓扑变化模式,并针对每种模式提出相应的分裂线拓扑变化恢复方法,实现了一种狭长图斑分块融解方法,在提高了海量地情专题地图数据综合效率的同时保证了综合质量。

根据并行处理对象的不同,地图数据在进行并行运算处理时,其并行策略可以分为基于高性能计算机集群(Hawick et al.,2003;刘冬,2011;曹海燕,2009)、基于计算机GPU 加速(崔树林等,2015;王平等,2016)和基于运算过程本身并行(Touya et al.,2017)三种类型。在并行策略选择时,大多直接采用多进程处理方法,即根据计算机 CPU 核数,一次性并行开启对等的进程数进行处理。

## 5.1　一种改进的狭长图斑融解分块方法

Touya 等(2017)指出,分块策略是解决海量地图数据自动综合问题的唯一方法,该方法的核心是将海量地图数据分割为面积较小的数据子集,进而对每个数据子集并行处理,在充分利用机器计算能力的基础上提高自动综合效率。狭长图斑融解(dissolving)操作是地情专题地图图斑数据自动综合过程中的一种常见操作,是指基于 Delaunay 三角网提取狭长图斑分裂线(艾廷华和刘耀林,2002),依据分裂线对狭长图斑进行剖分并将其合并至邻近图斑的过程。当参与融解的地情专题地图图斑数据空间范围较大时,即需引入分块策略。

分块方式是执行分块策略的关键步骤,Chaudhry 和 Mackaness(2010)指出,分块方式对综合质量及效率具有直接影响。在已有的研究中,根据分块单元的不同,分块方法可分为基于规则格网的分块方法和基于地理单元的分块方法两种,本书的研究属于前者。通常所说的规则格网分块方法是指基于正方形、长方形等具有规则形状的格网对区域进行划分，Thiemann 等(2011)应用该分块方式进行了地情专题地图图斑数据的聚合操作，取得了良好的综合效果；Touya 等(2017)进一步将其应用于道路线化简及建筑面选取操作，并通过实验表明，规则格网分块方法简单、易用、效率高，尤其适用于不需要考虑上下文关系的综合算子。然而，基于正方形、长方形等规则格网对区域进行划分时，部分格网会出现内部待处理的要素分布过于密集的情况，影响计算效率，为此，Briat 等(2011)提出了四叉树格网分块方法对传统的规则格网分块方法进行优化，对要素密度较大的区域依据四叉树进行层次划分，道路数据聚合操作实验表明，四叉树格网分块方法更易于控制格网内的要素数量，具有更高的处理效率。

对于融解操作而言，依据上述两种分块方法获取的不同格网内狭长图斑的面积仍存在较大的差异，导致并行处理时各个计算结点的数据吞吐量不一，不利于机器计算的负载均衡，影响融解效率；此外，分块格网边界对融解操作影响较大，如边界处因格网切分而产生的细碎图斑影响融解的准确性及稳定性。为此，本书提出了一种改进的狭长图斑融解分块方法，在使该方法更适用于并行计算的同时，降低分块格网对融解操作的影响。

## 5.1.1　现有方法及不足

### 1. 现有方法

针对海量数据进行规则格网分块的基本原理是通过计算整个图斑区域的最小外接矩形，根据预先确定的格网行列数，计算外包框上的等间距分割点，依据每个分割点生成平行于坐标轴并且与该点所在坐标轴不重合的格网边界，如图 5.1(a)所示。

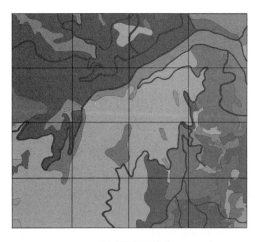 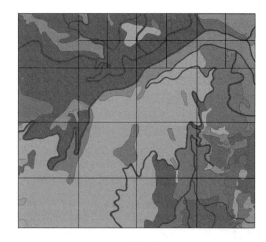

(a) 规则格网划分　　　　　　　　　　　　　　　(b) 四叉树格网划分

图 5.1　现有图斑分块方法

四叉树格网划分方法的基本原理是首先将图斑区域划分成四个相等的格网，进而对内部要素密度较大的格网进行四叉树递归划分，直至划分的层次达到一定深度或者满足某种要求后停止划分，如图 5.1(b)所示。

**2. 现有方法不足**

基于现有分块方法进行融解操作时，存在以下两个问题。

(1) 格网内待处理要素面积不均衡导致效率降低。对于海量图斑融解操作而言，格网内狭长图斑的面积是影响计算效率的主要因素，然而由于狭长图斑在空间上呈现非均匀的分布特征，依据现有规则格网划分方法形成的格网内狭长图斑的面积仍存在较大的差异，如图 5.2(a) 所示规则格网分块结果，格网 $PA_{30}$ 内具有最小的狭长图斑面积 0 m$^2$，格网 $PA_{02}$ 内具有最大的狭长图斑面积 3 143.22 m$^2$，两者面积值相差较大。格网单元内待处理的狭长图斑面积的差异不利于在并行处理过程中平衡机器的计算资源，导致整体的处理效率降低。

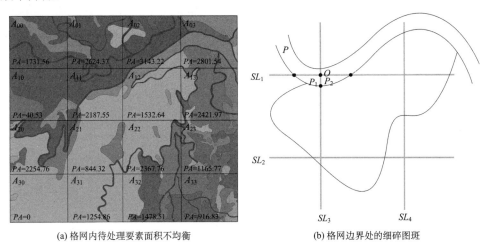

(a) 格网内待处理要素面积不均衡      (b) 格网边界处的细碎图斑

图 5.2 现有分块方法存在的不足

(2) 格网边界处新增细碎图斑影响融解准确性及稳定性。并行计算中要尽量避免分块格网边界对数据的影响，使计算机专注于格网内部要素的处理(Chaudhry and Mackaness，2010)。然而，采用规则格网分块方法对区域图斑集进行分割时，在分块格网边界周围不可避免地会新增一些细碎小图斑。如图 5.2(b) 所示，狭长图斑 $P$ 在结点 $O$ 处被格网边界 $SL_1$、$SL_3$ 分割，产生细碎图斑 $P_1$、$P_2$。

新增细碎图斑的数量与格网划分密度有关，格网划分密度越大越容易产生细碎图斑。这些细碎图斑会在融解过程中引起以下两个问题：一是这些图斑会因为其宽度符合狭长图斑的判定条件而参与图斑融解，对于由狭长图斑产生的细碎图斑，融解结果必然会影响分裂线的形状及延展性，降低融解准确性；二是新增细碎图斑面积大小不定，极端情况下，会出现面积极小(几近于 0)的细碎图斑，这些极小图斑会在融解过程中因无法计算分裂线而导致自动综合程度崩溃，破坏融解稳定性。

## 5.1.2 一种改进的狭长图斑融解分块方法

本书提出的狭长图斑融解分块方法的核心包括三部分，即：①基于狭长图斑面积平衡的格网精分：该部分尝试提出平衡各个规则格网中待处理的狭长图斑面积，使并行计算中各个内存结点单次数据处理量基本一致；②格网拆合：该部分明确如何应用格网精分方法实现区域格网的拆分；③块边界修正：该部分用于消除格网边界处细碎图斑对融解操作的影响，使计算机能够专注于格网内部要素的处理。

### 1. 基于狭长图斑面积平衡的格网精分

首先依据规则格网对海量图斑进行粗略划分(粗分)，进而以狭长图斑在格网内的面积平衡为约束进行精细划分(精分)，具体步骤如下。

步骤1：确定适宜的格网大小。依据海量图斑的空间分布范围，计算其最小外接矩形(minimum bounding rectangle，MBR)，设定多组初始行列数 $n_1$, $n_2$, $\cdots$, $n_m$ 对 MBR 的长和宽进行等间距分割，形成 $n_1 \times n_1$, $n_2 \times n_2$, $\cdots$, $n_m \times n_m$ 的多个规则格网划分尺度，分别统计各个格网尺度下的融解时间，将具有最优融解效率的格网大小作为该区域的最适宜格网大小。

步骤2：以两个整型变量 $i, j$ ($i=0,1,\cdots,n-1$；$j=0,1,\cdots,n-1$) 标识最适宜格网的行列号，计算每个格网内待处理的狭长图斑面积(patch area, $PA_{ij}$)。

步骤3：识别被图斑全覆盖的 $m$ 个格网($0 \leqslant m \leqslant n^2$)，并将这些格网内狭长图斑面积的平均值作为最适宜处理面积(PA)。

步骤4：定义图斑拆合系数 $f$，将最适宜处理面积作为标准对各个格网进行拆分和合并，以实现每个格网内待处理的狭长图斑面积基本一致，计算 $f$ 的数学函数见式(5.1)：

$$f = \frac{PA_{ij}}{PA} \tag{5.1}$$

若 $0 \leqslant f < 0.5$，说明该格网内狭长图斑面积较小，对其进行合并处理值得注意的是，合并后形成的格网拆合系数不得大于拆分系数阈值；若 $0.5 \leqslant f \leqslant 1.5$，说明该格网内狭长图斑面积大小适宜，不做拆合处理；若 $f > 1.5$，说明该格网内狭长图斑面积较大，对其进行拆分处理。

### 2. 格网拆合

基于拆合系数进行格网精分时，首先进行格网拆分，处理步骤如下：①计算各个格网的拆合系数($f$)，选取 $f > 1.5$ 的所有格网，按照 $f$ 值由大到小的顺序排序，形成拆分队列；②选择 $f$ 值最大的格网，计算该格网长边中点，基于该点生成平行于短边所在坐标轴的边界线，将该格网拆分为两个子格网；③计算子格网的拆合系数($f$)，将 $f > 1.5$ 的子格网加入拆分队列，并更新该队列；④重复步骤②、③，直至不存在 $f > 1.5$ 的格网。

其次，进行格网合并，处理步骤如下：①计算各个格网的拆合系数($f$)，选取 $0 \leqslant f < 0.5$ 的所有格网，按照 $f$ 值由小到大的顺序排序，形成合并队列；②选择 $f$ 值最小的格网，将其合并至邻近格网中，邻近格网的选择依据局部最优计算，即邻近图斑中含有狭长图斑面积最小的格网具有最高的优先级；③计算合并后格网的拆合系数($f$)，若该格网 $0 \leqslant f < 0.5$，则将其加入合并队列，并更新该队列；④重复步骤②、③，直至不存在 $0 \leqslant f < 0.5$ 的格网。

以图 5.2(a) 为例，经格网拆合后的结果如图 5.3 所示，其中，格网 $A_{01}$、$A_{02}$、$A_{03}$ 因内部狭长图斑面积较大，分别被拆分为两个子格网，$A_{01}$ 拆分为格网 2、3，$A_{02}$ 拆分为格网 4、5，$A_{02}$ 拆分为格网 4、5；$A_{00}$、$A_{10}$ 因内部格网面积较小，合并为格网 1，$A_{21}$、$A_{30}$、$A_{31}$ 合并为格网 12，经格网拆合处理后，各个格网内部待处理的狭长图斑面积差异得到了有效减少。

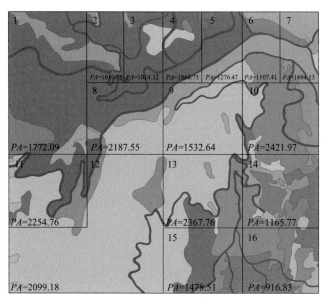

图 5.3　格网拆合结果

### 3. 块边界修正

融解操作是一种上下文无关的综合算子，因此分块边界对该操作的影响仅在边界处，如图 5.2(b)所示，为此，本书通过建立拓扑并结合边界弧段语义信息对分块格网边界进行修正，具体步骤如下。

步骤 1：为面状图斑与线状格网边界构建统一拓扑，并记录每条弧段关联的语义信息，边界弧段语义信息为空；

步骤 2：设定缓冲距离 $D$，并据此对分块格网边界(split lines，SL)建立宽度为 $D$ 的缓冲区(buffer)；

步骤 3：识别缓冲区内与初始格网边界相交且被缓冲区完全包含的图斑弧段集合 $A=[a_1,a_2,\cdots,a_n]$；

步骤 4：依据弧段的拓扑关系及包含的语义信息，依次对集合 $A$ 中的图斑弧段进行处理，以图斑弧段代替其关联的格网边界弧段，并删除被替代的格网边界，直至 $A$ 内不存在待处理的弧段；

步骤 5：更新面状图斑与分块格网边界的拓扑关系。

以图 5.4(a)为例，将 $SL_1$ 作为基准，构建距离为 $D$ 的缓冲区，$P_1$、$P_2$ 处在该缓冲区内，如图 5.4(b)所示，其中，弧段 $a_1$、$a_2$ 为被完全包含的两条弧段，依据语义拓扑，分别以 $a_1$、$a_2$ 代替 $SL_1$ 上与其关联的弧段，得到修正后的格网边界如图 5.4(c)所示。

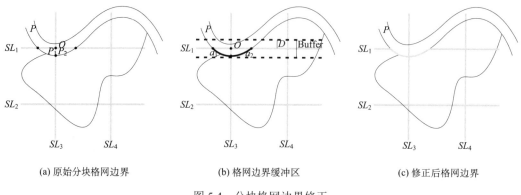

(a) 原始分块格网边界　　　　　(b) 格网边界缓冲区　　　　　(c) 修正后格网边界

图 5.4　分块格网边界修正

在进行分块格网边界修正时，缓冲区宽度阈值 $D$ 的取值十分关键，通常以人眼在图上的最小可视长度阈值为标准(Muller，1987)，该值一般为目标比例尺地图上的 0.3 mm 或 0.4 mm。

### 5.1.3　实验与分析

**1. 实验数据与实验数据**

依托中国测绘科学研究院研制的 WJ-III 地图工作站，对本书方法进行合理性和高效性验证。实验以贵州省赤水市地理国情普查数据为例，原始数据比例尺为 1∶1 万，实验区空间范围为 1825.594 km²，共有图斑 125779 个，综合目标比例尺为 1∶10 万，其宽度小于 0.4mm 的狭长图斑共 395 个，如图 5.5 所示。实验环境为 Microsoft Windows 7 64 位操作系统，CPU 为 Intel Core I7-3770，单机 8 核 8 线程，主频 3.2GHz，内存 16GB，固态硬盘 1024GB。

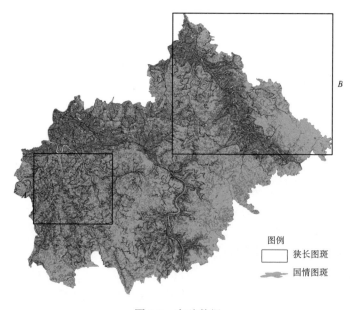

图例
▢　狭长图斑
▨　国情图斑

图 5.5　实验数据

## 2. 精分格网方法效率验证

为验证本书提出的格网精分方法的效率，将本书方法与规则格网分块方法、四叉树层次分块方法进行对比。

### 1) 确定适宜的格网大小

采用规则格网划分方法，设置 5×5、6×6 等多组分块格网大小进行融解操作，分别统计各组实验在格网分块、图斑分裂、图斑重构过程中所用的时间，实验结果如图 5.6 所示。

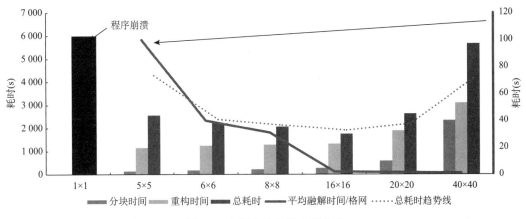

图 5.6　多组分块格网融解实验

由图 5.6 可以看到，各组实验所用时间呈"倒钟"形分布。将实验区作为一个整体 (1×1) 进行处理时，受计算机内存能力所限，无法完成融解操作；当分块格网为 5×5 时，单个格网进行融解的时间较长，导致融解的整体时间偏长；当格网数量为 16×16 时，具有最少的处理时间，对应的单个格网最适宜处理的狭长图斑面积为 141733.21 $m^2$；当分块数量增大至 40×40 时，虽单个格网分裂时间众数减少至 1s，但分块耗时增长明显。

### 2) 狭长图斑分布均匀区域实验

图 5.5 中矩形框 $A$ 内狭长图斑分布较为均匀，采用规则格网分块方法、四叉树格网分块方法及本书格网精分方法分别对其进行处理，结果如图 5.7 所示。

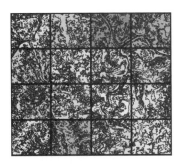
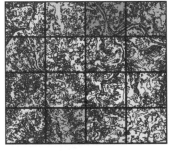
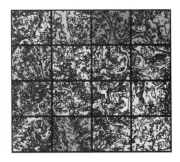

(a) 规则格网分块方法结果　　　　(b) 四叉树格网分块方法结果　　　　(c) 本书格网精分方法结果

图 5.7　狭长图斑分布均匀区域实验

统计不同分块方法该区域的融解效率，如表 5.1 所示。

表 5.1　基于三种不同分块方法的融解操作效率对比

| 划分方法 | 格网数量 | 分块时间(s) | 单个格网融解时间(s) | | | 拼接时间(s) | 总耗时(s) |
|---|---|---|---|---|---|---|---|
| | | | 最大值 | 最小值 | 平均值 | | |
| 规则格网分块方法 | 16 | 2.56 | 3.24 | 2.38 | 2.76 | 5.27 | 14.25 |
| 四叉树格网分块方法 | 16 | 2.75 | 3.24 | 2.38 | 2.76 | 5.27 | 14.44 |
| 本书分块方法 | 16 | 2.69 | 3.24 | 2.38 | 2.76 | 5.27 | 14.38 |

由图 5.7 及表 5.1 可以发现，对于狭长图斑分布较为均匀的区域，三种分块方法结果相同。此外，单个格网融解时间最大间隔仅为 0.48s，四叉树格网分块方法及本书分块方法所需分块时间略高于规则格网分块方法，是因为这两种方法均对格网内狭长图斑面积值进行了判定，三种分块方法对该区域的融解总耗时基本一致，均不足 15 s。

3) 狭长图斑分布失衡区域实验

图 5.5 中矩形框 *B* 内的狭长图斑集中分布于"自左上至右下"的条带内，且其周围狭长图斑较为稀疏，整体呈失衡状态。图 5.8 为分别采用三种方法对其进行分块处理的结果。

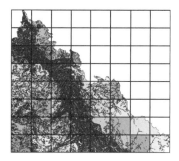 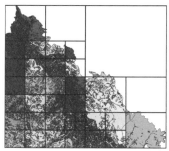 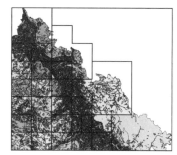

(a) 规则格网分块方法结果　　　　(b) 四叉树格网分块方法结果　　　　(c) 本书分块方法结果

图 5.8　狭长图斑分布失衡区域实验

统计不同分块方法该区域的融解效率，如表 5.2 所示。

表 5.2　基于三种不同分块方法的融解操作效率对比

| 划分方法 | 格网数量 | 分块时间(s) | 单个格网融解时间(s) | | | 拼接时间(s) | 总耗时(s) |
|---|---|---|---|---|---|---|---|
| | | | 最大值 | 最小值 | 平均值 | | |
| 规则格网分块方法 | 64 | 4.78 | 8.24 | 0 | 1.51 | 15.89 | 68.67 |
| 四叉树格网分块方法 | 37 | 4.56 | 3.36 | 0 | 2.46 | 12.31 | 33.37 |
| 本书分块方法 | 26 | 4.86 | 3.36 | 2.56 | 2.83 | 10.54 | 27.80 |

由图 5.8 及表 5.2 可以发现，对于狭长图斑分布失衡区域，三种分块方法所得结果差异较大，规则格网分块方法及四叉树格网分块方法均存在内部不含任何图斑的空白格网，本书分块方法及四叉树格网分块方法均对密度较大的格网进行了细分，不同的是，本书

分块方法可以对内部图斑面积较小的格网进行合并，格网数量仅为 26，格网数量在三种分块方法中最少。此外，本书分块方法中单个格网最大融解时间为 3.36s，该时间与四叉树格网分块方法单个格网融解时间最大值一致，但较规则格网分块方法时间缩短超过 1 倍。在总耗时方面，本书分块方法在所有融解过程及拼接过程所用时间均低于其他两种方法，是规则格网分块方法总耗时的 40%、四叉树格网分块方法总耗时的 83%。

**3. 块边界修正合理性验证**

同样以贵州省赤水市地理国情普查数据(图 5.5)为例，对块边界修正合理性进行验证。将缓冲区宽度阈值 $D$ 设置为 0.4 mm，共识别因边界分割而新增的细碎小图斑 133 个，图 5.9、图 5.10 为两个典型细碎小图斑示例。其中，图 5.9(a)为边界分割形成的极小图斑，其面积仅为 0.01 m$^2$，图 5.10(a)为边界分割形成的常见的细碎小图斑。

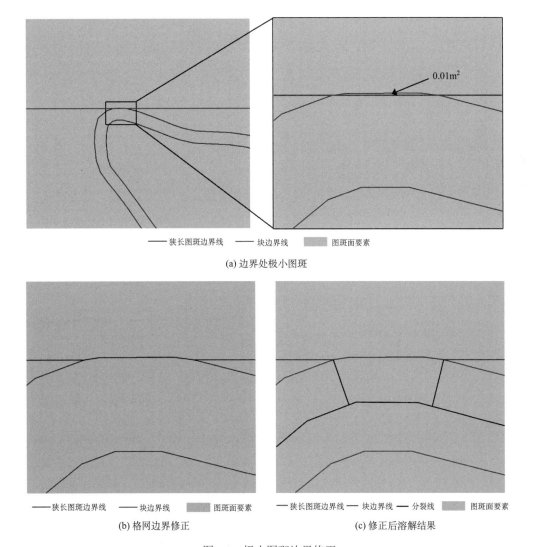

　——狭长图斑边界线　——块边界线　▨ 图斑面要素
(a) 边界处极小图斑

　——狭长图斑边界线　——块边界线　▨ 图斑面要素
(b) 格网边界修正

　——狭长图斑边界线　——块边界线　——分裂线　▨ 图斑面要素
(c) 修正后溶解结果

图 5.9　极小图斑边界修正

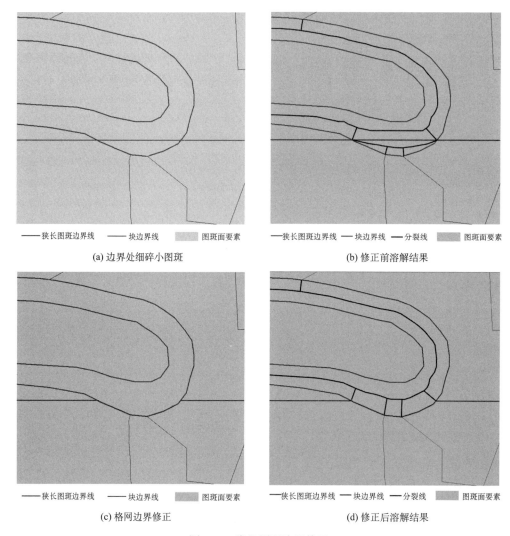

(a) 边界处细碎小图斑 　　　　　　　(b) 修正前溶解结果

(c) 格网边界修正 　　　　　　　　　(d) 修正后溶解结果

图 5.10　常见图斑边界修正

由图 5.9(a)可以发现，边界分割会在局部形成面积足够小的极小图斑，若不对这些极小图斑进行处理而直接进行融解，会容易因为无法计算分裂线而造成综合崩溃，影响融解过程。图 5.9(b)为依据本书方法进行边界修正的结果，可以发现，修正后的边界较好地消除了边界处的极小图斑，且有利于得到正确的狭长图斑融解结果，如图 5.9(c)所示。

由图 5.10(b)可以发现，边界分割形成的细碎小图斑会因符合狭长图斑的判定条件而继续参与图斑融解，导致该处的分裂线形状发生明显变化，不能准确反映狭长图斑的主体形状。图 5.10(c)为依据本书方法进行边界修正的结果，可以发现，修正后的边界较好地消除了边界处的细碎小图斑，有效地避免了该图斑对融解操作的影响，保证了图斑融解的质量，如图 5.10(d)所示。

## 5.2　一种狭长图斑分块融解方法

融解(dissolving)是图斑综合过程中的一种常见操作,在地图由大比例尺向小比例尺转换的过程中,图上的细小面要素由于难以被人眼继续识别而必须融解,将其降维为线要素进行表示(艾廷华等,2010)。对于图斑数据而言,融解操作的基本思路是依据一定的规则将细小图斑分裂成若干“碎片”,并将这些“碎片”兼并至拓扑相邻图斑。细小图斑通常包括两类:狭长图斑和小面积图斑,其中,狭长图斑是指图幅内一些长而窄的目标,如细长的面状河流、低等级的面状道路、公路以及田坎、沟渠等,小面积图斑是指比例尺变化时,图幅内一些小于图上最小面积的目标,如离散分布的细小坑塘、湖泊以及建筑物等。

近年来,国内外学者对面要素融解操作进行了广泛的研究,依据提取矢量分裂线方式的不同,融解操作可分为基于直骨架线的融解方法(Aichholzer et al.,1996;Haunert and Sester,2008)、基于圆骨架线的融解方法(Lee,1982;Cloppet et al.,2000)和基于 Delaunay 三角网的融解方法(Ruas,1995)三种。Delaunay 三角网由于具有“圆规则”或“最大最小角规则”(Ware et al.,1997)而成为提取分裂线的常用方法。Delucia 和 Black(1987)针对多边形面要素的综合问题,率先构建了约束 Delaunay 三角网结构,并依据此结构提取了多边形骨架线;艾廷华和郭仁忠(2000)对基于骨架线的图结构进行了详细讨论,指出骨架线对于提取分裂线具有良好的支持作用,并进一步考虑图斑数据在空间分布上的全覆盖、无重叠特点,通过对骨架线端点处进行拓扑调整,实现了对图斑数据的无缝剖分,完成了小面积次要地块与拓扑邻近地块的融解(艾廷华和刘耀林,2002)。小面积图斑的融解相对容易,然而,对于延伸性更好、覆盖面积更广的狭长图斑,Penninga 等(2005)指出直接应用边界约束 Delaunay 三角网提取的骨架线作为分裂线至少存在以下三个方面的问题:①分支连接点处的骨架线会出现“锯齿”;②边界上的微小凸起导致生成多余的“尖刺”骨架线;③边界结点少导致末端分裂线拉长偏移。为此,Jones 等(1995)、Uitermark 等(1999)、Penninga 等(2005)分别提出利用分支骨架线方向、边界化简、加密边界结点等方式对骨架线进行修正,较好地解决了应用边界约束 Delaunay 三角网提取骨架线存在的问题。

然而,以上方法处理的对象通常为范围不大的图斑数据,计算时应将数据整体处理。但当区域范围足够大时,由于融解操作涉及大量的计算,处理效率急剧下降,甚至出现计算机内存不足而导致处理进程崩溃的现象。通过阅读文献发现,地图综合时引入分块策略对地图数据进行并行处理,可极大地提升综合的处理效率,分块策略的出现为解决大范围图斑数据融解操作提供了一种新思路。然而在利用分块策略进行大范围图斑数据融解时,在分块边界处,因边界线参与分裂线计算,必然导致边界处分裂线几何特征发生变化,从而导致狭长图斑的不准确剖分。为此,本书提出了一种狭长图斑分块融解方法,在提高大范围海量图斑数据处理能力和效率的同时,又可保证处理结果的准确性。

### 5.2.1 现有方法及不足

**1. 现有方法**

依据约束 Delaunay 三角网提取分裂线进行狭长图斑融解主要包括以下四个步骤,结合图 5.11 进行说明。

步骤 1:构建约束 Delaunay 三角网实现对狭长图斑的剖分,并依据三角网提取狭长图斑骨架线,如图 5.11(b)所示,图中灰色实线为狭长图斑 $P_1$ 的骨架线;

步骤 2:对边界骨架线结点处进行拓扑调整,实现对狭长图斑的无缝剖分,如图 5.11(c)矩形框 $A$ 内骨架线所示;

步骤 3:对内部骨架线进行几何形状修正,得到反映狭长图斑主体形状与延展性的分裂线,如图 5.11(c)矩形框 $B$、$C$ 内骨架线所示;

步骤 4:依据分裂线对狭长图斑进行分裂,并将各个部分兼并至邻近图斑,完成狭长图斑的融解,如图 5.11(d)所示。

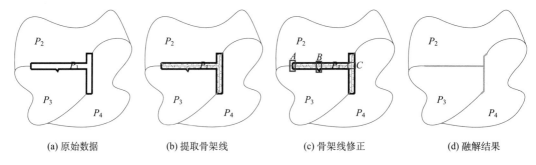

(a) 原始数据　　　　(b) 提取骨架线　　　　(c) 骨架线修正　　　　(d) 融解结果

图 5.11　狭长图斑融解方法

**2. 现有方法不足**

基于 Delaunay 三角网进行狭长图斑分块融解时主要包括三个部分:①分块操作;②分块单元的并行处理;③并行处理结果的恢复。其中,前两部分内容研究相对成熟,本章节不再赘述。但在并行处理结果恢复时,对于跨越多个分块单元的狭长图斑,在块与块边界处,边界线参与分裂线计算,将会导致边界处分裂线几何特征发生变化,从而造成对狭长图斑的不准确剖分。本书根据边界线与其两侧分裂线组成的多边形形状特征,将应用规则格网分块策略进行融解时边界处的拓扑变化情况归纳为以下 4 种模式。

模式 1:分块格网边界两侧的多边形均由分块格网边界和另外两条弧段组成,常见于狭长图斑中部被横向分割部分,如图 5.12(a)所示,多边形 $P_1$ 由分块格网边界 $SL$ 及弧段 $AB$、$AD$ 组成,多边形 $P_2$ 由分块格网边界 $SL$ 及弧段 $BC$、$CD$ 组成。

模式 2:分块格网边界一侧的多边形由分块格网边界和另外一条弧段组成,另一侧的多边形由分块格网边界和另外三条弧段组成,常见于狭长图斑弯曲处被分割部分,如图 5.12(b)所示,多边形 $P_1$ 由分块格网边界 $SL$ 及弧段 $AB$、$AD$、$CD$ 组成,多边形 $P_2$ 由分

块格网边界 $SL$ 及弧段 $BC$ 组成。

　　模式 3：分块格网边界一侧的多边形由分块格网边界和另外两条弧段组成，另一侧的多边形由分块格网边界和另外三条弧段组成，常见于狭长图斑和小图斑呈"丁"形分叉部分，如图 5.12(c)所示，多边形 $P_1$ 由分块格网边界 $SL$ 及弧段 $AB$、$BD$ 组成，多边形 $P_2$ 由分块格网边界 $SL$ 及弧段 $AC$、$CE$、$DE$ 组成。

　　模式 4：分块格网边界两侧的多边形均由分块格网边界和另外三条弧段组成，常见于狭长图斑和小图斑多叉口部分，如图 5.12(d)所示，多边形 $P_1$ 由分块格网边界 $SL$ 及弧段 $AB$、$BD$、$DE$ 组成，多边形 $P_2$ 由分块格网边界 $SL$ 及弧段 $AC$、$CF$、$EF$ 组成。

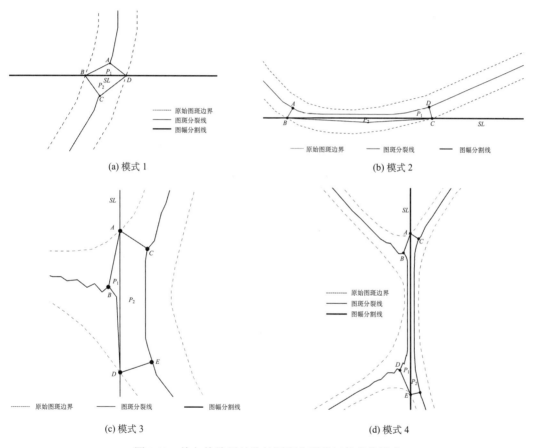

图 5.12　块与块边界处狭长图斑分裂线拓扑变化模式

## 5.2.2　狭长图斑分块融解方法

　　图斑分块缩小了计算机每次需要处理的数据量，然而在分块的过程中，初始为一个整体的图斑被分块格网边界分割为两个或多个子目标，导致分块格网边界处的图斑几何和拓扑特征发生变化，直接影响了融解过程中分裂线提取的准确性(图 5.12)。因此，如何实现跨边界处狭长图斑分裂线的恢复是一个难点问题，也是狭长图斑分块融解的核心。

　　跨边界处狭长图斑分裂线恢复的基本原则是保证融解前后分裂线具有拓扑一致性的同时，实现分裂线的自然衔接，即分裂线要具有与原始图斑一致的形状特征及延展性。为此，本书针对四种跨边界处狭长图斑分裂线存在的拓扑变化模式，采取分模式恢复的方式实现分裂线的连接，以保证分块融解提取的分裂线具有与其对应的狭长图斑一致的几何形状和拓扑关系。具体方法及过程如下。

### 1. 模式 1 拓扑变化恢复

　　模式 1 中引起图斑分裂线变化的原因是添加的分块格网边界导致图斑边界节点的增加，从而影响了边界约束的 Delaunay 三角网的分布，为此其恢复方法如下：删除分块格网边界以及与其相关联的所有弧，并将由此生成的悬挂节点进行拟合并形成最终分裂线，如图 5.13（a）所示，恢复结果删除了图中的分块格网边界 $SL$ 以及与分块格网边界相关联的弧段 $AB$、$AD$、$BC$、$CD$，并将产生的悬挂节点 $AC$ 拟合至两者的中点，经局部拓扑更新后得到最后恢复结果。

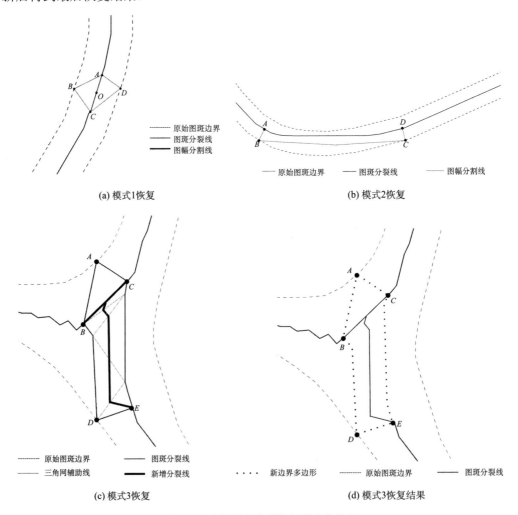

(a) 模式1恢复　　　　　　　　　　　　(b) 模式2恢复

(c) 模式3恢复　　　　　　　　　　　　(d) 模式3恢复结果

图 5.13　狭长图斑分裂线拓扑变化恢复

**2. 模式 2 拓扑变化恢复**

模式 2 中引起图斑分裂线变化的原因与模式 1 相同,为此其恢复方法同样为删除分块格网边界以及与其相关联的所有弧,保留主分裂线作为最终分裂线,如图 5.13(b)所示,恢复结果删除了图 5.13(b)中的分块格网边界 *SL* 以及与分块格网边界相关联的弧段 *AB*、*BC*、*CD*,保留了弧段 *AD*,经局部拓扑更新后得到最后恢复结果。

**3. 模式 3、模式 4 拓扑变化恢复**

模式 3、模式 4 情况较为复杂,若只删除分块格网边界以及与其相关联的所有弧,则会出现分裂线断裂的情况,不能准确描述原始图斑的主延伸方向和主体形状特征。为此,本书提出对删除分块格网边界后得到的一个由分块格网边界关联弧组成的新边界多边形进行二次分裂融合的方法,提取分裂线并与原有分裂线衔接作为最终分裂线,如图 5.13(c)和图 5.13(d)所示,删除分块格网边界后得到新边界多边形 *ABDEC*,以 Delaunay 三角网提取其分裂线[图 5.13(c)中粗线],并与原有分裂线衔接得到最终分裂线[图 5.13(d)]。模式 4 处理方法与模式 3 相同,此处不再赘述。

## 5.2.3　实验与分析

**1. 实验数据与实验环境**

依托中国测绘科学研究院研制的 WJ-III 地图工作站,嵌入本书提出的基于分块策略的狭长图斑融解方法,利用 OpenMP 在 C++环境下实现地理国情图斑的分块并行融解处理,对本书方法进行合理性和有效性验证。实验以贵州省某县地理国情普查数据(图 5.20)为例,原始数据比例尺为 1∶1 万,实验区空间范围为 1825.594km²,共有图斑 125779 个,综合目标比例尺为 1∶10 万,其上宽度小于 0.4 mm 的狭长图斑共 395 个。实验环境为 Microsoft Windows 7 64 位操作系统,CPU 为 Intel Core I7-3770,单机 8 核 8 线程,主频 3.2 GHz,内存 16 GB,固态硬盘 1024 GB。

**2. 可靠性与效率分析**

为验证本书方法的可靠性,在实验区内选取某一镇域范围图斑作为测试数据,将本书分块融解方法与将数据作为整体(不分块)融解的方法进行对比。数据的空间范围为 204.21 km²,共有狭长图斑 37 个,初始比例尺为 1∶1 万。本书以 1∶10 万为目标比例尺对实验数据进行 4×4 规则格网分块融解以及整体融解,并将融解过程中狭长图斑向其邻近图斑转换的面积作为评价融解结果一致性的量化指标。

1)与整体处理方法的效率对比

经统计,在处理效率方面,本书方法用时 67s,整体处理方法用时 587s。本书方法的处理效率是传统整体处理方法的 8.7 倍。

表 5.3　向邻近不同地类图斑转换的面积对比

（单位：m²）

| 狭长图斑序号 | $y_1/x_1/x_1-y_1$ | $y_2/x_2/x_2-y_2$ | $y_3/x_3/x_3-y_3$ | $y_4/x_4/x_4-y_4$ | $y_5/x_5/x_5-y_5$ | $y_6/x_6/x_6-y_6$ | $y_7/x_7/x_7-y_7$ | $y_8/x_8/x_8-y_8$ | $y_9/x_9/x_9-y_9$ | $y_{10}/x_{10}/x_{10}-y_{10}$ |
|---|---|---|---|---|---|---|---|---|---|---|
| 1 | 2028.26/ | 0/ | 62198.50/ | 125.54/ | 79.71/ | 0/ | 1057.30/ | 0/ | 88.57/ | 205.10/ |
|  | 2028.26/ | 0/ | 62198.50/ | 125.54/ | 79.71/ | 0/ | 1057.30/ | 0/ | 88.57/ | 205.10/ |
|  | 0 | 0 | 0 | 0 | 0 | 0 | 0 | 0 | 0 | 0 |
| 2 | 111727.05/ | 21910.79/ | 679283.60/ | 227419.37/ | 16539.35/ | 6.29/ | 18003.06/ | 16703.98/ | 12187.03/ | 30.52/ |
|  | 111706.63/ | 21911.94/ | 679158.49/ | 227425.03/ | 16539.35/ | 23.60/ | 18110.01/ | 16704.21/ | 12187.03/ | 30.52/ |
|  | -20.42 | 1.15 | -125.11 | 5.66 | 0 | 17.31 | 106.95 | 0.23 | 0 | 0 |
| 3 | 0/ | 0/ | 2897.04/ | 0/ | 0/ | 0/ | 0/ | 0/ | 0/ | 0/ |
|  | 0/ | 0/ | 2897.04/ | 0/ | 0/ | 0/ | 0/ | 0/ | 0/ | 0/ |
|  | 0 | 0 | 0 | 0 | 0 | 0 | 0 | 0 | 0 | 0 |
| 4 | 255.12/ | 0/ | 3612.30/ | 0/ | 4.05/ | 0/ | 0/ | 0/ | 0/ | 0/ |
|  | 255.12/ | 0/ | 3612.30/ | 0/ | 4.05/ | 0/ | 0/ | 0/ | 0/ | 0/ |
|  | 0 | 0 | 0 | 0 | 0 | 0 | 0 | 0 | 0 | 0 |
| 5 | 141.99/ | 0/ | 1440.72/ | 0/ | 5.59/ | 0/ | 0/ | 0/ | 0/ | 0/ |
|  | 141.99/ | 0/ | 1440.72/ | 0/ | 5.59/ | 0/ | 0/ | 0/ | 0/ | 0/ |
|  | 0 | 0 | 0 | 0 | 0 | 0 | 0 | 0 | 0 | 0 |
| 6 | 0/0/0 | 0/ | 1377.53/ | 0/ | 9.51/ | 0/ | 0/ | 0/ | 0/ | 0/ |
|  |  | 0/ | 1377.53/ | 0/ | 9.51/ | 0/ | 0/ | 0/ | 0/ | 0/ |
|  |  | 0 | 0 | 0 | 0 | 0 | 0 | 0 | 0 | 0 |
| 7 | 0/0/0 | 0/ | 221.75/ | 0/ | 0/ | 18.55/ | 0/ | 0/ | 0/ | 0/ |
|  |  | 0/ | 221.75/ | 0/ | 0/ | 18.55/ | 0/ | 0/ | 0/ | 0/ |
|  |  | 0 | 0 | 0 | 0 | 0 | 0 | 0 | 0 | 0 |
| 8 | 366.25/ | 0/ | 5120.10/ | 0/ | 0/ | 0/ | 0/ | 0/ | 0/ | 56.01/ |
|  | 366.25/ | 0/ | 5120.10/ | 0/ | 0/ | 0/ | 0/ | 0/ | 0/ | 56.01/ |
|  | 0 | 0 | 0 | 0 | 0 | 0 | 0 | 0 | 0 | 0 |
| 9 | 0/ | 0/ | 0/ | 0/ | 0/ | 852.60/ | 0/ | 0/ | 0/ | 0/ |
|  | 0/ | 0/ | 0/ | 0/ | 0/ | 852.60/ | 0/ | 0/ | 0/ | 0/ |
|  | 0 | 0 | 0 | 0 | 0 | 0 | 0 | 0 | 0 | 0 |

续表

| 狭长图斑序号 | $y_1/x_1 \to y_1$ | $y_2/x_2 \to y_2$ | $y_3/x_3 \to y_3$ | $y_4/x_4 \to y_4$ | $y_5/x_5 \to y_5$ | $y_6/x_6 \to y_6$ | $y_7/x_7 \to y_7$ | $y_8/x_8 \to y_8$ | $y_9/x_9 \to y_9$ | $y_{10}/x_{10} \to y_{10}$ |
|---|---|---|---|---|---|---|---|---|---|---|
| 10 | 2177.27/ | 0/ | 18935.25/ | 0/ | 307.92/ | 0/ | 0/ | 0/ | 0/ | 0/ |
|  | 2177.27/ | 0/ | 18935.25/ | 0/ | 307.92/ | 0/ | 0/ | 0/ | 0/ | 0/ |
|  | 0 | 0 | 0 | 0 | 0 | 0 | 0 | 0 | 0 | 0 |
| 11 | 1101.70/ | 0/ | 2662.05/ | 0/ | 76.37/ | 0/ | 0/ | 0/ | 0/ | 0/ |
|  | 1101.70/ | 0/ | 2662.05/ | 0/ | 76.37/ | 0/ | 0/ | 0/ | 0/ | 0/ |
|  | 0 | 0 | 0 | 0 | 0 | 0 | 0 | 0 | 0 | 0 |
| 12 | 0/ | 0/ | 2132.89/ | 0/ | 0/ | 0/ | 0/ | 0/ | 0/ | 0/ |
|  | 0/ | 0/ | 2132.89/ | 0/ | 0/ | 0/ | 0/ | 0/ | 0/ | 0/ |
|  | 0 | 0 | 0 | 0 | 0 | 0 | 0 | 0 | 0 | 0 |
| 13 | 0/ | 0/ | 2278.83/ | 0/ | 0/ | 0/ | 0/ | 0/ | 0/ | 0/ |
|  | 0/ | 0/ | 2278.83/ | 0/ | 0/ | 0/ | 0/ | 0/ | 0/ | 0/ |
|  | 0 | 0 | 0 | 0 | 0 | 0 | 0 | 0 | 0 | 0 |
| 14 | 247.17/ | 0/ | 3700.32/ | 0/ | 0/ | 0/ | 0/ | 0/ | 0/ | 0/ |
|  | 247.17/ | 0/ | 3700.32/ | 0/ | 0/ | 0/ | 0/ | 0/ | 0/ | 0/ |
|  | 0 | 0 | 0 | 0 | 0 | 0 | 0 | 0 | 0 | 0 |
| 15 | 212.97/ | 0/ | 7905.22/ | 0/ | 36.43/ | 0/ | 0/ | 0/ | 0/ | 0/ |
|  | 212.97/ | 0/ | 7905.22/ | 0/ | 36.43/ | 0/ | 0/ | 0/ | 0/ | 0/ |
|  | 0 | 0 | 0 | 0 | 0 | 0 | 0 | 0 | 0 | 0 |
| 16 | 77.66/ | 0/ | 4098.57/ | 143.25/ | 0/ | 0/ | 0/ | 0/ | 0/ | 0/ |
|  | 77.66/ | 0/ | 4098.57/ | 143.25/ | 0/ | 0/ | 0/ | 0/ | 0/ | 0/ |
|  | 0 | 0 | 0 | 0 | 0 | 0 | 0 | 0 | 0 | 0 |
| 17 | 0/ | 0/ | 12585.31/ | 0/ | 0/ | 0/ | 0/ | 0/ | 0/ | 0/ |
|  | 0/ | 0/ | 12585.31/ | 0/ | 0/ | 0/ | 0/ | 0/ | 0/ | 0/ |
|  | 0 | 0 | 0 | 0 | 0 | 0 | 0 | 0 | 0 | 0 |
| 18 | 6766.93/ | 0/ | 14230.31/ | 172.07/ | 223.97/ | 0/ | 0/ | 0/ | 0/ | 0/ |
|  | 6766.93/ | 0/ | 14230.31/ | 172.07/ | 223.97/ | 0/ | 0/ | 0/ | 0/ | 0/ |
|  | 0 | 0 | 0 | 0 | 0 | 0 | 0 | 0 | 0 | 0 |

| 狭长图斑序号 | $y_1/x_1-y_1$ | $y_2/x_2-y_2$ | $y_3/x_3-y_3$ | $y_4/x_4-y_4$ | $y_5/x_5-y_5$ | $y_6/x_6-y_6$ | $y_7/x_7-y_7$ | $y_8/x_8-y_8$ | $y_9/x_9-y_9$ | $y_{10}/x_{10}-y_{10}$ |
|---|---|---|---|---|---|---|---|---|---|---|
| 19 | 1320.11/ | 0/ | 5730.19/ | 0/ | 0/ | 6.30/ | 0/ | 0/ | 0/ | 0/ |
|  | 1320.11/ | 0/ | 5730.19/ | 0/ | 0/ | 6.30/ | 0/ | 0/ | 0/ | 0/ |
|  | 0 | 0 | 0 | 0 | 0 | 0 | 0 | 0 | 0 | 0 |
| 20 | 10114.45/ | 0/ | 55464.06/ | 691.52/ | 712.32/ | 7.81/ | 0/ | 0/ | 507.05/ | 0/ |
|  | 10114.45/ | 0/ | 55464.06/ | 691.52/ | 712.32/ | 0/ | 7.81/ | 0/ | 507.05/ | 0/ |
|  | 0 | 0 | 0 | 0 | 0 | -7.81 | 7.81 | 0 | 0 | 0 |
| 21 | 172.21/ | 0/ | 1850.10/ | 0/ | 0/ | 0/ | 0/ | 0/ | 0/ | 0/ |
|  | 172.21/ | 0/ | 1850.10/ | 0/ | 0/ | 0/ | 0/ | 0/ | 0/ | 0/ |
|  | 0 | 0 | 0 | 0 | 0 | 0 | 0 | 0 | 0 | 0 |
| 22 | 158.66/ | 0/ | 941.73/ | 0/ | 49.24/ | 0/ | 0/ | 0/ | 0/ | 0/ |
|  | 158.66/ | 0/ | 941.73/ | 0/ | 49.24/ | 0/ | 0/ | 0/ | 0/ | 0/ |
|  | 0 | 0 | 0 | 0 | 0 | 0 | 0 | 0 | 0 | 0 |
| 23 | 0/ | 0/ | 0/ | 0/ | 0/ | 368.17/ | 0/ | 0/ | 0/ | 0/ |
|  | 0/ | 0/ | 0/ | 0/ | 0/ | 368.17/ | 0/ | 0/ | 0/ | 0/ |
|  | 0 | 0 | 0 | 0 | 0 | 0 | 0 | 0 | 0 | 0 |
| 24 | 5610.33/ | 0/ | 6283.63/ | 0/ | 245.24/ | 0/ | 222.90/ | 0/ | 31.98/ | 0/ |
|  | 5610.33/ | 0/ | 6283.63/ | 0/ | 245.24/ | 0/ | 222.90/ | 0/ | 31.99/ | 0/ |
|  | 0 | 0 | 0 | 0 | 0 | 0 | 0 | 0 | 0.01 | 0 |
| 25 | 489.53/ | 0/ | 7218.01/ | 0/ | 0/ | 0/ | 0/ | 0/ | 24.52/ | 0/ |
|  | 489.53/ | 0/ | 7218.01/ | 0/ | 0/ | 0/ | 0/ | 0/ | 24.52/ | 0/ |
|  | 0 | 0 | 0 | 0 | 0 | 0 | 0 | 0 | 0 | 0 |
| 26 | 19875.69/ | 5188.06/ | 38954.62/ | 5169.17/ | 8618.54/ | 23.18/ | 1069.72/ | 0/ | 99.29/ | 213.22/ |
|  | 19875.81/ | 5186.31/ | 38948.61/ | 5169.17/ | 8626.17/ | 23.18/ | 1069.71/ | 0/ | 99.29/ | 213.22/ |
|  | 0.12 | -1.75 | -6.01 | 0 | 7.63 | 0 | -0.01 | 0 | 0 | 0 |
| 27 | 2148.55/ | 0/ | 17429.96/ | 0/ | 293.29/ | 0/ | 0/ | 0/ | 0/ | 0/ |
|  | 2148.55/ | 0/ | 17429.95/ | 0/ | 293.29/ | 0/ | 0/ | 0/ | 0/ | 0/ |
|  | 0 | 0 | -0.01 | 0 | 0 | 0 | 0 | 0 | 0 | 0 |

续表

| 挑长图斑序号 | $y_1/x_1/x_1-y_1$ | $y_2/x_2/x_2-y_2$ | $y_3/x_3/x_3-y_3$ | $y_4/x_4/x_4-y_4$ | $y_5/x_5/x_5-y_5$ | $y_6/x_6/x_6-y_6$ | $y_7/x_7/x_7-y_7$ | $y_8/x_8/x_8-y_8$ | $y_9/x_9/x_9-y_9$ | $y_{10}/x_{10}/x_{10}-y_{10}$ |
|---|---|---|---|---|---|---|---|---|---|---|
| 28 | 4517.47 / 4517.47 / 0 | 0 / 0 / 0 | 5925.93 / 5925.93 / 0 | 2614.89 / 2614.89 / 0 | 609.43 / 609.43 / 0 | 0 / 0 / 0 | 0 / 0 / 0 | 0 / 0 / 0 | 0 / 0 / 0 | 0 / 0 / 0 |
| 29 | 1307.28 / 1307.28 / 0 | 0 / 0 / 0 | 14081.67 / 14081.67 / 0 | 62.21 / 62.21 / 0 | 123.19 / 123.19 / 0 | 15.59 / 15.59 / 0 | 856.87 / 856.87 / 0 | 0 / 0 / 0 | 0 / 0 / 0 | 0 / 0 / 0 |
| 30 | 0 / 0 / 0 | 0 / 0 / 0 | 925.51 / 925.51 / 0 | 0 / 0 / 0 | 0 / 0 / 0 | 20.05 / 20.05 / 0 | 0 / 0 / 0 | 0 / 0 / 0 | 0 / 0 / 0 | 0 / 0 / 0 |
| 31 | 6196.44 / 6196.44 / 0 | 0 / 0 / 0 | 142697.26 / 142697.26 / 0 | 2187.20 / 2187.20 / 0 | 461.60 / 461.61 / 0.01 | 15.04 / 15.04 / 0 | 0 / 0 / 0 | 0 / 0 / 0 | 0 / 0 / 0 | 0 / 0 / 0 |
| 32 | 0 / 0 / 0 | 0 / 0 / 0 | 928.57 / 928.58 / 0.01 | 0 / 0 / 0 | 0 / 0 / 0 | 18.41 / 18.41 / 0 | 0 / 0 / 0 | 0 / 0 / 0 | 0 / 0 / 0 | 0 / 0 / 0 |
| 33 | 0 / 0 / 0 | 0 / 0 / 0 | 814.30 / 814.30 / 0 | 0 / 0 / 0 | 0 / 0 / 0 | 5.51 / 5.51 / 0 | 0 / 0 / 0 | 0 / 0 / 0 | 0 / 0 / 0 | 0 / 0 / 0 |
| 34 | 20910.38 / 20910.47 / 0.09 | 0 / 0 / 0 | 127935.87 / 127935.77 / -0.1 | 6977.15 / 6977.15 / 0 | 1171.53 / 1171.54 / 0.01 | 0 / 0 / 0 | 677.88 / 677.88 / 0 | 0 / 0 / 0 | 396.97 / 396.97 / 0 | 0 / 0 / 0 |
| 35 | 43206.76 / 43210.07 / 3.31 | 3468.64 / 3468.64 / 0 | 243393.11 / 243421.22 / 28.11 | 3371.70 / 3371.70 / 0 | 21383.76 / 21352.33 / -31.43 | 27.12 / 27.12 / 0 | 3732.69 / 3732.69 / 0 | 375.92 / 375.93 / 0 | 964.26 / 964.26 / 0 | 0 / 0 / 0 |
| 36 | 1093.49 / 1093.49 / 0 | 0 / 0 / 0 | 4859.06 / 4859.06 / 0 | 103.70 / 103.70 / 0 | 0 / 0 / 0 | 7.08 / 7.08 / 0 | 0 / 0 / 0 | 0 / 0 / 0 | 0 / 0 / 0 | 0 / 0 / 0 |
| 37 | 16937.85 / 16937.85 / 0 | 0 / 0 / 0 | 31604.67 / 31604.67 / 0 | 64869.86 / 64869.86 / 0 | 972.07 / 972.07 / 0 | 166.49 / 166.49 / 0 | 3768.17 / 3768.17 / 0 | 13166.14 / 13166.14 / 0 | 0 / 0 / 0 | 0 / 0 / 0 |

2) 与整体处理方法的向邻近不同地类图斑转换的面积对比

分别以 $x_i$、$y_i$ 表示采用分块处理、整体处理时，各个狭长图斑向邻近不同地类图斑转换的面积情况，并计算二者的差值 $(x_i-y_i)$ 来评价两种不同方法带来的融解差异，其中，$i=1,2,\cdots,10$，分别代表耕地、园地、林地、草地、房屋建筑（区）、道路、构筑物、人工堆掘地、荒漠与裸露地表和水域，统计结果如表 5.3 所示。

由表 5.3 可以看出，对于全部的 37 个狭长图斑，采用本书分块处理方法与整体处理方法得到的面积转换情况几近完全一致。对于有较多（至少 8 类）地物参与融解的狭长图斑（2 号、25 号、34 号、36 号），向各个地类转换的面积也无明显变化，本书分块处理方法始终能与整体处理方法保持较高的一致性。为了更好地表现两种方法对不同狭长图斑融解带来的差异，本书根据式(5.2)～式(5.4)分析各个狭长图斑向邻近不同地类图斑转换面积的差值均值、极大值及面积差值比率情况，得到的统计结果如图 5.14 所示。

$$s = \frac{\sum\limits_{i=1}^{n}\left(x_i - y_i\right)^2}{n} \tag{5.2}$$

$$t = \pm\max\left|x_i - y_i\right| \tag{5.3}$$

$$c = t/A \tag{5.4}$$

式中，$n$ 为狭长图斑邻近地类的数量；$A$ 为狭长图斑总面积。

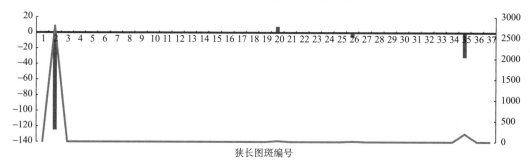

狭长图斑编号

■　各个狭长图斑向邻近不同地类图斑转换面积的差值均值(左轴)
■　各个狭长图斑向邻近不同地类图斑转换面积的差值极大值(右轴)
——　各个狭长图斑向邻近不同地类图斑转换面积的差值比率(左轴，几近于0)

图 5.14　各个狭长图斑向邻近不同地类图斑转换的面积对比图

由图 5.14 可以发现，除 2 号、35 号狭长图斑外，其他狭长图斑在应用两种不同方法的情况下，对周围邻近地类的影响差异为 0，具体到某一地类时，发现最大的面积差异发生在 2 号狭长图斑向林地的转换过程中，差异面积为 125.11 $\text{m}^2$。由表 5.4 可以发现，出现这种现象的原因在于 2 号、35 号狭长图斑面积较大，延展范围较广，导致其在分块处理过程中更容易受到分块边界的影响，从而出现面积差异。

3) 与整体处理方法的向各个邻近图斑转换的面积对比

以地类为单元统计狭长图斑面积转化值可以在整体上反映两种不同融解方法之间的一致性及差异情况，为了在更细节的层次分析本书分块处理方法的有效性，进一步根据式(5.2)、式(5.3)计算各个狭长图斑向每一个邻近图斑转换的面积差异情况，结果如表 5.4 所示，对应分析结果如图 5.15 所示。

表 5.4　向邻近各个图斑转换的面积对比

| 狭长图斑编号 | 邻近图斑数量($n$) | $s$ | $t$ |
|---|---|---|---|
| 1 | 43 | 15.68 | −18.36 |
| 2 | 1650 | 14.52 | 103.69 |
| 3 | 4 | 0 | 0 |
| 4 | 14 | 0 | 0 |
| 5 | 7 | 0 | 0 |
| 6 | 2 | 0 | 0 |
| 7 | 4 | 0 | 0 |
| 8 | 7 | 0 | 0 |
| 9 | 1 | 0 | 0 |
| 10 | 56 | 0.11 | 1.78 |
| 11 | 16 | 0.97 | −2.76 |
| 12 | 2 | 0.01 | 0.11 |
| 13 | 2 | 0 | 0 |
| 14 | 8 | 0.16 | 0.80 |
| 15 | 8 | 0 | 0 |
| 16 | 12 | 0 | 0 |
| 17 | 5 | 0 | 0 |
| 18 | 61 | 0 | 0 |
| 19 | 7 | 0 | 0 |
| 20 | 136 | 0 | 0 |
| 21 | 4 | 0 | 0 |
| 22 | 5 | 0 | 0 |
| 23 | 1 | 0 | 0 |
| 24 | 59 | 0 | 0 |
| 25 | 15 | 0 | 0 |
| 26 | 277 | 0.35 | 7.30 |
| 27 | 46 | 0 | 0 |
| 28 | 51 | 0 | 0 |
| 29 | 36 | 0 | 0 |
| 30 | 6 | 0 | 0 |
| 31 | 196 | 0.14 | 3.75 |
| 32 | 5 | 0 | 0 |
| 33 | 3 | 0 | 0 |
| 34 | 298 | 0.79 | 8.02 |
| 35 | 740 | 10.70 | -51.22 |
| 36 | 16 | 0 | 0 |
| 37 | 106 | 0.33 | 4.46 |

将 $s$ 值转化为折线图，将 $t$ 值转化为柱状图，如图 5.15 所示。

图 5.15　各个狭长图斑向邻近图斑转换的面积对比图

　　由表 5.4 和图 5.15 可以看出，在以每个邻近图斑作为面积转化单元的情况下，本书分块处理方法与整体处理方法也保持了较高的一致性，各个狭长图斑均表现出了较高的准确度。2 号、35 号狭长图斑处出现了稍大的面积变化值，但相对于其自身的面积，该变化值很小，对区域整体的处理结果不会造成明显影响。

　　4) 与整体处理方法的具体一个狭长图斑向邻近图斑转换的面积对比

　　由以上分析可以发现，两种方法造成的融解差异通常出现在面积较大、邻近图斑较多的狭长图斑上，为此，本书选取 37 个狭长图斑中面积最大的 2 号狭长图斑及另一个发生面积转换较多的 11 号狭长图斑，统计当采用分块和整体处理两种不同方法时，两者向邻近各个图斑转换的面积情况。面积转换情况同样以 $x_i$、$y_i$ 进行表示，并计算两者的差值 $(x_i-y_i)$ 评价两种不同方法带来的面积差异，以反映方法之间的一致性，结果分别如表 5.5、表 5.6 所示，对应分析结果如图 5.16、图 5.17 所示。

表 5.5　11 号狭长图斑向邻近图斑转换的面积对比　　　　　　（单位：m²）

| 邻近图斑编号 | $x_i$ | $y_i$ | $x_i-y_i$ |
|---|---|---|---|
| 1 | 48.22 | 48.22 | 0 |
| 2 | 103.65 | 103.65 | 0 |
| 3 | 47.51 | 47.51 | 0 |
| 4 | 32.62 | 32.62 | 0 |
| 5 | 184.83 | 184.83 | 0 |
| 6 | 141.62 | 141.62 | 0 |
| 7 | 108.01 | 108.01 | 0 |
| 8 | 76.36 | 76.36 | 0 |
| 9 | 50.13 | 50.13 | 0 |
| 10 | 823.80 | 823.80 | 0 |
| 11 | 784.99 | 787.75 | −2.76 |
| 12 | 258.27 | 258.27 | 0 |
| 13 | 634.70 | 634.70 | 0 |

| 邻近图斑编号 | $x_i$ | $y_i$ | $x_i - y_i$ |
| --- | --- | --- | --- |
| 14 | 332.37 | 329.61 | 2.76 |
| 15 | 153.67 | 154.07 | −0.40 |
| 16 | 59.27 | 58.87 | 0.40 |

**表 5.6　2 号狭长图斑向邻近图斑转换的面积对比**　　　　（单位：m²）

| 邻近图斑编号 | $x_i$ | $y_i$ | $x_i - y_i$ | 邻近图斑编号 | $x_i$ | $y_i$ | $x_i - y_i$ |
| --- | --- | --- | --- | --- | --- | --- | --- |
| 1508 | 313.42 | 315.41 | −1.99 | 1574 | 1231.00 | 1230.70 | 0.30 |
| 1513 | 196.05 | 198.00 | −1.96 | 1575 | 9051.01 | 9051.32 | −0.30 |
| 1514 | 842.10 | 830.60 | 11.50 | 1577 | 4373.62 | 4385.39 | −11.76 |
| 1515 | 864.15 | 869.26 | −5.11 | 1578 | 15622.03 | 15631.76 | −9.74 |
| 1516 | 456.82 | 457.93 | −1.11 | 1579 | 19679.41 | 19680.78 | −1.37 |
| 1517 | 1176.72 | 1170.95 | 5.77 | 1582 | 401.74 | 405.17 | −3.43 |
| 1518 | 698.78 | 725.01 | −26.23 | 1585 | 244.87 | 245.58 | −0.71 |
| 1521 | 293.25 | 294.21 | −0.97 | 1587 | 2388.91 | 2387.67 | 1.24 |
| 1523 | 49.92 | 40.52 | 9.39 | 1589 | 191.30 | 191.05 | 0.26 |
| 1525 | 7957.00 | 7949.82 | 7.18 | 1590 | 173.16 | 172.20 | 0.96 |
| 1526 | 7277.28 | 7287.94 | −10.65 | 1592 | 2009.89 | 2015.18 | −5.29 |
| 1530 | 278.70 | 284.47 | −5.77 | 1595 | 616.13 | 618.89 | −2.77 |
| 1534 | 1821.34 | 1833.81 | −12.47 | 1600 | 4560.03 | 4559.41 | 0.61 |
| 1535 | 831.02 | 727.33 | 103.69 | 1601 | 12528.97 | 12527.43 | 1.54 |
| 1536 | 2678.10 | 2674.33 | 3.77 | 1607 | 92.67 | 95.42 | −2.74 |
| 1539 | 8748.64 | 8835.53 | −86.89 | 1608 | 713.40 | 712.25 | 1.14 |
| 1540 | 3069.17 | 3067.09 | 2.07 | 1611 | 3118.38 | 3115.64 | 2.74 |
| 1542 | 295.75 | 296.07 | −0.33 | 1612 | 986.80 | 963.11 | 23.69 |
| 1545 | 556.18 | 553.35 | 2.83 | 1614 | 3139.87 | 3140.07 | −0.20 |
| 1547 | 808.82 | 808.62 | 0.20 | 1616 | 94.91 | 93.51 | 1.40 |
| 1550 | 16954.12 | 16954.96 | −0.84 | 1617 | 378.69 | 373.93 | 4.76 |
| 1551 | 1725.15 | 1725.41 | −0.26 | 1618 | 624.93 | 629.69 | −4.76 |
| 1552 | 87.23 | 83.64 | 3.59 | 1621 | 3834.37 | 3830.62 | 3.76 |
| 1553 | 158.90 | 159.10 | −0.20 | 1626 | 9327.31 | 9321.17 | 6.15 |
| 1555 | 531.19 | 529.39 | 1.80 | 1628 | 12940.37 | 12961.99 | −21.62 |
| 1556 | 596.62 | 594.32 | 2.30 | 1630 | 31.96 | 32.13 | −0.17 |
| 1562 | 149.26 | 158.50 | −9.24 | 1631 | 214.39 | 214.21 | 0.17 |
| 1563 | 3441.52 | 3439.16 | 2.36 | 1634 | 15700.92 | 15707.63 | −6.70 |
| 1564 | 639.18 | 638.85 | 0.33 | 1636 | 433.29 | 430.04 | 3.26 |
| 1567 | 1885.65 | 1889.17 | −3.53 | 1637 | 789.65 | 784.88 | 4.78 |
| 1572 | 4473.22 | 4477.37 | −4.15 | 1638 | 771.48 | 768.72 | 2.77 |
| 1573 | 6119.59 | 6108.94 | 10.65 | 1639 | 1020.26 | 1029.07 | −8.81 |

| 邻近图斑编号 | $x_i$ | $y_i$ | $x_i - y_i$ | 邻近图斑编号 | $x_i$ | $y_i$ | $x_i - y_i$ |
|---|---|---|---|---|---|---|---|
| 1640 | 9217.77 | 9216.60 | 1.16 | 1645 | 696.46 | 698.53 | −2.06 |
| 1641 | 391.98 | 393.52 | −1.54 | 1648 | 3230.55 | 3213.54 | 17.01 |
| 1642 | 6292.59 | 6302.44 | −9.85 | 1649 | 4078.84 | 4061.89 | 16.95 |
| 1643 | 16364.30 | 16360.85 | 3.45 | 总计 | 243533.03 | 243533.03 | 0 |

绘制对称条形图进行对比分析，如图 5.16 所示。

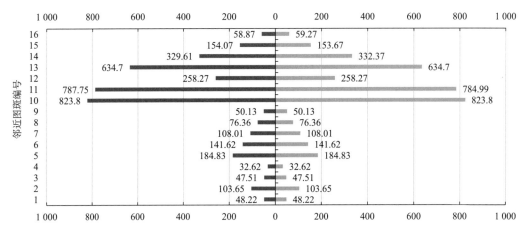

图 5.16　转换面积对比分析

由表 5.5 和图 5.16 可知，对于大部分图斑而言，本书分块处理方法与整体处理方法转换的面积一致，其差值为 0。同时可以发现，有 4 个邻近图斑的转换面积发生了变化，且其增加或减少的数目相同，原因在于处在边界处的分裂线发生了微小抖动，导致转换的面积亦出现了细小差异。

2 号图斑因其有 1650 个邻近图斑，数量过大，为便于表达，本书仅列出了经两种不同方法处理后，面积值存在差异的 71 个邻近图斑编号及数据，其余图斑因转换面积无差异而未予列出。

绘制折线图描绘差异值，如图 5.17 所示。

图 5.17　转换面积差异值折线图

由表 5.6 和图 5.17 可以发现，随着面积的增大，转换面积发生变化的邻近图斑数量也明显增多，然而，出现面积变化的值相对转换的面积而言很小，且分块处理方法增加的转换面积与减少的转换面积相等，表明本书分块处理方法不会引起意外的错误，具有较好的稳定性。

5) 局部区域融解结果图形对比

在该镇域范围内选取受分块边界影响较大的某一狭长图斑，对其经两种不同方法处理后的结果进行对比，如图 5.18 所示。

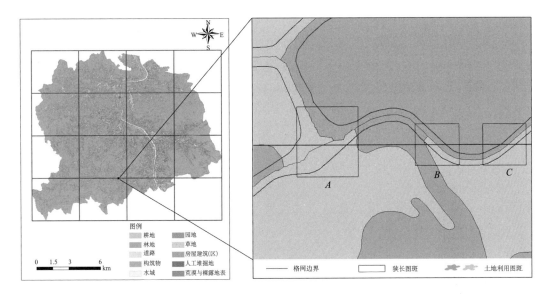

(a) 整体处理结果

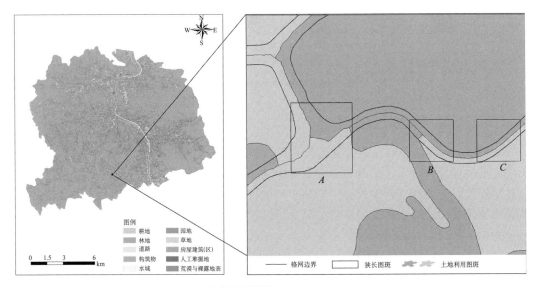

(b) 分块处理结果

图 5.18　局部区域融解结果对比

由图 5.18 可以发现，本书分块处理方法提取的分裂线基本与整体处理方法提取的分裂线形状相同、延展性一致，尤其对于位于模式 1 类处分裂线，其形状完全一致。然而，对于分叉口处的分裂线，因对分裂线恢复阶段进行了调整，所以其与整体处理方法的分裂线在形状上存在细小差异，这也解释了狭长图斑经分块处理与经整体处理后向邻近图斑转换时面积存在差异。

综合上述分析，各项统计结果均显示本书分块处理方法与整体处理方法在实验结果上存在高度的一致性，分块边界的存在并未影响最终融解质量，表明本书分块处理方法是可行的，且因采取了分块策略，极大地提高了处理效率。

### 3. 分块单元讨论

为验证本书提出的规则格网分块策略在大范围区域图斑融解操作中的优越性，以贵州省某市域单元为试验区（区域面积 1 900 km²），通过设置多组规则格网分块格网大小进行实验，并分别统计各组实验在格网分块、图斑分裂、图斑恢复过程中所用的时间，实验结果如图 5.19 所示。

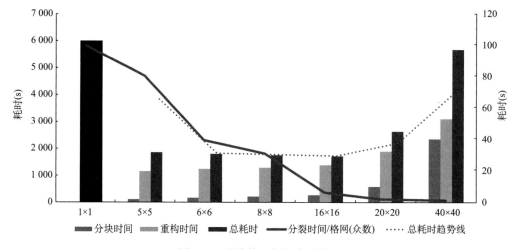

图 5.19 分块格网划分实验结果

1）分块数量

从图 5.19 中可以看到，将实验区作为一个整体进行处理时，受计算机内存能力影响，无法完成融解操作，而采用本书分块处理方法则可有效减少算法总耗时，在较短时间完成融解操作。整体而言，本书提出的基于规则格网分块策略的方法具有一定的优势，尤其可用于范围大、分块多的图斑数据。此外，通过多组分块实验对比发现，当规则格网数量为 16×16 时，具有最少的处理时间，对应的格网内狭长图斑面积为 141 733.21 m²，这与 Touya(2010) 的实验结果基本一致。同时可以发现，当分块数量增大至 40×40 时，虽单个格网分裂时间众数减少至 1s，但分块耗时增长明显，由总耗时趋势线可见，当分块数量增大到一定程度时，同样会由于计算量过大而导致计算机执行融解操作失败。

2) 分裂线恢复

本书在分块格网边界周围建立宽度阈值 $D$=0.4 mm 的缓冲区，通过统一的语义拓扑对分块格网边界进行修正，进而以每个格网为单元进行融解操作。图 5.20 为三个典型区域的融解结果，其中，图 5.20(b)、图 5.20(d)、图 5.20(f) 为分块进行融解操作时的实验结果，分别对应本书总结提出的拓扑变化模式二、三、一，图 5.20(c)、图 5.20(e)、图 5.20(g) 为经本方法进行边界恢复后的实验结果。可以发现，本书提出的分模式恢复算法对于实现图斑合并有着良好的处理效果，边界处的冗余分裂线得到了剔除，且分裂线形状与原始狭长图斑的几何结构基本一致，使分块后的数据较好地还原为一个整体。

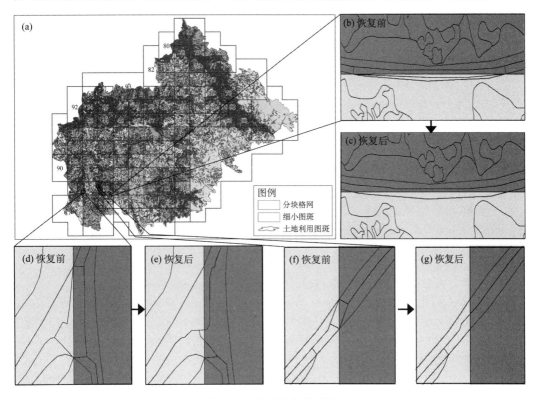

图 5.20　实验区典型区域

但值得注意的是，本方法在实现边界拓扑修正的同时，也在边界处造成了分裂线的细小抖动，后续需要进一步对这些抖动进行识别，依据狭长图斑延展性以及线化简算法对抖动进行平滑处理。

## 参 考 文 献

艾廷华, 郭仁忠. 2000. 支持地图综合的面状目标约束 Delaunay 三角网剖分. 武汉大学学报: 信息科学版, 25(1): 35-41.

艾廷华, 刘耀林. 2002. 土地利用数据综合中的聚合与融合. 武汉大学学报: 信息科学版, 27(5): 486-492.

艾廷华, 杨帆, 李精忠. 2010. 第二次土地资源调查数据建库中的土地利用图综合缩编. 武汉大学学报: 信息科学版, (8): 887-891.

曹海燕. 2009. 数学形态学与变换域图像去噪算法及其并行化研究. 成都理工大学硕士学位论文.

崔树林, 张旭, 张树清, 等. 2015. 基于 GPU 的大规模栅格数据分块并行处理方法. 计算机技术与发展, (3): 19-22.

刘冬. 2011. 基于数学形态学的高分辨率遥感图像道路信息并行提取方法研究. 吉林大学硕士学位论文.

王平, 全吉成, 王宏伟. 2016. 基于 GPU 的大影像正射校正分块处理方法. 科技视界, (21): 63-65.

Aichholzer O, Aurenhammer F, Alberts D, et al. 1996. A Novel Type of Skeleton for Polygons. Berlin, Heidelberg: Springer.

Briat M O, Monnot J L, Punt E M. 2011. Scalability of Contextual Generalization Processing Using Partitioning and Parallelization. 14th Workshop of the ICA commission on generalization and Multiple Representation.

Chaudhry O Z, Mackaness W A. 2010. DTM generalisation: handling large volumes of data for multi-scale mapping. The Cartographic Journal, 47(4): 360-370.

Cloppet F, Oliva J M, Stamon G. 2000. Angular bisector network, a simplified generalized Voronoi diagram: application to processing complex intersections in biomedical images. IEEE Transactions on Pattern Analysis and Machine Intelligence, 22(1): 120-128.

DeLucia A, Black T. 1987. A Comprehensive Approach to Automatic Feature Generalization. Proceedings of the 13th International Cartographic Conference.

Haunert J H, Sester M. 2008. Area collapse and road centerlines based on straight skeletons. GeoInformatica, 12(2): 169-191.

Hawick K A, Coddington P D, James H A. 2003. Distributed frame-works and parallel algorithms for processing large-scale geo-graphic data. Parallel Computing, 29(10):1297-1333.

Jones C B, Bundy G L, Ware M J. 1995. Map generalization with a triangulated data structure. Cartography and Geographic Information Systems, 22(4): 317-331.

Lee D T. 1982. Medial axis transformation of a planar shape. IEEE Transactions on Pattern Analysis and Machine Intelligence, (4): 363-369.

Muller J C. 1987. Fractal and automated line generalization.The Cartographic Journal, 24(1):27-34.

Penninga F, Verbree E, Quak W, et al. 2005. Construction of the planar partition postal code map based on cadastral registration. GeoInformatica, 9(2): 181-204.

Ruas A. 1995. Multiple Paradigms for Automating Map Generalization: Geometry, Topology, Hierarchical Partitioning and Local Triangulation. ACSM/ASPRS Annual Convention and Exposition.

Thiemann F, Warneke H, Sester M, et al. 2011. A Scalable Approach for Generalization of Land Cover Data. Advancing Geoinformation Science for a Changing World. Berlin, Heidelberg: Springer.

Thiemann F, Werder S, Globig T, et al. 2013. Investigations into Partitioning of Generalization Processes in a Distributed Processing Framework. Dresden Germany: Proceedings of the 26th International Cartographic Conference.

Touya G. 2010. Relevant Space Partitioning for Collaborative Generalization. 13th Workshop of the ICA Commission on Generalisation and Multiple Representation.

Touya G, Berli J, Lokhat I, et al. 2017. Experiments to distribute and parallelize map generalization processes. The Cartographic Journal, 54(4): 322-332.

Uitermark H, Vogels A, Van O P. 1999. Semantic and Geometric Aspects of Integrating Road Networks. Interoperating Geographic Information Systems. Berlin, Heidelberg: Springer.

Ware J M, Jones C B, Bundy G L. 1997. A triangulated spatial model for cartographic generalization of areal objects//Kraak M J, Molenaar M. Advance in GIS Research II(the 7th Int. Symposium on Spatial Data Handling). London: Taylor & Francis: 173-192.

# 第6章　智能化综合技术系统

随着几十年来相关学科的发展和技术手段的进步，地图综合也已经由传统手工作业方式逐步向自动化方式过渡转变。Eckert 时期，地图制图业界和学界普遍认为制图综合是无规律可循的、强依赖主观制图经验及知识的过程；20 世纪 40 年代，苏联制图学者 Salichtchev 在《制图原理》等著作中比较系统地提出了制图综合的基础原理，对地图综合原则、综合方法和综合约束等方面进行了归纳总结，强调地图综合可以作为一种客观的科学方法进行研究。这一思想启发了后续地图自动综合的研究人员，因为这意味着可以使用计算机模拟制图综合中的思维，对制图过程中涉及的规律性、系统性制图规则、专家知识进行自动化实现。在此之后，Muller(1987)提出地图综合包含两个方面的内容：一是地图综合可以视为观察某些地理现象的视角由大尺度向小尺度演绎的过程；二是地图综合可以视为为了提高数据的易读性而进行的一系列带有空间信息的图形表达变换。与此对应，其过程同样可以概括为两个阶段：模型综合(数据变换)和图形综合(图形表达)。Li 和 Su(1995)认为，制图综合是主观过程与客观过程的结合体，并据此将数字综合进一步划分为可以引入主观因素的数字到图形变换过程以及客观的数据到数据的变换过程。这些卓有成效的研究与探索，逐步推动地图综合走向计算机辅助下的人机交互、新阶段。但是，制图综合这一过程的极大主观性以及富有创造意义的本质决定了其自动化的过程注定是复杂的和困难的，直到目前为止尚未形成自动制图综合整体上解决的理论、模型和方法，致使自动制图综合结果的质量和过程的自动化水平一直未有显著提高。

本章节通过建立一种图数统一表达基元模型以及空间关系表达模型，提出了模型实体化时的拓扑自动补偿方法和模型地图化时的制图自动补偿方法，并面向地情专题地图缩编生产的智能化与自动化需求，统一构建适应地形要素、专题空间铺盖和电子地图等数据类型的自动缩编知识驱动与决策推理机制，并据此开发了 WJ-III 地图工作站，蕴含丰富的综合算子及知识引擎，将制图规范和制图专家的经验、知识进行形式化处理，并通过可推理的智能化流程来体现，使复杂的地情铺盖图斑合并、重要地形要素综合、空间冲突处理等方面兼具智能，从而准确显著提升制图综合结果的质量和过程的自动化水平。

## 6.1　图数统一表达地理模型及自补偿方法

### 6.1.1　图数统一表达地理模型

地图作为一种文化工具，集艺术、科学与技术于一体，在人类的知识宝库中具有十分重要的位置(陈述彭，1994)；地图学用图形表达区域自然和社会现象的空间分布特征、空间关系及其动态演变规律，其中蕴含着丰富的地理知识；而使用地图探索、分析并描述这些知识过程就是地图综合的过程。自地图学产生之时，地图综合就相伴而生，长期以来，地图综合一直是地图制图学领域研究的热点和难点问题之一。早在 20 世纪 20 年代，Ecker(1921)就对制图综合进行了归纳与定义：制图综合是对制图对象进行取舍和概括的一种思维活动；祝国瑞等(1990)认为，制图综合是地图制图者根据地图成图后的用途和制图区域的特点，通过选取、化简等方法，抽象、概括地反映制图对象带有规律性的类型特征和典型特点，而将那些对于该图来说次要的、非本质的地物舍去，从而将地图由大比例尺缩编成小比例尺的过程；齐清文认为，地图综合是在地理认知的基础上进行抽象和概括的过程，并形成对应于特定制图目的、适合于在一定比例尺下显示的地理要素的分类、分级和空间图形格局(齐清文和刘岳，1996；齐清文，1998)；王家耀等(2011)、钱海忠等(2006)对地图综合的概念进行了梳理，提出制图综合本质上是一项复杂的人脑思维加工(简化或抽象)过程，具有很高的创造性。

　　为此，本书通过建立一种图数统一表达基元模型以及空间关系表达模型，提出了模型实体化时的拓扑自动补偿方法和模型地图化时的制图自动补偿方法，并据此开发了地图工作站，显著提升了制图综合结果的质量和过程的自动化水平。

　　Muller、Li 和 Su 等学者的研究表明，制图综合分为模型综合和制图综合。从大尺度模型到小尺度模型，由于现有空间数据库中大尺度模型更加注重局部区域的地形地物自身形状表达，缺少道路、水系、居民地等要素的拓扑连通性和彼此之间的关联性，若不完成这些拓扑补偿，难以保证模型综合结果质量。当完成模型综合进行地图表达时，同样需要补偿的拓扑信息实现河流水系渐变、移位、境界跳绘等地图正确表达和跨平台保真。系统考虑模型综合易于实现拓扑补偿、易于实现地图表达与保真的要求，结合地图学理论和符号几何特征设计规范，本书建立了图数统一表达的地理模型。该模型不仅便捷实现拓扑补偿，转变为实体化数据，利于空间分析，也利于实现制图表达和跨平台保真传播。

### 1. 模型基元

　　图数统一表达的地理模型以 14 种模型基元为基础，包括折线、B 样条曲线、圆、椭圆、矩形、扇形、圆弧、多边形、闭合 B 样条曲线、圆拱、(闭合)贝塞尔曲线、文字(TrueType文字)、纹理(图片)、如图 6.1 图所示。

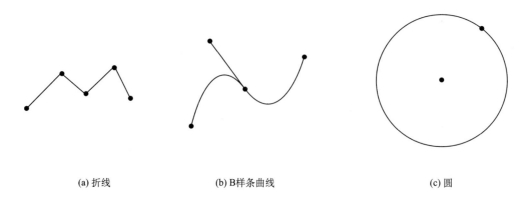

(a) 折线　　　　　　　　　　(b) B样条曲线　　　　　　　　　　(c) 圆

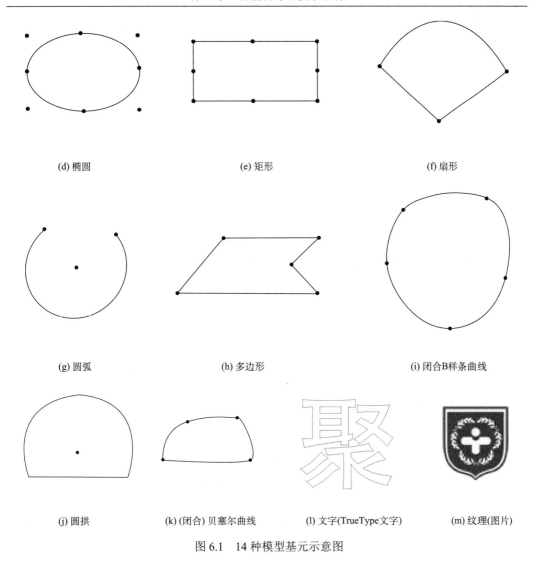

| (d) 椭圆 | (e) 矩形 | (f) 扇形 |

| (g) 圆弧 | (h) 多边形 | (i) 闭合B样条曲线 |

| (j) 圆拱 | (k) (闭合) 贝塞尔曲线 | (l) 文字(TrueType文字) | (m) 纹理(图片) |

图 6.1　14 种模型基元示意图

## 2. 统一表达

依托模型基元，图数统一表达地理模型细分为三部分：地理编码(ID)、地理实体(entity)和地图表达(symbol)[式(6.1)]。

$$\text{IntegratedModel(A)} = f\left(\text{ID}, \sum_{i=1}^{n} A_i, B(A_t)\right) \tag{6.1}$$

式中，地理编码(ID)为依据标准规范形成的唯一标识码；地理实体($\sum_{i=1}^{n} A_i$)为一组模型基元的集合，可用于属性挂接；地图表达$B(A_t)$则为矢量参数曲线-贝塞尔曲线的函数，用于地图绘制。

地理实体每一基元的数据结构如表 6.1 所示。

表 6.1　14 种基元数据结构

| 序号 | 基元类型 | 实体表达 |
|---|---|---|
| 1 | 折线 | 由多个点一次连接形成的线 |
| 2 | B 样条曲线 | 由一组给定的控制点组成的线 |
| 3 | 圆 | 由两个点组成，其中，第一个点为圆心，第二个点为圆上的任意一点 |
| 4 | 椭圆 | 由两个点组成，两个点分别为椭圆外接矩形的左下点和右上点 |
| 5 | 矩形 | 由两个点组成，两个点分别为矩形的左下点和右上点 |
| 6 | 扇形 | 由三个点组成，其中，第一个点为圆心，第二个点为圆上的任意一点，第三个点为定位扇形的张角，相对于第二个点而言，第三个点不一定在圆周上 |
| 7 | 圆弧 | 由三个点组成，与扇形相似，第一个点为圆心，第二个点为圆上的任意一点，第三个点为定位扇形的张角，相对于第二个点而言，第三个点不一定在圆周上 |
| 8 | 多边形 | 多个点一次连接形成的封闭线 |
| 9 | 闭合 B 样条曲线 | 将 B 样条曲线封闭后得到的线 |
| 10 | 圆拱 | 由三个点组成的，与扇形相似，第一个点为圆心，第二个点为圆上的任意一点，第三个点为定位扇形的张角，相对于第二个点而言，第三个点不一定在圆周上 |
| 11 | 文字(TrueType 文字) | 主要由样条曲线和直线构成 |
| 12 | 纹理(图片)，也称为纹理贴图 | 通常为位图 |
| 13 | 贝塞尔曲线 | 三次贝塞尔曲线 |
| 14 | 闭合贝塞尔曲线 | 将贝塞尔曲线封闭后得到 |

　　贝塞尔曲线是计算机图形学中常见的矢量参数曲线，支持各种图形渲染引擎，如图 6.2 所示。$P_0$、$P_1$、$P_2$、$P_3$ 是定义三次贝塞尔曲线的四个控制点，曲线由 $P_0$ 走向 $P_3$，一般不会经过中间控制点；$P_0$ 和 $P_1$ 之间的间距决定曲线的长度，$P_1$、$P_2$ 决定曲线的方向。

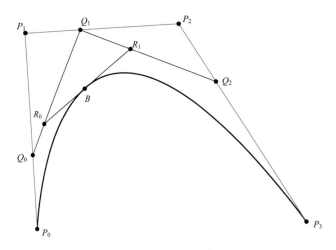

图 6.2　三次贝塞尔曲线

　　三次贝塞尔曲线可由低阶贝塞尔曲线的中介点 $Q_0$、$Q_1$、$Q_2$、$R_0$、$R_1$ 所建构。三次贝塞尔曲线的具体参数式如式(6.2)所示：

$$B(t) = P_0(1-t)^3 + 3P_1 t(1-t)^2 + 3P_2 t^2(1-t) + P_3 t^3, \ t \in [0, 1] \tag{6.2}$$

式中，$B(t)$ 为三次贝塞尔曲线；$t$ 为给定参数。闭合贝塞尔曲线为贝塞尔曲线始末点重合的特殊情况，即 $P_0 = P_3$。

### 3. 地图绘制

通过构造 14 种模型基元与贝塞尔曲线、闭合贝塞尔曲线之间的严格数学关系，即可实现模型基元的绘制。

（1）折线，其为三次贝塞尔曲线的特例，即三次贝塞尔曲线的四个控制点中的 $P_0 = P_1$，$P_2 = P_3$，由此可推导出折线与贝塞尔曲线之间的数学关系式：

$$B(t) = P_0(1-t)^3 + 3P_1 t(1-t)^2 + 3P_2 t^2(1-t) + P_3 t^3, \quad t \in [0, 1], \text{ 其中 } P_0 = P_1, \ P_2 = P_3 \quad (6.3)$$

（2）多边形，在折线的基础上，封闭起始点与终止点即可，即多边形与贝赛尔曲线之间的数学关系式：

$$B(t) = P_0(1-t)^3 + 3P_1 t(1-t)^2 + 3P_2 t^2(1-t) + P_3 t^3, \quad t \in [0, 1], \text{ 其中 } P_0 = P_1, \ P_2 = P_3, \text{ Closed} \quad (6.4)$$

（3）矩形，内角为 90° 的多边形，即矩形与贝赛尔曲线之间的数学关系式：

$$B(t) = P_0(1-t)^3 + 3P_1 t(1-t)^2 + 3P_2 t^2(1-t) + P_3 t^3, \quad t \in [0, 1], \text{ 其中 } P_0 = P_1, \ P_2 = P_3, \text{ Closed},$$
$$\angle P_0 P_1 P_2 = \angle P_1 P_2 P_3 \quad (6.5)$$

（4）B 样条曲线，采用以下函数式完成从 B 样条曲线到贝赛尔曲线的转换，即 B 样条曲线与贝塞尔曲线之间的数学关系式：

$$P^{(n)}(t) = \left[ B_{0,n}(t), B_{1,n}(t), L, B_{n,n}(t), (P_0, P_1, L, P_n) \right]^{\mathrm{T}}$$
$$= \left[ B'_{0,n}(t), B'_{1,n}(t), L, B'_{n,n}(t), S^{(n)}(P_0, P_1, L, P_n) \right]^{\mathrm{T}} \quad (6.6)$$
$$= \left[ B'_{0,n}(t), B'_{1,n}(t), L, B'_{n,n}(t), (P'_0, P'_1, L, P'_n) \right]^{\mathrm{T}}$$

式中，$B_{n,n}(t)$ 为 $n$ 次伯恩斯坦基函数；$t$ 为给定参数且 $t \in [0, 1]$；$\left[ B'_{0,n}(t), B'_{1,n}(t), L, B'_{n,n}(t) \right] = \left[ B_{0,n}(t), B_{1,n}(t), L, B_{n,n}(t) \right] \left[ S^{(n)} \right]^{-1}$；$S^{(n)}$ 为使 B 样条曲线某一段多项式转换为贝塞尔曲线段的转换矩阵；$(P'_0, P'_1, L, P'_n)^{\mathrm{T}} = S^{(n)}(P_0, P_1, L, P_n)^{\mathrm{T}}$ 为贝塞尔曲线的 $n$ 个控制点。

（5）闭合 B 样条曲线。在 B 样条曲线的基础上，封闭起始点与终止点即可得到闭合 B 样条曲线。由此可推导出闭合 B 样条曲线与贝塞尔曲线之间的数学关系式：

$$P^{(n)}(t) = \left[ B_{0,n}(t), B_{1,n}(t), L, B_{n,n}(t), (P_0, P_1, L, P_n) \right]^{\mathrm{T}}$$
$$= \left[ B'_{0,n}(t), B'_{1,n}(t), L, B'_{n,n}(t), S^{(n)}(P_0, P_1, L, P_n) \right]^{\mathrm{T}} \quad (6.7)$$
$$= \left[ B'_{0,n}(t), B'_{1,n}(t), L, B'_{n,n}(t), (P'_0, P'_1, L, P'_n) \right]^{\mathrm{T}}, \text{Closed}$$

（6）圆弧。给定三个点，$P_0$、$P_1$、$P_2$，其中 $P_0$ 为圆心，$P_1$ 为起始点，$P_2$ 终止点；沿逆时针方向，圆弧上每个点与贝塞尔曲线上的点之间的误差不大于 $\delta$，半径 $r = |P_1 - P_0|$，求出矢量 $P_1 - P_0$ 和 $P_2 - P_0$ 的角度 $\omega_0$、$\omega_1$，若 $\omega_1 \leqslant \omega_0$，则 $\omega_1 = \omega_1 + \pi/2$，圆弧总的弧度为 $V\omega = \omega_1 - \omega_0$。

用 $\theta$ 表示在圆弧半径为 $r$ 的情况下，满足上述误差条件的圆弧弧度的最大值；设

$x = \cos\dfrac{\theta}{6}$，$f(x)=3x-x^3-2\,(r-\delta)\,/r>0$，$f(x)=3-3x^2$；用一般牛顿法求 $x$ 的正向逼近精确解的

数值解：令 $x=\dfrac{\sqrt{3}}{2}$，因为 $\theta\in[0,\pi]$，则 $x\in\left[\dfrac{\sqrt{3}}{2},1\right]$，设 $x=\dfrac{\sqrt{3}}{2}$，当 $f(x)<0$ 时，重复

$x = x-\dfrac{f(x)}{f'(x)}$，直到不满足 $f(x)<0$ 时为止，此时 $\theta = 6\arccos x$。

按照 $\theta$ 将圆弧分成 $n$ 段，$n$ 为 $\dfrac{V\omega}{\theta}$ 的正向取整，则每段圆弧的弧度为 $V\varphi=\dfrac{V\omega}{n}$。每

段圆弧的贝塞尔曲线的控制线长度 $d=\dfrac{1.5r\left(\cos\dfrac{V\varphi}{6}-\cos\dfrac{V\varphi}{2}\right)}{\sin\dfrac{V\varphi}{2}}$，每段圆弧的分段点

$P_i = P_0+\begin{pmatrix}\cos\varphi_i\\\sin\varphi_i\end{pmatrix}$，其所对应的角度为 $\varphi_i=\omega_0+iV\varphi$，$i=0, 1, \mathrm{Ln}$。

接着，依次建立每段圆弧与贝塞尔曲线之间的数学关系：令 $Q_0=P_i{}'$，$Q_3=P_{i+1}{}'$，$\alpha=\varphi_i$，

$\beta=\varphi_{i+1}$，则 $Q_1=Q_0+d\begin{bmatrix}\cos\left(\alpha+\dfrac{\pi}{2}\right)\\\sin\left(\alpha+\dfrac{\pi}{2}\right)\end{bmatrix}$，$Q_2=Q_3+d\begin{bmatrix}\cos\left(\beta-\dfrac{\pi}{2}\right)\\\sin\left(\beta-\dfrac{\pi}{2}\right)\end{bmatrix}$。

最终，圆弧与贝赛尔曲线之间的数学关系为

$$Q(t)=Q_0(1-t)^3+Q_1(1-t)^2t+Q_0(1-t)t^2+Q_3t^3 \tag{6.8}$$

（7）圆拱。在圆弧的基础上，封闭起始点与终止点即可，由此可推导出圆拱与贝塞尔曲线之间的数学关系式：

$$Q(t)=Q_0(1-t)^3+Q_1(1-t)^2t+Q_0(1-t)t^2+Q_3t^3，\mathrm{Closed} \tag{6.9}$$

（8）扇形。在圆弧的基础上，绘制 $P_0$、$P_1$、$P_2$ 三点构成的折线即可得到。

（9）圆。其为圆弧的特例，即在给定的三个点 $P_0$、$P_1$、$P_2$ 中，$P_1=P_2$。

（10）椭圆。在圆的基础上，通过纵向或横向缩放即可得到。

（11）～（14）纹理，即纹理贴图，通常为位图，因此不适用矢量图元与贝塞尔曲线之间的数学关系推导；字可视为一种复杂符号，由样条曲线和直线构成；贝塞尔曲线与封闭贝塞尔曲线绘制方法同上。

## 6.1.2　自补偿拆合方法

由模型基元和贝塞尔曲线构成的统一表达地理模型，辅之其空间关系表达和动态计算，当模型数据化时，需要拓扑补偿，形成可分析实体模型；当模型地图化时，需要制图补偿，形成可视化地图模型。针对以上两个过程，本章节提出了自动化补偿拆合方法。"拆"即模型实体化，进行拓扑补偿；"合"即模型地图化，进行制图补偿。

**1. 拓扑补偿**

模型数据实体化主要包括实体抽象和拓扑修复两部分，如表 6.2 所示。实体抽象是指带有形状、大小的地物转变为拓扑体，如面转点、面转线、实体碎化、实体抽取、宽度分割、网眼毗邻化选取等；拓扑修复是指缺失拓扑信息的修复，如实体修复、实体纠正、道路与水系网络的联通。

**表 6.2　模型拓扑补偿示例**

| 规则描述 | 图示示例说明 | 规则描述 | 图示示例说明 |
|---|---|---|---|
| 实体抽象 面转点 面转线 线转面 线转点 点转面 实体碎化 实体抽取 宽度分割 | | 拓扑修复 实体修复 实体纠正 网络联通 分裂溶解 挂接 结点拟合 形状化简 | |
| | | 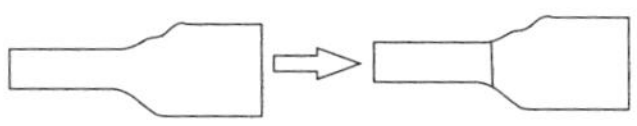 实体抽象 网眼毗邻化选取 | 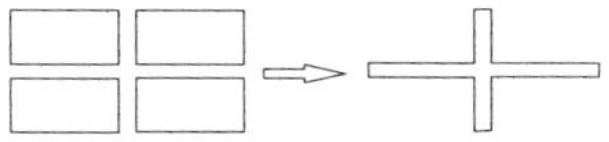 |

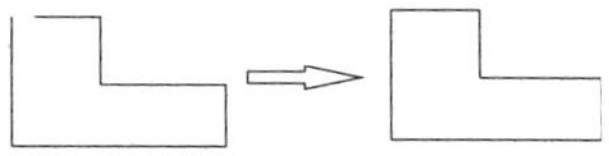

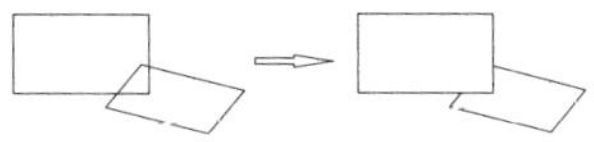

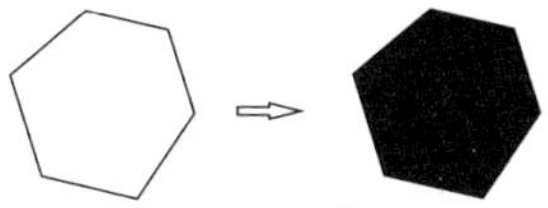

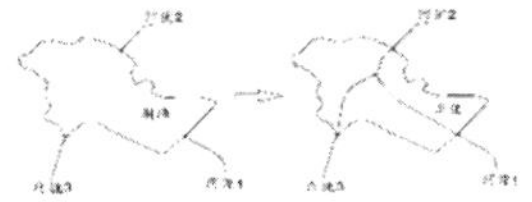

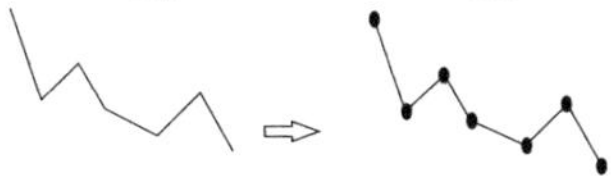

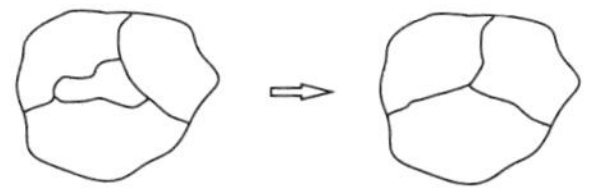

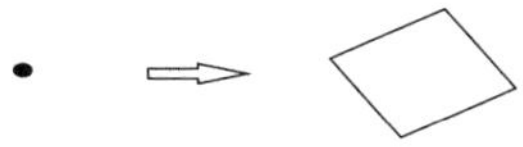

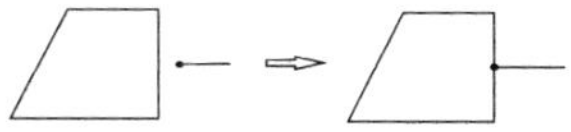

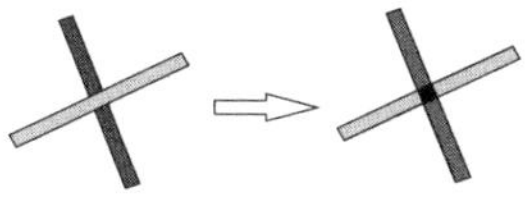

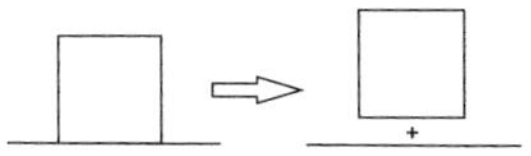

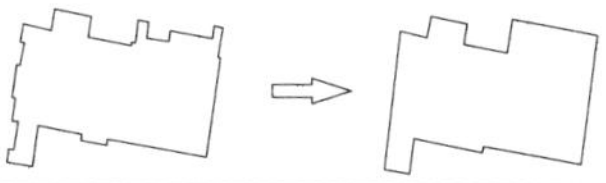

1) 实体抽象

实体抽象是模型实体化的重要内容，规则如下：①面转点。通过提取规则物体几何中心、面状要素中心线上均匀提取等方法实现。②面转线。通过计算面要素边线(双线)提取中心线、骨架线等方式实现。③线转面。将闭合线要素转化为面要素。④线转点。提取线要素首末结点、曲率较大处结点、极值点等特征点，以点要素概括表达线要素。⑤点转面。根据点要素属性及方向信息，提升要素表达维度，扩展表达地理实体形状、方向等信息。⑥实体碎化。使用实体碎化规则对地理数据进行处理，提取出压盖的公共区域作为一个单独的实体进行管理，同时建立与其连接的地物之间的关联关系。⑦实体抽取。对地物特征进行智能识别，将组合存在的空间地理要素抽取、分离为独立组织、存储的点、线、面实体。⑧宽度分割。对地理要素的宽度信息进行分割管理，区分同一地物中具有不同宽度部分，以便于后续地物选取与合并。⑨网眼毗邻化。可以通过毗邻化自动选取识别网眼间狭长面，同时将狭长面收缩成线，使被其分割的离散面要素变为毗邻的面要素。

2) 拓扑修复

拓扑修复是模型实体化的另一项重要内容，具体包括：①实体修复。在空间数据的采集和编辑过程中，经常会出现线断裂、面未闭合等实体缺失错误，需要根据制图规范及属性信息等对实体进行修复，使其变为完整的要素实体。此外，空间数据中，当某一线状要素被分割为多个弧段进行存储时，根据"图形自然过渡"规范，对其进行图形衔接修复，将相接的弧段连接为一个整体。②实体纠正。拓扑错误是空间数据库中常见的一种错误，如悬线、重复线、缺失标识、弧段自相交等，这些错误往往导致空间实体数据与实际地物拓扑不一致，从而降低了数据的质量和可用性，并影响后续的地图制图生产。实体纠正是拓扑预处理的过程，包括检查和修复两个阶段，具体包括冗余点识别及去除、重复线识别及去除、短悬线识别及去除、交点识别及分段等。③网络联通。在大尺度地图数据中，由于注重局部地形地物，道路、水系等网络联通性不完整，被湖泊、广场、居民地等大型面状地物阻断，需要根据网络特征进行主观修复。④分裂溶解。根据邻近面要素(如地块)的情况，按一定的规则将中心、细小的面要素分裂为与周围要素对应的碎片，并将碎片融合到相应的邻近面要素中。⑤挂接。设置一定的距离容限，将长悬线延伸至最近的面状、线状要素上。⑥结点拟合。拟合同一类属性约束的邻近结点，保证数据的连通性及完整性。⑦形状化简。简化多边形形状，修复 V 形凹槽、U 形凹槽、V 形凸槽、U 形凸槽、尖角等细碎形状，使整体形状更简单。

**2. 制图补偿**

模型地化应"先补偿，后表达"，完成制图补偿，才能较好地实现地图可视化表达。其过程包括图形要素图形冲突处理、符号化两个阶段，如表 6.3 所示。

1) 地图要素图形冲突

地图要素冲突处理主要包括以下五种情况：①移位处理。当由大比例尺变化至小比例尺时，会出现地物之间相互重叠或相离很近而不能彼此区分等冲突现象，需要根据地物周围环境，将某一要素沿给定方向及距离进行移位，或者对两要素同时进行相对移位，在保证不影响其他地物分布位置的情况下，为各个图形要素留出可分辨的图形范围空间(武芳等，2005；Ruas，1998)。具体包括：点/点移位、点/线移位、线/线移位、线/面移位、面/面移位、注记/要素移位等。②渐变处理。渐变处理通常见于水系要素，为了形象地表现水流方向，单线河流一般采用由上游至下游逐渐变粗的线性图式进行表达，可采用角平分线、台阶式平行线对河流进行拟合(李霖等，2015；刘纪平，1994)。③压盖

表 6.3 模型制图补偿示例

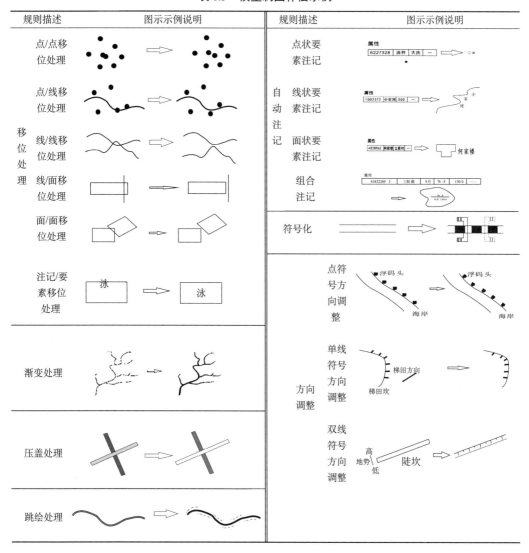

处理。按顺序叠加是计算机制图中地物分层分类组织后形成地图的一般思路，某些符号反映的是地图上地物之间相互压盖的自然特征，需要对压盖的情况进行合理设置，以在二维地图中反映地理要素的立体关系(吴小芳等，2008；曹原，2010)。④跳绘处理。当具有主、次区分的两种地物具有相同的绘制区域(重叠)时，即需要对次要地理要素进行跳绘处理。跳绘通常发生在自然地理要素(道路、水系)与境界要素重叠的区域，为保证真实描述自然地理要素，一般选择对境界符号进行中心跳绘、连续跳绘与间隔跳绘(杨勇等，2007)。⑤自动注记。计算机自动注记要求注记位置、注记尺寸、注记形态等具有全局或局部最优性，基本原则包括：注记应与其关联的物体紧密结合，明显反映彼此之间的关联关系，同时，要注意不要压盖周围范围的重要地物，不能影响地图区域的可读性(Chieie，2000；李霖等，2016；Christensen et al.，1995；攀红等，1999；Klau and Mutzel，

2003)。注记方式有多种，如内部注记（常用于面要素）、外部注记（常用于点要素）、骨架线注记（常用于面要素）、边界线注记（常用于线、面要素）、组合注记（用于特殊要素，如高程控制点、水库汛期信息等）。

2) 符号化

地图符号化是将空间实体数据使用对应符号进行绘制、整饰、输出的过程，是数字地图化的重要环节，其核心是建立符号与空间实体数据的空间位置映射关系，实质是符号局部空间坐标系与地理空间坐标系之间的坐标转换。其基本过程如下：①获取制图范围内地物的地理坐标及相关属性；②根据地物属性参数在符号库中寻找与其对应的符号图式；③设置符号显示大小、颜色、纹理等描述信息；④根据地物地理坐标信息和符号局部坐标之间的转换关系，对地物进行符号化。

地图空间中，符号方向关系反映了地理要素的顺序、位置及指向关系，因此，正确的地图符号方向对于维持良好的制图效果具有重要的意义（张晓楠等，2015；何建华和刘耀林，2004）。点符号的方向调整依赖于周围邻近要素的空间分布形态，形成对于周围要素的依附关系，如海岸码头方向、停车场进出方向等；单线符号的方向调整通过周围环境的定量计算及自身语义的定性描述；双线符号的方向调整相对复杂，包括线/面要素转换、方向识别、曲线虚实化等步骤。顾及地图要素之间的内在联系进行符号化是地图制图的基本要求之一，制图过程中需尽量运用空间关系推理、语义关系约束等对制图表达进行规范。

# 6.2　综合与制图功能算子

智能化综合技术系统内置自动缩编技术体系，包括基础类算子+综合与制图功能类算子+知识库三层，其中基础类算子 97 个大类 1 086 个亚类 21 845 种，综合与制图功能类算子 2 564 种。算子涵盖空间运算、属性运算、拓扑、编辑、信息补偿、数据提取、选取、合并、化简、河流综合、道路综合、居民地综合、等高线综合、图斑综合、图层关系、制图约束以及文件操作和属性操作等，下面重点介绍特色算子。本书附录 1 对主要算子进行介绍，并举例说明算子功能与用法。

## 6.2.1　多边形的交并补差操作

<Mission id="107" note="多边形的交并补差操作">：该算法主要是用于对多边形进行交并补差运算，可以得到要素之间的交集、并集等，可以同时输入多个图层。多边形交并补差操作类型介绍：交，即多边形的相交叠合，输出数据为保留原来两个输入多边形的共同部分。差，即输出数据为保留以其中一个输入多边形为控制边界之外的所有多边形。并，即多边形的合并，输出数据为两个输入多边形的全部数据。异或，即输出部分为两个多边形共同部分之外的所有多边形（表 6.4）。

**表 6.4　多边形的交并补差操作参数说明**

| 标签 | 参数说明 |
| --- | --- |
| IsNormalize | 是否标准化 |
| OperateType | 操作类型，交、差、并、异或操作 |
| PolyFillType | 多边形填充方式 EvenOdd、NonZero、Positive、Negative |
| JoinType | 节点接头类型 Square（line）、Miter（polygon）、Round |
| EndType | 尾部接头类型 ClosedPolygon（polygon）、ClosedLine、OpenButt（line）、OpenSquare、OpenRound |
| IsOffsetOperator | 多边形偏移或逻辑操作模式 |
| OffsetDelta | 偏移量 |
| OffsetIsUnion | 偏移模式下对象是否合并 |
| IsPolygonSelftwineProcess | 是否多边形自相交标准化 |
| FuzzyTolerance | 结点拟合 |
| IntersectionEpsilon | 线段相交容差 |
| RedundancyVertexTolerance | 节点冗余容差 |
| SmallRingRate | 小环与大环的删除比值 |

实例如图 6.3 所示。

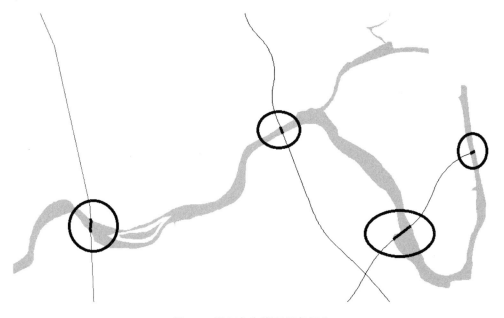

图 6.3　深灰色为线面相交部分

### 6.2.2　拓扑多边形分类过滤

<Mission id="123" note="拓扑多边形分类过滤">：将面数据与面数据的关系进行分类输出，这个关系可以是有效面、相交面、洞面等，以便后续做面分裂融合(id110)或面兼并融合(id124)。在这之前需要对原始面数据做拓扑预处理(id70)或多转单(id20)，消除拓扑错误或多面现象(表 6.5)。

表 6.5　拓扑多边形分类过滤参数说明

| 标签 | 参数说明 |
| --- | --- |
| SrsDataStor | 原始面数据 |
| FuzzyTolerance | 结点拟合容差 |
| IntersectionEpsilon | 线段相交容差 |
| RedundancyVertexTolerance | 拓扑节点冗余容差 |
| TesselationMode | 图斑或面要素铺盖模式 |
| Precision | 数据精度(精确到小数点后几位) |
| IntersectMultiLayer | 相交部分是否多图层存储，值域有两个，即 false、true。如果值域设置为 false，则下列输出的内容都只有一层数据，算法默认为 false；如果值域设置为 true，则下列内容中 ValidDataStores、IntersectDataStores、ContainDataStores、GapDataStores 以及 HoleDataStores 均有多个图层，图层的个数和顺序与输入图层一致 |
| ValidDataStores | 有效面数据 |
| IntersectDataStores | 面与面相交的部分 |
| ContainDataStores | 包含的部分 |
| GapDataStores | 面与面围成的缝隙 |
| HoleDataStores | 面里面的洞 |
| BoundaryDataStores | 边界线围成的面数据 |

实例如图 6.4 所示。

### 6.2.3　多边形消除细颈及凹凸细节

<Mission id="122" note="多边形消除细颈及凹凸细节">该功能可通过两种方式消除细颈及凹凸细节：一种是先内缩后膨胀；另一种是先膨胀后内缩。

注意：该算法可同时适用于多个图层，在应用该算法后必须进行标准化处理(id85、id86)，此外，可以添加 id20、id70 对数据进行多转单或消除拓扑问题(表 6.6)。

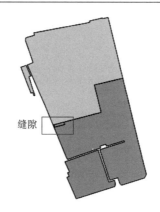

(a) 面间缝隙

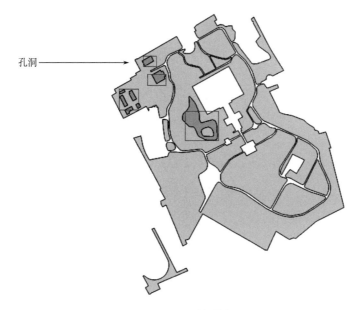

(b) 面内孔洞

图 6.4　分类过滤结果

表 6.6　多边形消除细颈及凹凸细节参数说明

| 标签 | 参数说明 |
| --- | --- |
| Scale | 比例尺 |
| BufferDis | 缓冲距(负数消除凹槽或内部岛细颈、正数消除凸槽细颈) |
| JoinType | 节点接头类型 Square、Miter、Round |
| EndType | 尾部接头类型 ClosedPolygon、ClosedLine、OpenButt、OpenSquare、OpenRound |
| PolyFillType | 多边形填充方式 EvenOdd、NonZero、Positive、Negative |
| IsNormalize | 是否标准化，该参数默认为 true |
| IsSmallOutPut | 面半径小于缓冲距的是否按原样输出，该参数默认为 false |
| IsMultiPart | 面输出是否允许多几何(多部分) |

实例如图 6.5 所示。

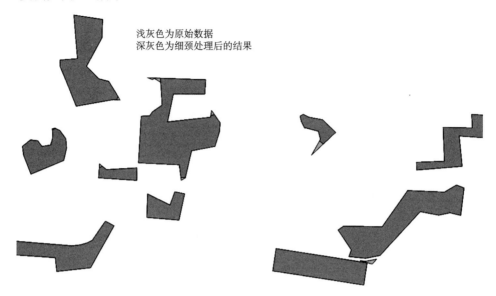

浅灰色为原始数据
深灰色为细颈处理后的结果

图 6.5　消除细颈及凸凹细节

### 6.2.4　抽取优化后的骨架线

<Mission id="81" note="抽取优化后的骨架线">:主要用来提取面数据的优化的骨架线。注意：面数据边缘提取的骨架线弯曲拐角比较多，需要根据数据情况对骨架线进行化简；也可以提前对面数据进行化简，提高骨架线的质量。

尤其注意参数中 EndTShapeScale 以及 SmallCrossLength 的值域设置，首先要根据实际情况设置，如果设置不当，复杂的面数据提取的骨架线将会在面数据外侧。该算法可以同时输入多个待提取骨架线的面数据，最终输出一个骨架线(即输入所有面数据的骨架线之和)(表 6.7)。

表 6.7　抽取优化后的骨架线参数说明

| 标签 | 参数说明 |
| --- | --- |
| <CrossLength> | 非丁字路口处理阈值 |
| <LinkDoubleTShapeScale> | 两端都为丁字路口的细分处理比例阈值 |
| <LinkTCrossShapeScale> | 一端都为多叉路口的细分处理比例阈值 |
| <TShapeLength> | 丁字路口处理阈值 |
| <TipAngle> | 角度阈值 |
| <EndTShapeScale> |  |
| <SmallCrossLength> | 小拐角的长度阈值：指的是多边形中比较小的凸起部分提取的骨架线长度阈值，如果小于这个阈值，系统会自动将提取的骨架线拉平，如果大于这个阈值，则提取的骨架线保留 |

续表

| 标签 | 参数说明 |
| --- | --- |
| <SmallCrossLength> | 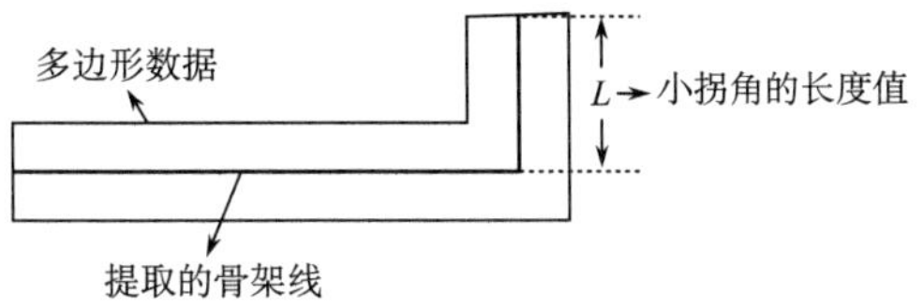 |
| <CollinearAngleEpsilon> | 共线阈值(单位：角度) |
| <RedundancyVertexEpsilon> | 冗余节点阈值(有时几何邻接节点很接近)，有时存在冗余点会导致生成的三角网标记存在问题，默认为–1 不处理 |
| <FuzzyTolerance> | 结点拟合 |
| <IntersectionEpsilon> | 线段相交容差 |
| <RedundancyVertexTolerance> | 弧段冗余节点容差 |
| <SingleEntityDclaunay> | 是否针对单个面状要素单独构网，异或针对面外的桥接区域构网 |
| <DoubleWaveAngleEpsilon> | 共线阈值 |
| IShapeFittingAngle | 中间相隔 1、2 点的丁字路口拟合后关联边的最小夹角阈值，否则不拟合 |
| IsOptimizeDelaunay | 是否优化三角网 |
| DelaunayTShapeLength | 三角网 T 形末梢长度阈值 |
| DelaunayTShapeScale | 三角网 T 形末梢长度与主体宽度的比率阈值 |
| DelaunayTShapeMode | 1. 长度约束；2. 主体宽度比率约束；4. 长度或主体宽度比率约束(或的关系，有一个不满足即删除)；8. 角度约束 |
| LShapeToIShapeScale | L 形调整长宽比 |
| LShapeToIShapeLength | L 形调整宽度控制阈值 |
| IsDangleLengthMinus | 悬挂弧段是否进行长度调整 |
| MinRectAreaRatio | 原始多边形面积与最小外接矩形的面积比值，0 不启用最小外接矩形近似 |
| IsOptimizeOriginalPolygon | 是否优化原始多边形 |
| OptimizeMaxSpokeSize | 判断是否优化原始多边形狭窄三角网共点个数 |
| OptimizeDeltaAngle | 判断是否优化原始多边形狭窄三角网夹角差值(单位：角度) |
| OptimizeMaxMinScale | 判断是否优化原始多边形狭窄三角网中长边与短边比值 |
| DelaunayLayer | Delaunay 三角网输出图层(仅测试用) |
| OptimizeSrsDataStores | |

实例如图 6.6 和图 6.7 所示。

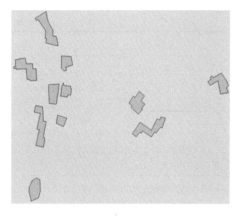

图 6.6　原始面数据

图 6.7　提取的骨架线

## 6.2.5　面内骨架线修复

<Mission id="206" note="面内骨架线修复">：该算法主要是修复多边形内部不完整的骨架线。该算法修复模式可叠加使用，目前主要适用于水系网连通性的局部修复（表 6.8）。

表 6.8　面内骨架线修复参数说明

| 标签 | 参数说明 |
| --- | --- |
| LineDataStores | 输入的线数据图层，可以同时添加多个线图层 |
| PolygonDataStores | 输入的面数据图层，可以同时添加多个面图层 |
| FuzzyTolerance | 结点拟合 |
| IntersectionEpsilon | 线段相交容差 |
| RedundancyVertexTolerance | 节点冗余容差 |
| BranchLength | 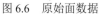 待修复分支长度阈值，其指的是复杂的面内部有多条骨架线，该参数主要是用于选取分支骨架线的长度阈值 |

续表

| 标签 | 参数说明 |
|---|---|
| ProcessMode | 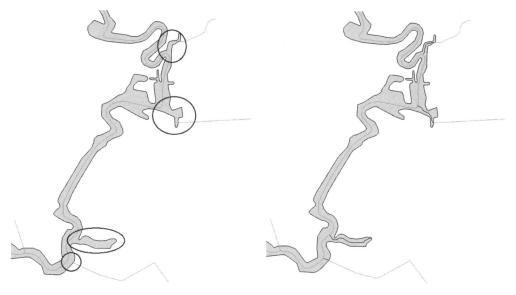修复模式有以下 3 种，即：1—内部骨架线修复，指的是面内的骨架线没有两端都连接到面，该模式可以将没有连接到面的线数据进行连接；2—外部线挂架骨架线，指的是外部的线在面内部没有骨架线，而其面内已经有了其他方向的骨架线，该模式就是将那条外部线没有骨架线的进行延伸，延伸到面内其他骨架线上；4—自身分支修复，一个复杂的面数据，内部有多条骨架线，但有的没有连接到面上，应用该模式可以将没有连接到面上的骨架线连接到面上 |
| DstDataStores | 输出的线数据结果 |
| NoIntersectPolygonDataStore | 输出面内有线的面数据 |
| NoInLinePolygonDataStore | 输出面内没有线的面数据 |

实例如图 6.8 和图 6.9 所示。

图 6.8　原始数据图层　　　　　　　　　图 6.9　操作后的数据图层

### 6.2.6　多边形宽度分割

<Mission id="153" note="多边形宽度分割">：该算法主要是按照多边形宽度将多边形数据图层划分为宽和窄两类。其中，多边形宽度大于分割宽度阈值的输出至 WideDataStores 设置的文件，多边形宽度小于分割宽度阈值的输出至 ThinDataStores 设置的文件(表 6.9)。

表 6.9　多边形宽度分割参数说明

| 标签 | 参数说明 |
| --- | --- |
| SourceDataStore | 输入的多边形数据图层 |
| Scale | 比例尺 |
| SplitWidthEpsilon | 分割宽度阈值 |
| FilterLengthScale | 分割面与中轴线的交线宽度阈值比值 |
| FilterAreaScale | 碎部面积阈值比值 |
| SharpAngleEpsilon | 角度调整时调整部分夹角阈值 |
| SharpAngleDistanceScale | 角度调整时调整部分与宽度阈值比值 |
| FuzzyTolerance | 结点拟合 |
| IntersectionEpsilon | 线段相交容差 |
| RedundancyVertexTolerance | 弧段冗余节点容差 |
| TesselationMode | 图斑或面要素铺盖模式，该参数一般默认为 true |
| WideDataStores | 输出的宽多边形图层 |
| ThinDataStores | 输出的窄多边形图层 |

实例如图 6.10 所示。

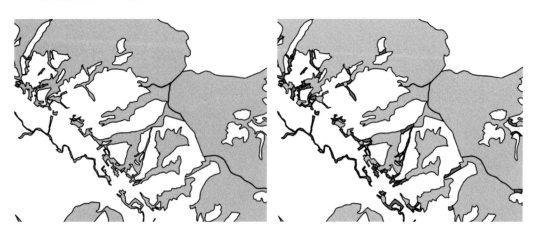

(a) 多边形宽度分割前　　　　　　　　　　　　　　(b) 多边形宽度分割后

图 6.10　处理后情况说明：浅色为宽图斑，深色为窄图斑

## 6.2.7　线　选　取

<Mission id="0" note="线选取">：主要是对线数据进行一定的选取(如去除悬挂、孤立且长度小于阈值的)。注意，如果有多个图层参与其中，且图层间有重复要素，则通过该算法，可以去除重复要素。

对于道路网选取，输出参数时需要对道路按等级从高到低排序，如国道、省道等。输出时，也应按照此顺序输出。设置要进行选取处理的图层时，可设一个图层，也可设多个图层(一般只设置最后一个道路图层，即等级最低的图层)。对于河流选取，一般只加载一个河流图层，不需要进行等级排序，一般不设置要进行选取的图层和删除主干线(表 6.10)。

**表 6.10　线选取参数说明**

| 标签 | 参数说明 |
| --- | --- |
| Layers/fuzzyTolerence | 结点容差(通常设置为 0.001) |
| Layers/intersectTolerance | 线段相交容差(通常设置为 0.00001) |
| Layers/redundancyVertexTolerance | 冗余节点容差(通常设置为 0.001) |
| FilePath/simplify | 是否进行化简，选择 false，则该图层不进行化简，如果为 true，则该图层进行化简 |
| FilePath/ring | 是否删除小于阈值的环，选择 false，则该图层不删除环，如果为 true，则该图层删除小于阈值的环 |
| Scale | 设置比例尺 |
| BrokenLineStyle | 悬挂弧处理模式，有以下 3 种，即：1—短弧根据延伸性进行保留判断；2—考虑图层名称；4—只考虑名称 |
| MainLineStyle | 主干弧处理模式，有以下 2 种，即：1—考虑图层名称；2—只考虑名称 |
| MainLineAngle | 弧段延伸角度阈值(单位：度) |
| AloneLineLentgh | 孤立弧长度 |
| BrokenLineLentgh | 悬挂弧长度 |
| IslandLineLentgh | 岛弧长度 |
| IslandArea | 岛弧面积限制，当值域为小于等于 0 时，则表示无限制 |
| MainLineLentgh | 主干弧长度，大于 0 约束有效 |
| MainLineArea | 主干弧面积限制，当值域为小于等于 0 时，则表示无限制 |
| LinkArcStyle | 假结点连接类型有以下 3 种，即 1—图层 ID、2—名称 ID 以及 4—要素 ID，如果是多种类型的集合，可以将相应类型对应的编号进行相加，如 7 表示 1 图层 ID+2 名称 ID+4 要素 ID |
| MemeoryLinkFIDs | 是否记录弧段连接的信息 |
| MainIDNormalize | 是否标准化主弧段的 ID，标准化的原因是重复弧或连接弧会出现多个 ID 的选取问题 |
| RemovePsudoNode | 是否去除假结点 |
| NameField | 名称字段 |
| ResructEntity | 重构实体 |
| DiffrenctRegion | 不同参数不同指标 |
| BlockExport | 块输出 |
| BlockLayerIDs | 限制图层 ID |
| Buffer | 缓冲距 |
| CutLine | 是否剪切线 |

续表

| 标签 | 参数说明 |
|---|---|
| ExportScatter | 是否分散输出 |
| BoundingBox | 仅矩形框内的，通过设置 minx、miny、maxx、maxy 形成矩形框 |
| FilePath | 多边形图层的部分要素合并后再计算 |
| POILayers | POI 点关联的弧段不删除 |
| POIBuffer | POI 点与弧段关联的缓冲值 |
| POIRelateArcLength | POI 点与弧段关联的弧段长度阈值 |
| StrokeLength | 悬挂弧段的 stroke 长度限制 |

实例如图 6.11 和图 6.12 所示。

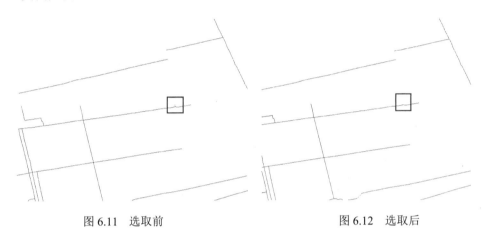

<table>
<tr><td align="center">图 6.11　选取前</td><td align="center">图 6.12　选取后</td></tr>
</table>

线选取工具主要用于道路网和水系的选取，在选取之前需要简单说明一下线数据的表现形态，把线数据形态分为四种：悬挂线、孤立线、主干线和闭合线，如图 6.13 所示。

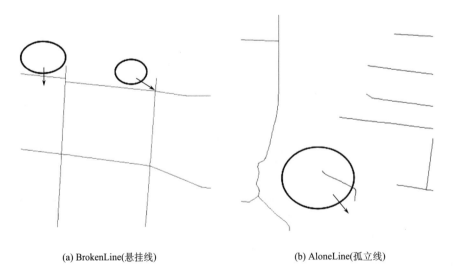

<table>
<tr><td align="center">(a) BrokenLine(悬挂线)</td><td align="center">(b) AloneLine(孤立线)</td></tr>
</table>

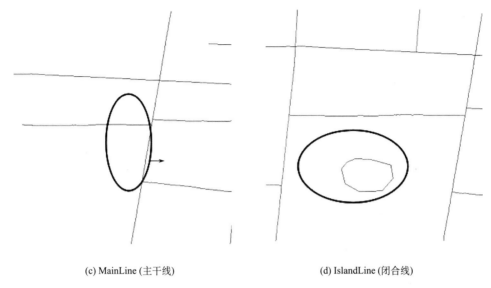

(c) MainLine (主干线)　　　　　　　　(d) IslandLine (闭合线)

图 6.13　四种数据形态说明

悬挂线也叫断头线，线段的一个端点没有其他连接线，且另一个端点与它线相连的线叫悬挂线；孤立线的两个端点都没有和其他线相连；主干线指的是线段的两个端点都有其他线与之相连，主干线的长度可能不是它本身的长度，有时包括两端延伸的长度；闭合线是一根首尾点重合的线。一般道路网选取忽略闭合线，河流选取忽略主干线。

## 6.2.8　简单点选取

<Mission id="1" note="点选取">：通过设置删除比例、SQL 语句等选取符合条件的点。

"'分区域分指标选取'"：如果遇到不同地区点的删除百分比不一样的情况，可以使用该项参数。例如，对于全国 1：5 万～1：25 万村居民点的选取，新疆地区和江苏地区的删除百分比是不一样的。由于新疆的地方点密度很稀，删除很少或者不需要删除；而江苏地区需要删除的力度就很大，这需要区别对待。具体使用的方法：以全国村居民点选取为例，使用全国省界面数据，修改属性表，选择或者新建一列，在这个列中设置某些省的删除比例，列中没有值的均使用默认删除比例，即列表框中设置的删除百分比（表 6.11）。

表 6.11　简单点选取参数说明（分区域分指标选取）

| 标签 | 参数说明 |
| --- | --- |
| DiffrenctRegion | 设置分区域指标，字段值用来确定分区域的删除比 |
| NotDeleteFeatures | 标签指定需要保留的要素 |
| SQL | 标签使用 SQL 语句选择要保留的要素 |
| FID | 标签指定属性表中相应关键字的记录保留 |
| deletePercent | 设置删除百分比 |
| MaxLength | 设置小于此长度距离的点删除一个 |

"'依托道路网选取'"：道路及道路附近的点使用单独的一套删除规则(交叉路口、断头路末端、弯曲路弯曲较大等地方是否优先选取等)，道路及道路附近之外的点使用另外一套规则(默认删除百分比)。对于道路及道路附近的删除规则比较复杂，但是很实用，下面将重点介绍，如表6.12所示。

表6.12　简单点选取参数说明(依托道路网选取)

| 标签 | 参数说明 |
| --- | --- |
| fuzzyTolerence | 结点容差 |
| DiffrenctRegion | 设置分区域指标，字段值用来确定分区域的删除比 |
| NotDeleteFeatures | 标签指定需要保留的要素 |
| SQL | 标签使用 SQL 语句选择要保留的要素 |
| FID | 标签指定属性表中相应关键字的记录保留 |
| deletePercent | 删除百分比 |
| MaxLength | 设置小于此长度距离的点删除一个 |
| intersectTolerance | 线段相交容差 |
| redundancyVertexTolerance | 冗余节点容差 |
| Intersection | 交叉点 |
| Dangle | 悬挂点 |
| Bend | 弯曲点 |
| Flat | 平滑点 |
| PsudoNode> | 假结点 |
| ignore | 是否进行忽略，如果为 true，则忽略；如果为 false 表示不忽略此项 |
| buffer | 设置与某种结点的缓冲距离 |
| selectCount | 设置节点缓冲距离范围内保留点的个数 |
| height | 两个弯曲点的高度阈值 |
| length | 两个平滑点的长度阈值 |

如下实例，保留沿道路边或交叉口、道路的特征拐弯点处等的居民点(图6.14和图6.15)。

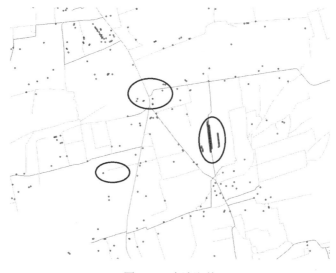

图6.14　点选取前

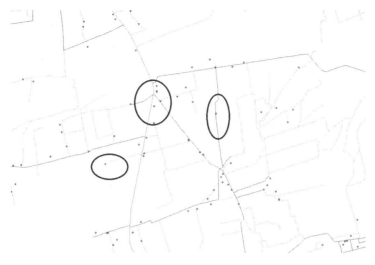

图 6.15　点选取后

## 6.2.9　多边形的选取

<Mission id="402" note="多边形的选取：按照狭长度、面积和平均宽度选取">：按照一定的选取规则(狭长度、面积和平均宽度)过滤出符合条件的多边形数据。在选取过程中可同时对岛过滤并输出符合条件的岛。

注意：该算法的输入图层可以是多个同时进行，不仅可以对面进行选取，也可以对线进行长度选取(表 6.13)。

表 6.13　多边形的选取参数说明

| 标签 | 参数说明 |
| --- | --- |
| Method | 0:小于，1:等于，2:大于，3:小于等于，4:大于等于，5:取反，负值:按原来的方法进行选取 |
| Scale | 比例尺 |
| FieldName | 标记字段 |
| FieldValue | 标记值 |
| FilterPolygonFilterIsland | 过滤多边形同时过滤岛 |
| FilterOnlyIsland | 只对岛过滤并输出符合条件的岛多边形 |
| NarrowLengthReverse | 狭长度因子是否取反 |
| Polygon IsUnion ="true" Method ="0" | 参数 IsUnion 为 true 时，保留符合条件的多边形，若为 false，则不进行处理。其中符合的条件模式有 6 种，即：0:小于，1:等于，2:大于，3:小于等于，4:大于等于，5:取反 |
| NarrowLength | 多边形的狭长度，特别注意的是该参数，这里的狭长度不是多边形概略最长的边长，而是多边形的长宽比 |
| AverageWidth | 多边形的平均宽度，若设定比例尺，则单位为mm；若没有设定比例尺，则单位为 m |
| Area | 多边形的面积 |

| 标签 | 参数说明 |
|------|---------|
| Length | 多边形的周长，该项参数不仅可以设置多边形的周长，也可以设置线数据的长度 |
| PointSize | 多边形外边界与内环上点的总数 |
| IslandSize | 多边形内洞的数目 |
| LengthRate | 线的长度比首尾点直接连线的长度 |
| Island IsUnion ="true" Method ="0" | 参数 IsUnion 若为 true，则删除符合条件的岛，若为 false，则不进行处理 |
| NarrowLength | 岛的狭长度 |
| AverageWidth | 岛的平均宽度 |
| Area | 岛的面积 |
| Length | 多岛的周长 |
| PointSize | 环上点的总数 |
| RistrictData | 限制数据图层参数标签 |
| Method | 限制关联规则方法：0—包含；1—相交；2—点包含；3—相交面积；4—相交长度 |
| Complementary | 是否取补集：若为 false，则按照关联规则输出；若为 true，则按照关联规则的对立层输出 |
| GeometryFilter | 限制地理实体图层 |
| LengthEpsilon | 相交长度阈值：指选取图层与限制图层线要素相交部分的长度阈值 |
| AreaEpsilon | 相交面积阈值：指选取图层与限制图层面要素相交部分的面积阈值 |
| RefWidthScale | 平均宽度参考缩放系数 |
| ValidEpsilon | 平均宽度小于阈值三角形面积占比 |
| IsAllTriangleStatistics | 平均宽度计算时面积统计基底是否是面内所有三角形 |
| CollinearAngleEpsilon | 进行共线处理时的角度阈值(单位：度) |

实例如图 6.16 所示。

## 6.2.10 道路网 stroke 处理

<Mission id="116" note="道路网 stroke 处理">：根据"道路的连续性规律"采用 stroke(路化)技术将离散的道路弧段连接形成道路链。将 stroke 化的结果添加到 NameID1 设定的字段中，方便后续对道路链网的检查，这里的 NameID1 可以是任何名字，但前提要求 id117 与 id116 中所添加的字段名称一致。其中，生成 stroke 通常作为道路网综合、拓扑分析等的预处理步骤。

LinkMode 常用方法 1：FNL。

注意：该算法与 Mission117 和 Mission0 的关系。<Mission id="117" note="道路网层次选取">：该算法在道路网 stroke 化的基础上，构建路网对偶图，计算每个 stroke 的中介中心性、联通度、长度等特征值，按照一定的模型计算每个 stroke 的重要性，依据重要性对路网进行分级，基于分级结果进行选取。其与 Mission0 的区别在于 Mission0 是以弧段为单位进行迭代选取，同时仅依赖拓扑以及弧段之间的角度信息(表 6.14)。

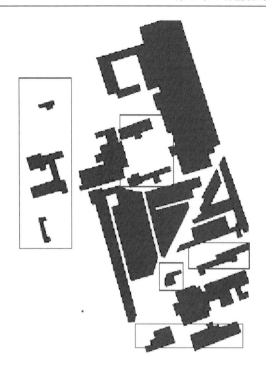

(a) 选取前　　　　　　　　　　　　　　　　　　　　(b) 选取后

图 6.16　选取结果

**表 6.14　道路网 stroke 处理参数说明**

| 标签 | 参数说明 |
| --- | --- |
| ElevField | 字段 |
| NameField | 构建拓扑名称字段 |
| SubNameField | 辅名称字段，主要是主名称字段中的内容为空时起作用 |
| FuzzyTolerance | 结点拟合参数 |
| IntersectionEpsilon | 线段相交容差 |
| RedundancyVertexTolerance | 拓扑节点冗余容差 |
| TopoProcessType | 511 处理到面 |
| LinkArcStyle | 移除假结点的时候弧段连接条件，3—传统考虑方式(考虑 LayerID 与 NameID)，1—图层 ID，2—NameID，4—要素 ID，8—重复弧 |
| MemeoryLinkFIDs | 是否记录弧段连接的信息，一般默认为 true |
| AngleEpsilon | 局部角度阈值(弧度) |
| BendAngleEpsilon | 宏观角度阈值(弧度) |
| NodeNearByBuffer | 结点附近不直接相邻弧段缓冲阈值，默认 10 m |
| ResMaxAngleLink | 是否强制采用最大角度连接，默认是 false |
| CacAngleByRoadOrRiver | 是否采用道路方式计算角度，默认是 true，采用路网，false 为河网 |
| LinkMode | 连接模式：0 为不考虑；要素 F、名字 N、图层 L：1.FNL；2. FLN；3. NFL；4. NLF；5. LFN；6. LNF；7. FN；8. FL；9. NF；10. NL；11. LF；12. LN；13. F；14. N；15. L |

续表

| 标签 | 参数说明 |
|---|---|
| IsLinkByAngleOrEntity | 是否角度优先，或者实体优先，默认是 true |
| IsLinkByLengthOrSpokeSize | 是否长度优先，或者关联 arc 数量优先，默认是 false |
| IsRestuctEntity | 是否输出重构实体，默认是 false |
| OutTopoLayer | 输出拓扑图层 |
| OutTopoLayerName | 输出拓扑图层名称 |
| SimplifyEpsilon | 弧段化简阈值 |
| LinkStrokeEpsilon | stroke 连接之间的 arc 长度阈值 |
| LinkStrokeDistanceEpsilon | stroke 连接之间的距离阈值 |
| TLinkAngleEpsilon | stroke 连接之间的角度阈值(单位：度) |
| ImportTopoConnectionString | 持久化输入拓扑 |
| ExportTopoConnectionString | 持久化输出拓扑 |

实例如图 6.17 所示。

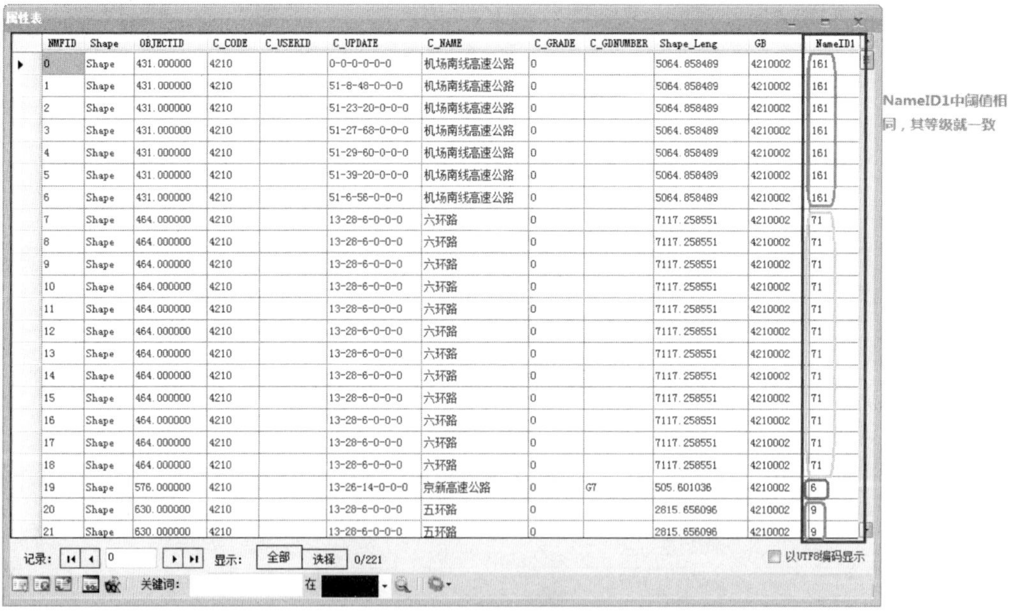

| NMFID | Shape | OBJECTID | C_CODE | C_USERID | C_UPDATE | C_NAME | C_GRADE | C_GDNUMBER | Shape_Leng | GB | NameID1 |
|---|---|---|---|---|---|---|---|---|---|---|---|
| 0 | Shape | 431.000000 | 4210 | | 0-0-0-0-0-0 | 机场南线高速公路 | 0 | | 5064.858489 | 4210002 | 161 |
| 1 | Shape | 431.000000 | 4210 | | 51-8-48-0-0-0 | 机场南线高速公路 | 0 | | 5064.858489 | 4210002 | 161 |
| 2 | Shape | 431.000000 | 4210 | | 51-23-20-0-0-0 | 机场南线高速公路 | 0 | | 5064.858489 | 4210002 | 161 |
| 3 | Shape | 431.000000 | 4210 | | 51-27-68-0-0-0 | 机场南线高速公路 | 0 | | 5064.858489 | 4210002 | 161 |
| 4 | Shape | 431.000000 | 4210 | | 51-29-60-0-0-0 | 机场南线高速公路 | 0 | | 5064.858489 | 4210002 | 161 |
| 5 | Shape | 431.000000 | 4210 | | 51-39-20-0-0-0 | 机场南线高速公路 | 0 | | 5064.858489 | 4210002 | 161 |
| 6 | Shape | 431.000000 | 4210 | | 51-6-56-0-0-0 | 机场南线高速公路 | 0 | | 5064.858489 | 4210002 | 161 |
| 7 | Shape | 464.000000 | 4210 | | 13-28-6-0-0-0 | 六环路 | 0 | | 7117.258551 | 4210002 | 71 |
| 8 | Shape | 464.000000 | 4210 | | 13-28-6-0-0-0 | 六环路 | 0 | | 7117.258551 | 4210002 | 71 |
| 9 | Shape | 464.000000 | 4210 | | 13-28-6-0-0-0 | 六环路 | 0 | | 7117.258551 | 4210002 | 71 |
| 10 | Shape | 464.000000 | 4210 | | 13-28-6-0-0-0 | 六环路 | 0 | | 7117.258551 | 4210002 | 71 |
| 11 | Shape | 464.000000 | 4210 | | 13-28-6-0-0-0 | 六环路 | 0 | | 7117.258551 | 4210002 | 71 |
| 12 | Shape | 464.000000 | 4210 | | 13-28-6-0-0-0 | 六环路 | 0 | | 7117.258551 | 4210002 | 71 |
| 13 | Shape | 464.000000 | 4210 | | 13-28-6-0-0-0 | 六环路 | 0 | | 7117.258551 | 4210002 | 71 |
| 14 | Shape | 464.000000 | 4210 | | 13-28-6-0-0-0 | 六环路 | 0 | | 7117.258551 | 4210002 | 71 |
| 15 | Shape | 464.000000 | 4210 | | 13-28-6-0-0-0 | 六环路 | 0 | | 7117.258551 | 4210002 | 71 |
| 16 | Shape | 464.000000 | 4210 | | 13-28-6-0-0-0 | 六环路 | 0 | | 7117.258551 | 4210002 | 71 |
| 17 | Shape | 464.000000 | 4210 | | 13-28-6-0-0-0 | 六环路 | 0 | | 7117.258551 | 4210002 | 71 |
| 18 | Shape | 464.000000 | 4210 | | 13-28-6-0-0-0 | 六环路 | 0 | | 7117.258551 | 4210002 | 71 |
| 19 | Shape | 576.000000 | 4210 | | 13-26-14-0-0-0 | 京新高速公路 | 0 | G7 | 505.601036 | 4210002 | 6 |
| 20 | Shape | 630.000000 | 4210 | | 13-28-6-0-0-0 | 五环路 | 0 | | 2815.656096 | 4210002 | 9 |
| 21 | Shape | 630.000000 | 4210 | | 13-28-6-0-0-0 | 五环路 | 0 | | 2815.656096 | 4210002 | 9 |



图 6.17　Stroke 化结果

## 6.2.11　“回”字形道路删除

<Mission id="215" note="回字形道路删除">：该算法主要是删除道路网、水系网中一定阈值的“回字形”“工字形”以及“F 字形”弧段，用于简化线路网络结构。其中，该算法可以同时适用于多个线图层数据，而“构建拓扑名称字段”(NameField)要求一致，一般情况下该算法于 id116 道路网 stroke 处理以前应用(表 6.15)。

### 表 6.15　"回"字形道路删除参数说明

| 标签 | 参数说明 |
| --- | --- |
| Method | 选择方法有以下 5 种，即 0: 小于，1: 等于，2: 大于，3: 小于等于，4: 大于等于，5: 取反，负值:按原来的方法进行选取 |
| NameField | 构建拓扑名称字段 |
| FuzzyTolerance | 结点拟合 |
| IntersectionEpsilon | 线段相交容差 |
| RedundancyVertexTolerance | 弧段冗余节点容差 |
| TopoProcessType | 511 处理到面 |
| LinkArcStyle | 移除假结点的时候弧段连接条件，3-传统考虑方式(考虑 LayerID 与 NameID)，1-图层 ID，2-NameID，4-要素 ID，8-重复弧 |
| MemeoryLinkFIDs | 是否记录弧段连接的信息，该参数一般默认为 true |
| IsRestuctEntity | 是否输出重构实体，该参数一般默认为 false |
| Scale | 比例尺，如果设置比例尺，则下列参数单位为 mm；如果没有设置比例尺，则下列参数单位为 m |
| BackMode | 1. 关联结点 3 个，且关联的 nameID 为 1 个；2. 关联结点 3 个，且关联的 nameID 为 2 个；4. F 形；8. 口字形；16. 两端开口的口字形 |
| PreserveTopology | 是否保持拓扑 |
| bqStyle | 两端开口的口字形：1. 为按长度删除，删除长度长的；2. 按面积删除，删除面积小的；4. 内部按长度，外部按面积 |
| NetPolygonStyle | 面积选取的方式：1. 为面积最小；2. 为面积平均 |
| IsProcessByStroke | 处理单元是否以 stroke 为处理单元 |
| AngleEpsilon | 角度阈值(弧度) |
| LinkStrokeEpsilon | stroke 连接之间的 arc 长度阈值，单位：mm |
| LinkStrokeDistanceEpsilon | stroke 连接之间的距离阈值，单位：mm |
| RestrictStrokeLength | 总体 stroke 长度控制，单位：mm |
| RingStrokeLength | 环的 stroke 长度控制，单位：mm |
| EndStrokeCurvity | 末梢曲率控制 |
| EndStrokeControlType | 末梢控制方式，默认 0；1. 末梢个数控制；2. 总体 stroke 长度控制；4. 末梢曲率控制；8. 拓扑控制；16. 整条 stroke 不满足删除条件时,保留曲率好的末梢；32. 整条 stroke 不满足条件时，整条删除都不删除 |
| BackArcLength | 回字形道路长度 |
| IArcLength | 工字形道路长度 |
| FArcLength | F 形道路长度 |
| ImportTopoConnectionString | 持久化输入拓扑 |
| ExportTopoConnectionString | 持久化输出拓扑 |
| NarrowLengthReverse | 狭长度因子是否取反，该参数一般默认为 true |
| Polygon | 保留符合条件的多边形 |
| NarrowLength | 多边形的狭长度 |
| AverageWidth | 多边形的平均宽度 |
| Area | 多边形的面积 |
| Length | 多边形的周长 |

实例如图 6.18、图 6.19 所示。

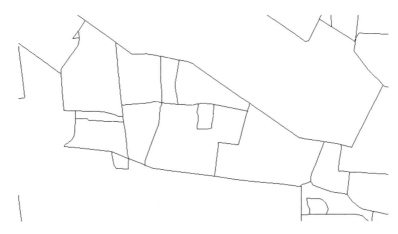

图 6.18 "回"字形道路删除原始图示例

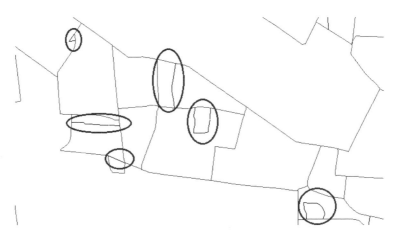

图 6.19 "回"字形道路删除结果示例

图中：灰色——操作后数据；黑色——原始数据；椭圆——被删除的数据

## 6.2.12 直角化特征多边形化简

<Mission id="143" note="直角化特征多边形化简">：该算法主要用于多边形数据的化简，消除多边形的凹凸细节。该算法的参数情况可以归结为 6 项内容，即：1——去岛，去除多边形数据内部一定阈值的岛面；2——消除 U 形槽，可以根据数据情况消除 U 型的凸槽、填平 U 形的凹槽；3——消除尖角，消除多边形数据一定面积阈值以及一定角度阈值的尖角；4——消除 Z 形，消除多边形数据内 Z 形一定面积阈值的边角；5——消除直角；6——消除圆弧，可以根据实际数据情况，自行选取参数内容。该算法的处理模式有 3 种，即 0——处理外环，1——处理岛，2——都处理(表 6.16)。

**表 6.16　直角化特征多边形化简参数说明**

| 标签 | 参数说明 |
| --- | --- |
| RectProcessType | 化简模式有以下 6 种，即：1—圆弧，2—台阶，4—U 形凹槽，8—Z 形，16—U 形槽，32—尖角，其中化简模式可以选择多个，其化简模式值域就是这 6 种方法前面对应数字的叠加 |
| DealStyle | 处理模式：0:处理外环，1：处理岛，2：都处理 |
| PolygonAreaLimit | 多边形面积过滤，当小于这个面积时多边形不做任何处理 |
| IslandAreaLimit | 岛面积过滤，当小于这个面积时岛去除 |
| LimitAngle | U 形槽直角角度阈值(弧段)(0~3.14)，该参数换算成角度值是 90–U 形槽角度阈值/π*180。如该参数阈值是 0.3，换成角度约 17，则该参数被认为 90~17 这个值域范围内都可以近似成直角 |
| LimitAreaPercent | U 形槽面积占整个多边形的百分比 |
| LimitArea | U 形槽面积阈值，这里包括了 U 形槽凹槽、凸槽的面积 |
| LimitLengthRate | U 形槽两边的长度比，在范围之内的进行处理，在范围之外的就不进行处理 |
| LengthWidthRatio | U 形槽长短边长宽比，在范围之内的进行处理，在范围之外的就不进行处理 |
| ObtuseAngleLimit | U 形槽非直角角度阈值(弧段)(0~3.14)，该参数默认与 LimitAngle 参数一致 |
| RedundancyVertexTolerance | 冗余点阈值(原始数据单位，与比例尺无关)，其主要目的就是去除冗余点 |
| SameLinePointAngle | 共线点角度阈值，在该参数范围之内的角度阈值，就可以将该共线点舍弃，将线拉平 |
| UConcaveArea | U 形凹槽面积阈值 |
| AcuteAngleLimit | 尖角角度阈值(0~3.14)，该参数换算成角度值是尖角角度阈值/π*180 |
| AcuteArea | 尖角面积阈值 |
| AcuteAreaPercent | 尖角面积百分比，即尖角部分的面积与整个多边形面积的比例 |
| LimitLengthRateAcute | 尖角两条边的长度比，在范围之内的进行处理，在范围之外的就不进行处理 |
| FlattenAngleParallelLimit | 平角两边临边平行夹角阈值 |
| FlattenAngleLimit | 平角角度阈值(0~3.14)，该参数换算成角度值是尖角角度阈值/π*180 |
| FlattenAngleArea | 平角面积阈值 |
| FlattenAngleLimitMin | 平角角度下限阈值 |
| FlattenAngleAreaMin | 平角面积下限阈值 |
| LimitLengthZ | Z 形两边的长度阈值 |
| LimitAreaZ | Z 形面积阈值 |
| LimitAreaZPercent | Z 形面积百分比 |
| LimitAngleZ | Z 形角度阈值(0~3.14)，该参数换算成角度值是 Z 形角度阈值/π*180 |
| RightAngleLimit | 台阶直角角度阈值(0~3.14)，该参数换算成角度值是 90–台阶直角角度阈值/π*180。如该参数阈值是 0.3，换成角度约 17，则该参数被认为 90~17 这个值域范围内都可以近似成直角 |
| RatioRightAngle | 台阶线段长度的比例 |
| RightAreaLimit | 台阶面积阈值 |
| ArcAngleLimit | 圆弧钝角角度阈值，该参数换算成角度值是 Z 形角度阈值/π*180 |
| ArcSegmentRatio | 圆弧线段长度的比例 |
| ArcAngleDifference | 圆周上两个点的角度差阈值 |

实例如图 6.20、图 6.21 所示。

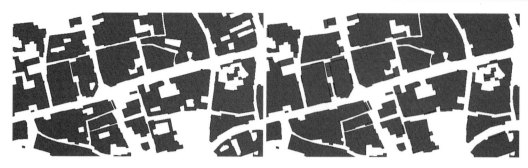

(a) 处理前数据情况　　　　　　　　　　　　　(b) 处理后数据情况

图 6.20　处理数据情况(消除 U 形槽)

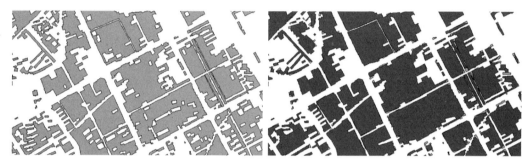

(a) 处理前数据情况　　　　　　　　　　　　　(b) 处理后数据情况

图 6.21　处理数据情况(消除尖角)

### 6.2.13　保持拓扑关系的几何化简

<Mission id="106" note="保持拓扑关系的几何化简(线面可以混合)">：该化简方法保持了原有的拓扑关系，使原始相连的要素化简之后还会保持相连。<Layers note="SourceDataStore">表示所需化简的图层，在其下面的<FilePath>可以对图层进行输入，设置参数时，若不想处理某型槽，槽面积阈值设置为–1 即可(表 6.17)。

**表 6.17　拓扑多边形分类过滤参数说明**

| 标签 | 参数说明 |
| --- | --- |
| epsilon | 该输入图层的化简容差 |
| simplifyType | 该输入图层的化简算法，有以下 11 种，即：0——一般化简；1——圆；2——渐进；3——道格拉斯；4——Li-OpenShaw；5——弧比弦；6——弧比弦；7——三点角度；8——DP-Li-OpenShaw；9——建筑物直角特征化简；10——冗余节点 |
| commonNoSimplify | 该输入图层的不设置化简容差 |
| commonSimplify | 该输入图层的设置化简容差是下面参数中设置的化简容差，见 SimplifyEpsilon |
| rectSQL | 可以通过 SQL 语句将该输入图层的某些数据强制保留，不进行化简 |
| noSimplifySQL | 可以通过 SQL 语句将该输入图层的某些数据强制不进行化简 |
| TopologySimplifyType | 化简算法有 11 种，即：0——一般化简；1——圆；2——渐进；3——道格拉斯；4——Li-OpenShaw；5——弧比弦；6——弧比弦；7——三点角度；8——DP-Li-OpenShaw；9——建筑物直角特征化简；10——冗余节点 |

续表

| 标签 | 参数说明 |
|---|---|
| Scale | 比例尺，如果设置了比例尺，则下面各项参数是以 mm 或 mm² 为单位；如果没有设置比例尺，则下面的参数是以 m 或 m² 为单位 |
| SimplifyEpsilon | 化简容差 |
| IsRestructEntity | 拓扑打散化简后是否重构实体，该算法默认为 true |
| FuzzyTolerance | 结点拟合容差 |
| IntersectionEpsilon | 线段相交容差，一般情况下线段相交容差比结点拟合容差多小数点后两位 |
| RedundancyVertexTolerance | 拓扑节点冗余容差，一般情况下拓扑节点冗余容差与结点拟合容差设置的值一样 |
| TesselationMode | 图斑或面要素铺盖模式，该算法默认为 true |
| Precision | 数据精度（精确到小数点后几位） |
| TopologyConnectionString | 拓扑持久化存储数据 |
| IsOnlyArcBuilder | 仅用 TopologyArcBuilder 重构实体，该算法默认为 false |
| OutputFilterUnCertainty | 用 TopologyNetPolygonBuilder 重构实体情况下是否输出未定面实体，该算法默认为 false |
| UnCertaintyAreaRatio | 待定 TopoPolygon 非完全包含的情况下与原始几何相交面积比认为可以输出 |
| UnCertaintyLayerIDRule | 0—无规则，1—从小到大，2—从大到小，4—重心还是内点作为代理点，该参数一般默认值为 0 |
| UnCertaintyUseDelagatePoint | 待定 TopoPolygon 是否可以用代理点进行判断实体信息归属，该算法默认为 false |
| UnCertaintyUseEnvelopeIntersectAreaRatio | 先用矩形相交面积大小粗判断然后判断是否大于面积比例阈值 |
| IsSingleLayerSimplify | 单图层逐一化简，该算法默认为 false |
| DealStyle | 处理类型有以下 3 种情况，即 0:处理外环，1：处理岛，2：都处理 |
| PolygonAreaLimit | 多边形面积过滤，当小于这个面积时多边形不做任何处理 |
| IslandAreaLimit | 岛面积过滤，当小于这个面积时岛去除 |
| LimitAngle | U 形槽角度阈值（0～3.14） |
| LimitAreaPercent | U 形槽面积占整个多边形的百分比 |
| LimitArea | U 形槽面积阈值 |
| LimitLengthRate | U 形槽两边的长度比 |
| ObtuseAngleLimit | U 形槽非直角角度阈值（弧段） |
| RedundancyVertexTolerance | 冗余点阈值（原始数据单位，与比例尺无关） |
| SameLinePointAngle | 共线点角度阈值 |
| LengthWidthRatio | U 形槽长短边长宽比 |
| UConcaveArea | U 形凹槽面积阈值 |
| <UConcaveAreaAmplifyRatio> | 当长宽比大于 LengthWidthRatio 时，面积阈值的放大系数 |
| AcuteAngleLimit | 尖角角度阈值 |
| AcuteArea | 尖角面积阈值 |
| AcuteAreaPercent | 尖角面积百分比 |
| LimitLengthRateAcute | 尖角两条边的长度比 |
| LimitLengthZ | Z 形两边的长度阈值 |
| LimitAreaZ | Z 形面积阈值 |
| LimitAreaZPercent | Z 形面积百分比 |
| RightAngleLimit | 台阶直角角度阈值 |
| RatioRightAngle | 台阶线段长度的比例 |
| RightAreaLimit | 台阶面积阈值 |

续表

| 标签 | 参数说明 |
|---|---|
| ArcAngleLimit | 圆弧钝角角度阈值 |
| ArcSegmentRatio | 圆弧线段长度的比例 |
| ArcAngleDifference | 圆周上两个点的角度差阈值 |
| ArcLengthLimit | 弧段长度阈值 |
| ManualOrNature | 人工还是自适应：true：自适应；false：人工 |
| RectCountRatio | 直角个数百分比 |
| RectAngleLimit | 直角角度阈值 |

各化简算法的实例运行效果如图 6.22～图 6.31 所示。

ThreePointLength 算法的基本思想是:事先给定一个阈值 $D$(限差)，然后依次对构成曲线的中间点(首、末点以外的其他点)计算其到与其相邻的前后两点连线的距离，若该距离大于阈值，则保留该点，否则删除。

ThreePointAngle 算法的基本思想是:事先给定一个角度限差 $\theta$，若 $P_i$ 为最近保留的点，当前点为 $P_{i+1}$，下一个点为 $P_{i+2}$，如果 $P_iP_{i+1}$ 和 $P_iP_{i+2}$ 之间的夹角小于 $\theta$，点 $P_{i+1}$ 被删除，否则保留。如果 $P_{i+1}$ 被保留，下一步计算 $P_{i+1}P_{i+2}$ 和 $P_{i+1}P_{i+3}$ 的夹角；如果 $P_{i+1}$ 被删除，则下一步计算 $P_iP_{i+2}$ 和 $P_iP_{i+3}$ 的夹角以确定 $P_{i+2}$ 的取舍，依次类推直至曲线终点。

建筑物直角特征化简首先找出面外 II 类三角形；其次以该三角形中属于同一个居民地建筑物的两顶点的连线为基准边，并将基准边作为矩形的一边方向，对三角形作最小矩形；最后计算最小矩形的形状因子，并将其与 5 作比较：若最小矩形的形状因子大于5，则进行简化；反之，进行直角化。

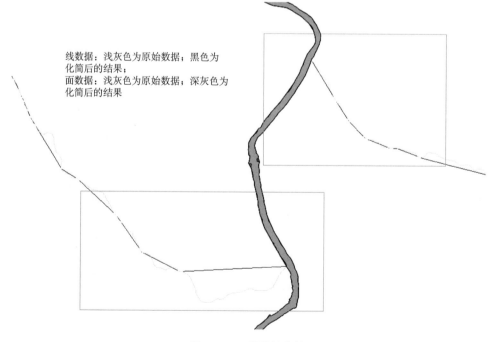

线数据：浅灰色为原始数据；黑色为化简后的结果；
面数据：浅灰色为原始数据；深灰色为化简后的结果

图 6.22　一般算法化简

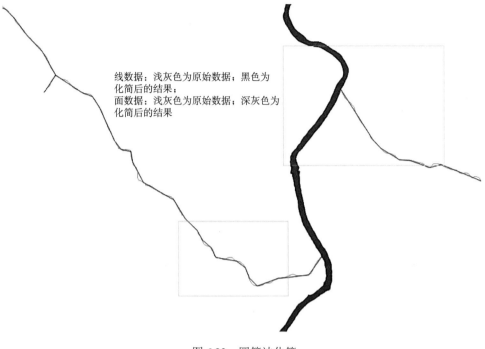

图 6.23 圆算法化简

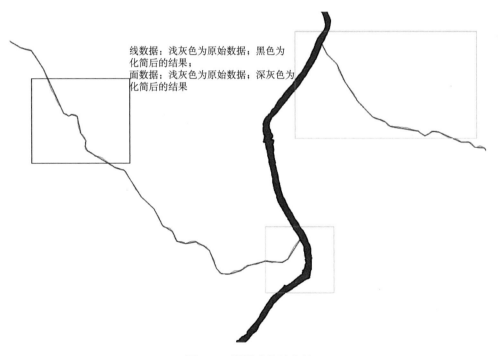

图 6.24 渐进式算法化简

图 6.25　道格拉斯算法化简

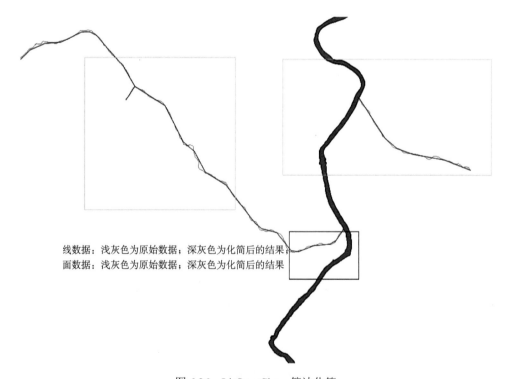

图 6.26　Li-OpenShaw 算法化简

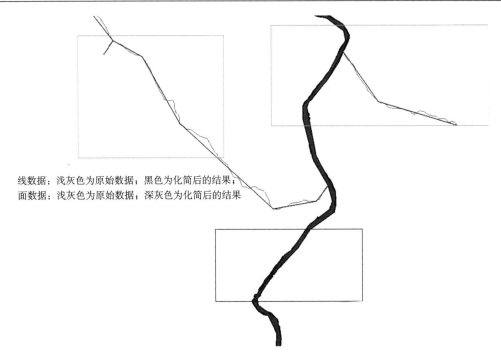

线数据：浅灰色为原始数据；黑色为化简后的结果；
面数据：浅灰色为原始数据；深灰色为化简后的结果

图 6.27　ThreePointLength 算法化简

线数据：浅灰色为原始数据；黑色代表化简后的结果；
面数据：浅灰色为原始数据；深灰色代表化简后的结果

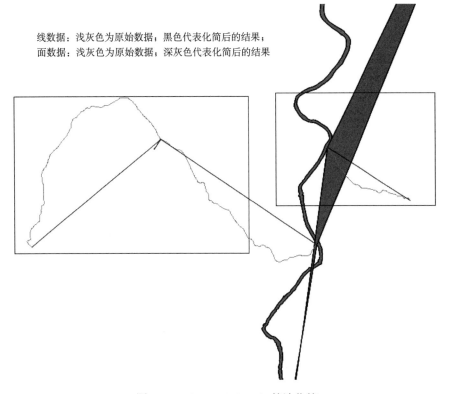

图 6.28　ThreeLengthRatio 算法化简

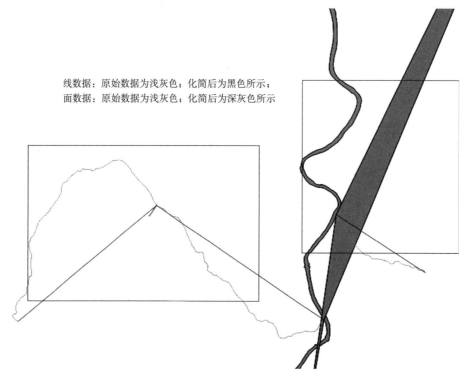

图 6.29 ThreePointAngle 算法化简

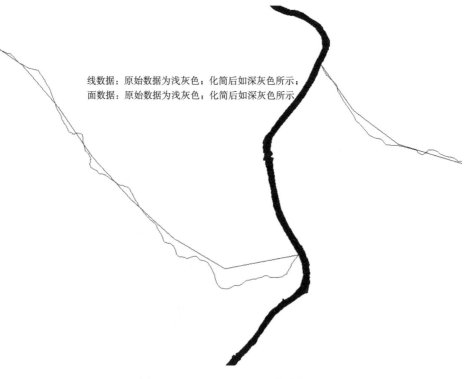

图 6.30 DP-Li-OpenShaw 算法化简

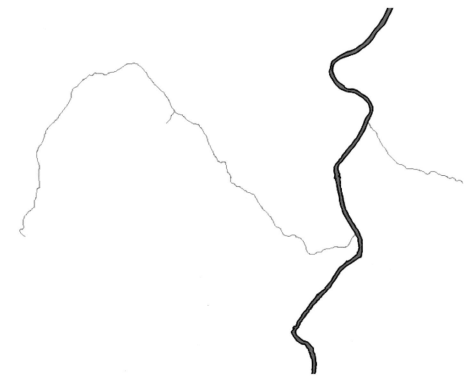

图 6.31　建筑物直角特征化简

## 6.2.14　图 斑 合 并

<Mission id="109" note="图斑合并">通过选择图斑合并方式将图斑进行合并。合并方式包括：1——同类图斑合并，只进行同类图斑的合并操作；2——一级图斑内的图斑合并，一级类图斑进行合并操作；4——不同一级类小图斑的合并，不同一级类图斑间合并；8——不同一级小图斑的划分合并；16——优先合并的地类图斑（表 6.18）。

表 6.18　图斑合并参数说明

| 标签 | 参数说明 |
| --- | --- |
| RefScale | 编码转换参考比例尺 |
| Scale | 比例尺 |
| MergeMode | 合并方式 |
| FirstLevelMergeAttribute | 一级类相邻地物直接合并代码集 |
| NaturalPropertyClass | 图斑自然地物分类 |
| UnMergeProperty | 不能进行合并的图斑分类 |
| CompressLevel | 合并结果图斑保留的等级 |
| MergeAreaEpsilon | 合并图斑面积阈值 |
| LevelAreaEpsilon | |

| 标签 | 参数说明 |
| --- | --- |
| FirstMergeNeighborAttribute | 优先合并的地类图斑 |
| FirstMergeMap | |
| PropertyFieldName | 合并字段名 |
| SemanticProximity | 是否读取语义临近性数据 |
| MergeIDInfoFieldName | 合并结果对应原始 ID |
| SrsIDInfoFieldName | 属性结果对应原始 ID |
| MergeStyle | 合并特殊处理模式，1—只处理不同一级分类；2—三级类新处理模式 |
| NoProcessFilter | 无须进行合并操作的选择集（SQL 语句） |

## 6.2.15　面分裂融合

<Mission id="110" note="面分裂融合">：将面与面相交的部分及面与面之间的狭缝按照一定的规则分割成多个小面并融合到相邻近的面图层（表 6.19）。

**表 6.19　面分裂融合参数说明**

| 标签 | 参数说明 |
| --- | --- |
| MergeMode | 合并方式 |
| MissionWhileNum | 循环执行次数 |
| MissionWhileStartIndex | 循环执行起始索引 |
| FuzzyToleranceSource | 结点拟合 |
| IntersectionEpsilonSource | 线段相交容差 |
| RedundancyVertexToleranceSource | 弧段冗余节点容差 |
| SplitArcCheckDuplicate | 分裂弧段的时候是否同时做重复弧的去除 |
| TesselationMode | 图斑或面要素铺盖模式 |
| Precision | 数据精度（精确到小数点后几位） |
| SplitAggregationSelection | 需分裂融合面的 SQL 筛选语句 |
| TinyTriangleAreaScale | 三角网中微小三角形的比例阈值 |
| IsOnlyArcBuilder | 仅用 TopologyArcBuilder 重构实体 |
| OutputFilterUnCertainty | 用 TopologyNetPolygonBuilder 重构实体情况下是否输出未定面实体 |
| TopologyConnectionString | 拓扑持久化存储数据 |
| OutputTopoStyle | 输出拓扑信息风格：0—不输出拓扑；1—按 sqlite 格式输出；2—按 shp 格式输出 |
| IsResultTopology | 输出处理结果拓扑还是原始拓扑 |
| IsProcess | 是否进行分裂融合处理 |
| TrimSameArcTriangle | 是否对同一弧段点组成的三角形标记 false |

实例如图 6.32 和图 6.33 所示。

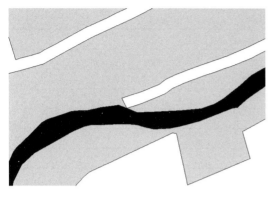
图 6.32　分裂融合前

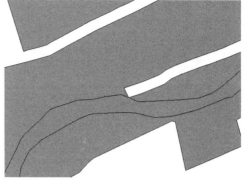
图 6.33　分裂融合后

## 6.2.16　面兼并融合

<Mission id="124" note="面兼并融合">：将面积较小或重要性较低的面融合到其他面内；与少量小面积或孤岛存在于其他要素面内的要素，在不影响综合效果的前提下，将其归类融合到其他要素中，使图面效果简明扼要。该算法兼并的方式有 4 种，即：1——按照图层优先原则进行兼并融合，一般情况下越往上的图层等级越高；2——按照面积优先原则进行兼并融合，将面积小的图斑合并到临近面积较大的图斑内；3——按照长度优先的原则进行兼并融合，将面积小的图斑合并到长度较长的临近图斑内；4——按照语义优先的原则进行兼并融合，可用 SQL 语言进行编译。

注意：该算法可同时进行多个图层，在操作前最好对数据先进行多转单(id20)、标准化(id85、id86)或拓扑预处理(id70)(表 6.20)。

表 6.20　面兼并融合参数说明

| 标签 | 参数说明 |
| --- | --- |
| FuzzyToleranceSource | 结点拟合 |
| IntersectionEpsilonSource | 线段相交容差 |
| RedundancyVertexToleranceSource | 弧段冗余节点容差 |
| TesselationMode | 图斑或面要素铺盖模式 |
| Precision | 数据精度(精确到小数点后几位) |
| SplitAggregationSelection | 需分裂融合面的 SQL 筛选语句 |
| PriorityType | 兼并方式：1—图层优先；2—面积优先；3—长度优先；4—语义优先 |
| Semantics | 语义优先相关配置属性 |
| FieldName | 语义字段 |
| PriorityFieldValue | 属性语义排序字段值(英文逗号分隔) |
| Priority | 属性语义排序数值(英文逗号分隔) |
| IsOnlyArcBuilder | 仅用 TopologyArcBuilder 重构实体 |
| OutputFilterUnCertainty | 用 TopologyNetPolygonBuilder 重构实体情况下是否输出未定面实体 |

续表

| 标签 | 参数说明 |
|---|---|
| UnCertaintyAreaRatio | 待定 TopoPolygon 非完全包含的情况下与原始几何相交面积比认为可以输出 |
| UnCertaintyLayerIDRule | 0—无规则，1—从小到大，2—从大到小，4—重心还是内点作为代理点 |
| TopologyConnectionString | 拓扑持久化存储数据 |
| OutputTopoStyle | 输出拓扑信息风格：0—不输出拓扑；1—按 sqlite 格式输出；2—按 shp 格式输出 |
| IsResultTopology | 输出处理结果拓扑还是原始拓扑 |
| IsProcess | 是否进行分裂融合处理 |

实例如图 6.34 和图 6.35 所示。

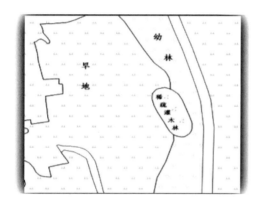 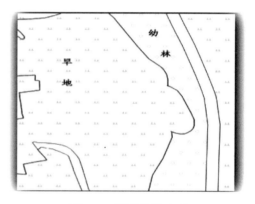

　　　　图 6.34　面兼并融合前　　　　　　　　　　　图 6.35　面兼并融合后

## 6.2.17　缓冲聚类合并

<Mission id="140" note="缓冲聚类合并">：该算法通过设置一定的缓冲距，将距离阈值内(2 倍缓冲距)的相邻多边形合并为一个要素，此算法可适用点、线、面数据一起或单独进行缓冲聚类合并。该算法可以同时设置移除岛的面积阈值，将合并后面要素内部的岛进行填充。

注意：该算法可同时处理多个点、线、面图层。输入图层不要为空。工具图层可用，可输入 id68 生成的分区面，确保合并时不跨越(表 6.21)。

表 6.21　缓冲聚类合并参数说明

| 标签 | 参数说明 |
|---|---|
| Scale | 比例尺 |
| classField | 设置按某一字段缓冲合并 |
| BufferDistance | 缓冲距离 |
| toolDataStore | 工具图层(可选) |
| districtIndexDataStore | 分区域指标图层(可选) |
| ShrinkDis | 内缩距：效果可参考 ID103，要素按照缓冲距进行缓冲合并，然后再按照内缩距将缓冲合并的要素内缩回来(内缩距设置为 0 时采用缓冲距的值) |

续表

| 标签 | 参数说明 |
| --- | --- |
| PointSymbolSize | 点符号对应的宽高信息，即点要素符号化后的符号的最长边长度及符号的高度长信息 |
| PointRotateField | 点符号旋转角度信息字段：指有方向点要素的方向字段信息 |
| LineWidth | 线要素线宽：指线要素符号化后符号的宽度长 |
| PolygonLineWidth | 面要素边界线宽：指面要素符号化后边界线的宽度长 |
| ExpandShrinkMode | 操作模式：1—外扩；2—合并；4—内缩，可根据实际需要进行操作模式的选取，一般情况下，是 7(1+2+4)，效果同 ID103 |
| RemoveIslandAreaEpsilon | 移除岛的面积阈值：如果设置了比例尺，则单位是 $mm^2$，如果没有设置比例尺，则单位是 $m^2$ |
| BufferDisField | 分区域指标标识字段名：分区域时该参数有效 |
| RemoveIslandAreaEpsilonField | 移除岛的 ID 的字段名：分区域时该参数有效 |
| MergeResultField | 原始合并要素信息 |
| NameField | 合并后要素实体识别字段名(默认大面占优法) |
| IsPolygonSelftwineProcess | 是否多边形自相交标准化 |
| FuzzyTolerance | 结点拟合 |
| IntersectionEpsilon | 线段相交容差 |
| RedundancyVertexTolerance | 节点冗余容差 |
| SmallRingRate | 小环与大环的删除比值 |
| IsOutPutEntityProperty | 聚类结果是否赋值实体属性 |
| IsolateDataMode | 孤立未合并多边形是否按原样输出 |
| AggregateMode | 缓冲合并风格：1—PolygonSetOperator 方式，2—GEOS 方式，4—PolygonSetOperator 中 merge 用 GEOS |
| IsSingleLayerMerge | 单图层内部缓冲聚类合并 |
| Mode | 未合并的孤立多边形是否按原样输出：选择 true 是未合并的孤立多边形是否按原样输出；选择 false，则相反 |

实例一：点、线、面同时进行。

如果输入图层中设置了缓冲距(bufferDis)，该图层的缓冲阈值就按照输入图层中设置的进行操作；如果没有在输入图层中设置，就按照下面参数中设置的缓冲距(bufferDis)进行操作。同样情况，还有点符号对应的宽高信息(pointSymbolSize)以及线要素线宽(LineWidth)(图 6.36)。

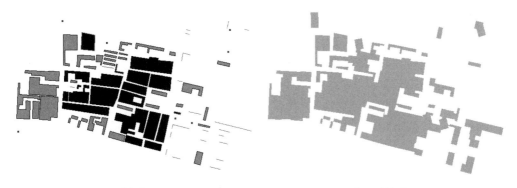

　　　(a) 处理前数据情况　　　　　　　　　　　　　　　(b) 处理后数据情况

图 6.36　处理数据情况(一)

实例二：单独一个点图层（图 6.37）。

(a) 处理前数据情况            (b) 处理后数据情况

图 6.37    处理数据情况（二）

## 6.3   自适应知识库与引擎

### 6.3.1   自适应综合知识库构建

综合知识库是按照综合技术规定的要求，对综合算法算子进行有机组合，形成决策推理机制，便于计算机自动化完成各项任务。具体工作包括对提供的数据进行分析与规范化处理，定制相应数据的综合知识库、制图知识库以及所对应的符号库，经过反复的学习训练，即以自适应的方式来完成多元数据的自动综合。

地图自动综合的知识无疑具有知识的一般特征，但地图综合的对象是地图，因而地图综合知识有其独特之处，最为明显的特征是空间特征。地图综合知识从一般的含义上讲，它包括地图本身所包含的知识、地图综合过程中的决策性知识以及地图表达地理信息的经验性知识等，其主要特征如下：①层次性、系统性和树结构特征。地图所描述的地理信息本身具有层次性、系统性和树结构特征，层次性主要表现在地图要素的分类编码上，系统性主要表现在地理信息的关联性，树结构特征主要表现在地图图形的结构性和地图知识本身的关联性。例如，水系、河流之间具有层次性，河系本身具有系统性及树结构特征，等高线系列也具有系统性和树结构特征，同时大区域的地貌特征与其中的小区域的地貌特征具有树结构特征。②可量测性。地图综合中，很多规则是建立在一个定量化的前提下，如长度小于多少的河流该删除，可量测性主要表现在地图综合中的事实上，如密度、长度等。③空间关联性。地图中所描述的空间关系在地图综合过程中必须保持，"保持"实际上是空间关系的动态等价性。④不完备性和不确定性。地图综合过程中很多决策并非是客观的，受地图编制者的认识水平影响，地图综合知识往往有时是不完备的，如同样的选取标准，在不同的地区，或者说要素目标位于不同的地理环境中，其选取或删除是不定的，因而基于单纯的选取标准的规则就具有不完备性。地图综合结果经常会出现"因人而异"的现象，因此说明地图专家知识在地图综合方面具有明显的不确定性。

目前，地图自动综合的知识分类如下：①有关地图综合的外在条件方面的知识。它主要是指比例尺或精度的变化所带来的各种限制条件，使得地图综合不得不发生。它主要包括：图形限制条件；比例尺或精度限制条件等。②有关地图要素本身的知识。它主要包括要素内部的几何结构知识和语法、语义知识，要素群内要素间空间关系及其语法、语义知识。③有关地图综合算子应用的知识。它主要包括地图综合算子适用场景使用范围和地图综合算子使用顺序方面的知识。④有关地图综合结果评价方面的知识。它主要是指地图综合算子所产生的局部和总体效果是否符合制图规范等方面的知识。

在地图综合知识的分类中已说明，地图综合知识包含了地图综合算法算子方面的知识，此种知识的概念深度同常规地图综合中的概念不同，即使是同一种算了，不同算法的算子模型所需的知识表达方式也不同。因此，此种类型的地图综合知识应当同地图综合算子紧密联系。

下面举例说明在综合技术规定的指导下如何构建综合知识库。

**1. 居民地**

根据《基础地理信息 1∶10 000 地形要素数据规范》规定，1∶10 000 尺度下的房屋需要进行合并处理，规则如下所示。

| 街区 | 310200 | 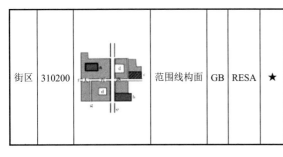 | 范围线构面 | GB | RESA | ★ | 街区指房屋毗连成片，按街道(通道)分割形式排列的房屋建筑区。<br>街区的表示应总体上反映居民地轮廓和分布特征。街区的外轮廓在能显示其特征的前提下，凸凹部分在图上小于 1 mm 的一般可综合表示。城镇街区内部可进行较大综合，房屋间距在图上小于 1.5 mm 的可综合表示。城乡结合部和农村地区的房屋应尽量按真形表示，密集分布的可适当综合表示为街区 |
|---|---|---|---|---|---|---|---|

首先，分析 1∶1 000 尺度下的需要合并成街区的原始数据有以下 6 个面要素，即建成一般房屋(面)、廊房(面)、简单房屋(面)、建筑中房屋(面)、飘楼(面)以及架空房(面)。

其次，鉴于上述情况分析，编写街区数据的综合知识库，详细情况如下：

(1)将 1∶1 000 尺度下的房屋面数据[建成一般房屋(面)、廊房(面)、简单房屋(面)、建筑中房屋(面)、飘楼(面)以及架空房(面)]进行缓冲聚类合并形成街区块数据，同时考虑到道路与街区的约束关系，经过缓冲聚类合并算法的数据有可能会出现多面、相交等现象，此时，需要继续进行多转单、几何数据标准化、多边形自相交标准化的处理，其主要是为了后续综合操作的有序进行对合并后的数据进行规范处理。

(2)进行消除多边形细颈及凹凸细节，来去除多边形的细颈与毛刺等。

（3）进行直角化特征多边形化简处理，以此来去除多边形的凸槽、凹槽、尖角、空洞等，主要目的是进行凸凹部分的综合处理。

（4）通过计算上述所得面的平均宽度、长度与面积来属性查询选取狭长面，通过空间查询中的取补集运算得到面状居民地。

（5）将原始居民地面转点，通过对落在面内的要素数量统计，计算落在综合后的房屋面内点的个数来区分街区与单幢房屋，从而得到最终的街区（图6.38和图6.39）。

图6.38　处理前数据

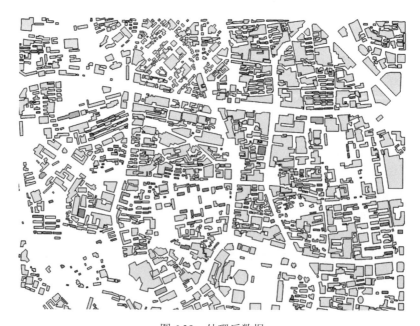

图6.39　处理后数据

### 2. 水系

水系中地面河流在综合过程中需要提取骨架线，根据骨架线进行选取，以及面状河流的降维处理。根据《基础地理信息 1∶10 000 地形要素数据规范》规定，1∶10 000 尺度下的地面河流数据处理规则如下所示。

| 地面河流 | 210101 | 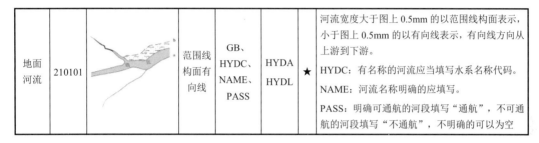 | 范围线构面有向线 | GB、HYDC、NAME、PASS | HYDA HYDL | ★ | 河流宽度大于图上 0.5mm 的以范围线构面表示，小于图上 0.5mm 的以有向线表示，有向线方向从上游到下游。<br>HYDC：有名称的河流应当填写水系名称代码。<br>NAME：河流名称明确的应填写。<br>PASS：明确可通航的河段填写"通航"，不可通航的河段填写"不通航"，不明确的可以为空 |
| --- | --- | --- | --- | --- | --- | --- | --- |

首先，分析 1∶1 000 尺度下的原始地面河流数据，在未处理前只有相应面要素，且没有提供相应的水系结构线，同时发现存在名称相同的地面河流相邻。

根据前期实地数据分析，再结合数据规范，明确了地面河流数据 1∶1 000 综合到 1∶10 000 的综合指标要求。

其次，鉴于上述分析情况，编写地面河流数据的综合知识库。

(1) 通过多边形直接临近合并将名称相同的地面河流合并。

(2) 提取整个地面河流的结构线，以便于保证宽度不足图上 0.5 mm 的地面河流双线变单线时保持双线河与单线河的拓扑关系正确。

(3) 通过多边形宽度分割识别出宽度不足于图上 0.5 mm 的地面河流与宽度大于图上 0.5 mm 的地面河流。

(4) 为了避免最后留下的地面河流面有串珠现象，需要将分割后得到的宽的地面河流面再按照面积阈值选取，小面积的宽的地面河流需要合并到窄的地面河流里一并转成单线河，大面积的宽的地面河流作为双线河。

(5) 通过大面积的宽的地面河流面切割上述已经提取的河流结构线，输出面外的线即得到单线河。注意此次处理后需要做多转单处理，以保证数据的正确性，同时需要修改相应属性代码如 GB (图 6.40)。

水系综合中还要考虑很多附属设施，如贮水池、水窖，除了按面积选取外，还有降维后的点选取。根据《基础地理信息 1∶10 000 地形要素数据规范》规定，1∶10 000 尺度下的贮水池、水窖数据处理规则如下所示。

首先，鉴于 1∶1 000 尺度下的贮水池、水窖划分比较详细，需要将 1∶1 000 尺度下的贮水池、水窖 (高于地面有盖)、贮水池、水窖 (低于地面有盖)、贮水池、水窖 (低于地面) 以及贮水池、水窖 (高于地面) 面要素合并成贮水池、水窖。

根据前期实地数据分析，再结合数据规范，明确了贮水池、水窖数据 1∶1 000 综合到 1∶10 000 的综合指标要求。其次，鉴于上述分析情况，编写贮水池、水窖数据的综合知识库，详细情况如下：

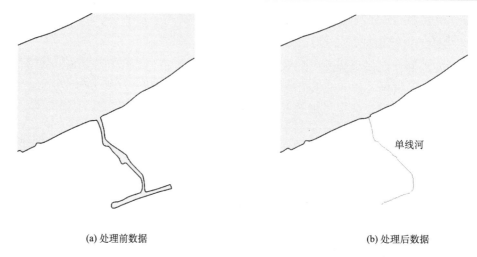

（a）处理前数据　　　　　　　　　　　　　　　　（b）处理后数据

图 6.40　处理前和处理后数据

| 贮水池、水窖 | 261000 | （图示） | 范围线构面定位点 | GB、NAME、TYPE | HYDA HYDP | 缺水地区的均应表示，其他地区适当选取。包括净化池、污水池及地热池等。<br>面积大于图上 4mm² 的贮水池、水窖以轮廓线构面表示；面积小于图上 4mm² 的贮水池、水窖以定位点表示。<br>NAME：名称不明确的此项可为空。<br>TYPE：类型说明，如"净""污""地热""窖"等 |
| --- | --- | --- | --- | --- | --- | --- |

(1)将贮水池、水窖(高于地面有盖)、贮水池、水窖(低于地面有盖)、贮水池、水窖(低于地面)以及贮水池、水窖(高于地面)进行合并形成贮水池、水窖面数据。其目的是 1∶10 000 尺度下贮水池、水窖不再细分。

(2)选取图上面积小于 4 mm² 的贮水池、水窖数据进行降维处理，形成点状数据，并修改相应属性代码如 GB。

(3)选取图上面积大于 4 mm² 的贮水池、水窖面数据，并统一编码。

(4)对点状要素进行适当选取。主要通过与其他水系点状要素做格网过滤选取(图 6.41)。

### 3. 交通

交通中综合的重点是确保道路网联通基础上的选取，其中交通的道路网数据本身已经有很好的分级，但是选取的前提是必须对弧段进行拓扑检查与连接，在已有实体基础上顾及角度以及语义等因素建立正确的连续性指标，进而按层次进行选取。以城市支线举例说明。

根据《基础地理信息 1∶10 000 地形要素数据规范》规定，1∶10 000 尺度下的支线数据处理规则如下所示。

(a) 处理前数据

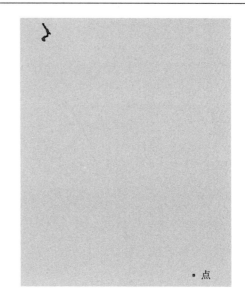

(b) 处理后数据

图 6.41　处理前和处理后数据

| 主干道 | 430501 | | 中心线 | GB、RN、NAME、LANE | LRDL | ★ | 街道以中心线表示,依比例尺街道还应当同时采集城市道路面(430800)。 |
|---|---|---|---|---|---|---|---|
| 次干道 | 430502 | | 中心线 | GB、RN、NAME、LANE | LRDL | ★ | 主干道一般应当依比例尺表示,次干道宽度大于图上 1mm 的依比例尺表示,支线宽度大于图上 0.7mm 的依比例尺表示。 |
| 支线 | 430503 | | 中心线 | GB、RN、NAME | LRDL | ★ | RN:与国省县乡道路相连的赋其道路编号。NAME:名称不明确的此项可为空。LANE:不明确的可为空 |

首先,分析 1∶1 000 尺度下的原始支线数据,在未处理前有相应支线面数据与中心线数据。

根据前期实地数据分析,再结合数据规范,明确支线数据 1∶1 000 综合到 1∶10 000 的综合指标要求。

其次,鉴于上述分析情况,编写支线数据的综合知识库。

(1)对于支线面数据首先进行多边形宽度分割,将宽度大于图上 0.7 mm 的依比例尺表示,小于图上 0.7 mm 的依中心线表示;为了避免处理后宽的支线面出现串珠现象,需要将宽度分割得到的宽的支线面再按照面积阈值进行选取。

(2)对于支线线数据,首先进行拓扑弧段的延伸及节点拟合处理,来保证路网的连通性。

(3)进行道路网 stroke 处理,来为后续回型道路删除及道路网层次选取做准备。

(4)进行"回"字形道路删除,来去掉长度短小的次要的支线,留下主干的支线。

(5)进行道路网层次选取,按照选取比例进行支线选取,留下主干的支线,同时去掉一定长度阈值的悬挂的支线。

(6)进行线选取,去掉一定长度阈值的孤立、悬挂的次要的支线,留下主干的支线。

(7)进行拓扑连接线,将名称相同的支线进行连接(图 6.42)。

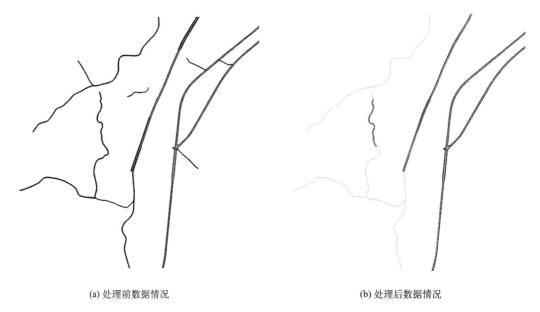

(a) 处理前数据情况　　　　　　　　　　　　　　　　　(b) 处理后数据情况

图 6.42　处理前和处理后数据

交通综合中也要考虑很多附属物。以停车场举例,根据《基础地理信息 1∶10 000 地形要素数据规范》规定,1∶10 000 尺度下的停车场数据处理规则如下所示。

| 停车场 | 450105 | a | ⊡ | 范围线构面定位点 | GB、NAME | LFCA | 表示面积大于 $5mm^2$ 的停车场,地下停车场不表示。面积大于图上 $9mm^2$ 的以范围线构面表示,小于 $9mm^2$ 的以定位点表示。 |
| | | b | ℗ | | | LFCP | NAME:名称不明确的此项可为空 |

首先,分析 1∶1 000 尺度下的原始停车场数据,在未处理前只有面状要素。

根据前期实地数据分析,再结合数据规范,明确停车场数据 1∶1 000 综合到 1∶10 000 的综合指标要求。

其次,鉴于上述分析情况,编写停车场数据的综合知识库。

(1)选取面积大于图上 $5mm^2$ 的停车场。

(2)选取面积小于图上 $9mm^2$ 的停车场,并将其做降维处理,生成点状停车场,需要修改相应属性代码如 GB。

(3)将停车场点状要素与其他道路附属设施点进行格网过滤选取,以合适的密度做取舍。

(4)选取面积大于图上 $9mm^2$ 的停车场,以范围线构面表达(图 6.43)。

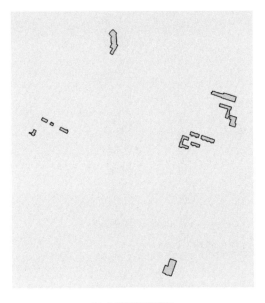

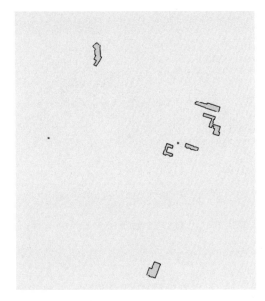

(a) 处理前数据情况　　　　　　　　　　　　　　(b) 处理后数据情况

图 6.43　处理前后数据

## 4. 地貌

地貌中高程点的选取除了考虑密度之外，难点是保留特征高程点和极值高程点。鉴于《基础地理信息 1∶10 000 地形要素数据规范》中没有具体规定高程点的选取指标，而《国家基本比例尺地图图式　第 2 部分：1∶5 000　1∶10 000 地形图图式》规定如下。

> 4.7.4　高程点是根据 1985 国家高程基准面测定高程的地面点。
>
> 　　高程点用 0.4 mm 的黑点表示。独立地物如宝塔、烟囱等的高程均为地物基部的地面高，高程点省略，只在符号旁注记其高程。高程点注记注至分米，低于零米的高程点，应在其注记前加"－"号。
>
> 　　高程点注记用正等线体注出。平坦地区采用 1m 等高距时，在图上允许存在少数地物点的高程与等高线的高程相矛盾

再结合制图专家经验知识明确要求地貌形态较破碎复杂地区数量较多，完整简单地区数量少，优先选取区域内最高点、凹地最低点、道路交叉处等处的高程点。

鉴于上述分析情况，编写高程点的相应综合知识库。

(1)进行道路交叉点处的高程点选取，其主要目的是优先选取道路交叉处的高程点。

(2)进行地貌面处的高程点选取，其主要目的是优先选取地貌形态复杂处的高程点。

(3)进行区域内最高点、凹地最低点处的高程点选取，其主要目的是优先选取极值点处的高程点。

(4)进行"品"字形过滤选取，其主要目的是选取普通高程点。

(5)将道路交叉点处高程点、极值点处高程点、独立地物附近的高程点及普通高程点合并后并做一定距离阈值范围内的去重处理(图 6.44)。

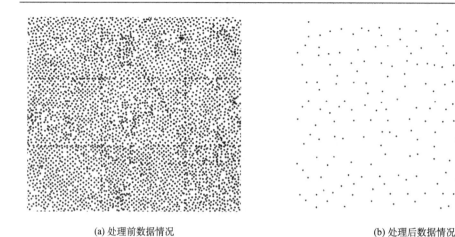

(a) 处理前数据情况　　　　　　　　　　　　　　(b) 处理后数据情况

图 6.44　处理前和处理后数据

**5. 图斑**

图斑是对一种地表现象连续无缝覆盖的表现，其综合原则包括：正确反映出要素的区域分布特征，如地表覆盖类型图斑的大小、分布范围、密度等区域特征及其区域之间对比等特征；合理概括区域地表覆盖语义特征，不足上图的图斑归并时遵循地表覆盖类型属性邻近优先原则，优先进行一级分类内的地类归并，不同一级分类图斑进一步拆分为多个细小面域后依次归入相邻的面积最大的图斑（水域除外）；图斑轮廓应正确反映地表形态特征，保持图斑轮廓主要转折点位置正确、图斑轮廓弯曲程度的对比等。

首先，理出图斑及重要地理要素的通用处理过程（图 6.45）。

据此，对图斑编写综合知识库，重点过程包括：狭长图斑提取、面分裂融合、图斑合并、面镶嵌、毗邻化和化简（图 6.46）。

其中，图斑合并必须依托事先建立的分级 treefile，据此自动实现对三级类相同且相邻的图斑进行合并、对三级类不同二级类相同且相邻的小图斑进行合并、对二级类相同且相邻的图斑进行合并、对二级类不同一级类相同且相邻的小图斑进行合并、对不同一级类小图斑合并处理。过程中注意事项包括：排除水系不能合并其他类，但是其他类型图斑可以合并小面积的水系岛（如小面积坑塘），此类规则对道路、铁路也适用；区分人工地物与自然地物，原则上两者隔离；优先合并的地类图斑（如 0831 合并到 0500）；不同地类有不同的小图斑面积约束规则（重要性、地域性）。

## 6.3.2　规则库构建

**1. 规则知识转化**

综合数据涉及不同的要素分类体系与综合需求，每类数据综合都涉及多个尺度之间的变换，尺度之间在要素分类、数据模型与制图表达等方面的关联、制约与转换关系不一样，既有共性，又有个性。

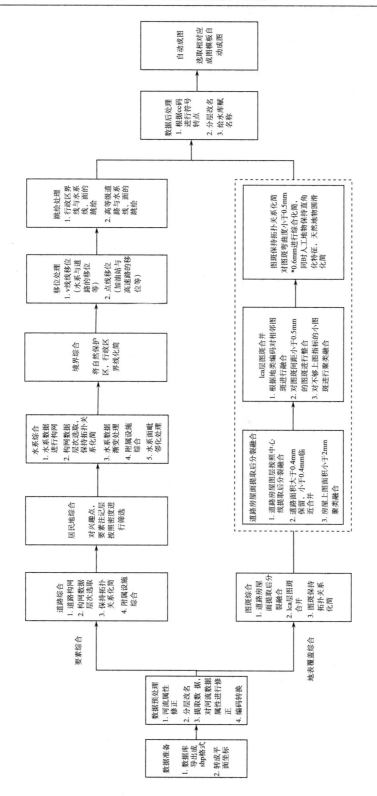

图 6.45　图斑及重要地理要素的通用处理过程

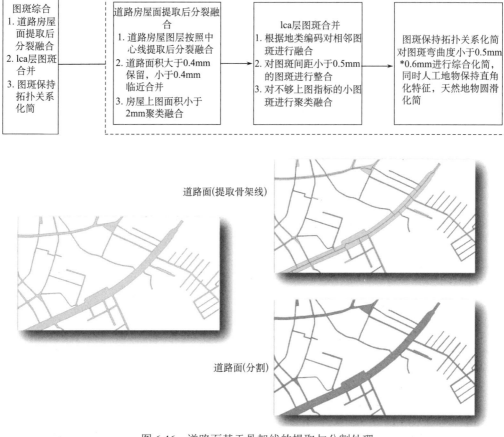

图 6.46　道路面基于骨架线的提取与分割处理

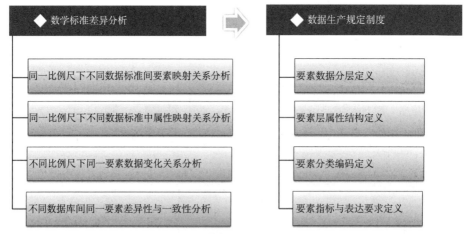

图 6.47　现有数据标准的比对分析

为了确保计算机自动化实现的质量，需要对现有数据规范进行知识转化。综合知识转换不单是现有国家标准规范的简单照搬，而是结合实际数据情况、任务需求以及自动综合技术能力，重点突破传统人工知识经验积累向计算机执行转换的知识梳理。地图综合技术规定将实施综合的条件与执行综合的行为连接起来，回答"何时""何处"对"何物"执行"何操作"的问题，后者操作行为表现为综合算子、概括算法、参量设定等。前者综合条件由影响图形尺度表达的因素决定，在综合规则中表现为与几何、拓扑、语义相关的基本指标参量，在规则的形式化表达中对应为逻辑谓词，是建立综合规则的原子构成。由于地图综合是在尺度空间里的图形变换，构成地图综合规则的基本指标也必然是受尺度影响。

地图综合指标描述的具体形式多种多样，包括最小可视距离、图面表达的图形资格、体现重要性意义的主题层次、适宜整幅图面容量表达的载负量等。但归纳起来都是与尺度和任务目标相关的，为了适宜计算机软件操作的条件规则，有必要对这些基本参量指标总结，为后继地图综合规则的知识表达做准备。

空间分辨率。描述地图表达中地理目标空间特征的表达水准，在不同层次上划分，又可分为空间大小分辨率、空间特征分辨率和空间关系分辨率。空间大小分辨率是数据库所能表达的目标面积、长度的最小单位，小于该阈值的目标在数据库中不予表示。在地图目标选取规则表达中往往基于空间大小分辨率，如"如果图上长度小于 5 mm，则该道路被删除"。空间特征分辨率是数据库所能表达的目标细节特征的最小单位，小于该阈值的不予表示，如曲线上的弯曲特征。在地图目标图形化简、几何维数变换的规则表达中往往基于空间特征分辨率。例如，如果曲线的弯曲大小不足 2 mm×3 mm，则删除该弯曲使曲线变得光滑，如果宽度小于 0.4 mm，则该双线河变换为单线河。空间关系分辨率是目标间拓扑、距离、方向上可表达的最小可辨析关系，小于该限值往往要通过删除、合并、移位等操作来变换该空间关系，使得满足分辨率要求。例如，如果两邻近建筑物间距小于 0.6 mm，则合并建筑物。

语义分辨率。数据库中目标主题属性表达可划分的最小单位，描述语义层次树结构中的深度级别和宽度范围，根据专题属性层次结构的构成，又可分为三种语义分辨率。集合语义分辨率上下层结点间是聚合的关系，在综合规则中表现为语义特征合并的层次，如地理国情综合中达到三级分类还是二级分类，由该分辨率产生的规则决定。聚合语义分辨率上下层结点之间是聚合的关系，在综合规则中表现为聚合属性的归并，如居民地综合中成片的建筑物和散落的绿地归并为街区，由该分辨率产生的规则决定。次序分辨率是指次序关系中结点的排序位置，它是地图表达中的语义资格。例如，对道路要素的综合表达，选取的语义分辨率达到"次要道路"，意味着比它级别高的主要道路、高速公路必然选取，而比它级别低的大车路、乡村路将被删除。

精度。精度描述目标的不确定性特征，表达空间数据质量上的可信赖程度，有定位精度、属性精度、时间精度之分。地图综合一方面要简化表达，另一方面又要不损失重要信息内容，需要从数据质量上约束综合行为，制定相应的约束规则。这方面的规则往往由精度来控制，通过位置误差、属性误差的形式表现。例如，规则"建筑物的空地占比小于 15%，则可以合并为大街区"。

现有技术规范已经明确制图综合指标和知识规则，但通常过于笼统和模糊，留给使用者的余地太大，如"小于 1 mm 的可适当选取""居民地注记密集时，个别较小居民地名称可适当省注"，这些文字要求只适合高度依赖主观性的手工制图综合，并不适合计算机手段实现地图综合，因为后者需要严格定义的指标和知识法则。但实际工作中，地图综合知识与规则的获取是极其困难的，原因至少在如下几个方面。

(1)标准规范必然与地图专家所采用的语言与日常用语之间存在很大差异，而且在脱离具体数据环境时，专家对问题求解的描述与其他实际上采用的方法之间也有一定的区别。

(2)知识获取技术必然牵扯到从制图人员或地图专家那里收集制图经验。但是对于知识库编制人员而言，把制图人员的知识公式化或形式化并足以使计算机能够接受的过程是极其困难的。

(3)制图人员往往并不清楚或者不擅长准确描述他们在制图综合中的推理过程，因为这些推理对他们来说似乎是显而易见，或者说传统的制图过程带有主观因素。

图 6.48　地理国情普查数据综合依据

为此，在传统综合技术规定转换为自动综合知识前，首先要确定知识的来源。制图综合的主要知识来源可有以下几个方面：制图综合领域专家的经验和知识以及他们对处理制图综合问题的思路及推理方法，有关制图综合的各种教材、参考书和学术论文；以及各种制图综合样图是制图综合的理论性知识；各种比例尺地图编绘规范及相应的各种比例尺地图中间包含丰富的制图综合方法和规则。

对知识的获取主要通过现有制图规范的学习以及与专家、制图人员的深入交流，具体方式包括：①知识库编制人员提出大致的问题，让传统制图综合人员进行回答，然后知识库编制人员根据回答对结果加以整理，得到地图综合知识，这一过程中，主要分析了地图人员在编图过程中有哪些经验知识同理论知识有微妙的差别,在地图综合过程中,这种现象很明显;②知识库编制人员为制图人员提供典型的原始图形和每个图形相应的几个可能的综合结果作为参考,并让制图人员进行手工地图综合,然后说明这样综合的原因,进而知识库编制人员根据综合结果归纳出知识。地图自动综合与地图手工综合在方式、方法上有明显的区别,地图自动综合时以数据模型和算法模型为基础,规则主要起控制作用,因而必须比较手工综合与自动综合的结果,计算其差距,修改阈值或计算过程。

举例说明第一种方法的实施情况,第一种方法的具体实施中给出了 3 类问题。

问题 1:请制图人员列举出自己认为地图综合中比较重要的要求或规则,经知识库编制人员总结,部分规则如下:

(1)对道路综合时需要检查附近的居民地,以确保道路综合前后居民地总是位于其同侧,居民地的合并不应跨越道路。

(2)如果水涯线与道路、电力线平行,综合后需要保持它们的关系,图斑和道路的侧位关系需要保持。

(3)山区范围延伸到独立房屋的小路不能舍弃,尽管根据长度阈值需要被舍弃。

(4)当对地名进行综合时,若岛屿上有房屋,则岛屿名称必须保留。

问题 2:请制图人员列举出一些难以综合的情形,经知识库编制人员总结,比较重要的部分如下:

(1)当对平行的河流、公路、铁路、水涯线等进行综合时,如何进行位移,位移多少距离难以确定。

(2)当许多小于综合阈值的图斑在一起时,如何取舍是一个问题。一些制图员的回答如下:我选择最大的,并把它放大到阈值大小;我选择可以保持图形特征的;当把小地块合并时,依据地块的属性;可合并的地块,高程应该基本一致。

问题 3:请制图人员列举出制图综合中属于禁忌的规则。经编制知识库人员总结,部分结果如下:

(1)位于不同等高线间的土质区域不能合并。

(2)如果土质区域之间有湿地或污水道等,不能合并这些土质区域。

(3)高压输电线不可以移位,但可以移动附近的道路。

上述调查得到的规则可以分为四类:几何的、拓扑的、上下文有关的、属性相关的。几何规则往往是与度量阈值相关的综合规则,如被选取的多边形的最小面积;拓扑规则用以表达地物目标之间关系的规则,如高压输电线和道路的侧位关系等;上下文有关规则有时不会引起人们的足够重视,如高压输电线比它附近的道路重要等;属性相关规则是指因为历史原因具有特定作用、意义的地物,在地图综合中起到重要作用,如在大量居民地综合中优先保留有历史意义的居民地。

第二种方法主要借助于生产单位提供的一些制图实例来完成。

## 2. 规则库内容

规则库是将业务流程中的工作,按照逻辑和规则以恰当的模型进行表示并对其实施计算，实现工作业务的自动化处理。针对处理对象的不同，地情专题地图规则库分为地情专题地图专题空间铺盖、线状地理国情要素、点状地理国情要素三个规则库，如图 6.49 所示。

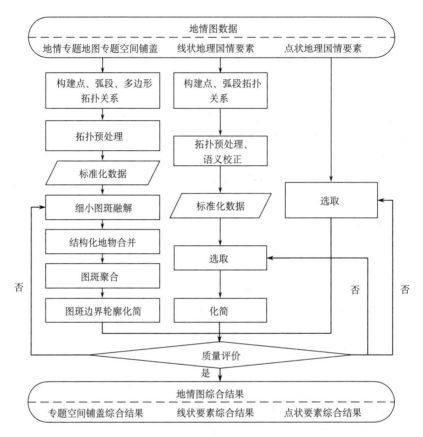

图 6.49　地情专题地图综合规则库

（1）地情专题地图专题空间铺盖规则库具体内容如下。

构建拓扑：为专题空间铺盖（图斑）构建点、弧段、多边形拓扑关系；

拓扑预处理：依据拓扑关系，对边界接缝、弧段相交等拓扑问题进行修复，完成对数据的预处理；

细小图斑融解：顾及语义特征约束、局部空间格局约束及全局统计上的各类图斑相对百分比不变约束对小图斑和狭长图斑进行融解操作；

结构化地物合并：识别专题空间铺盖中的结构化地物，提取典型聚集模式外围边界轮廓，并对轮廓内部面要素进行聚合、毗邻化、典型化等合并处理；

图斑聚合：顾及语义特征约束、局部空间格局约束及全局统计上的各类图斑相对百分比不变约束对所有图斑进行聚合操作；

图斑边界化简：以边界弧段为化简单元，顾及空间关系约束及线要素结构特征，对图斑边界进行化简。

（2）线状地理国情要素规则库具体内容如下。

构建拓扑：为线状地理国情要素构建点、弧段拓扑关系；

拓扑预处理：依据拓扑关系，对弧段相交、悬挂节点等拓扑问题进行修复；

语义校正：依据线状要素对应的面状地理要素，对线状要素缺失的语义信息进行校正；

选取：顾及语义特征、局部连通性及整体结构特征，对线状要素进行分层剔除选取；

化简：顾及空间关系约束及线状要素结构特征，对线状要素进行化简。

（3）点状地理国情要素规则库具体内容如下。

选取：顾及语义及密度特征，对点状要素进行结构化选取。

此外，三个规则库均包含"质量评价"功能，依据《地理国情普查图技术规定》对综合结果进行质量评价，若不满足《地理国情普查图技术规定》要求，则依据《地理国情普查图技术规定》对综合过程进行反馈调节，直至满足要求。

## 6.3.3　综合算法与知识引擎

自动综合是一项复杂工程，它需要制图综合知识的归纳与组织，灵活运用综合算法，在此基础上从整体上进行自动综合过程的有效控制与优化。在整个自动综合过程中，综合知识库过程驱动的任务引擎是其核心与关键，主要是对综合模板进行有机集成，并建立自动综合的过程循环流程。

传统地图制图中，制图综合主要是对地图图形和内容进行选取、化简与合并。目的是解决实地要素与缩小的地图表达之间存在的空间矛盾，保证地图内容的清晰性和要素空间关系的准确性，使地图阅读者快速准确地查看到它所关心的信息，适应人类对客观世界认知上存在的分层、多尺度规律，达到地图信息传输的目的。这时的手工综合中，制图人员对地图进行目视分析并确定要素的特征（位置、大小、形状、方位等）、要素的分布密度（密集还是稀疏）、要素的分布结构（如水系网状、羽状）、要素之间的相互关系（重要性、从属关系等）和综合的影响及后果（如果 A 要素被综合，与之关联的其他要素是否会受到影响，影响如何），并通过对这些内容的分析，掌握综合对象的特点。表面上似乎很简单的地图–人–地图的过程却包含了制图人员长期积累的知识、经验和某种难以定量描述的美学直觉等。

其中，综合知识通过形式化处理可表达为六元组，其元素包括但不限于数据处理对象的要素类别、属性标识、几何算法、控制指标、指标的适用上限、适用下限。

（〈层代码〉，〈综合算子〉，〈属性码〉，〈指标项〉，〈下限〉，〈上限〉）

该六元组的通用意义可表达为：当〈层代码〉内的目标具有〈属性码〉，且其〈指标项〉小于〈上限〉且大于〈下限〉时，执行〈综合算子〉。

在综合知识库过程驱动中，建立了五因素的综合流程控制机制，包括激活数据层、要素类型、比例尺变化范围、用户操作消息、几何控制指标。针对不同比例尺、不同专题、不同用途的数据综合工程任务，由机器学习、地图综合的图式规范及综合经验的总结等多种途径建立综合知识规则库、设定规则参量，完成综合工作环境的建立。

不管是什么类型的数据，所使用的自动化综合技术流程在逻辑上都是一致的：对提供的目标数据进行分析，然后定制相应的综合知识库、制图知识库以及符号库，对数据进行规范化处理，最后再经过反复的学习训练。同时技术中采用的综合算子都具有非常好的细颗粒度性，便于将多类型数据各个层面的综合知识，进行科学梳理以及有机组合，确保综合知识的有效表达(图 6.50)。

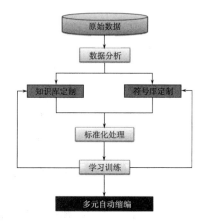

图 6.50    一般综合流程

自适应综合技术体系通常体现为：以实际多类型数据使用及任务需求为导向，通过全局知识库的格局识别与业务流提取，以专题库、要素库及冲突关系库为基底，以国家标准指标知识库为约束，自适应选择参数、算子、算法等，智能化组装完整综合流程。最后再次基于指标知识库指标约束，通过不断自适应迭代，最终实现满足原始数据—任务需求—标准规范化—智能化的综合结果。其中，国家标准指标知识库约束包括尺度约束、区域约束及特征约束等，自适应迭代过程可以有效保障最后的综合结果符合指标知识库中的一些国家标准与规范，符合的则完成综合，不符合标准的则再次进行迭代过程，直至结果符合各项标准与任务需求(图 6.51)。

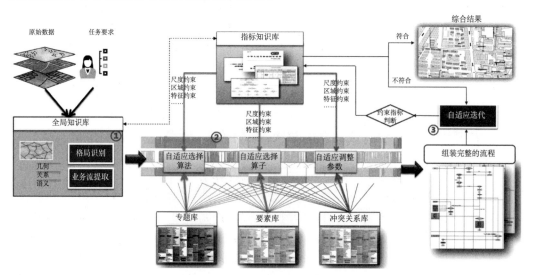

图 6.51    自适应综合技术体系示意图

## 6.4　系统架构及核心功能

### 6.4.1　系统架构

系统在总体框架方面采用了层次化设计思想，以实现不同层次间的相互独立性，保障系统的高度稳定性、实用性和可扩展性。具体的层次化自下而上分别包括基础设施层、数据层、平台层和应用层，如图 6.52 所示。

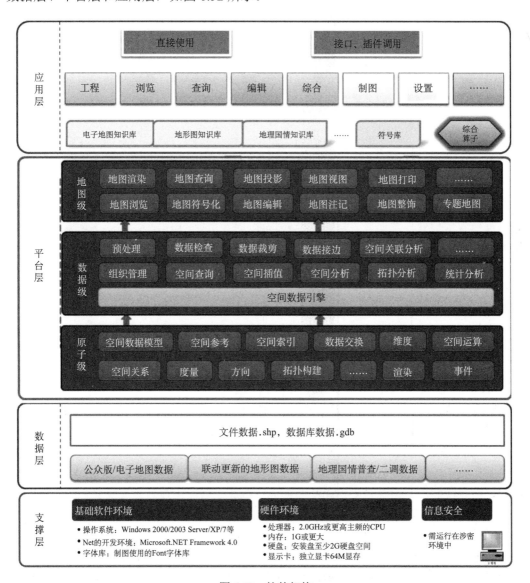

图 6.52　软件架构

　　基础设施层包括基础软件环境和硬件环境的建设及其配置方式。平台运行的计算机软件配置为：操作系统 Windows 2000/NT4.0/2003 Server/XP/Windows 7；Net 的开发环境 Microsoft .NET Framework 4.0。为了保证工作的效率，平台运行的计算机硬件环境配置为：2.0GHz 或更高主频的 CPU；内存 1G 或更大；安装盘至少 2G 硬盘空间；独立显卡 64M 显存。

　　数据层目前以 Shapefile 文件数据为核心进行数据转换、读取、操作与存储，由算法层的空间数据引擎进行驱动。系统提供数据库数据以及其他数据类型转换成 Shapefile 的解决方案。

　　平台层基于标准 C/C++进行模块化开发，其中核心算法有 97 个大类 1086 个亚类 21845 个 GIS 函数，区分原子级、数据级和地图级，为应用层的模块集成提供多种颗粒度的算法封装。原子级针对各涵盖空间数据模型、空间参考、空间索引、数据变换、维度、空间运算、空间关系、度量、方向、拓扑构建、渲染和事件等；数据级通过空间数据引擎完成与数据相关的预处理、数据检查、数据裁剪、数据接边、空间关联分析、组织管理、空间查询、空间插值、空间分析、拓扑分析和统计分析等；地图级针对渲染后的地图提供地图渲染、地图查询、地图投影、地图视图、地图打印、地图浏览、地图符号化、地图编辑、地图注记、地图整饰、专题地图等。

　　应用层依托平台层对应的核心基础算法函数采用 C#进行开发，具备工程、浏览、查询、编辑、视图、综合、制图、设置及帮助等模块，综合与制图功能类算子 2564 种，知识库包括数据预处理知识库、自动综合知识库和自动成图知识库，共同实现多类型地图数据的自动化综合。其中，知识库涵盖综合算子的选取、软件的过程控制模块、决定算法的执行和参量的控制，其元素包括但不限于数据处理对象的要素类别、属性标识、几何算法、控制指标、指标的适用上限、适用下限。符号库区分点、线、面三类，可按比例尺及地图类型组织管理，可以按需定制。应用层可以通过系统功能直接使用，也可以通过接口插件，将相关算法或功能嵌入其他系统中使用。

## 6.4.2　系　统　功　能

　　地情专题地图智能综合技术系统的主界面分为六个区域，如图 6.53 所示，分别是数据显示窗口、一级功能菜单、二级功能菜单、快捷操作按钮、列表管理窗口和比例尺及版本。

　　其中，一级功能菜单包括工程、浏览、查询、视图、编辑、综合、制图、设置和帮助九个模块，每个模块下分别有其对应的二级功能菜单以及相关的细化功能，如图 6.54 所示。所有功能均基于综合知识库和业务流，按照系统应用设计研发，具体如下。

　　(1) 工程：包括新建、打开、保存和另存工程；添加、导出相关数据，支持的数据格式包括矢量 .shp、.tab、.gml、.kml、.gmt、.gxt、.vct、.adf、.e00、.nmg 等、栅格 .tif、.img、.bil、.ers、.bmp、.gif、.jpg、.png、.dem 等，以及数据库 ArcSDE9.1、ArcSDE9.2、ArcSDE9.3、PersonalDatabase、OracleSpatial 等；此外还提供瓦片切片工具，包括单核串行和多核并行的公共平台数据输出与更新、瓦片数据转换工具等。

　　(2) 浏览：包括放大、缩小、漫游、固定尺寸放大及缩小、全图以及前后视图等工具。

这些工具在快捷按钮区域也均有提供。

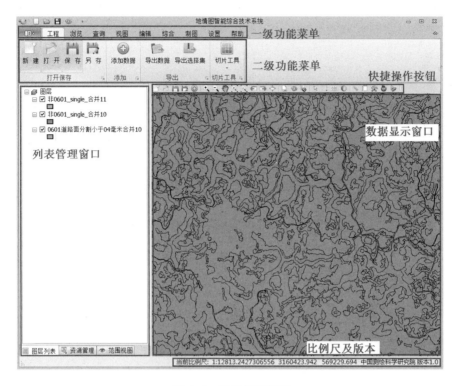

图 6.53　系统界面截图

图 6.54　一级和二级功能菜单

(3)查询：包括单选、框选、缩放到选择区域、空间和 SQL 查询、测量距离和面积等。这些工具在快捷按钮区域也均有提供。

(4)视图：包括图层列表、资源管理和范围视图等。这些工具在列表管理区域也均有提供。

(5)编辑：包括点、线、面的编辑，编辑选择，跨层编辑等编辑开关等。

(6)综合：包括自动化综合，数据预检，合并、选取、化简、概括等综合工具，以及专题数据处理、辅助处理、关系处理等辅助工具。

(7)制图：包括自动化成图，以及自动分层、自动符号化、智能注记、制图分层、制图比例尺、地图整饰以及图例配置等知识模型的设置等。

(8)设置：包括对综合知识库和制图知识库的知识库设置，以及对标注规则、符号库和系统参数等的参数设置。

(9)帮助：主要提供对系统操作的帮助说明内容。

下面主要对综合、制图以及设置三个核心模块进行图文说明。更加详细的操作功能说明可以参见系统的用户说明书。

1)综合

综合提供了从原始比例尺数据到目标比例尺数据进行数据综合时所需要的各种相关操作。其中，各个模块均为用户提供了友好的可视化交互界面，提供了标准化的参数，用户可以使用标准化参数进行数据的综合，也可以根据需求，自行调整相关参数的数值进行数据综合，并进行一键综合。其相关二级功能及其自模块工具如图 6.55 所示。

图 6.55　综合模块功能

在各个功能的对话框中，主要包括了输入数据、操作参数以及输出路径三部分。以选取中"多边形选取"和"多边形选取：按照狭长度、面积和平均宽度"为例进行说明，其对话框如图 6.56 和图 6.57 所示。除了三部分内容外，用户可以通过点击"帮助"，查看如何使用该模块进行数据综合。

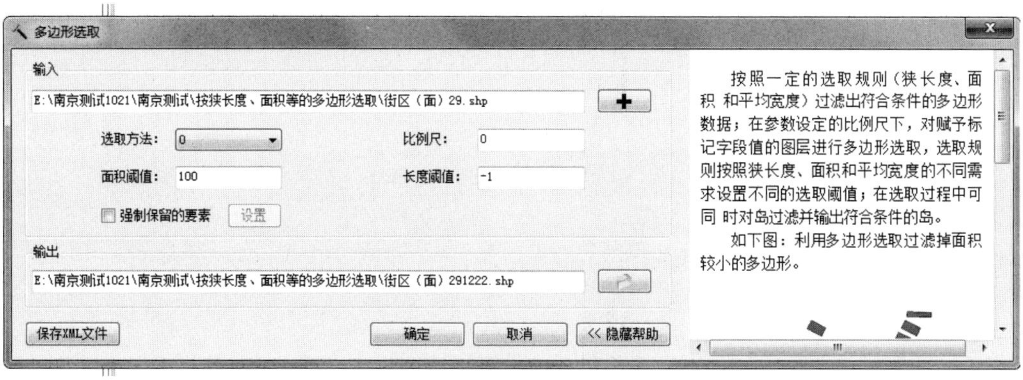

图 6.56　多边形选取功能

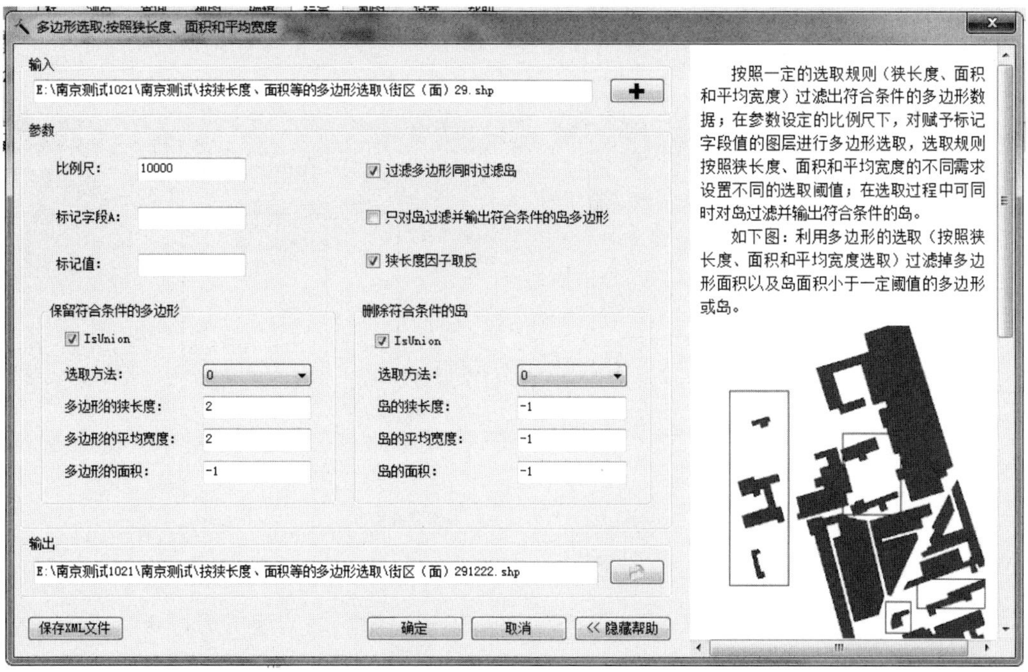

图 6.57　多边形选取：按照狭长度、面积和平均宽度功能

多边形选取是按照一定的选取规则过滤出符合条件的多边形数据的过程。对于"多边形选取"功能，提供了常规的 5 种基本选取方法，并能够设置比例尺。此外，还提供了面积阈值和长度阈值两个参数。而对于"多边形选取：按照狭长度、面积和平均宽度功能"而言，其是在常规选取方法上的进一步细化，包括了在某些情况下，对于一些常

规参数需要保留和删除的多边形进行了进一步的参数细化,如对某些不符合常规长度、宽度、面积的多边形的保留,以及对某些符合常规参数的岛的删除,以便更加适用于不同区域、不同地形条件下的多边形数据综合选取的要求。

2) 制图

制图提供了按照目标比例尺数据进行数据综合后的自动化成图。同样,每个模块均提供了友好的可视化交互界面,部分需要进行选择的功能还提供了边界的选择使用向导。其相关二级功能如图 6.58 所示。

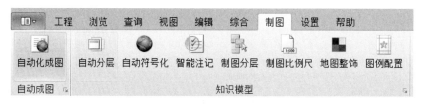

图 6.58　制图模块功能

以地图整饰为例,如图 6.59 所示,系统不仅为用户提供了 17 种预设的整饰方式,还提供了高级设置功能,用户可以基于某一种方式或者自定义整饰的各参数内容,并将最后确定的整饰形式保存为知识库,以便后续应用,实现了统一化和个性化的有机融合。

图 6.59　地图整饰模块功能

对于图例配置，如图 6.60 所示，系统按照配置流程，将功能设置为四步向导，通过基于图例知识库的图例选择、图例样式配置、图例边框设置以及确认等步骤，帮助用户设置和调整合适的图例，极大地简化了用户的配置选择操作。

图 6.60　图例配置模块功能

### 3）设置

设置主要是面向综合知识库、制图知识库以及配置参数进行的相应设置。

在综合知识库中，系统提供了预设的 1∶1 000 等综合知识库，此外也保存了用户使用过程中所设置的相关知识库，用户再次使用系统时可直接选择相应的知识库进行数据综合处理，如图 6.61 所示，该系统截图中保存了预设的知识库和用户调整后的数十个综合知识库。用户需要对某一已存的模板进行修改时，可以双击该模板，然后通过 xml 配置文件进行调整，如图 6.61 所示。

此外，制图知识库、标注规则、符号库等也均提供了可视化配置界面，方便用户使用，如图 6.62～图 6.64 所示。

## 6.4.3　插件式功能

插件技术的本质是在不修改程序主体的情况下对软件功能进行加强。当插件的接口被公开时，任何人都可以自己制作插件来解决一些操作上的不便或增加一些功能。一个插件框架可以划分为 3 部分：①宿主，即主程序部分，提供程序的主体框架；②插件，即程序的功能扩展部分;③协议,预先定义好的、宿主和插件间的通信规范,即确定了宿主能够解析什么内容,以及插件需要实现什么内容。

图 6.61　自动综合知识库

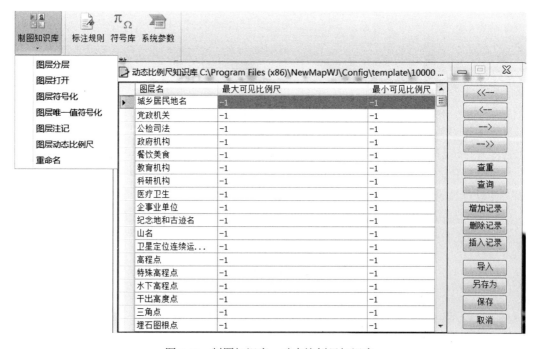

图 6.62　制图知识库:动态比例尺知识库

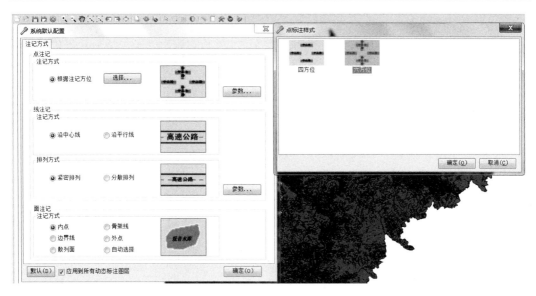

图 6.63　标注规则配置

图 6.64　符号库配置

协议的定义方式是十分灵活的，但从本质上来讲都是一组可供调用的方法和属性。协议可以表现为一系列导出的函数，也可能是一个或多个基类，或者是一个接口。由于接口具有良好的封装边界，使用更为灵活方便。宿主程序确定了程序的外观，负责解析插件的内容，并生成相关的用户界面内容（有些插件可能只是对应用程序功能的扩展，并不包含任何的用户界面）。插件是按照协议开发出来的应用程序扩展，是协议的具体实现。协议一旦确定并公布后，任何人都可以按照协议开发出宿主能够解析的插件。宿主与插件是相对独立的部分，它们之间的信息交互是十分关键的一环。

系统通过插件技术，可以与 ArcObjects 等第三方系统相结合进行功能的提供。以综合模块的"拓扑连接线"算法为例，其应用方式可以包括以下几个步骤：

（1）打开 Microsoft Visual Studio 2010，新建一个项目。

（2）选择 Windows 窗体应用程序，输入名称"索引"，点击确定建立项目。

（3）在第三方系统的安装目录下找到插件目录，找到并选择相对应的 dll 文件，然后添加到保存程序目录下的 Debug 目录下。

（4）在左边的解决方案资源管理器中右击"引用"，添加引用。

（5）在浏览的 Debug 目录下找到之前放在 Debug 目录下的 dll 文件，并添加引用。

（6）在解决方案资源管理器中查看窗体的代码。

（7）添加命名空间：using System.IO; using System.Xml; using NewMapComLib。

（8）在窗体上添加一个 button 按钮，并改名为拓扑连接线。

（9）根据"拓扑连接线"对应的 xml 文档，声明相应的输入路径、变量以及输出路径。

（10）在程序运行的目录下创建一个 xml 文档路径以及 xml 文档名称。

（11）在指定的路径下写 xml 配置文档，给之后的调用接口做准备。

其他制图综合功能均可以采用上述插件方式使用。

## 参 考 文 献

曹原. 2010. 地图制图中符号冲突的自动识别与处理技术. 武汉: 武汉大学.

陈述彭. 1994. 地图学面临的挑战与机遇. 地理学报, (1): 18-21.

樊红, 杜道生, 张祖勋. 1999. 地图注记自动配置规则及其实现策略. 武汉测绘科技大学学报, 24(2): 154-157.

何建华, 刘耀林. 2004. GIS 中拓扑和方向关系推理模型. 测绘学报, 33(2): 156-162.

李霖, 于忠海, 朱海红, 等. 2015. 地图要素图形冲突处理方法——以线状要素(道路、水系和境界)为例. 测绘学报, 44(5): 563-569.

李霖, 周玉杰, 于忠海. 2016. 面状居民地名称注记自动配置研究. 武汉大学学报: 信息科学版, 41(2): 214-220.

刘纪平. 1994. 地图数据库图形输出中要素关系处理. 测绘学报, 23(3): 222-228.

齐清文. 1998. GIS 环境下智能化地图概括的方法研究. 地球信息, 1: 64-70, 38.

齐清文, 刘岳. 1996. 非连续分布面状地理现象的图形自动概括方法. 地理研究, 15(1): 1-10.

钱海忠, 武芳, 王家耀. 2006. 自动制图综合链理论与技术模型. 测绘学报, 35(4): 400-407.

王家耀. 2010. 地图制图学与地理信息工程学科发展趋势. 测绘学报, 39(2): 115-119.

王家耀, 李志林, 武芳. 2011. 数字地图综合进展. 北京: 科学出版社.

毋河海. 2001. 地图综合基础理论与技术方法研究. 北京: 测绘出版社.

吴小芳, 杜清运, 胡月明, 等. 2008. 基于改进 Snake 模型的道路网空间冲突处理. 测绘学报, 37(2): 245-249.

武芳, 侯璇, 钱海忠, 等. 2005. 自动制图综合中的线目标位移模型. 测绘学报, 34(3): 262-268.

杨勇, 李霖, 王红, 等. 2007. 地图制图软件中境界跳绘技术研究. 测绘科学, 32(2): 49-50.

张晓楠, 江南, 张亚军, 等. 2015. 一种利用空间布局构建统计制图符号的方法. 武汉大学学报: 信息科学版, 40(12): 1653-1660.

祝国瑞, 徐肇忠. 1990. 普通地图制图中的数学方法. 北京: 测绘出版社.

Bertin J. 1981. Graphics and Graphic Information Processing. Berlin: Walter de Gruyter.

Chieie F. 2000. Automated name placement with high cartographic quality: city street maps. Cartography and Geographic Information Science, 27(2): 101-110.

Christopher B J, Geraint L B, Mark J W. 1995. Map generalization with a triangulated data structure. Cartography and Geographic Information Systems, 22(4): 317-331.

Eckert M. 1921. Die Kartenwissenschaft: Forschungen und Grundlagen Zu Einer Kartographie als Wissenschaft. W. de Gruyter.

Galanda M. 2003. Automated Polygon Generalization in a Multi-Agent System.Zurich: Zurich University.

Klau G W, Mutzel P. 2003. Optimal labeling of point features in rectangular labeling models. Mathematical Programming , 94: 435-458.

Li Z L, Su B. 1995. From phenomena to essence: envisioning the nature of digital map generalization. The Cartographic Journal, 32(1): 45-47.

Muller J C. 1987. Fractal and automated line generalization.The Cartographic Journal, 24(1): 27-34.

Ruas A. 1998. A method for building displacement in automated map generalisation. International Journal of Geographical Information Systems, 12(8): 789-803.

# 第7章 重大工程应用

## 7.1 地理国情普查图生产

地理国情普查图的生产是地理国情普查工作的重要内容之一。地理国情普查图是以地理国情普查数据(地表覆盖数据及重要地理国情要素数据)为主、以其他基础地理信息数据和公共专题统计数据为辅,全面、均衡地表示制图区域内自然地理(地形地貌、水系、植被)和社会经济要素(居民地、境界、交通)空间分布现状、规律及其相互关系的地图。

基于研究形成的关键技术和产品软件,截至目前已经支撑贵州、甘肃、山西、广东、湖北、安徽等全国十余个省份开展了全省范围地理国情图集的制作。以云南省为例,支撑其生产全省地理国情普查成果的省图、16 个市域图、129 个县(市、区)图,共计 294 幅,涵盖比例尺 1:5 万、1:6 万、1:7 万、1:7.5 万、1:8 万、1:8.5 万、1:9 万、1:11 万、1:14 万、1:19 万、1:21 万、1:25 万、1:31 万和 1:75 万等。与现有基于软件的人工辅助制图时间相比,编制图总用时从 8 个月缩短至 3 个月,其中自动综合时间从 6 个月缩短至 20 天(均含人工审校)。

接下来对开展地理国情普查图的生产总体技术要求以及典型应用省份生产应用情况进行概要说明。

### 7.1.1 总体技术要求

地理国情普查图的生产包括图件设计、内容综合、编辑整饰和印刷出图四部分内容,其中,包含了数据准备、数据分析、制图综合以及检查校验等环节的普查图内容综合过程,其是图件生产总流程中的核心和关键,同时其工作量大且技术要求高,也成为图件生产中最困难、最耗时的一个环节。为此,在进行地理国情普查图生产过程中,首先要根据地理国情普查数据的内容、特点,以及普查成果图件的要求,制定基于地理国情普查数据的制图综合技术指标和综合技术路线,以便后续各省市可在该要求技术上,有针对性地开展普查图生产应用实践。

**1. 综合处理原则及指标**

*1)地表覆盖数据*

地表覆盖分类信息反映地表自然营造物和人工建造物的自然属性或状况。地表覆盖不同于地情专题地图图斑,一般不侧重于土地的社会属性(人类对土地的利用方式和目的意图)等。地表覆盖通常采用规则格网形式的场模型(也称作域模型)进行描述。主要包括:植被覆盖(耕地、园地、林地、草地)、房屋建筑(区)、道路、构筑物、人工堆掘地、荒漠与裸露地表、水域。

地表覆盖分类数据制图综合的基本思路是：根据制图比例尺和制图区域地形、地类特点确定地表覆盖分类级别，并用原始地表覆盖分类数据进行地类级别转换处理（若制图区域选择表达到三级类则不用处理），鉴于综合后的地表覆盖分类数据中的水面无法正确反映水系的形状特征和结构特征，用综合后的重要地理国情要素的水系面替换地表覆盖分类数据中的水面，然后采用以下原则和指标进行其他地表覆盖分类数据的综合处理。

a. 综合处理原则

（1）正确反映出要素的区域分布特征，如地表覆盖类型图斑的大小、分布范围、密度等区域特征及其区域之间对比等特征。

（2）合理概括区域地表覆盖语义特征，不够上图指标的图斑归并时遵循地表覆盖类型属性邻近优先原则，优先进行一级分类内的地类归并，不同一级分类图斑进一步拆分为多个细小面域后依次归入相邻的面积最大的图斑（水域除外）。

（3）图斑轮廓应正确反映地表形态特征，保持图斑轮廓主要转折点位置正确、图斑轮廓弯曲程度的对比等。

（4）地表覆盖综合处理指标可根据制图区域特征进行微调。

（5）由于本书用综合后的重要地理国情要素的水系面替换地表覆盖分类数据中的水面，因此地表覆盖分类数据中的水面的地表覆盖分类代码（CC 码）不做修改。

b. 综合处理指标

（1）原则上图斑界线小于 0.5 mm×0.6 mm 的弯曲应概括，即根据该弯曲的形状特征，决定将弯曲删除或夸大到不粘连。

（2）图上面积大于或等于 4 mm$^2$ 的耕地、园地、林地、草地应表示，间距小于图上 0.5 mm 时同类应适当合并，不同类可共线表示。

（3）原则上图上面积大于或等于 4 mm$^2$ 的房屋建筑区应表示，房屋建筑区间距小于图上 0.5 mm 时，应合并表示。注意人烟稀少或房屋建筑区普遍小于 4 mm$^2$ 的区域，房屋建筑区上图面积可放宽到 2 mm$^2$ 进行表示。

（4）图上宽度小于 0.4 mm 或无对应道路实体要素的路面原则上不表示，将该路面进行剖分并合并到相邻图斑内。图上宽度大于或等于 0.4 mm 的路面，需根据其与综合后的道路实体要素叠加关系进行相应处理：当两者间距普遍大于或等于 0.4 mm 时，保留路面和综合后的道路实体要素，图面上道路实体要素叠加在路面上表示；当两者间距普遍小于 0.4 mm 时，图面仅表示综合后的道路实体要素。

（5）图上面积大于或等于 4 mm$^2$ 的构筑物应表示。

（6）图上面积大于或等于 8 mm$^2$ 的人工堆掘地应表示。注意人烟稀少区域，人工堆掘地的上图面积可放宽到 4 mm$^2$ 进行表示。

（7）图上面积大于或等于 4 mm$^2$ 的荒漠与裸露地表应表示。注意人烟稀少区域，荒漠与裸露地表的上图面积可放宽到 8 mm$^2$ 进行表示。

（8）图上面积大于或等于 2 mm$^2$ 的冰川和粒雪原应表示，零散分布的面积不足 2 mm$^2$ 的粒雪原可适当夸大，反映雪区与非雪区面积对比和粒雪原分布的特点。粒雪原之间间距小于 0.5 mm 时可合并。雪被内的非雪区面积大于 2 mm$^2$ 的应表示，小于此面积的可合并到雪被内。

2) 重要地理国情要素数据

重要地理国情要素信息(简称地理国情要素)反映与社会生活密切相关、具有较为稳定的空间范围或边界、具有或可以明确标识、有独立监测和统计分析意义的重要地物及其属性,如城市、道路、设施和管理区域等人文要素实体,湖泊、河流、沼泽、沙漠等自然要素实体,以及高程带、平原、盆地等自然地理单元。通常采用要素模型(也称作对象模型)来进行描述,按照其空间特征分为点、线、面、体四种基本对象。主要包括:交通、水域、构筑物、地理单元等。

a. 综合处理原则

其综合取舍需遵循避让原则,即人工要素避让自然地理要素,次要要素避让主要要素,其他要素避让独立地物,要素重要性相当时,根据周围环境可以移动一方,也可以双方同时移动。具体包括:

(1)正确反映出要素的区域分布特征,如地表覆盖类型图斑的大小、分布范围、密度等区域特征及区域之间对比等特征。

(2)合理概括区域地表覆盖语义特征,不足上图的图斑归并时遵循地表覆盖类型属性邻近优先原则,优先进行一级分类内的地类归并,不同一级分类图斑进一步拆分为多个细小面域后依次归入相邻的面积最大的图斑(水域除外)。

(3)图斑轮廓应正确反映地表形态特征,保持图斑轮廓主要转折点位置正确、图斑轮廓弯曲程度的对比等。

b. 综合处理指标

● 对于水域数据,其综合处理指标要求如下:

(1)面状河流图上宽度小于 0.4 mm 时,将不足部分用中心线(无水系结构线的面状河流)或水系结构线表示。

(2)河渠网的选取,首先选取主流及小河系的主要河源,然后以每个小河系为单位,从较大的支流逐渐向较短的支流,对于沟渠,首选干渠,再选重要支渠、次要支渠,并根据选取标准(图上长度大于 1.0 cm,平行间隔大于等于 2 mm;特别密集地区图上长度不足 1.5 cm,平行间隔不小于 3 mm)对其逐渐加密、平衡,完成河渠网的选取。选取过程中,要注意保持各密度区间的密度对比关系。选择过程需注意,表明湖泊进排水的唯一河流、连通湖的小河、直接入海的小河、干旱地区的常年河以及大河上较长河段上唯一的小河,尽管它们小于规定的选取标准,也应选取。

(3)除去平坦地区外,水系应与地貌晕渲套合,如果水系与地貌晕渲不套合,移动修改水系,以便于地貌晕渲套合。

(4)图上小于 0.5 mm×0.6 mm 河流弯曲可适当化简,化简时注意保持弯曲的基本形状(即特征转折点)、不同河段弯曲程度的对比以及河流长度不过分缩短。

(5)根据河流结构线和中心线的采集方向表示河流流向。

(6)原则上图上面积大于或等于 4 mm² 的湖泊、水库、坑塘应表示,水资源欠发达区域可放宽选取指标至 2 mm²。不足 2 mm² 但有重要意义的小湖,如位于国界附近的小湖、作为河源的小湖及缺水地区的淡水湖应表示,其中不足 2 mm² 的夸大到 2 mm² 表示。

湖泊坑塘密集成群时，应保持其分布特点，适当选取一些小于 2mm² 的湖泊、坑塘，但不合并，相邻水涯线间隔在图上小于 0.2mm 时可共线表示。

(7) 图上小于 0.5mm×0.6mm 的湖泊、水库、坑塘岸线弯曲可适当化简，通过确定岸线主要转折点，加密次要转折点，采用化简与夸张相结合的方法简化岸线，以删去小湖汊弯曲为主，且化简时注意保持湖泊与陆地面积的对比，并保持湖泊的固有形状及同周围地理环境的联系。

● 对于交通数据，其综合处理指标要求如下：

(1) 铁路中通往工矿区及工厂内的支线铁路短于 1cm 的可酌情舍去。

(2) 公路依据上图内容进行选取，原则上高速路、国道、省道、县道、乡道均应选取，城市近郊公路过密地区，图上长度不足 1cm 且平行间接不足 3mm 的短小岔线可酌情舍去。原则上专用公路不上图，但若与其他公路构成路网，可酌情进行表示，并将专用公路的 GB 改为"420000"，即其他公路。且为了在制图编辑阶段便于统一符号化制图表达，将公路中的高速路的 GB 改为"420900"。

(3) 乡村道路需要上图时，农村硬化道路、机耕路、小路可适当取舍，在人烟稀少地区一般全部选取，其他地区按照由重要到次要、由高级到低级的原则进行，并注意保持道路网的密度和形状特征。道路网格最小为 1cm²，并且优先选取连接乡、镇、大村庄之间的道路，通往高等级道路、车站、码头的道路，作为行政界线的道路，穿越国境线的道路以及连接水源的道路。两居民地之间有数条道路相连接时，应优先选取等级较高、距离较短的道路。

(4) 城市道路按照主干路、次干路、支线的次序进行选取，其网格一般不应小于 1 cm²，并注意保持道路网的密度和形状特征，与公路的连通性。

(5) 山区公路的"之"字形弯道，如双线表示困难时可采用共边表示或缩小符号宽度，当有多个"之"字形弯道并连，图上无法逐一表示时，应在保持两端位置准确和"之"字形特征的条件下适当化简，概括后的道路形状应与地貌晕渲、水系等要素协调。

(6) 图上 0.5 mm×0.6 mm 的道路弯曲可以适当化简。

● 对于构筑物数据，其综合处理指标要求如下：

(1) 构筑物的选取既要体现出构筑物的空间分布特征，也要合理体现构筑物与相邻要素的空间位置关系。例如，在某类构筑物分布密集的区域，可以适当夸大选取指标；而在某类构筑物分布稀少的区域，可以适当减小选取指标。

(2) 船闸和码头需上图时，面状要素选取图上面积大于 1 cm² 的进行面状表示，其余以及点状要素选取位于双线河或主要单线河上的进行表示，水运港客运站择要进行表示。

(3) 堤坝中，干堤原则上均应表示，若其相关水系要素被取舍可不表示；一般堤需上图时，图上长度不足 5 mm 的可进行取舍；滚水坝、拦水坝需上图时在双线河上及主要单线河上的一般应表示；制水坝需上图时在双线河上且图上长度大于 2 mm 的一般应表示。

(4) 水闸位于双线河及主要单线河上的应表示，其他河流上择要表示。

(5) 隧道需上图时，图上 1 mm 以上的应表示，小于 1 mm 的可适当选取。

(6) 铁路桥、公路桥、铁路公路两用桥应表示，人行桥择要表示。

(7) 汽车渡与道路相连接的应表示，其他的可择要进行表示。

(8)加油(气)、充电站、高速公路出入口、排灌泵站需上图时可择要表示。

● 对于地理单元数据，其综合处理指标要求如下：

(1)行政区划与管理单元中所有需上图的面状要素均不表示,选用对应的行政区域与管理单元界线来进行表示。

(2)行政区划与管理单元中大于 4 mm$^2$ 的飞地需表示，否则在制图区域单元内部的需融合,在制图区域单元外部的需删除。

(3)社会经济区域单元及自然地理单元需上图的面状要素选取图上面积大于 1cm$^2$ 的进行表示,且除沼泽区外均需转为范围线进行表示。

(4)面状和线状地理单元选取特征点进行适当的化简，舍去一些无特征意义的小弯曲，即图上 0.5mm×0.6mm 的弯曲可以适当化简，注意正确反映其与其他要素的关系。

(5)城镇综合功能单元需上图的面状要素均转为点状增加到相应的点状要素层进行表示，其中乡级以上政府驻地、机场、港口、火车站、名胜古迹原则上应全部保留，居民小区不上图,其他的选择有方位意义和重要意义的进行表示。

## 2. 整体技术路线

根据实际数据情况，普查图综合的主要工作有三个方面，即前期准备工作、数据综合工作、知识库调试工作。其详细综合流程可分为以下五个步骤：①资料准备；②数据准备；③数据分析；④制图综合；⑤质量控制。通过上述操作，即可形成用户所需的制图综合成果，相关流程如图 7.1 所示。

1) 资料准备

收集相关标准规范及相关文字、图片、报告等。其中，引用的相关文件包括：

● 《中华人民共和国地图编制出版管理条例》；
● 关于印发《地理国情普查成果图技术规定》的通知(国地普办[2016]9 号)；
● 《基础地理信息要素分类与代码》(GB/T 13923—2006)；
● 《测绘成果质量检查与验收》(GB/T 24356—2009)；
● 《地理国情普查基本统计技术规定》(GDPJ 02—2013)；
● 《专题地图信息分类与代码》(GB/T 18317—2009)；
● 《公开版地图质量评定标准》(GB/T19996—2005)；
● 《测绘技术设计规定》(CH/T1004—2005)；
● 《测绘管理工作国家秘密范围的规定》(国测办字[2003]17 号)；
● 《公开地图内容表示若干规定》，国家测绘局 2003 年发布；
● 《公开地图内容表示补充规定(试行)》的通知(国测国字[2009]2 号)。

2) 数据准备

地理国情普查数据主要分为地表覆盖分类数据、重要地理国情要素数据及对应的元数据。

其中，地表覆盖要素的分尺度选取内容如表 7.1 所示。

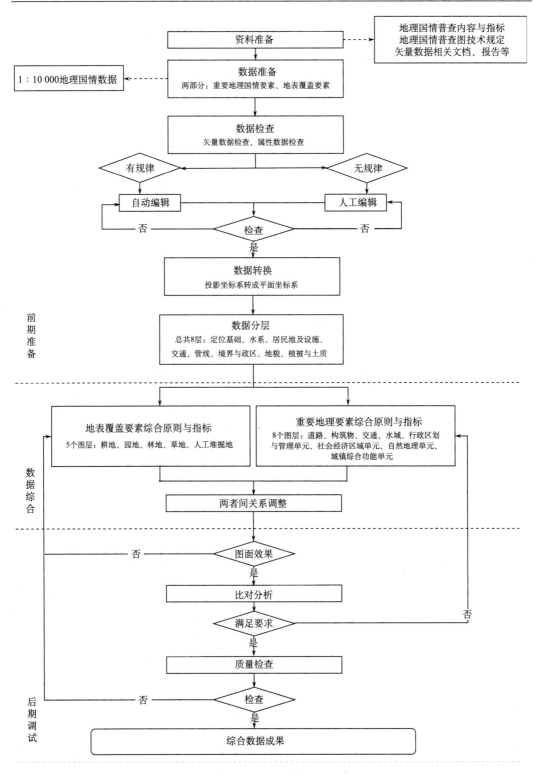

图 7.1 基于智能综合系统的综合流程图

表 7.1　地表覆盖要素选取表

| 代码 | 一级 | 二级 | 三级 |
|------|------|------|------|
| **0100** | 耕地 | | |
| 0110 | | 水田 | 水田 |
| 0120 | | 旱地 | 旱地 |
| **0200** | 园地 | | |
| 0210 | | 果园 | |
| 0211 | | | 乔灌果园 |
| 0212 | | | 藤本果园 |
| 0213 | | | 草本果园 |
| 0220 | | 茶园 | 茶园 |
| 0230 | | 桑园 | 桑园 |
| 0240 | | 橡胶园 | 橡胶园 |
| 0250 | | 苗圃 | 苗圃 |
| 0260 | | 花圃 | 花圃 |
| 0290 | | 其他园地 | 其他园地 |
| **0300** | 林地 | | |
| 0310 | | 乔木林 | |
| 0311 | | | 阔叶林 |
| 0312 | | | 针叶林 |
| 0313 | | | 针阔混交林 |
| 0320 | | 灌木林 | |
| 0321 | | | 阔叶灌木林 |
| 0322 | | | 针叶灌木林 |
| 0323 | | | 针阔混交灌木林 |
| 0330 | | 乔灌混合林 | 乔灌混合林 |
| 0340 | | 竹林 | 竹林 |
| 0350 | | 疏林 | 疏林 |
| 0360 | | 绿化林地 | 绿化林地 |
| 0370 | | 人工幼林 | 人工幼林 |
| 0380 | | 稀疏灌丛 | 稀疏灌丛 |
| **0400** | 草地 | | |
| 0410 | | 天然草地 | |
| 0411 | | | 高覆盖度草地 |
| 0412 | | | 中覆盖度草地 |
| 0413 | | | 低覆盖度草地 |
| 0420 | | 人工草地 | |
| 0421 | | | 牧草地 |
| 0422 | | | 绿化草地 |
| 0423 | | | 固沙灌草 |

续表

| 代码 | 一级 | 二级 | 三级 |
|------|------|------|------|
| 0424 | | | 护坡灌草 |
| 0429 | | | 其他人工草地 |
| **0500** | **房屋建筑区** | | |
| **0700** | **构筑物** | | |
| 0714 | | | 停机坪与跑道 |
| 0715 | | | 硬化护坡 |
| 0716 | | | 场院 |
| 0717 | | | 露天堆放场 |
| 0718 | | | 碾压踩踏地表 |
| 0719 | | | 其他硬化地表 |
| 0720 | | 水工设施 | |
| 0721 | | | 堤坝 |
| 0740 | | 城墙 | 城墙 |
| 0750 | | 温室、大棚 | 温室、大棚 |
| 0760 | | 固化池 | |
| 0761 | | | 游泳池 |
| 0762 | | | 污水处理池 |
| 0763 | | | 晒盐池 |
| 0769 | | | 其他固化池 |
| 0770 | | 工业设施 | 工业设施 |
| 0780 | | 沙障 | 沙障 |
| 0790 | | 其他构筑物 | 其他构筑物 |
| **0800** | **人工堆掘地** | | |
| 0810 | | 露天采掘场 | |
| 0811 | | | 露天煤矿采掘场 |
| 0812 | | | 露天铁矿采掘场 |
| 0813 | | | 露天铜矿采掘场 |
| 0814 | | | 露天采石场 |
| 0815 | | | 露天稀土矿采掘场 |
| 0819 | | | 其他采掘场 |
| 0820 | | 堆放物 | |
| 0821 | | | 尾矿堆放物 |
| 0822 | | | 垃圾堆放物 |
| 0829 | | | 其他堆放物 |
| 0830 | | 建筑工地 | |
| 0831 | | | 拆迁待建工地 |
| 0832 | | | 房屋建筑工地 |
| 0833 | | | 道路建筑工地 |

续表

| 代码 | 一级 | 二级 | 三级 |
|------|------|------|------|
| 0839 | | | 其他建筑工地 |
| 0890 | | 其他人工堆掘地 | 其他人工堆掘地 |
| **0900** | **荒漠与裸露地表** | | |
| 0910 | | 盐碱地表 | 盐碱地表 |
| 0920 | | 泥土地表 | 泥土地表 |
| 0930 | | 沙质地表 | 沙质地表 |
| 0940 | | 砾石地表 | 砾石地表 |
| 0950 | | 岩石地表 | 岩石地表 |
| **1000** | **水域** | | |
| 1001 | | 水面 | 水面 |
| 1012 | | | 水渠 |
| 1050 | | 冰川与常年积雪 | |
| 1051 | | | 冰川 |
| 1052 | | | 常年积雪 |

本书附录 2 给出了重要地理国情要素选取表。

3) 数据分析与制图综合

通过对数据本身的分析，结合技术要求，进行知识库编写，重点是综合规则的知识转化以及综合流程的梳理。

a. 地表覆盖数据制图综合

(1) 耕地：主要包括水田和旱地；

(2) 园地：主要包括果园、茶园、桑园、橡胶园、苗圃、花圃、其他园地；

(3) 林地：主要包括乔木林、灌木林、乔灌混合林、竹林、疏林、绿化林地、人工幼林及稀疏灌丛；

(4) 草地：主要由天然草地及人工草地组成；

(5) 人工堆掘地：主要由露天采掘场、堆放物等组成。

其中上述五种地表覆盖数据制图综合时，具体的参数设置可参考附录 3。

b. 重要地理国情要素数据制图综合

(1) 道路：应保持其道路的连通性；

(2) 构筑物：根据实际情况进行综合、概括和取舍；

(3) 交通：根据图层数据重要性，对点数据进行格网过滤选取以及对于小于阈值的要素进行降维处理(面数据转换成线数据或点数据)等；

(4) 水域：主要是对水系面数据进行临近合并、选取和化简，其中，水域综合的关键在于要保持水系线、水系面的连通性；

(5) 行政区划与管理单元：对于权重较高的行政区，不需要采取综合，如国家级、省级、特别行政区等内容；

(6) 社会经济区域单元：主要进行的综合操作是选取，保留长度、面积较大的要素，在成图时，能够保证其图面精度与内容表达即可；

(7) 城镇综合功能单元：该部分主要针对地表覆盖的点数据，针对点要素，其主要处理算法是"格网过滤"，根据点要素权重的高低进行添加。

本书附录 4 给出了上述 7 种重要地理国情要素数据制图综合时具体的参数设置。

4) 数据检查

a. 矢量数据检查

(1) 坐标位置的正确性，主要检查投影类型和坐标系表示的正确性；

(2) 数据源时点是否符合规定；

(3) 文件命名的规范性及存储格式的正确性；

(4) 图层的完整性，主要检查遗漏或多余的图层，重点检查地类图斑、线状地物、零星地类、地类界线等图层；

(5) 图层的正确性，主要检查乡(镇)级行政区划、县(市)级行政区划、地(市)级行政区划、地类和地域分区等图层，能否做到全域覆盖，不重不漏；

(6) 图形数据拓扑关系的正确性，主要检查是否有多余的多边形碎片及多余的弧段，孤立的点、线要素是否合理，悬挂的线要素是否合理以及行政界线与权属区、行政区的线弧一致性；

(7) 相邻图幅的图形接边一致性，主要检查地类图斑、线状地物的连续性；

(8) 检查标准分幅索引图的正确性；

(9) 检查图面整饰的规范性，主要检查图面颜色、花纹、符号、线型的设置。

b. 属性数据检查

(1) 图层属性结构的完整性，主要检查属性结构是否符合相关标准的要求；

(2) 数据字典正确无误，符合相关标准的要求；

(3) 图层属性内容的完整性和正确性，主要检查权属代码、权属名称、座落代码、座落名称、地类码、权属性质是否为空及是否与数据字典一致；

(4) 图层属性内容逻辑关系的一致性，主要检查图斑毛面积之和是否等于辖区总控制理论面积；

(5) 检查图形数据和属性数据的对应关系的正确性；

(6) 接边实体属性结构和属性内容保持一致。

c. 数据转换

按需要转换为平面参考坐标。

5) 数据编辑

对不符合综合要求的数据，进行人机交互编辑，涉及的具体内容如下。

(1) 数据改名：不符合标准规范的数据名称需要进行改名操作；

(2) 数据降维：一定条件下，小于阈值的面数据需要进行降维处理(转点、转线)；或者小于阈值的线数据需要进行降维处理(转点)；

(3) 点数据过滤：比例尺变小，对应的点数据的数量也会随着比例尺的变小而变小。

## 7.1.2　应用案例：贵州省地理国情普查地图集编制

**1. 任务要求**

1）任务概述

根据《贵州省人民政府办公厅关于印发贵州省第一次全国地理国情普查实施方案的通知》（黔府办发〔2013〕54 号）的要求，贵州省第一次全国地理国情普查工作需形成成果地图集，用以更好地反映贵州省第一次地理国情普查工作情况，让党政领导机关更加形象直观地了解省情，从空间分布上更具体地掌握全省自然地理和社会经济要素的基本情况，为政府部门科学决策和宏观领导提供准确翔实的地理信息资料，同时为各级领导和社会有关行业深入管理提供工作用图。贵州省第三测绘院地理信息分院为本次图集编制任务实施单位。

根据《贵州省地理国情普查地图集专业设计书》的要求，本次编制的任务包括四个图组共计 127 幅地理国情普查成果图制作，共有 40 个比例尺级别，其中，

（1）序图组：8 幅组成，宏观展现贵州省行政区划、地形全貌和社会经济等情况，成图比例尺均为 1∶160 万。

（2）地理国情普查图组：13 幅组成，以地理国情普查成果为基础展示贵州省地表覆盖和社会经济要素发展状况，成图比例尺均为 1∶160 万。

（3）普查成果应用图组：9 幅组成，以地理国情监测成果为基础展示 9 个地州城市空间格局变化情况，成图比例尺为 1∶13.4 万～1∶3 万，共 8 个比例尺级别。

（4）区域图图组：97 幅组成，以 9 个地、市（州）为单位分为九个部分，分别由地、市（州）级图及下属县（市、区、特区）图组成。比例尺级别为 1∶73 万～1∶4.3 万，共 31 个比例尺级别。

任务编制的数据源为贵州省第一次全国地理国情普查数据以及其他相关基础数据、统计数据等，其中普查数据源比例尺为 1∶1 万，形成的图集中数据比例尺为 1∶160 万～1∶3 万，综合前后比例尺差别较大，且由于贵州省本身土地图斑较为破碎，因此制图综合难度较高。因此，编制初期，实施单位就制定了以创新性的基于地理信息系统数据库自动综合、图库一体化、地图编制自动化等高效先进技术方法为主的图集编辑技术方案，保证制图成果的科学性及精度。

《贵州省地理国情普查地图集》编制任务于 2016 年 4 月启动，5～8 月进行自动综合软件的尝试和探索，9 月完成技术设计书的编制，符号设计及样图生产，12 月完成 3 个地州的区域图编制，因有其他指令性任务，项目暂停；2017 年 5 月提交部分图幅，通过省普办检查和验收，2018 年 1 月完成所有图幅的生产和检查工作，并完成技术总结等技术性报告，生产成果符合国家有关标准、规定和要求，于 2018 年 1 月底按照要求进行成果提交。

2）任务范围及任务特点分析

《贵州省地理国情普查地图集》编制任务范围为贵州省全域，地跨103°36′～109°35′E，

24°37′~29°13′N，东西宽 570km，南北长 510km，包含贵阳、六盘水、遵义、安顺、毕节、铜仁 6 个地级市，黔东南、黔南、黔西南 3 个自治州，9 个县级市和 79 个县（区、特区），总面积达 17.6 万 km²。

贵州位于我国西南部，东邻湖南、西连云南、北靠四川和重庆、南接广西。贵州作为云贵高原的一部分，它突起于四川盆地和广西丘陵之间，自西向东，大致以赫章的妈姑以西、妈姑到镇远以东，依次呈顺次下降的三级梯面，海拔大多在 500~1 500m，省内最高点在威宁、赫章两县交界处的韭菜坪，海拔高为 2 900m，最低点在黎平县地坪乡都柳江支流水口河出省处，高程为 148m，主要山脉有西部的乌蒙山，北部的大娄山，中部的苗岭，东部的武陵山，整体地形较为破碎。

此外，除了上述地形地貌特点外，面对地理国情普查数据综合，贵州省内的自然环境还具有以下两个典型特点。

(1)两大水系特征不同。贵州省的水系分属长江和珠江两大流域，其中苗岭以北属长江流域，流域面积占全省面积的 1/3，境内大小河流广为分布，密布系数在 0.1~0.5，乌江和赤水河是长江水系在省内的两大支流，南北盘江、红水河、都柳江等属于珠江流域。根据水网结构，长江、珠江水系各有特点：长江水系的曲流一般较发达，在山区多峡谷、急转弯，且有河流袭夺现象，支流比较发达，多呈树枝状水系；珠江水系大多流入石灰岩地区及易溶解岩层区，伏流、消失河段、断头河特别发达，本水系均为树枝状结构。因此，在进行制图综合时，需要根据不同水系特征，进行河流的选取和综合处理。

(2)居民地多呈散列状。贵州省居民地除遵义县、毕节市、大方县、织金一带和都匀市、凯里市的局部地区属于居民地较密地区外，其余均属于中等偏稀疏区，居民地均为中型和小型，由于地形的因素，省内居民地多呈散列状分布，一般在河流两岸、公路沿线，城市附近居民地较多。这种散列状分布的居民地在综合时，传统人工方式耗时较多且不准确，现有常规统一的自动综合处理模式则效果较差，因此需要针对聚集区和散列区分别进行居民地的综合处理。

**2. 基于智能综合系统的处理技术流程**

图集生产主要采用 WJ-III 地图工作站作为数据综合编辑处理软件，ArcGIS10.1、Adobe Illustrator CS6、CorelDRAW X6 等软件主要用于数据预处理、图表制作及整饰。具体步骤如下。

(1)序图部分：直接利用 WJ-III 编绘生产全省地理底图，根据专题资料制作，并按图幅设计进行编制。

(2)省市县普查图部分：

● 数据处理、格式转换等工作。根据提供的地理国情普查成果数据在 ArcGIS 中进行，将.gdb 的地理国情普查成果数据转为.shp 文件。

● 县域主图数据综合。套和标准图框，框定计算好比例尺，根据区域特点，将 WJ-III 地图工作站知识库中相应参数调修，并设置成图比例尺后进行自动综合。

● 地州主图数据综合。将地州所有区县数据综合完成后，对区县数据进行拼接完成地表覆盖数据，然后再根据成图比例尺进行自动综合。

● 符号化成图、附图附表制作及图件整饰。将综合后的数据转入 ArcGIS 中进行图件编制和整饰。

由于数据自动综合是本次任务中的难点和重点,因此根据贵州的地形特点,在 WJ-Ⅲ 的通用综合知识库的基础上,考虑贵州地形特点进行参数修改,如针对地形整体较为破碎的特征,将耕地、园地、房屋建筑等地类最小上图标准均改为 2 mm²,水系宽度实现自动赋值,道路自动避让水系等,从而实现点、线、面等要素的自动综合,地州及省级地图的自动拼接,减轻作业员的工作量。

此外,针对水系、房屋等的特点,在关键技术方面,水系的自动选取和综合处理采用连续性特征约束的树状河系层次关系构建及简化方法实现,保证水系的树状特征;散列居民地区域则根据图面可视范围和重要程度等区域特点,选择对应阈值进行融解、合并及化简操作。

### 3. 任务成果

《贵州省地理国情普查地图集》成果包括地图集成果、图集数据和元数据,具体如下。

(1)序图组 8 幅,包括贵州政区、贵州地势、贵州卫星影像、贵州气候、贵州土壤、贵州人口、贵州综合经济、贵州旅游等内容。

(2)普查图组 13 幅,分别为贵州地理国情现状、贵州种植土地、贵州林草覆盖、贵州荒漠与裸露地、贵州水域、贵州交通、贵州居民地与设施、贵州教育、贵州医疗卫生、贵州主体功能区、贵州生态功能区、贵州 5 个 100 工程分布等内容。

(3)应用图组 9 幅,分别为 9 个地州城市空间格局变化监测内容。

(4)区域图组 97 幅,包括包含贵阳、六盘水、遵义、安顺、毕节、铜仁 6 个地级市,黔东南、黔南、黔西南 3 个自治州,9 个县级市和 79 个县(区、特区)的地理国情普查图。

整本图集共 127 幅,所有图幅为展开页,共 270 页。

### 4. 对比分析

本次贵州省地理国情普查地图集的编制过程中,实施单位基于成果 WJ-Ⅲ 地图工作站,创新性地实现了地理信息系统数据库自动综合、图库一体化、地图编制自动化等高效先进技术方法为主的图集编辑技术方案,极大地提高了图集编制效率。

(1)实现多级比例尺逐级或跨尺度自动综合。贵州省地理国情普查图集涉及比例尺范围为 1∶160 万~1∶3 万,比例尺跨度大,使用传统的综合手段需要先将 1∶1 万的原始数据综合为 1∶5 万,然后在 1∶5 万综合数据的基础上再综合为更小比例尺数据,耗时耗力,WJ-Ⅲ 地图工作站能够实现基于 1∶1 万数据的逐级或跨尺度综合与成图,解决了从传统单一比例尺制图到多比例尺融合制图,从单一比例尺静态地图显示到多比例尺平滑动态连续显示的技术难题,从而使多尺度空间数据能够在 PC 机、掌上电脑、网络上无级显示。

(2)综合处理耗时少、效率高。在相同运行环境下对赤水市和黔西县两个区域,采用 WJ-Ⅲ 地图工作站和其他制图软件,进行数据综合及成图效率对比,如表 7.2 所示,可见对于同等区域,原有方法需要几十个工天的综合成图工作,WJ-Ⅲ 地图工作站仅需几个小时便可完成，自动综合和成图效率大幅度提升。

表 7.2　贵州省地理国情普查地图部分实验区综合成图效率对比

| 综合区域 | 本书智能综合系统 | 其他软件(ArcGIS) |
|---|---|---|
| 赤水市 | 12 万个图斑 | |
| 1∶18 万～1∶1 万综合+成图 | 3h24min(全自动) | 2 人×25 工天(综合)<br>2 人×7 工天(编辑)<br>共计 64 工天 |
| 地图审校 | 1 人工天 | 1 人工天 |
| 黔西县 | 24 万个图斑 | |
| 1∶21 万～1∶1 万<br>综合+成图 | 7h36min(全自动) | 2 人×32 工天(综合)<br>2 人×9 工天(编辑)<br>共计 82 工天 |
| 地图审校 | 1.5 人工天 | 1.5 人工天 |

## 7.1.3　应用案例：广东省地理国情普查图集、图件编制

### 1. 任务要求

1) 任务概述

按照《广东省第一次全国地理国情普查实施方案》(粤地普办〔2014〕2 号)的要求，广东省第一次全国地理国情普查需要提交广东省第一次全国地理国情普查成果系列图、广东省第一次全国地理国情普查地图集以及各市县第一次全国地理国情普查图件等成果。2015 年年底，广东省第一次全国地理国情普查数据建库工作已经完成，基本统计分析工作也基本完成，为此，根据《广东省第一次全国地理国情普查图件编制实施方案》(粤地普办〔2016〕5 号)的要求，广东省国土资源测绘院、广东省地图院联合，于 2016 年年初启动了广东省第一次全国地理国情普查图件和图集的编制工作。

根据《广东省第一次全国地理国情普查图件编制技术设计书》和《广东省第一次全国地理国情普查图集编制技术设计书》的要求：

(1)图件编制完成时间为 2016 年 9 月底，完成的任务如下。

● 纸质成果：包括广东省、21 个市、119 个县(市、区)共 141 个制图单元。

● 图件成果：包括广东省、21 个市、119 个县(市、区)共 141 幅第一次全国地理国情普查图的制图工程文件、印前成果和分发成果(以 TIFF 格式存储)。

(2)图集编制完成时间为 2016 年 9 月底，完成的任务如下。

● 纸质成果：图集册 1 200 本，成品尺寸 406 mm×280 mm。

● 数据成果：图集数据包括序图组、地理国情普查基本图组、地理国情普查专题图组共 158 幅地理国情普查图的制图工程文件、印前成果和分发成果。

时间紧且任务量大，其中数据制图综合工作是本次任务的主要内容，由于广东省第一次全国地理国情普查数据以及其他基础资料的数据源比例尺大多大于 1：1 万，而形成的图件和图集比例尺为 1：160 万～1：1 万，共含 33 级比例尺，综合前后的比例尺相差较大，制图综合难度非常高。因此，为确保进度，广东省第一次全国地理国情普查图件和图集的编制任务中，选择智能综合系统作为主要的制图综合工具。

结合广东省第一次全国地理国情普查数据及图件图集编制任务的特点，任务具体实施单位与智能综合系统技术支持经过详细任务分析、技术流程制定、数据综合处理、图件编辑整饰以及图件、图集印刷生产，于 2016 年 10 月完成所有图件、图集生产，形成的成果依据技术设计书、《测绘成果质量检查与验收》(GB/T24356—2009)等检查，质量元素均符合技术设计要求，成果质量合格，圆满完成广东省第一次全国地理国情普查数据及图件图集编制任务。

2) 任务范围及任务特点分析

任务图件图集的编制范围涵盖广东省第一次全国地理国情普查覆盖的范围，地跨 109°45′～117°20′E，20°09′～25°31′N，包括全省 21 个地级市、20 个县级市、34 个县、3 个自治县、62 个市辖区，总面积达 17.96 万 km²。

任务区域广东省地处中国大陆最南部，东邻福建，北接江西、湖南，西连广西，南临南海，珠江口东西两侧分别与香港、澳门特别行政区接壤，西南部雷州半岛隔琼州海峡与海南省相望，省内的自然环境具有以下特点。

(1) 地貌复杂：广东全省地貌复杂多样，有山地、丘陵、台地和平原，其面积分别占全省土地总面积的 33.7%、24.9%、14.2% 和 21.7%，河流和湖泊等只占全省土地总面积的 5.5%。地势总体北高南低，北部多为山地和高丘陵，最高峰石坑崆海拔 1 902 m，位于阳山、乳源与湖南省的交界处；南部则为平原和台地。

(2) 路网发达：广东省交通四通八达，是全国交通较发达的省份之一。京广、京九、广深、粤海等铁路，武广高铁、贵广高铁、南广高铁、广深港高铁等客运专线，京港澳高速、沈海高速等国家高速公路，G105、G324、G325 等国家道路通过广东省。

(3) 水网纵横：广东省包括了珠江的西江、东江、北江和三角洲水系以及韩江水系，其次为粤东的榕江、练江、螺河和黄岗河以及粤西的漠阳江、鉴江、九洲江和南渡河等独流入海河流，水网纵横、水产养殖业较为发达。

(4) 岛屿众多：广东省共有岛屿 1 000 多个，为我国各省中海岛数量第三的省份，岛屿面积 1 592.7 km²，约占全省陆地面积的 0.89%。

综合任务范围及任务区域自然环境特点，在基于广东省第一次全国地理国情普查数据进行普查图件和图集制作的数据综合时，除了提到的综合处理基本原则和技术路线进行制图综合处理外，还应考虑到以下情况。

(1) 全省各区域高程值差别较大，在进行高程带分级时不宜以统一标尺进行衡量，因此在涉及高程数据的编制时，应根据省内各区域实际高程情况分类分级考虑。

(2) 全省路网发达，数据量较大，因此在进行道路数据综合时，应特别注意保持道路之间的空间连接性、视觉连续性，避免因综合引起道路之间以及道路与其他地物要素之间的空间冲突。

（3）在东南沿海等水系和水产养殖发达区域，由于普遍存在连片的鱼塘，因此需要特别注意坑塘毗邻化处理，需要针对广东省坑塘数据特点，对相应毗邻区识别及处理的参数、规则、符号库等进行调整，不可按照单一的面积指标处理。

（4）在岛屿综合处理方面，由于广东省内岛屿众多，为了与普查所获得的国情数据相吻合，在进行综合等处理时，不额外补充普查中没有采集的无人岛数据。

**2. 基于智能综合系统的处理技术流程**

技术问题及处理具体分三大部分：数据综合、主图编制、附图及附表编制。其具体技术流程如图 7.2 所示。其中，数据制图综合工作是主要工作内容，主要在广东省第一次全国地理国情普查数据以及相关参考数据的基础上，将原始 1∶1 万数据，综合至 1∶160 万～1∶5 万不等的图件、图集数据。

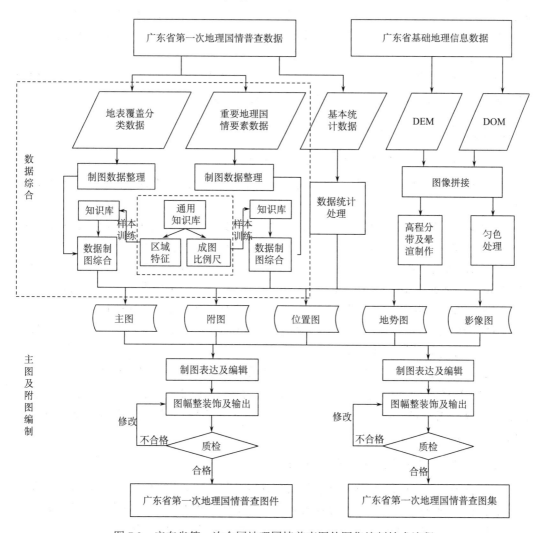

图 7.2　广东省第一次全国地理国情普查图件图集编制技术流程

根据第一次全国地理国情普查数据采集和成图相关规定，智能综合系统中内置一套通用的制图综合专家知识库，内含河流属性修正、分层、改名、预处理、道路综合、居民地综合、水系综合、境界综合、移位、删除图层、后处理、跳绘等多个步骤，同时为了方便用户配置和修改参数，以 xml 模板的形式开放提供。针对本任务，对于图件和图集数据，不同区域范围、不同表达内容，其成图比例尺也不相同，共包括 33 个类型级别，分别是图件比例尺 1∶15 000、1∶20 000、1∶25 000、1∶30 000、1∶35 000、1∶40 000、1∶45 000、1∶50 000、1∶55 000、1∶60 000、1∶65 000、1∶65 000、1∶70 000、1∶75 000、1∶80 000、1∶85 000、1∶90 000、1∶95 000、1∶100 000、1∶110 000、1∶120 000、1∶130 000、1∶140 000、1∶150 000、1∶160 000、1∶170 000、1∶180 000、1∶200 000、1∶210 000、1∶230 000、1∶500 000；图集比例尺 1∶1 600 000、1∶1 700 000。

由于成图比例尺级别跨度较大，此外前述内容中也提到广东省本身存在其特色需求，因此为了更快速准确地实现数据综合，在通用模板的基础上，可根据区域特征(如全省不同县市的地貌特征、沿海地区坑塘毗邻区特征、图斑分布密度等)以及成图比例尺，选择典型区域进行样本训练，对知识库中各参数进行调整并保存为实际运行制图模板，从而更加贴切不同区域、不同比例尺和本地特征下制图综合需要。

在综合形成的数据基础上，需要结合人工辅助检查综合后效果是否合理，重点检查图斑综合是否合理，并对部分不合理的综合进行人工处理。

### 3. 任务成果

1) 广东省第一次全国地理国情普查图件成果

广东省第一次全国地理国情普查图件成果包括纸质地图成果、图件成果以及元数据，具体如下。

(1)纸质地图成果 141×3 幅，包括广东全省，以及下辖 21 个市、119 个县(市、区)共 141 个制图单元的地理国情普查图，每个制图单元形成 3 张地图。

(2)图件成果 141 份，包括包括广东全省，以及下辖 21 个市、119 个县(市、区)共141 个地理国情普查图的制图工程文件(*.mxd)、印前成果(PDF)和分发成果(TIFF)。其中，制图工程文件包括制图数据库(GDB)、符号库(STYLE)和字库(TTF)。

(3)元数据：包括包括广东全省，以及下辖 21 个市、119 个县(市、区)共 141 幅地理国情普查图的元数据(MDB)。

依据广东省第一次全国地理国情普查图件编制技术设计书、《测绘成果质量检查与验收》(GB/T24356—2009)等检查，各图幅质量均符合技术设计要求，各图件整体质量符合设计要求，成果质量合格，成果通过广东省地图院质检(质检报告编号：地图院质检(2017)第(008)号)。

2) 广东省第一次全国地理国情普查图集成果

广东省第一次全国地理国情普查图集内容包括序图组、地理国情普查基本图组及地理国情普查专题图组三个部分，同时成果还包括制图过程的工程文件数据，具体如下。

(1)序图组 3 幅，包括广东全省的影像图、行政区划图和地势图。

(2)地理国情普查基本图组 145 幅,主要包括广东全省、珠江三角洲地区等 4 个地区,以及下辖 21 个市、119 个县(市、区)共 145 个区域的地理国情普查基本图。

(3)地理国情普查专题图组 10 幅,主要包括广东全省的植被、耕地、园地等 10 个专题的地理国情普查图。

整本图集共 158 幅,所有图幅为展开页,共 324 页。

依据广东省第一次全国地理国情普查图集编制技术设计书、《测绘成果质量检查与验收》(GB/T24356—2009)等检查,各图幅质量均符合技术设计要求,图集整体质量符合设计要求,成果质量合格,成果通过广东省地图院质检(质检报告编号:地图院质检(2017)第(009)号)。

**4. 对比分析**

基于智能综合系统进行广东省第一次地理国情普查图件及图集任务数据综合工作,其运行结果符合预期设计和质检要求。

其中,综合处理的效率主要取决于数据的复杂情况和规则的复杂性,根据本次广东省地理国情普查图集、图件编制中综合处理情况统计,在一般情况下,单个县级的地表覆盖数据综合处理基本在 1 天内完成,较复杂的县耗时增长到 2~3 天;综合规则越多越复杂,会导致综合处理时间显著增长。但是,相对于传统的手工综合而言仍然是非常巨大的进步。在传统的制图综合过程中,从 1∶5 000 综合到 1∶20 万需要经过 2~3 次综合才能达到预期,单个县级的地表覆盖数据综合处理预计不少于 30 人天的工作量。而采用 WJ-Ⅲ地图工作站自动综合处理,再结合人工检查和微调的方式处理,单个县级的地表覆盖数据,基本可以在 7 人天内完成,这为广东省第一次地理国情普查图件及图集编制任务的顺利完成提供了坚实的保障。

## 7.1.4　应用案例:甘肃省地理国情普查图件编制

**1. 任务要求**

1)任务概述

根据甘肃省第一次全国地理国情普查领导小组办公室与甘肃省基础地理信息中心签订的《甘肃省地理国情信息统计与分析项目合同》的要求,甘肃省基础地理信息中心承担甘肃省普查图件编制任务。该任务于 2016 年 1 月启动,于 2016 年 12 月底前完成,以 2015 年 6 月 30 日为核准时点的甘肃省地理国情普查数据为基础数据源进行图件生产。

根据《甘肃省地理国情信息统计与分析单项地理国情普查图件编制专业技术设计书》的要求,本次甘肃省地理国情普查图件任务内容包括:

(1)图件编制任务,包括甘肃省、14 个市州、10 张省专题图共计 25 幅地理国情普查挂图编制。

(2)图集图册编制任务,包括 1 本《甘肃省地理国情普查成果地图集》的编制及 1 本《甘肃省地理国情普查成果地图册(节选)》的编制。

由于本次任务为甘肃省地理国情信息统计与分析项目的子任务之一，技术人员较少且兼顾其他相关任务，且任务中前期的调研、任务书确定和任务书的编写评审等用时较长，实际用于制图编制生产的时间仅有 5 个月。甘肃省地理国情普查图件和图集比例尺为 1：350 万～1：6 万，共含 29 级比例尺，编制任务量较大。因此，为了确保工作顺利完成，甘肃省地理国情普查图件任务选择采用 WJ-III 地图工作站、四川省第二测绘地理信息工程院地理国情普查图制作系统(简称川局软件)、ArcGIS、CorelDRAW 等共同完成。

结合甘肃省地理国情信息统计与分析单项地理国情普查图件编制任务的特点，任务具体实施单位在详细对比各软件系统功能和侧重点的基础上，针对任务中各环节技术特点和要求，将图件编制任务继续细分为挂图线划图编制、挂图地表覆盖+地貌晕渲图编制、图集线划内容编制、图集覆盖内容编制以及附图附表整饰及图例制作等多个环节，每个环节采用不同的技术路线方法，整合完成本次任务。2016 年 12 月，所有图幅经过了作业人员自校、一级检查、甘肃省地理信息中心二级检查，挂图、图集、节选图册的质量均达到了设计目标。2018 年，甘肃省第一次全国地理国情普查成果图件获得全国优秀地图作品裴秀奖铜奖。

2) 任务范围及任务特点分析

任务图件图集的编制范围涵盖甘肃省第一次全国地理国情普查覆盖的范围，地跨 $92°13'\sim108°46'E$，$32°11'\sim42°57'N$，包括全省 14 个市州(12 个地级市、2 个自治州)，总面积达 45.59 万 $km^2$。

任务区域甘肃省位于我国中北部，地处黄河上游。东接陕西省，东北界宁夏回族自治区，南邻四川省，西南与西部连青海省、新疆维吾尔自治区，北靠内蒙古自治区并与蒙古国接壤。

该项任务的主要实施单位甘肃省基础地理信息中心长期以来承担甘肃省相关地图图件的编制工作，完成的《兰州市历史地图集》等图集图件任务，先后多次获得地图作品裴秀奖等奖项，积累了丰富的地图编制经验。本次任务数据源海量、内容众多、拓扑关系复杂，比例尺综合跨度大，具体实施中若采用常规作业方式，在较短时间内很难完成。为了更好地完成任务工作，任务实施单位将相关地图综合、地理国情编制软件进行了前期详细的调研和对比分析，确定对于编制任务中数据综合部分，采用 WJ-III 地图工作站和川局软件共同完成。其中，川局软件是四川省第二测绘地理信息工程院基于 ArcGIS 10.1 二次开发的针对地理国情普查图自动综合和符号化的软件。

通过对两项软件的指标、功能和性能进行对比和样图制作，两类软件分别具有其各自的侧重点和适应性。

(1)制图综合速度：WJ-III 地图工作站针对地理国情要素数据的制图综合速度优于川局软件。

(2)制图综合效果：川局软件水系道路的形状化简较好，但需要更多的人工编辑工作量；WJ-III 地图工作站自动化程度较高，结合前期制图综合知识库的优化配置，制图综合效果能够从整体上满足生产需求。

(3)制图地图表达：川局软件在 ArcGIS 中制作了成图模板，依赖于 ArcGIS 本身的地图表达机制，提供了一些晕带制作等工具。ArcGIS 中颜色与一般的图形图像软件相差较大，河流渐变需要为河流属性表增加初始渐变宽度和终止渐变宽度，再使用 ArcGIS 的制图表达实现锥形面渐变。WJ-III 地图工作站制作了完整的符号化知识库和注记知识库，利用已有的符号库，地图符号化较为方便，地图表达效果较好。

综上分析，本次任务中，采用 WJ-III 地图工作站作为制图综合、符号化的主体工具，在晕带制作、LCA 综合等环节采用川局软件进行补充，两者结合达到更好的效果。

**2. 基于智能综合系统的处理技术流程**

甘肃省地理国情普查图件编制技术流程包括两大部分，即数据综合和地图编制。其具体技术流程如图 7.3 所示。其中，数据制图综合工作以 WJ-III 为主，结合川局软件共同完成，其他人工辅助编制工作则采用 CorelDRAW、Photoshop 等完成。详细步骤包括：

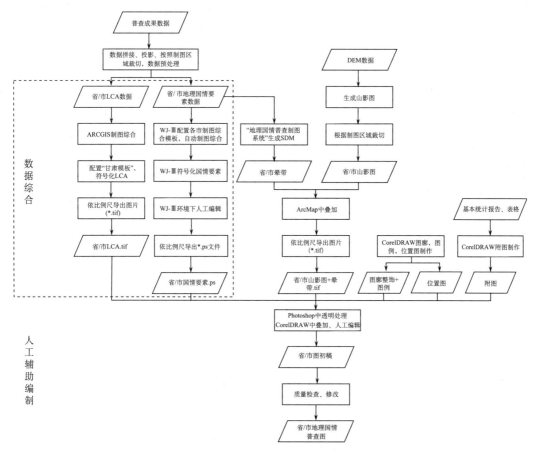

图 7.3　甘肃省地理国情普查图件编制技术流程

(1)地理国情普查成果数据预处理；

(2)地表覆盖分类数据(LCA)制图综合(川局软件)；

(3)地理国情要素数据的制图综合(WJ-III)；

(4) 数据的符号化和少量的人工编辑(WJ-III);

(5) 辅助地理国情要素人工制图编辑(CorelDRAW);

(6) 综合后的地表覆盖分类图片＋地势加晕带图片叠加、透明处理，导出 tif(Photoshop);

(7) 将 LCA+地势+晕带图片导入 CorelDRAW，叠加编辑后的国情要素数据，并进行图框、位置图、附图、图例等编辑，最终成图。

图件编制过程的中间数据均采用统一格式标准,保证各软件之间能够相互兼容使用。

根据全国第一次地理国情普查数据采集和成图相关规定，WJ-III 地图工作站中内置一套通用的制图综合专家知识库，内含河流属性修正、分层、改名、预处理、道路综合、居民地综合、水系综合、境界综合、移位、删除图层、后处理、跳绘等多个步骤，同时为了方便用户配置和修改参数，以 xml 模板的形式开放提供。针对于本任务内容，经实施单位与 WJ-III 技术支持人员讨论和样图实验，为了保证快速综合出图，确定比例尺接近的地区可以采用类似的模板。以市州图为例，其模板可采用如下配置。

模板 1：嘉峪关市(1∶6 万);

模板 2：临夏回族自治州(1∶15 万)，金昌市(1∶16 万);

模板 3：天水市(1∶22 万)，平凉市(1∶23 万)，兰州市(1∶24 万)，白银市(1∶26 万)，定西市(1∶28 万);

模板 4：庆阳市(1∶32 万)，陇南市(1∶32 万)，武威市(1∶32 万)，张掖市(1∶42 万)，甘南藏族自治州(1∶40 万);

模板 5：酒泉市(1∶75 万)。

在通用模板的基础上，可继续根据区域特征(如不同市州水系选取指标)对模板对应的知识库中各参数进行微调，确保与本地特征相符。

### 3. 任务成果

甘肃省地理国情普查图件编制任务成果包括三大类，分别是甘肃省地理国情普查基本图和专题图挂图、甘肃省地理国情普查成果图集以及甘肃省地理国情普查成果地图集节选。

1) 甘肃省地理国情普查挂图成果

甘肃省地理国情普查挂图成果基本图挂图、专题图挂图以及挂图数据和元数据。其中，基本图挂图 15 幅，包括甘肃省和 14 个市州的地理国情普查图;专题图挂图 10 幅，为全省地理国情普查专题图。

2) 甘肃省地理国情普查成果图集

《甘肃省第一次全国地理国情普查成果地图集》内容包括区域概况、地表覆盖、重要地理国情要素和普查成果典型应用四部分，同时图集成果还包括制图过程的工程文件数据，具体如下。

(1) 区域概述 6 幅，包括甘肃省区位、影像、地形等 6 幅区域概述图。

(2) 地表覆盖 18 幅，包括甘肃全省地表覆盖、植被和种植土地 3 个类型地表覆盖，以及下辖 14 个市州地表覆盖图。

（3）重要地理国情要素 14 幅，包括甘肃省水系、交通网络等重要地理国情要素分布图。

（4）普查成果典型应用 9 幅，包括祁连山冰川变化监测、河西走廊沙漠化动态监测等地理国情普查成果应用于甘肃省生态环境保护监测和城市空间发展变化监测的图件。

整本图集共 47 幅，所有图幅为展开页，共 101 页。目前该图集已于 2018 年 1 月由中国地图出版社出版。

3）甘肃省地理国情普查成果地图集节选

为整体展示地理国情普查成果的内容，对地理国情普查成果有一个全面、直观的展示，编制形成《甘肃省第一次全国地理国情普查成果——地图集节选》，主要将挂图成果中的 10 幅专题图编制成册。其内容成果清单可参见挂图成果中的专题挂图内容，地图册中各专题图的成果比例尺均为 1∶350 万。

**4. 对比分析**

本次任务中，实施单位将 WJ-Ⅲ地图工作站与基于 ArcGIS 研发的川局软件进行了功能和性能方面的详细对比，同时通过样例实验和实际应用显示，WJ-Ⅲ 地图工作站在制图综合的速度和制图综合效果方面显著优于基于 ArcGIS 研发的地理国情制图软件。例如，在进行甘肃省地表覆盖数据综合处理时，由于地表覆盖数据具有海量、复杂等特征，人工制图综合无法实现，使用基于 ArcGIS 研发的川局软件综合进行测试，每个县（区）平均就需要三天时间，而对于市（州）图则因数据量太大无法综合。对比使用 WJ-Ⅲ 地图工作站，其综合所需时间如表 7.3 所示，可见，面积较小的县区仅需要 20～30 min 即可完成，面积较大的县区也仅需要 20 min。对于市州数据，则可采用分块并行方式同时进行处理，大大节省了数据综合的时间，为本次甘肃省地理国情普查图件编制任务的顺利完成提供了坚实的保障。

**表 7.3　WJ-Ⅲ地图工作站制图综合需要的时间**

| 图名 | 比例尺 | 图斑数目 | 综合所需时间 |
|---|---|---|---|
| 兰州市城关区 | 1∶3 万 | 20 845 | 20～30 min |
| 庆阳市正宁县 | 1∶7 万 | 63 881 | 30 min 左右 |
| 庆阳市西峰区 | 1∶6 万 | 70 140 | 50～60 min |
| 庆阳市庆城县 | 1∶10 万 | 172 284 | 约 20 个小时 |

## 7.1.5　应用案例：湖北省地理国情普查挂图编制

**1. 任务要求**

1）任务概述

2016 年 12 月，湖北省第一次全国地理国情普查工作全面完成，并通过国家验收。

按照国普办要求,第一次全国地理国情普查工作结束后,应形成普查工作的多项成果,包括统计数据、文字报告、地图图件等,并及时向社会公开发布,以推动普查成果的全面应用。为响应国家号召,积极推动省普查成果的社会化应用,宣传地理国情普查工作的重要性,为地理国情监测工作奠定基础,2017 年湖北省测绘地理信息局将《湖北省 103个县(市、区)地理国情普查挂图编制》列为 2017 年湖北省基础测绘项目,由湖北省地图院承担完成,执行时间 2017 年 1～12 月。

根据《湖北省 103 个县(市、区)地理国情普查挂图编制技术设计书》的要求,本次湖北省地理国情普查系列挂图任务内容主要为编制湖北省各县(市、区)地理国情普查图共 103 幅图,其中 77 个县(市、区)采用全开幅面成图,比例尺为 1∶16 万～1∶5.5 万,26 个县(市、区)采用对开幅面成图,比例尺为 1∶8 万～1∶1.5 万。

由于该任务编制图件量较大,时间较紧迫,采用传统人工综合的方式难以完成。因此,任务伊始,承担单位湖北省地图院就制定了采用地图制图技术、数据库技术、印刷技术等,利用先进的自动制图综合软件进行编制的总体思路,同时在立项之初就综合对比了相关自动化制图综合软件,确定使用 WJ-III 地图工作站作为图件自动制图综合软件,于 2017 年 3 月前往已经采用 WJ-III 地图工作站完成地理国情普查图编制的贵州省进行考察。在综合处理过程中,针对湖北省典型山地、丘陵和平原地区进行示范区域数据综合并进行软件调优。最终于 2017 年 8 月完成 103 幅县(市、区)主图的综合和编制工作,湖北省测绘产品质量监督检验站的检查验收。

2) 任务范围及任务特点分析

湖北省地理国情普查系列挂图编制的任务范围为湖北省,其位于中国中部,长江中游。地跨 108°21′～116°07′E,29°01′～33°16′N,东西长约 740 km,南北宽约 470 km,面积 18.59 万 km²。全省共辖 12 个地级市、1 个自治州、4 个省直管县级单位,103 个县(市、区),其中含市辖区 38 个、县级市 24 个、县 38 个、自治县 2 个、林区 1 个。

湖北省地势大致为东、西、北三面环山,中间低平,略呈向南敞开的不完整盆地,其中:

(1)山地占 55.6%。全省山地中,西北山地为秦岭东延部分和大巴山的东段,秦岭东延部分称武当山脉,大巴山东段由神农架、荆山、巫山组成;西南山地为云贵高原的东北延伸部分,主要有大娄山和武陵山;东北山地为绵亘于豫、鄂、皖边境的桐柏山、大别山脉;东南山地为蜿蜒于湘、鄂、赣边境的幕阜山脉。神农顶海拔 3 105 m,是华中地区第一高峰。

(2)丘陵占 24.4%。全省丘陵主要分布在鄂中和鄂东北,鄂中丘陵包括荆山与大别山之间的江汉河谷丘陵,大洪山与桐柏山之间的水流域丘陵;鄂东北丘陵以低丘为主,地势起伏较小,丘间沟谷开阔。

(3)平原湖区占 20%。省内主要平原为江汉平原和鄂东沿江平原。湖北省素有"千湖之省"的美称,河流以长江及其最大支流汉江为主干,河湖冲积形成的平原地带自古以来就是长江流域重要的农业经济基础。

综合湖北省的自然地理条件,湖北省具有山地、丘陵和平原湖区三类典型地形,使其土地资源呈"七山一水两分田"的格局。因此，在进行综合时，需要分别针对三类典型地形确定综合知识库中相关算子最为合适的指标值，从而确保不同地形条件下综合后数据在拓扑关系和属性内容方面的正确性。

**2. 基于智能综合系统的处理技术流程**

湖北省地理国情普查系列挂图的编制主要包括数据预处理、数据综合、制图编辑及整饰以及出版印刷四个阶段。其中，在数据综合阶段，其采用 WJ-III 进行自动化制图综合处理。在进行综合时，主要包括了自动制图综合软件指标试验及调优、样图试验和正式成图综合生产三个步骤。

(1)采用 WJ-III 进行普查图的指标试验。根据软件输出的试验样图，结合地理国情普查原始成果，针对湖北省普查图编制特点，经过多次研究、比对和测试，进行以下调优：

• WJ-III 制图综合的核心是综合知识库的设置。综合知识库包括道路综合知识库、水系综合知识库、地貌综合知识库、管线综合知识库、居民地综合知识库、境界综合知识库和植被综合知识库。根据湖北省地理特征，通过对山区、丘陵、平原不同地貌地区的综合知识库进行多次调试，最后确定了适合的综合知识库模板。

• 修复软件点选取，线选取和化简，多边形选取、化简和聚类等全要素的综合处理时出现的部分问题，保证综合后数据在拓扑关系和属性内容方面的正确性。

• 优化了地表覆盖缓冲聚类合并的算法。综合算法的精细程度很大程度上决定了自动综合的效果，是 WJ-III 进行地图综合制图的关键环节，综合算子是细颗粒度的具有通用型特征的，而对于具有特殊地理空间分布模式的要素综合，在通用型基础上开发了一些适用性强且高效的专题级别的综合算法。

(2)内容丰富，指标复杂，涉及地理国情普查成果的方方面面，且地图编制图幅数多，为保证所有挂图质量，先期进行了样图的综合和编制试验。选择湖北省山区、丘陵、平原各一个县市(来凤、当阳、枝江)，分别编制了 3 幅样图，作为全省同等地形地貌类型国情图编制的样图。另外，选择了宜昌市猇亭区和武汉市江岸区作为对开幅面国情普查图编制的样图。在样图试验过程中，进行了以下调优。

• 优化道路选取。地表覆盖比例尺小于 1:5 万的图面仅表示综合后的道路实体要素，不表示路面，比例尺大于 1:5 万宽度小于 1 mm 不表示，将道路剖分合并到相邻图斑中，图上大于等于 1 mm 保留路面。

• 优化不同区域图斑等级表示。综合后的图斑三级类表达，原有综合知识库中是比例尺大于 1:10 万需表示为三级类，按照湖北省的成图特点，仅仅针对武汉市的江岸区、江汉区、硚口区、汉阳区、武昌区、青山区，黄石市的黄石港区、西塞山区、下陆区、铁山区，宜昌市的西陵区、伍家岗区、猇亭区，共 13 个市辖区表示到三级类。通过给定对应的参考比例尺进行控制，如参考比例尺为 1:5 万，实际综合比例尺大于参考比例尺则表示为三级类，实际综合比例尺大于参考比例尺表示为二级类。

• 优化水系选取。针对原有的水系选取知识库中整个水系网进行主干河流选取时只选取一个主干河系的情况，根据湖北省水网特点，优化主干河流判定的算法，保证水系选取、渐变的正确性。

- 优化点状构筑物选取。针对原有点状构筑物仅利用格网过滤的方式进行选取，没有考虑到点选取的权重信息的情况，利用点状构筑物的属性信息进行优化，优先选取权重较大的、较为重要的点状要素，使选取结果符合综合的原则。

（3）根据调优后各地形的综合知识库，分别对 103 个县（市、区）进行数据综合。综合后的数据在经过地图编绘软件进行人工辅助编辑和整饰后，形成正式的湖北省地理国情普查挂图。

表 7.4　综合内容及自动化处理比重统计

| 序号 | 综合内容 | | 详细描述 | 软件自动完成比重 |
|---|---|---|---|---|
| 1 | 地表覆盖数据综合 | | • 道路面选取、分割融合；<br>• 房屋建筑区聚类融合镶嵌处理；<br>• 水系面选取、融合、毗邻化线处理；<br>• 耕、园、林、草、构筑物、人工堆掘地、荒漠与裸露地表综合及图斑化简；<br>• 要素地类级别自动转换；<br>• 地类图斑符号转点等 | WJ-III<br>90% |
| 2 | 重要地理国情要素综合 | 水域 | • 宽度不足指标面状河流转线；<br>• 水系网选取；<br>• 湖泊、水库、坑塘等面状水系选取及化简；<br>• 水系弯曲化简；<br>• 水系渐变 | WJ-III<br>85% |
| | | 交通 | • 道路选取（铁路、公路、乡村道路、城市道路）；<br>• 山区之字路化简；<br>• 道路弯曲化简 | WJ-III<br>85% |
| | | 构筑物 | • 面状构筑物选取、转点；<br>• 线状构筑物选取；<br>• 点状构筑物选取 | WJ-III<br>80% |
| | | 地理单元 | • 面状社会经济区划单元及自然地理单元选取、面转范围线；<br>• 面状城镇综合单元选取、转点；<br>• 面状、线状地理单元化简；<br>• 点状地理单元选取 | WJ-III<br>80%境界单独人工处理 |

### 3. 任务成果

湖北省地理国情普查系列图任务，共形成 103 个县（市、区）地理国情普查图，每个县（市、区）各印刷 25 幅，全省共计印刷 2575 幅。根据湖北省测绘产品质量监督检验站的检查验收，所有成果均达到了设计质量要求[测绘成果质量检查报告编号为：鄂地图院检(2017)第(07)号。测绘成果质量检验报告编号为：鄂测质检(2017)第(059)号]，成果质量合格。

**4. 对比分析**

本次湖北省地理国情普查系列挂图的编制，为利用计算机进行地理国情图斑数据自动综合技术进行了创新性的实验和成熟化生产，采用的 WJ-III 地图工作站能够考虑全局要素情况进行综合取舍，成果符合地理国情制图标准，能够完成全要素的综合处理，在生产过程中，针对不同比例尺数据进行软件的不断优化，提供了不同的地理国情数据综合模板，以适用不同情况的数据，提高了综合生产的效率。

(1)支持大数据量数据快速综合处理。湖北省第一次全国地理国情普查数据，尤其是地表覆盖数据，地类图斑较多，单纯的人工综合会耗费大量的时间，WJ-III 地图工作站支持大于 50 万图斑数据一次性处理，同时支持分块并行自动处理，整体自动综合处理所需时间少于 18 h；对于任一区县级区域，除图斑之外的重要地理国情要素的自动综合处理时间少于 15 min。

(2)提供多种地貌类型的模板。WJ-III 地图工作站虽然提供了标准的制图综合的知识库模板，但是针对湖北省 103 个县(市、区)不同的地形、不同的综合比例尺，需要进行相应知识库的调整。经过不同参数的试验调优，最终形成针对湖北省山区、丘陵、平原三种地貌类型的知识库，另外针对城市市区的道路综合，形成城市地区的综合知识库，以满足湖北省县(市、区)地理国情普查图的编制要求。

在对湖北省县(市、区)地理国情普查图编制研究的过程中，采用了基于图数分离的技术手段，基于知识模板的综合技术、智能化的操作大大提高了作业效率，作业效率提高了 80%左右，产生了巨大的经济效益。此研究对于常态化地理国情监测，图件快速制图出图提供了新的思路。

## 7.1.6 应用案例：安徽省地理国情普查图集编制

**1. 任务要求**

1)任务概述

2015 年 9 月，安徽省第一次全国地理国情普查工作数据获取内容完成，并向国务院普查办汇交全省现辖的 105 个县(市、区)普查数据成果，总面积约 14 万 $km^2$，涉及 1∶1 万图幅 5474 幅。为实现对安徽省地理国情普查数据的综合分析、统计应用，以服务于常态化地理国情监测，需要基于现有的地理国情普查成果通过综合制作相应比例尺地图，编制《安徽省第一次地理国情普查成果图集》，以满足地理国情普查成果应用的需求。

根据设计要求，《安徽省第一次地理国情普查成果图集》主要以安徽省第一次地理国情普查成果数据库与各行政单元的基本统计分析报告为基础数据，以岛状主图配以附图、附表、文字的形式，全方位表示安徽省各级行政区的地表覆盖与重要地理国情要素分布和构成情况。图集基本内容除前版的序、编辑说明、编纂机构组成、目录、图例与安徽省级地理国情普查工作概况外，主要有安徽序图 12 幅、安徽省市国情简介(文字)16 幅、安徽省市卫星影像图 16 幅、安徽省县(市、区)级地理国情普查图 105 幅、专项地理国情监测图组 7 幅。该任务由安徽省第四测绘院承担具体编制与两级质量检查工作，由安徽省测绘产品质量监督检验站负责成果质量检查验收，安徽省测绘局作为成果接收单位负责组织最终项目验收。

由于编制地理国情普查成果图集是一个精细且繁杂的工程，为了确保任务按时完成，实施单位确定在图集设计、数据处理、地图编绘、印前制版等方面全部采用计算机制图一体化技术。其中，数据综合采用 WJ-III 地图工作站进行，从 2017 年 7 月开始，经过一系列数据分析、数据预处理、综合知识库模板编写、反复训练知识库等过程，到 8 月中旬完成了安徽皖北地区、江淮丘陵区、大别山区、皖江平原区、皖南山区、水系多典型区等 8 种不同地形特征的 24 个县市 1∶1 万比例尺国情数据综合到多个不同比例尺的知识库制作及数据综合调试；2018 年年初完成剩余区域国情数据综合工作。

2）任务范围及任务特点分析

本次制图区域范围为安徽省全域，其位于华东腹地，是中国东部襟江近海的内陆省份，跨长江、淮河中下游，地处 29°41′～34°38′N，114°54′～119°27′E。东连江苏省、浙江省，西接湖北省、河南省，南邻江西省，北靠山东省。全省东西宽约 450km，南北长约 570 km，总面积约 14.01 万 km²，辖 16 个地级市，合计 105 个县级行政区。

安徽地处华北、扬子地块和秦岭-大别山断褶带三大构造单元的接壤地带，著名的郯庐断裂带斜贯全省，地貌类型复杂多样，山地、丘陵与平原南北相间排列，地势西南高、东北低，是一个以丘陵、山地为主的省份。其中，平原、山区、丘陵、圩区、湖沼洼地分别占 23.5%、31.2%、29.5%、3.8%、8.0%。全省大致分为 5 个自然区域：淮北平原，是黄淮海平原的一部分，地势自西北向东南略有倾斜，海拔 20～40 m，为全省重要的粮油棉生产基地；江淮丘陵，地形主要由丘陵、台地和镶嵌其间的河谷平原组成，主要山岭呈东北-西南走向，东部为长江、淮河水系的分水岭，海拔 100～300 m，西北部略低，河谷平原宽阔；大别山区，位于安徽省与鄂、豫两省交界处，为大别山的主体部分，地势险要，有海拔 1 700 m 以上的山峰多座；沿江平原，长江中下游平原的一部分，包括巢湖流域的湖积平原和长江沿岸的冲积平原，海拔多在 20m 左右，河网密集，土地肥沃；皖南山区，大部分海拔 200～400 m，山形浑圆、秀气，黄山屹立在该区中部，主峰莲花峰海拔 1 864.8 m，为安徽省最高峰。

此外，安徽省境内河流湖泊众多，河流基本属于长江、淮河两大水系，南部和浙江接壤的小部分地区属新安江（钱塘江）水系。长江在省境内呈西南-东北流向，长 416 km，流域面积 6.60 万 km²，沿江两岸重要支流有皖河、裕溪河、滁河、秋浦河、漳河、青弋江、水阳江等。长江沿岸湖泊众多，其中，巢湖为全国第五大淡水湖，面积约 800 km²。淮河横贯安徽省中北部，省内全长 431 km，流域面积 6.69 万 km²，两岸支流众多，呈不对称的羽毛状水系，沿淮两岸重要支流有洪河、颍河、西淝河、茨淮新河、涡河、新汴河、史河、淠河、东淝河、池河等。新安江发源于休宁县境内的怀玉山，为钱塘江正源，省内干流长 242 km，流域面积 0.65 万 km²。

综合安徽省的自然地理条件，其具有平原、山区、丘陵、圩区、湖沼洼地多类典型地形，且各地形的分布区域也较为集中。因此，在进行数据综合时，需要考虑安徽本省各地形条件下的地类特征来制作综合知识库，确保不同地形条件下综合后数据在拓扑关系和属性内容方面的正确性。

**2. 基于智能综合系统的处理技术流程**

安徽省地理国情普查图集制作流程大致包括数据综合、地图编制和制版印刷三大部分，其中各部门工作以及所使用的软件系统如下所示。

(1) 数据综合：WJ-III 地图工作站。

(2) 数据编辑处理：ArcGIS10.2。

(3) 文字编辑、图像处理软件：Adobe Illustrator CS6、Microsoft Office、Photoshop CS5。

(4) 图文组版软件：Adobe Illustrator、InDesign。

(5) 版面输出软件：CorelDraw X6。

各软件产品之间数据格式交换均采用标准格式，保证中间过程数据的兼容通用。

根据全国第一次地理国情普查数据采集和成图相关规定，WJ-III 地图工作站中内置一套针对国情数据的通用制图综合专家知识库，内含河流属性修正、分层、改名、预处理、道路综合、居民地综合、水系综合、境界综合、移位、删除图层、后处理、跳绘等多个步骤，同时为了方便用户配置和修改参数，以 xml 模板的形式开放提供。针对于本任务内容，根据安徽省特定的自然环境特点，结合第一批 24 个县市数据情况，确定了 8 类不同地形的综合知识库，具体如下。

(1) 皖北地区：界首市 1：12 万、利辛县 1：18 万、灵璧县 1：17 万、淮北市辖区 1：12 万；

(2) 江淮丘陵区：凤阳县 1：16 万、淮南市辖区 1：16 万、来安县 1：15 万、长丰县 1：17 万；

(3) 大别山区：岳西县 1：18 万、金寨县 1：24 万、霍山县 1：18 万、六安市金安区 1：18 万；

(4) 皖江平原区：无为县 1：20 万、当涂县 1：14 万、枞阳县 1：16 万、芜湖市辖区 1：13 万；

(5) 皖南山区：绩溪县 1：13 万、歙县 1：19 万、休宁县 1：22 万、黄山市辖区 1：10 万；

(6) 半山半平原区：太湖县 1：22 万；

(7) 多水系典型区：芜湖县 1：10 万；

(8) 其他：庐江县 1：7 万、宣州区 1：8 万。

根据不同区域特征对模板中相应参数进行调优并进行样图综合实验，对存在问题的区域进行原因分析和调整。例如，在进行综合时，发现存在以下两项问题：

(1) 部分区域(如阜南、当涂、枞阳、无为等)的国情数据采集时间处于汛期，大片水田或者其他地类被采集为水面，源数据不符合该区域的地理国情实际情况，按质检站巡检意见，并根据地理国情普查影像数据成果，进行目视解译，手动采集图斑对该部分进行修正，然后再进行综合处理。

(2) 部分地类覆盖面积总值较大，但图斑细碎，被综合过多，主图综合效果不符合实际分布情况(如平原的乔木林、山区的水田旱地)。实施单位核对了相关区域的地理国情普查数据库与基本统计分析报告,对有较大覆盖面积但图上无法体现分布特征的,降低其选取指标,确保能体现不同地形区域地类的分布特征。

经过对第一批 24 个县市数据的反复对比实验,确定各类模板均较好地适用对应地形情况。在此基础上,进一步开展剩余 81 个县区的综合处理工作。

### 3. 任务成果

《安徽省第一次地理国情普查成果图集》内容包括前版内容、序图组、地理国情普查市区县成果图组以及专题性地理国情监测成果图组四部分,同时图集成果还包括制图过程的工程文件数据。除前版内容与附录、扉页外,《安徽省第一次地理国情普查成果图集》共包含 156 幅专题地图,分别是安徽序图 12 幅、安徽省市国情简介(文字)16 幅、安徽省市卫星影像图 16 幅、安徽省县(市、区)级地理国情普查图 105 幅和专项地理国情监测图组 7 幅。正本图集共 43 个印张,所有图件均为展开页,共 343 页。

### 4. 对比分析

本次数据综合任务量大,工序复杂,是一项系统工程。开展前期进行了大量的准备和试验,特别是对安徽省负责的自然地理环境,分类进行了专家知识库指标的选取和验证,运用新的优化算法和方法,实现了复杂地形条件下图斑数据的自动综合处理,比传统人工处理方法提升了 5～6 倍的效率。此外,在综合处理过程中遇到的问题逐一得到有效解决,在数据组织、知识梳理以及算法优化等方面都有合理的解决方案。成果经核查,各项成果满足方案设计要求。

## 7.2 1∶25 万公众版地图生产

### 7.2.1 总体技术要求

#### 1. 任务概述

公众版地图是面向国民经济建设和社会发展需要的地图成果,应具有自身独立的数学基础、内容选取原则、版式和符号体系,既不同于涉密的基础地理信息成果,也不同于市场上销售的旅游图、图集和图册等公开地图产品,我国之前没有该类地图成果,但需求十分迫切。因此,《中华人民共和国测绘成果管理条例》第十四条要求"积极推进公众版测绘成果的加工和编制工作,并鼓励公众版测绘成果的开发利用",《国务院关于加强测绘工作的意见》中也明确提出"积极稳妥推出公众版地形图"。为此,国家测绘局于 2007 年启动《公众版地图生产与新兴成果试制》任务,旨在通过技术手段,研制能够提供社会公众使用的地图产品的生产工艺、表达形式以及产品。

1∶25 万公众版地图是在现有 1∶25 万国家基本比例尺基础测绘成果的基础上,通过对其进行几何精度变换、涉密内容删减、特殊要素普化等技术处理,同时结合信息化时代社会公众对基础地理信息的应用需求，从内容体系、组织形式、地图表达等方面开展面向应用的新型公众版测绘成果生产。前期任务实施单位中国测绘科学研究院在甘肃、湖北等地的前期实验，编制形成了《基础测绘成果社会公众版地图技术规范》、《1：25 万公众版地图编制技术规范》和《1：25 万公众版地图图式》，为公众版地图的生产提供了标准规范的生产依据。然而，由于全国范围内 1：25 万公众版地图的数据多达 816 幅，在前期试生产中，采用传统人工编辑方法，仅甘肃一个省的 55 幅 1：25 万公众版地图数据生产和地图编制就需要耗费几个月的时间，而根据国家要求，需要及时根据最新数据生产并发布全国的 1：25 万公众版地图数据成果和对应的地图图件，传统方法无法保证该任务按时完成。为此，任务实施单位采用本书成果 WJ-III 系列工作站，根据相关规范的要求，建立了公众版地图数据处理知识库、图件编制知识库和符号系统，构建了完整的公众版地图自动化数据生产和成图技术体系。

2010 年 4 月 7 日，基于任务成果，国家测绘局正式发布 1：25 万公众版地图成果。2010 年 4 月 21 日，国家测绘局发布 1：25 万公众版地图推广使用公告（第 1 号）。截至目前，基于 WJ-III 地图工作站，1：25 万公众版地图已经生产四版，相应成果数据和地图产品已经在 10 家军队单位、31 个省区测绘部门和 100 多个城市测绘单位得到应用。同时，在开发面向公众服务地图和政务应用地图时，为保障国家安全，1：25 万公众版地图是必须采用的基础，具有唯一性，已经在全国地质填图、三峡库区综合信息空间集成平台、天地图网站建设和各地数字城市公众网站建设中得到较好的应用，促进了地理信息的广泛应用。

**2. 要素选取要求**

1：25 万公众版数据包括水系、居民地及设施、交通、境界与政区、地貌与土质、植被、地名及注记七大类要素。成果数据分 26 个数据层，其要素内容如表 7.5 所示。

表 7.5 1：25 万公众版数据要素内容

| 要素分类 | 数据分层 | | 几何类型 | 主要要素内容 |
|---|---|---|---|---|
| 水系<br>（H） | 水系（面） | HYDA | 面 | 湖泊、水库、双线河流等 |
| | 水系（线） | HYDL | 线 | 单线河流、沟渠、河流结构线等 |
| | 水系（点） | HYDP | 点 | 泉、井等 |
| | 水系附属设施（面） | HFCA | 面 | 干出滩、危险区、礁石等 |
| | 水系附属设施（线） | HFCL | 线 | 干出线、流向、堤、坝等 |
| | 水系附属设施（点） | HFCP | 点 | 地下河段出入口、涵洞、礁石、闸、坝等 |
| 居民地及设施<br>（R） | 居民地（面） | RESA | 面 | 居民地 |
| | 居民地（点） | RESP | 点 | 普通房屋、蒙古包、放牧点等 |
| | 设施（面） | RFCA | 面 | 露天采掘场等 |
| | 设施（线） | RFCL | 线 | 长城、城墙等 |
| | 设施（点） | RFCP | 点 | 盐井、宗教设施等 |

续表

| 要素分类 | 数据分层 | | 几何类型 | 主要要素内容 |
|---|---|---|---|---|
| 交通<br>（L） | 铁路 | LRRL | 线 | 标准轨铁路、窄轨铁路等 |
| | 公路 | LRDL | 线 | 国道、省道、县道、乡道、专用公路、其他<br>公路、街道、乡村道路等 |
| | 交通附属设施（线） | LFCL | 线 | 车行桥、人行桥、隧道等 |
| | 交通附属设施（点） | LFCP | 点 | 助航标志、机场等 |
| 境界与政区<br>（B） | 行政境界（面） | BOUA | 面 | 各级行政区 |
| | 行政境界（线） | BOUL | 线 | 各级境界线 |
| | 行政境界（点） | BOUP | 点 | 界桩、碑 |
| | 区域界线（面） | BRGA | 面 | 自然文化区、特殊地区 |
| | 区域界线（线） | BRGL | 线 | 自然文化区、特殊地区界线 |
| | 区域界线（点） | BRGP | 点 | 区界不明确的自然文化区、特殊地区 |
| 地貌与土质<br>（T） | 地貌与土质（面） | TERA | 面 | 沙地、冰雪地等 |
| 植被<br>（V） | 植被（面） | VEGA | 面 | 林地、草地等 |
| | 植被（点） | VEGP | 点 | 不依比例尺林地等 |
| 地名及注记<br>（A） | 居民地地名（点） | AGNP | 点 | 各级行政地名和城乡居民地名称等 |
| | 自然地名（点） | AANP | 点 | 交通要素名、纪念地和古迹名、山名、水系<br>名、海洋地域名、自然地域名、境界<br>标志名等 |

在上述表达内容中，针对 1∶25 万的公开提供需要，应将地形图上涉密内容根据以下四个分类体系进行分类。

第一大类：军事设施，军事禁区和管理区及其内部的单位与设施，如指挥机关、地面和地下的指挥工程、训练场、试验场和军用洞库等；

第二大类：与公共安全相关或者涉及国家命脉的单位及民用设施，如监狱、刑事拘留所、爆炸物品、剧毒物品等集中存放地、大型水利设施、电力设施、通信设施、气象台站、水文观测站（网）等；

第三大类：交通运输方面易泄密内容，如专用铁路、桥梁的限高、限宽、净空属性，隧道的高度和宽度属性、江河的通航能力、沼泽的水深和泥深属性等；

第四大类：有关测绘精度方面的数据，如测量控制点、显式的空间位置平面坐标数据和显式的高程数据等。

因此，在属性内容的人工和自动两级检查中，应重点对表 7.6 中内容进行检查，并对涉密属性内容进行删除（表 7.6）。

**表 7.6　属性检查表**

| | |
|---|---|
| 不得表示的内容(对社会公众开放的除外) | 指挥机关、地面和地下的指挥工程、作战工程，军用机场、港口、码头，营区、训练场、试验场，军用洞库、仓库，军用通信、侦察、导航、观测台站和测量、导航、助航标志，军用道路、铁路专用线，军用通信、输电线路，军用输油、输水管道等直接服务于军事目的的各种军事设施 |
| | 军事禁区、军事管理区及其内部的所有单位与设施 |
| | 武器弹药、爆炸物品、剧毒物品、危险化学品、铀矿床和放射性物品的集中存放地等与公共安全相关的设施 |
| | 专用铁路及站内火车线路、铁路编组站，专用公路 |
| | 未公开机场 |
| 不得表示下列内容的具体形状及属性(用于公共服务的设施可以标注名称) | 大型水利设施、电力设施、通信设施、石油和燃气设施、重要战略物资储备库、气象台站、降雨雷达站和水文观测站(网)等涉及国家经济命脉，对人民生产、生活有重大影响的民用设施 |
| | 监狱、劳动教养所、看守所、拘留所、强制隔离戒毒所、救助管理站和安康医院等与公共安全相关的单位 |
| | 公开机场的内部结构及运输能力属性 |
| | 渡口的内部结构及属性 |
| 不得表示下列内容的属性 | 重要桥梁的限高、限宽、净空、载重量和坡度属性，重要隧道的高度和宽度属性，公路的路面铺设材料属性 |
| | 江河的通航能力、水深、流速、底质和岸质属性，水库的库容属性，拦水坝的构筑材料和高度属性，水源的性质属性，沼泽的水深和泥深属性 |
| | 高压电线、通信线、管道的属性 |
| 其他 | 未对外挂牌的公安机关不可公开 |
| | 未经批准公开招生的军队院校不可公开 |
| | 未挂牌并对外服务的军队医院不可公开 |
| | 未成为公共标志性建筑的电视发射塔不可公开 |
| | 相当于国家等级控制点的地震台站不可公开 |

### 3. 要素表达要求

为了便捷后续要素自动表达，1∶25 万公众版地图的各类要素的符号、线划、注记的规定在《1∶25 万公众版地图图式》的基础上进行细化，具体如下。

#### 1) 水系

正确反映不同地区的水系类型和形状特征。正确表示河流主支流关系、岸线弯曲程度及河渠网、湖泊的形状特征、分布特征和不同地区的密度对比；正确表示水利设施；正确反映海岸的类型和岛礁分布；正确表示水系与其他要素的关系。

#### 2) 居民地及设施

根据数据属性按照图式规定表示。应正确表示居民地的行政意义、人口等级和名称注记，反映地区间的人口密度差别和居民地的地理分布规律。表示居民地应有良好的现势性并处理好与其他要素的关系。按行政意义，居民地分为首都；省、自治区、直辖市、特别行政区政府驻地；自治州、盟、省辖市、地区行政公署驻地；县、自治县、地辖市或市辖市、旗政府驻地；乡、镇政府驻地；行政村、自然村；国营农、林、牧、渔场、工矿区、企事业单位等。

3）交通

正确表示道路的类别、等级、位置，反映道路网的结构特征、通行状况、分布密度，表示水运、空运及其他交通设施，正确反映交通与其他要素的关系。

4）地貌

正确表示各类地貌的基本形态特征，清晰显示山脉和分水岭走向，保持地貌结构线、特征点位置和名称注记的正确，处理好地貌与其他要素的关系。

5）境界

正确反映境界的等级、位置以及与其他要素的关系。不同等级的境界重合时应表示高等级境界符号，与其他地物不重合的境界线应连续表示；境界的交会处和转折处应以点或实线表示。境界符号两侧的地物符号及其注记不宜跨越境界线。

6）植被与土质

根据数据属性按照图式规定表示。

其中上述 1∶25 万公众版地图的各类要素表达具体要求可参考附录 5。

## 7.2.2　应用案例：全国 1∶25 万公众版数据及地图生产

### 1. 基于 WJ-III 的技术流程

1∶25 万公众版地图包括两类内容，分别是 1∶25 万公众版 DLG 数据集和 1∶25 万公众版地图产品。其中，1∶25 万公众版 DLG 数据集是基于 1∶25 万基础测绘成果进行数据选取、内容删减、精度处理和特殊要素普化等工作，形成的可派生后续公众版地图产品的数据集；1∶25 万公众版地图产品是以 1∶25 万公众版 DLG 数据集为数据源，参考公众版地图编制规范和图式规范，通过地图编制及印刷形成的地图图件。因此，两项内容的处理流程主要包括五大步骤：几何精度处理和涉密内容删减等保密处理、要素数据自动化选取、地图编制处理、地图整饰和地图输出。其中，第一步主要是由保密技术处理软件自动实现，其余四个环节则是主要通过 WJ-III 地图工作站进行自动化处理。其技术流程图如图 7.4 所示。

1）要素数据自动化选取

1∶25 万公众版地图数据集的数据内容应严格按照前述的要素选取要求进行选取。为了实现快速选取处理，WJ-III 将选取要求制作形成专家知识库，实现对要素的自动化选取和属性检查（图 7.5）。

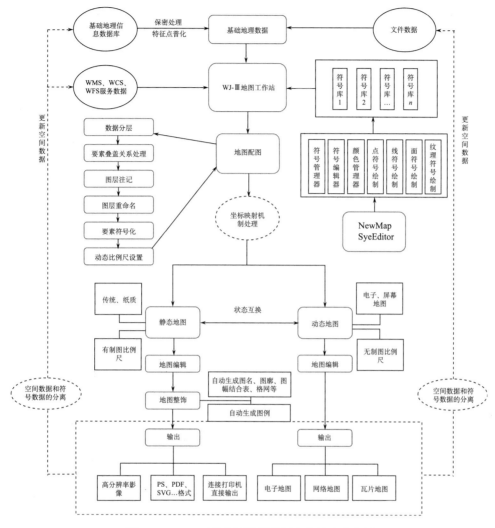

图 7.4 1：25 万公众版地图数据生产技术路线图

图 7.5 要素数据自动化选取过程界面

2) 地图表达六阶知识模型

地图编制处理、地图整饰和地图输出实际上是将数据制作成地图的过程。通过总结提炼制图专家经验，将数据到地图全过程分解为数据分层、压盖处理、注记配置、符号表达、制图分层和屏幕表达六个主要环节，并建立各环节具有训练和学习能力的开放式专家知识模板，构成制图知识库。以此为核心，形成自动制图的六阶业务模型，最大限度地减少了重复性制图操作。图 7.6 显示了通过六阶知识模型设置，1 : 25 万公众版 DLG数据到成图的过程。

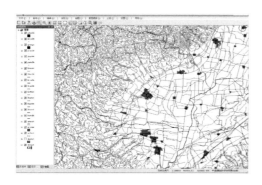

1 : 25万公众版DLG数据

制图分层模型

注记配置模型

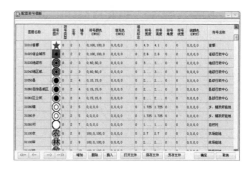

符号配置模型

制图分层模型

屏幕表达模型

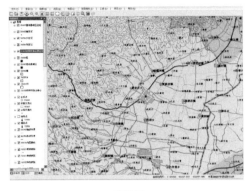

成果图

图 7.6　六阶知识模型过程

3) 版式设计模板及符号库系统

根据《1∶25 万公众版地图编制技术规范》和《1∶25 万公众版地图图式》等规范要求，针对 1∶25 万公众版地图设计形成了版式模板和符号体系。其中，在版式方面，面向公众使用的特点，加大了图面信息量，增强了制图区域特征的表现力度，设计版式的基本要素包括封面、封底、地势剖面图、区域鸟瞰图、位置略图、接图表和地图索引；在符号体系方面，突破要素平衡、图面平淡的旧模式，以公众体验为根本出发点，提出了公众版符号的设计原则，同时采用研究的基元模型，构建形成了开放式的符号制作系统(图 7.7～图 7.9)。

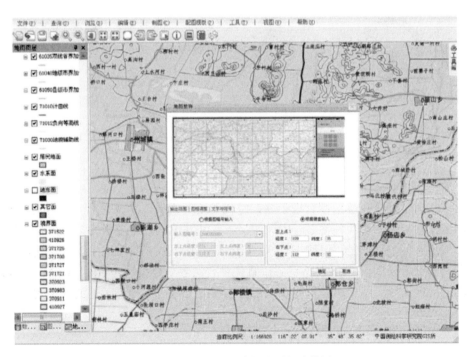

图 7.7　1∶25 万公众版地图版式模板

图 7.8　1：25 万公众版地图符号体系

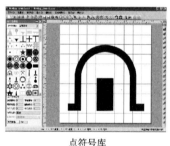

点符号库

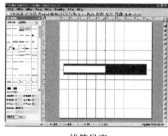

线符号库

面符号库

图 7.9　1：25 万公众版地图符号库

### 4) 多模式输出应用

本次 1：25 万公众版地图有别于模拟时代的地图成果，其成果形式为带制图工具包的地图数据，其提供了四种输出应用模式：一是可以输出 EPS 文件格式，直接供制版印刷，形成纸质地图；二是可以输出 SVG 和 PNG 等格式，直接供网上交互操作，形成电子地图；三是可以输出 PDF 文件格式，直接供普通老百姓使用 Word、Adobe Reader 等常用软件阅读浏览；四是可以扩充公共地理信息，形成专题地图，进而以上述多种格式输出(图 7.10)。

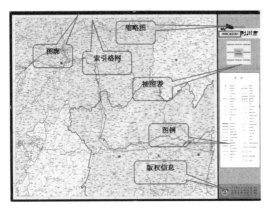

纸质地图

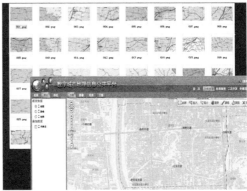

电子地图

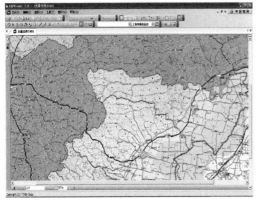

PDF文件

专题地图

图 7.10 1:25 万公众版数据输出应用形式

## 2. 成果及应用情况

2010 年年初，全国 816 幅 1:25 万公众版 DLG 数据及地图成果正式编制完成。经过统一数学基础、变化更新及属性内容安全二级检查等处理后的报审数据提交至地图审查中心进行权威审核，审核内容包括地图图幅范围、行政区域界线、我国重要岛屿、涉密内容、重要地理信息数据以及国家规定需要审查的内容，结果完全符合相关规定要求。

2010 年 4 月 7 日，国家测绘局首次正式发布 1:25 万公众版地图成果。2010 年 4 月 21 日，国家测绘局发布 1:25 万公众版地图推广使用公告(国家测绘局公告第 1 号)。截至目前，基于 WJ-III 地图工作站，1:25 万公众版地图已经生产 2 版(2012 年、2017 年)，相应成果数据和地图产品已经在 10 家军队单位、31 个省区测绘部门和 100 多个城市测绘单位以及众多科研院所得到应用(图 7.11)。

**图 7.11　1 : 25 万公众版地图成果及国家测绘局第 1 号公告**

表 7.7 为部分申领 1 : 25 万公众版地图数据的单位及其用途。

**表 7.7　1 : 25 万公众版地图数据审领表**(部分)

| 领取单位 | 用途 |
|---|---|
| 中国国土资源航空物探遥感中心 | 新疆可可托海托海准噶儿盆地中西部航空重磁综合调查 |
| 中国国土资源航空物探遥感中心 | 新疆可可托海-萨尔托海地区航磁调查 |
| 环境保护部环境工程评估中心 | 用于环境影响评价基础数据建设 |
| 中国国土资源航空物探遥感中心 | 用于重要油气盆地和成矿区带航空物探与遥感调查工程 |
| 中国测绘科学研究院 | 用于中国地质调查局全国地表变形遥感调查项目 |
| 中国国土资源航空物探遥感中心 | 用于直升机 TEM 试验勘查应用 |
| 中国国土资源航空物探遥感中心 | 用于《航空地球物理与遥感地质调查》项目 |
| 中国地质调查局发展研究中心 | 用于测绘基础地理信息与地质调查成果数据共享交换使用许可协议 |
| 河北省欣航测绘院 | 用于编绘《中国文物地图集·广西分册》的地理底图资料 |
| 河北省欣航测绘院 | 编绘图集 |
| 北京市日坛中学 | 用于校本课程教学使用 |
| 国家林业局调查规划设计院 | 用于建设全国湿地资源信息管理子系统 |
| 香港特区政府规划署 | 开展跨界运输及基建研究工作 |
| 中国地质科学院水文地质环境地质研究所 | 用于区域水文地质调查 |
| 国家海洋信息中心 | 927 资料整理 |
| 地质出版社 | 用于编制全国地质环境图系项目的地理地图 |
| 大庆油田工程有限公司 | 用于中国石油地理信息系统及相关系统 |
| 中国地质科学院水文地质环境地质研究所 | 用于巴丹吉林沙漠 1 : 25 万水文地质调查项目 |
| 陕西水环境工程勘测设计研究院 | 用于陕西黄河禹潼段防汛形势图河道工程治理图编绘项目 |
| 东北林业大学 | 用于 948 项目《森林可燃物图像信息系统技术引进》的研究 |

续表

| 领取单位 | 用途 |
| --- | --- |
| 中国地质科学院水文地质环境地质研究所 | 地下水污染调查评价 |
| 中国地质科学院水文地质环境地质研究所 | 地下水污染调查评价野外工作手图和制图底图 |
| 中国地质科学院水文地质环境地质研究所 | 全国地下水资源及其环境问题调查评价 |
| 国家发展和改革委员会西部开发司 | 用于支持《丝绸之路经济带和海上丝绸之路建设战略规划》编制工作 |
| 青岛海洋地质研究所 | 1∶100 万台北幅幅海洋区域地质调查 |
| 中国地质博物馆 | 全国重要古生物化石产地调查 |
| 地质出版社 | 编制中国地质调查局全国 1∶25 万航磁系列图等项目的地理底图 |
| 中国地震局 | 调研 |
| 湖北省地图院 | 长江沿线河道形势图 |
| 国家测绘地理信息局地图技术审查中心 | 大比例尺地图审查工作 |
| 河北省欣航测绘院 | 制作中国文物地图集.河北分册 |
| 北京安达维尔民用航空技术有限公司 | GDU1040 机载综合显示器 PMA 中 |
| 中国水利水电科学研究院水资源研究所 | 石羊河流域治理水权框架与实施的过程工作开展 |
| 中国农业大学 | 粮食作物高产栽培与资源高效利用的基础研究 |
| 地质出版社 | 编制中国地质调查局项目全国 1∶25 万航磁系列图编制课题的地理底图 |
| 中国地质调查局 | 地质资料信息服务集群化产业化关键技术与标准体系研究 |
| 工业和信息化部电信研究院 | 国家应急通信指挥调度系统建设工程 |
| 中国农业科学院农业资源与农业区划研究所 | 我国 1∶5 万土壤国籍编撰及高精度数字土壤构建 |
| 深圳凯立德科技股份有限公司 | 公司导航电子地图产品及互联网地图服务业务的研发 |
| 民政部国家减灾中心 | 重大自然灾害事件灾情评估工作 |
| 公安部科技信息化局 | 全国警用地理信息基础平台应用技术研究与规模应用示范项目 |
| 北京灵图软件技术有限公司 | 制作 GPS 导航应用中道路更新 |
| 国家测绘地理信息局卫星测绘应用中心 | "红色资源地理信息系统" |
| 国家海洋技术中心 | 完成国家海洋局项目《全国围填调查评价、规划管理与海域整治》《海域使用动态监视监测管理体统业务化运行》 |
| 中国科学院地理科学与资源研究所 | 承担国际科技支撑计划项目课题——"拉萨河流域高原湿地保护与修复技术研究与示范"的研究任务 |
| 中海石油(中国)有限公司北京研究中心 | 中国及围区石油天然气勘探开发研究,中国及围区新能源勘探开发研究 |
| 新华通讯社办公厅 | 全球报道资源和报道设备地理信息管理体统建设 |
| 武汉大学 | 科学研究 |

此外,在 1∶25 万公众版地图成果还在玉树、舟曲等突发事件应急、三峡峡库区综合信息空间集成平台、全国地质填图、天地图网站建设、各地数字城市公众网站以及国家交通战备等 380 多个军地测绘部门中得到较好应用,加强了地理信息的服务保障能力(图 7.12)。

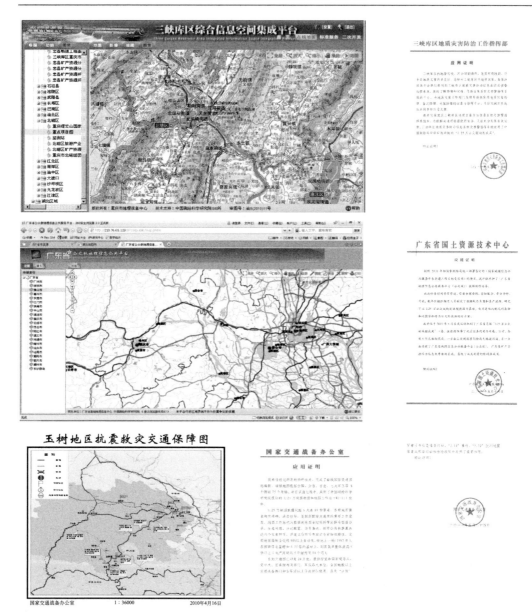

图 7.12　基于 1∶25 万公众版数据成果的应用及证明

### 3. 对比分析

经过全国 816 幅 1∶25 万公众版地图生产试验验证，WJ-III 地图工作站与国内外同类技术相比，具有支持硬件加速、所见即所得、支持大数据量高效自动制图、跨媒介地图保真等特点，在进行公众版数据生产时的自动化程度达 95%以上，整体效率提高 5 倍以上(表 7.8)。

**表 7.8 WJ-III 地图工作站与国内外同类技术对比表**

| 项目 | CorelDraw | 山海易绘 | WJ-III 地图工作站 |
| --- | --- | --- | --- |
| 变焦特性 | 单一尺度 | 单一尺度 | 多尺度一体 |
| 自动化程度(%) | 55 | 60 | 95 |
| 输出形式 | PS | PS、PNG | PS、PDF、SVG、PNG |
| 服务支持 | 无 | WMS | WMS、WFS、TMS、WCS |
| 符号类型 | 仅支持静态符号 | 支持静态和部分动态符号 | 支持静态和动态符号,扩充了公共地理信息通用地图符号 |
| 跨媒介保真(%) | 70 | 50 | 98 以上 |

1:25 万公众版地图数据于 2009 年 2 月 16 日通过国家测绘局等单位联合组织的技术体系验收;2010 年 1 月 7 日通过国家测绘局等单位联合组织的数据及软件测试;2010年 2 月 8 日通过国家测绘局等单位联合组织的最终成果验收;2009 年 12 月 27 日在国家测绘局组织的软件成果鉴定中,鉴定委员会一致认为"在基于专家知识模板的自动制图、跨平台地图可视化等方面达到国际领先"。

# 7.3 "天地图"城市级电子地图生产

天地图是面向公众服务的国家地理信息公共服务平台,其是以测绘地理信息主管部门为主导构建的为公众、企业提供权威、可信、统一地理信息服务的大型互联网地理信息服务网站,旨在使测绘成果更好地服务于大众。天地图从纵向上可以分为国家级、省级和城市级三层,其中城市级天地图是其最基础的组成。在城市级天地图中,矢量和影像电子地图是其进行门户服务的关键所在,其中,影像电子地图主要为百姓提供高分辨率影像数据,直观反映城市面貌,矢量电子地图主要提供丰富的城市地理信息,老百姓可以通过在线地图浏览和查找,实现基于空间信息的衣食住行信息查找和定位。

通常情况下,影像电子地图的生产主要基于不同分辨率影像分级切片形成,而矢量电子地图的生产则需要基于大比例尺基础地理信息数据,通过数据综合、数据脱密处理和分级切片形成,其是天地图城市级电子地图生产的重点和难点。传统处理方法通常是根据天地图城市范围,确定数据显示的级别和对应的原始数据比例尺,然后将大比例尺基础数据逐一编绘至相应比例尺,再根据级别要求进行瓦片切片处理,其工作量大、耗时长。而利用本书成果 WJ-III 的自动综合功能,可以实现整个流程的自动化处理,大大提高天地图城市级电子地图的生产效率。同样,在利用应用成果进行城市级电子地图生产的过程中,首先要根据天地图城市级数据的内容、特点,制定相应的综合处理技术指标和技术路线,各城市可在其基础上根据本城市数据显示级别的要求,有针对性地开展电子地图的生产工作。

## 7.3.1　总体技术要求

### 1. 基本原则

依据电子地图的相关标准，再结合我国城市级实际数据情况，参照地图瓦片金字塔分级要素内容进行选取，城市级电子地图通常需要制作成 10～20 级，其各级的显示比例与预期数据源的比例尺如表 7.9 所示。

表 7.9　城市级电子地图的分级情况表

| 级别 | 地面分辨率(m/像素) | 显示比例尺 | 数据源比例尺 |
|---|---|---|---|
| 10 级 | 152.8741 | 1：577791.71 | 1：25 万 |
| 11 级 | 76.4370 | 1：288895.85 | 1：25 万 |
| 12 级 | 38.2185 | 1：144477.93 | 1：10 万 |
| 13 级 | 19.1093 | 1：72223.96 | 1：5 万 |
| 14 级 | 9.5546 | 1：36111.98 | 1：5 万 |
| 15 级 | 4.7773 | 1：18055.99 | 1：1 万 |
| 16 级 | 2.3887 | 1：9028.00 | 1：1 万 |
| 17 级 | 1.1943 | 1：4514.00 | 1：5000 |
| 18 级 | 0.5972 | 1：2257.00 | 1：2000 |
| 19 级 | 0.2986 | 1：1128.50 | 1：1000 |
| 20 级 | 0.1493 | 1：564.25 | 1：500 或 1：1000 |

按照每一级别对应的显示比例尺，合理设置该级别的显示内容，保证各级别显示内容负载量适中、上下级别之间衔接过渡平滑。任意级别的显示内容，应选择与其显示比例尺接近的对应比例尺地图。级别之间的显示内容，可以综合应用大于或小于其显示比例尺的相应比例尺的地图数据，在负载量适合的前提下，尽量选用大比例尺的数据。具体原则如下。

(1)每一层级要考虑图面信息负载量与显示效果,每级数据的地图图面信息负载量与表中所列的显示比例尺相适应的前提下，尽可能完整地保留原始数据的信息。

(2)总体原则是下一级数据内容原则上不得少于上一级比例尺,即随着显示比例尺的不断增大，要素内容不断增多。

(3)要素选取时应保证跨级数据调用的平滑过渡,即相邻两级数据的地图图面信息负载量变化相对平缓。

(4)数据制图时，皆是通过相关要素的抽取、综合、取舍编辑加工而成，在满足数字精度的基础上保证要素相对位置准确。

(5)要素制图综合时，要突出完整性，即闭合性、连续性，提高空间分析的有效性。

### 2. 数据综合处理

1) 各要素综合选取

天地图城市级电子地图共涉及第 10～第 20 级 (显示比例尺 1∶577 791.71～1∶564.25) 共计 11 个比例尺的电子地图数据。在综合处理流程中，各级数据处理的情况可参考附录 6。

2) 各要素综合指标

按照"重点突出、层次分明"的原则，确定地图的表达尺度，实现"比例尺由小到大，地图内容逐级丰富，地图载负平衡"的效果。

针对城市基础地理信息数据的情况，综合知识库可分为水系综合知识库、道路综合知识库、居民地综合知识库、植被综合知识库及兴趣点 (POI) 综合知识库。根据通用性要素综合的原则与指标，在相应的综合知识库中调整其参数，从而满足本地需求。

a. 水系

水系综合中，20 级、19 级、18 级对应的要素，保持其原始形态，不做综合处理，而其他要素要进行相关综合操作，并保持水系连通性且化简参数根据地图的表达尺度进行调整。水系综合具体指标情况可参考附录 7。

b. 道路

道路综合时基本保持道路原有的分布特性，从整体出发，保证道路网的联通、疏密程度及与其他图层的相关性。道路综合具体指标情况可参考附录 8。

c. 居民地

居民地综合是电子地图综合的关键，其总原则是要正确表示居民地的位置、轮廓图形、基本结构、通行情况，以及居民地的行政意义、名称和人口数，要正确反映居民地的类型、分布特点，以及与其他图层要素 (道路、水系等) 的关系。

居民地的选取要保证详细性和清晰性的统一，能反映不同地区居民地密度对比，反映图上居民地密度差别随着地图比例尺的缩小而缩小的变化规律。居民地轮廓简化的要求是保持轮廓的基本特征不变。其具体综合指标情况可参考附录 9。

d. 植被

植被综合中用概括的分类代替详细的分类，将面积小的植被类型并入临近面积较大的植被类型中，正确处理植被图层与居民地、水系、道路等图层的关系。其具体综合指标情况可参考附录 10。

e. 兴趣点 (POI)

为了避免兴趣点 (POI) 数据在可视化表达上出现拥挤、压盖等冲突现象，除考虑其等级重要性的"优先劣删"原则及与相关要素的空间关系外，对兴趣点 (POI) 数据进行选取或删除。其具体综合指标情况可参考附录 11。

## 7.3.2　应用案例：南京市公众版电子地图生产

**1. 任务要求**

南京市天地图电子地图生产任务是在南京市规划局现有数据的基础上，利用地图自动综合技术，根据不同源的大比例尺数据派生出多尺度的中小比例尺的产品数据，实现地图自动综合和快速成图，提升地理信息公众服务水平，为南京市规划建设提供坚实的数据保障。该任务是《南京市 1∶2 000 地理国情底图制作及地图无级综合平台》中的一部分，根据设计书要求，需要在 2016 年 3 月 1 个月的时间综合完成南京市 11 级公众版电子地图数据。为此，任务实施单位南京市城市规划编制研究中心经过详细调研，确定采用本书成果 WJ-III 地图工作站作为全市天地图公众版电子地图数据编制软件。

本次南京市天地图数据制作任务范围为南京市全市域，包括玄武区、秦淮区、建邺区、鼓楼区、浦口区、栖霞区、雨花台区、江宁区、六合区以及溧水区 10 个区共 6 582 km²。采用的数据源为南京市规划局提供的 2014 年 1∶500、1∶1 000 复合比例尺、覆盖南京市全域的基础地理信息数据。所需形成的电子地图数据是由 1∶500、1∶1 000 复合比例尺基础矢量地形要素中的水系、居民地及设施、交通、境界与政区等构成，并也相对地增加了公众兴趣信息，包括学校、医院、宾馆酒店、银行等，能够用于满足南京市社会公众对基于位置服务的需要。

任务要求按照天地图电子地图切片中的第 10～第 20 级切片对制图表达的需求，通过软件由南京市规划局正在运行的多比例尺基础地理信息数据分别综合到第 10～第 20 级电子地图所需的基础地理信息数据，分别形成 11 级切片对应电子地图所需基础地理信息数据等 11 套自动综合知识模板库；同时，基于 11 种尺度的基础地理信息，以原 ArcGIS 配图方案为基础，形成成图模板库，达到相应尺度地理信息自动出图的需求，系统同时可输出国际通用格式的数据，供甲方利用其他第三方制图软件进行制图。

**2. 基于智能综合系统的处理技术流程**

根据《国家基本比例尺地图图式》《国家基本比例尺地图编绘规范》的要求和《南京市地理信息公共服务平台"天地图·南京"电子地图数据规范》《南京市政务版电子地图数据标准》《南京市地名地址数据标准》等的相关规定，采用 WJ-III 地图工作站，开展南京市天地图电子地图数据综合的技术路线图如图 7.13 所示。

通过对南京市天地图数据综合工作的流程梳理，整理其主要工作有三个方面，即前期准备工作、数据综合工作、后期调试工作。其详细综合流程可分为以下五个步骤：①资料准备；②数据准备；③数据处理；④制图综合；⑤质量控制。通过上述操作，即可形成用户所需的综合成果。

其中，针对数据综合工作，基于天地图城市级电子地图数据生产基本综合选取要求和指标要求，南京市天地图电子地图综合生产过程中细化了综合知识库内容。以下以成林数据为例，说明在综合技术指标的指导下构建南京天地图电子地图综合知识库情况。

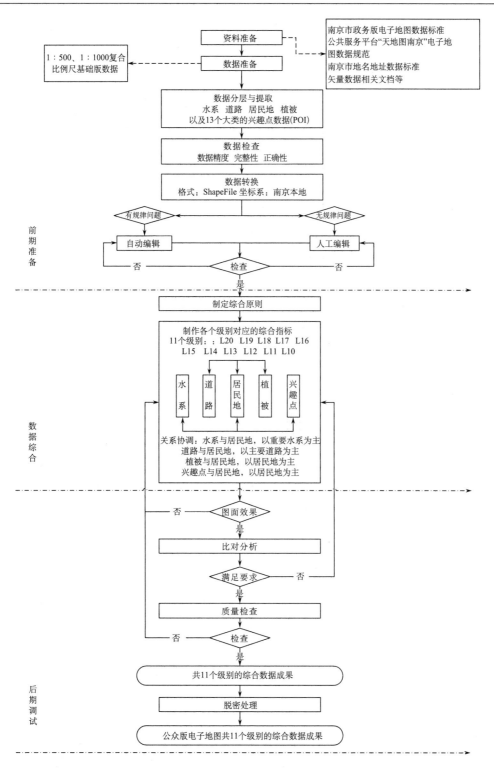

图 7.13 南京市天地图电子地图数据综合技术路线

根据《国家基本比例尺地图图式　第 2 部分：1∶5 000　1∶10 000 地形图图式》的规定，1∶10 000 尺度下的成林数据处理规则如图 7.14 所示。

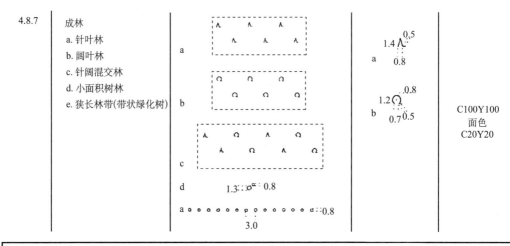

图 7.14　成林数据处理规则标准

分析 1∶500 尺度下的原始成林数据，在未处理前只有相应面要素，且提供的面要素的属性字段没有相关类型描述。相应类型划分的注记被放于注记层——植被与土质注记中。根据前期实地数据分析，再结合处理规则制定出南京 1∶500 综合到 1∶10000 基础地理信息数据的综合指标要求。成林综合指标如表 7.10 所示。

表 7.10　成林综合指标表

| 要素代码 | 要素名称 | 图层名称 | 几何类型 | 综合指标 | | 备注 |
|---|---|---|---|---|---|---|
| | | | | 国家指标 | 南京实际指标 | |
| 81050110 | 成林点 | VEGP | 点 | | | |
| 81050130 | 成林 | VEGA | 面 | 图上面积大于 25 mm² 的以范围线构面表示，图上面积小于 25 mm² 的以定位点表示，图上长度大于 5 mm、宽度小于 2 mm 的以中心线表示 | 进行实地缓冲距离为 3 m，补岛 2 000 m² 的缓冲合并，选取面积阈值为 2 500 m²，小于 2 500 m² 转点，长度大于图上 5 mm、宽度小于图上 2 mm 的成林以中心线表示　上述面要素结果与植被与土质注记进行空间查询，进行注记 | |

鉴于上述综合指标情况，编写相应综合知识库如下：

(1)进行缓冲合并，其主要目的是将临近的、在一定距离阈值、在一定范围之内的成林面数据进行合并，并填补实地面积小于 2 000 m² 的岛多边形。经过合并算法的数据有可能会出现多面、相交等现象，此时，需要继续进行多转单、几何数据标准化、多边形自相交标准化的处理，其主要目的就是为了后续综合操作的有序进行，对合并后的数据进行规范处理。

(2)对图上宽度小于 2 mm 的成林面数据进行降维处理，形成狭长林带数据，再将实地长度距离大于 50 m 的作为狭长林带数据，实地长度距离小于 50 m 的进行降维处理形成成林点数据。同时，将实地面积小于 2 500 m² 的成林面数据进行降维处理也形成成林点数据。最后将降维形成的成林点数据进行合并，并对应修改相应的编码。

(3)提取实地面积大于 2 500 m² 的成林面数据。

(4)将所涉及的植被面数据进行合并，使其标准化、规范化处理，再空间查询相应植被面数据的注记信息，最后得到的注记与街区进行空间关系处理，清除落在街区内的注记信息。

**3. 任务成果**

南京市天地图电子地图生产任务共完成两批次数据处理，均覆盖了南京市全市域，约 6 582 km²，共 68 个图层，其中 POI 数据有 13 个图层，近 19 万条信息，结果涉及 11 级比例尺。其中，第一批地图数据提供的时间是 2016 年 3 月 21 日，经过一系列数据分析、数据预处理、编写综合知识库模板、反复训练知识库等过程，最终历时两个半月于 6 月中旬完成。第二批数据提供时间是 8 月初，最终历时 1 个月于 9 月底完成。除数据成果外，还形成了综合至每个尺度的成果数据的综合知识库(道路综合、水系综合、居民地综合、植被综合以及 POI 综合，共 5 个 XML 文件)1 套，并提供适用于南京市测绘地理信息无级综合平台的电子地图符号库 1 套。相关数据成果均通过审图，在天地图·南京中使用。

图 7.15～图 7.17 是通过传统方式生产的电子地图与本次自动综合形成的电子地图对比。

图 7.15　电子地图 17 级的对比效果

图 7.16　电子地图 14 级的对比效果

图 7.17　电子地图 11 级的对比效果

## 4. 对比分析

在本次南京市天地图电子地图生产任务中,利用 WJ-Ⅲ 地图工作站进行数据综合时,除一些点状符号与注记压盖问题、个别要素之间关系协调不合理以及个别无规律的要素需要人工干预外,其他要素处理均可自动化完成,整体自动化程度可达 95% 以上。若采用原有人工+编图软件进行电子地图生产,至少需要半年的时间才能够生产南京全市共 11 级的电子地图,现在利用自动综合技术后,生产时间缩短至 1 个月,极大地提高了数据生产效率,也为后续天地图数据的快速更新上线提供了全新的技术手段,为老百姓能够使用最新数据提供技术保障。

# 7.4　数字城市/智慧城市数据联动更新

基础地理信息数据是城市建设中最基础、最关键的空间支撑。随着城市化进程的逐渐加快，用户对基础地理数据的现势性和准确性也提出了更高的要求。在基础地理信息数据中，地形图是最直观的表达载体。采用传统方法进行国家基本比例尺地形图数据的采集建库，通常是分比例尺级别，利用对应的立体测图修编或地图编绘等方式，对于同一地区的地理要素存在着重复采集的现象，技术环节多、人工作业量大、生产效率低，且数据采集的时间不一、更新周期不一导致最后形成的多尺度数据库的要素内容也不相同。如何提高地形图数据的更新效率，保证数据的现势性和一致性，成为当前多尺度地形图数据库建设的迫切需要。

随着数字城市、智慧城市建设的推进，目前全国绝大多数城市已经形成了现势性强的 1∶500、1∶1 000 大比例尺地形图，并建立了逐年更新，甚至是半年更新的地形图数据更新机制。利用现势性、可靠性高、更新速度快的城市大比例尺地形图，按照"一次采集、多重应用"思路，基于同一数据源，实现不同比例尺数据的纵向级联更新，是提高数据一致性、减少数据重复建设、降低数据生产成本的有效方式。利用 WJ-III 的无级综合能力，能够实现多尺度地形图数据联动更新的要求，且由于综合流程可以自动化处理，因此可以进一步加快生产速度，真正实现基于同一数据源的系列比例尺地形图一致性快速更新。同样，在利用工作成果进行地形图数据联动更新时，首先要根据数据源和目标比例尺数据的内容、特点，制定相应的综合处理技术指标和技术路线，各城市可根据其自身生产需求，选择需要的比例尺开展数据的联动更新工作。

## 7.4.1　总体技术要求

### 1. 基本原则

城市级大比例尺数据多为 1∶500 或 1∶1 000，要综合至 1∶2 000、1∶5 000、1∶10 000、1∶50 000、1∶100 000 及 1∶250 000 等尺度，进行地图综合前应对综合目标比例尺的要素特征进行认真分析，再按照技术要求进行制图综合。各要素综合时应遵循：现势性、合理继承性及简便易行的原则。按照《国家基本比例尺地图图式》的相关规范要求，需要在有限的地图版面上反映本质的、主要的地图内容，舍弃非本质的、次要的要素，以确保地图的易读性。对应相应比例尺保留主要本质要素，同时还能反映出城市实地地理要素分布情况和密度的对比。具体原则如下。

(1) 对于每个要素，一般来说，应先取舍，再概括；

(2) 水系与地貌、道路与居民地、居民地与植被等相互关系密切的要素，可以相互对照，穿插综合；

(3) 要确保综合后的图上内容主要关系明确、相互关系正确、图幅载负合理，能正确反映要素分布特征，保持图面美观，图形协调一致；

（4）常用轮廓线、特征点按照相应尺度的指标去掉不需要的凹凸及细节，显示轮廓的主要性状与特点；

（5）由于比例尺缩小，各要素在图上所占面积越来越小，图形轮廓难以清晰表示，可通过合并、取舍等操作综合表示，如小于一定阈值的居民区可进行合并综合成街区等；

（6）对于某些具有重要意义但尺寸小于阈值的要素，可按照权重给予保留，或根据某些地物的特征，进行夸大处理；

（7）比例尺缩小后，一些地物要素有重合和相接现象，为强调要素之间的相互关系和读图清晰，可以将次要的地物进行综合处理。

**2. 数据综合处理**

1）各要素综合选取

城市现有 1∶500、1∶1 000 比例尺地形图数据，以及综合后形成的 1∶250 000～1∶2 000 地形图数据中的定位基础、居民地及设施、交通、水系、植被与土质、管线、地貌图层，应满足《国家基本比例尺地图图式 第 1 部分：1∶500、1∶1 000、1∶2 000 地形图图式》（GB/T 20257.1—2006）、《国家基本比例尺地图图式 第 2 部分：1∶5 000、1∶10 000 地形图图式》（GB/T 20257.1—2006）、《国家基本比例尺地图图式 第 3 部分：1∶25 000、1∶50 000、1∶10 000 地形图图式》（GB/T 20257.1—2006）及《国家基本比例尺地图图式 第 4 部分：1∶250 000、1∶500 000、1∶1 000 000 地形图图式》（GB/T 20257.1—2006）的要求。

由于数据库在图形的表达方面对于相同的要素在不同比例尺内可以用点、线、面等不同的方式来表达，可以在国标编码后加尾数来区分综合考虑要素实体和地图表达的需求，不同比例尺的基础地理信息数据表之间需要建立起一一对应关系，便于基于一源图的自动综合进行，为此制定统一数据代码。

在综合处理流程中，相关要素处理的情况可参考附录 12 进行。

2）各要素综合指标

根据不同比例尺下地形图数据标准规范技术要求和要素综合的原则，应针对每一要素进行综合指标的选取。下面以 1∶2 000 尺度为例给出各要素综合指标表。

a. 定位基础

定位基础中相关要素基本保持原状，不参与综合处理，具体内容如表 7.11 所示。

表 7.11　定位基础综合指标表

| 要素名称 | 图层名称 | 1∶2 000 要素对应的综合指标描述 |
| --- | --- | --- |
| **定位基础** | | |
| **测量控制点** | | |
| 大地原点 | CPTP | 不参与综合，保持原状 |
| 三角点 | CPTP | 不参与综合，保持原状 |
| 图根点 | CPTP | 不参与综合，保持原状 |

续表

| 要素名称 | 图层名称 | 1:2 000 要素对应的综合指标描述 |
|---|---|---|
| 小三角点 | CPTP | 不参与综合，保持原状 |
| 导线点 | CPTP | 不参与综合，保持原状 |
| 水准原点 | CPTP | 不参与综合，保持原状 |
| 水准点 | CPTP | 不参与综合，保持原状 |
| 外业实测点 | CPTP | 对要素进行删除 |
| 卫星定位连续运行站点 | CPTP | 不参与综合，保持原状 |
| 卫星定位等级点 | CPTP | 不参与综合，保持原状 |
| 重力点 | CPTP | 不参与综合，保持原状 |
| 独立天文点 | CPTP | 不参与综合，保持原状 |
| 数学基础 | | |
| 内图廓线 | CPTL | 对要素进行删除 |
| 坐标网线 | CPTL | 对要素进行删除 |
| 图廓 | TK | 对要素进行删除 |

b. 水系

水系包括河流、沟渠、湖泊、海洋要素、其他水系要素、水利及附属设施共 6 部分内容，本书附录 13 以 1:2000 尺度为例给出了水系综合指标表。

c. 居民地

由居民地及设施、工矿及其设施、农业及其设施、公共服务及其设施、名胜古迹、宗教设施、科学观测站和其他建筑物及其设施组成。相关要素的综合指标可参考附录 14。

d. 交通

交通包括铁路、城际公路、城际公路中心线、城市道路、城市道路中心线、乡村道路、乡村道路中心线、道路构造物及附属设施、道路构造物及附属设施中心线、水运设施、航道、空运设施、空运设施和其他交通设施。相关要素的综合指标可参考附录 15。

e. 管线

由输电线，通信线，油、气、水输送主管道，城市管线构成。相关要素的综合指标可参考附录 16。

f. 境界

境界保持原状，不参与综合处理，包括国家行政区、省级行政区、地级行政区、县级行政区、乡、街道级行政区和其他区域共 6 个部分。相关要素的综合指标可参考附录 17。

g. 地貌

地貌由等高线、高程注记点、水域等值线、水下注记点、自然地貌及人工地貌共 6 个部分组成。相关要素的综合指标可参考附录 18。

h. 植被

植被分为 3 个部分，即农林用地、城市绿地和土质。具体要素的综合指标可参考附录 19。

## 7.4.2 应用案例：安徽省地市地形图联动更新生产

**1. 任务要求**

随着安徽省各地级市的数字城市地理空间框架建设工作的全面开展，各市的基础数据得到了广泛及时更新，数据现势性得到了极大提高。一方面，安徽省各地市对大比例尺地理信息数据的获取、加工、服务能力很强，地市级的基础地理信息数据已经进入全面快速更新的时代；而另一方面，受制于测绘分级管理以及原有技术本身，各地市在相应中小比例尺地理信息数据的获取、加工、服务方面存在着一定缺陷，特别是缺少与大比例尺数据在数据规格、现势性等方面保持一致的中小比例尺数据，如比例尺为1：5 000、1：10 000 等，相应的测绘服务效能无法全面体现。若自行组织常规测绘项目，势必造成重复测绘，既耗费时间精力，也造成财政资金的浪费，因此迫切需要尽快引进自动综合技术建立合理的联动生产机制，支撑多尺度数据的一致性自动化派生，兼顾地方、省和国家多重标准，全方位满足用户多层次需求。

为此，安徽省测绘局于 2016 年 10 月正式启动城市级地形图联动更新生产工作，采用 WJ-III 地图工作站，构建完成了安徽省 16 个地市主城区的 1：500 和 1：1 000 大比例尺建库数据综合至 1：10 000 和 1：5 000 地形图的自动综合知识库和自动成图知识库，并于 2017 年第一期完成了覆盖池州市 8 271.7 km²、铜陵市 3 008 km² 以及滁州市 13 398 km² 等共计 24 677.7 km² 地形图的联动更新工作。成果通过第三方单位质检，完全符合国家基本比例尺地形图标准要求，已于 2017 年 10 月完成验收。

**2. 基于智能综合系统的处理技术流程**

任务依托综合技术规定，根据需求进行了地形图综合知识库的调试。鉴于提供的源数据不是同一时期、同一标准且由不同生产单位制作，这对综合工作的顺利开展带来很大的阻碍，每处理一个制图区域的数据，都要思考针对该区域特点的数据特有的处理思路与方法，下面以池州市地形图数据为例来介绍基于 WJ-III 的要素的综合处理方法。

池州市地形图数据为现势性最新的 1：1 000 大比例尺数字城市基础地理信息 DLG 数据，数据制作标准为《池州数字城市 1：1 000 数据规定》，该规定详细规定了 1：1 000 各地形要素的符号样式、分类、代码、几何特征、属性内容、要素分层及指标说明。池州市的地形图面数据与以往地形图面数据不同，它类似于国情数据中的地表覆盖，面要素达到全覆盖。

以往对地形图要素综合处理是点状、线状、面状一起考虑，居民地综合模板中包括属于居民地的点状、线状、面状要素的综合操作，道路综合模板中涉及的是道路层的点状、线状、面状要素的综合操作，植被综合模板中涵盖的是植被点状、线状、面状的综合操作，最后再考虑要素处理的先后顺序，如图 7.18 所示。

若按照以往对地形图要素的处理，会发现面状要素经过降维、化简、选取处理后，会明显出现面与面压盖、缝隙现象，破坏了原有要素间的拓扑关系。因此，本次任务提

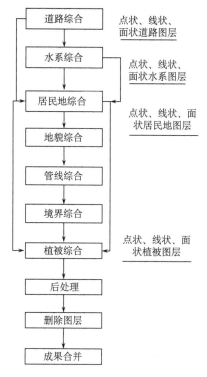

图 7.18　原有各要素综合处理顺序

出了点状、线状、面状先分开处理，然后再做它们间的关系处理的流程：首先，将原始的大类要素分成小类并进行改名，将图层名称改为中文；然后在改名的基础上先对点状、线状要素进行综合处理，同时在改名的前提下对所有面状要素进行处理，得到一个整面；再次对面状要素进行分层改名；最后，将得到的所有面状与点状、线状要素进行关系后处理。操作流程如图 7.19～图 7.22 所示。

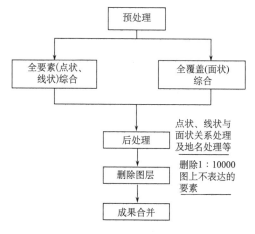

图 7.19　现有各要素处理顺序

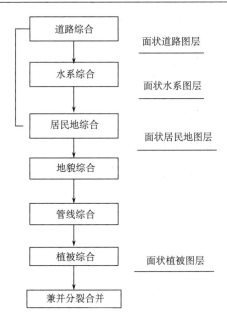

图 7.20　面状要素处理顺序

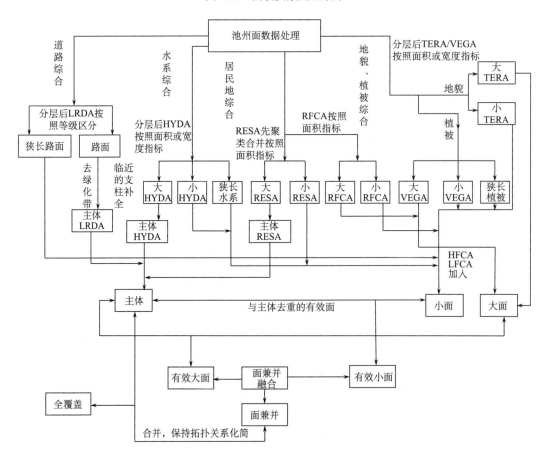

图 7.21　面状要素处理流程

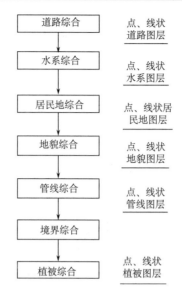

图 7.22　点状、线状要素处理顺序

## 3. 任务成果

该任务针对全省 16 个地级市主城区的 1∶500 和 1∶1 000 大比例尺建库数据，制作了综合至 1∶10 000 和 1∶5 000 地形图的自动综合知识库和自动成图知识库。据此支撑完成 2 个批次的数据综合处理，覆盖面积达到 24 677.7km²。第一批地形图数据提供的时间是 2016 年 10 月，覆盖池州市 8 271.7km²，经过一系列数据分析、数据预处理、综合知识库模板编写、反复训练知识库等过程，于 2017 年初完成综合到 1∶5 000 及 1∶10 000。第二批地形图数据提供时间是 2017 年 7 月初，覆盖铜陵市 3 008 km²、滁州市 13 398 km²，在前期知识库基础上进行适应性优化，2017 年 9 月即完成综合到 1∶10 000。图 7.23～图 7.25 是部分样图。

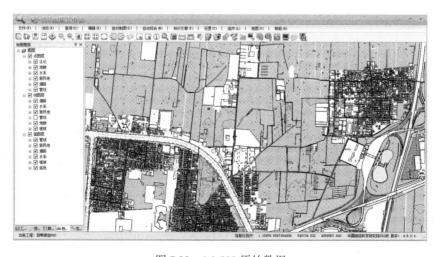

图 7.23　1∶500 原始数据

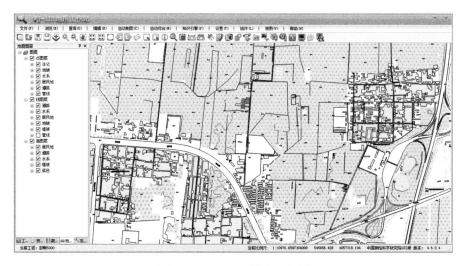

图 7.24　1∶5 000 综合后数据

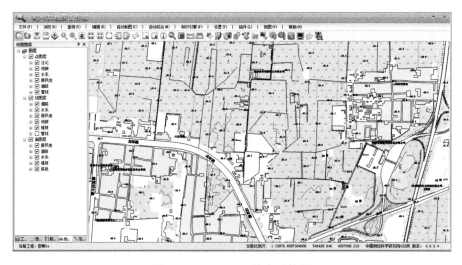

图 7.25　1∶10 000 综合后数据

## 4. 对比分析

城市地形图的联动更新是当前新型测绘生产体系的重要内容,通过一套数据快速自动综合形成系列比例尺数据并建库,是联动更新未来发展的必然趋势。本次任务中,建立的安徽省 16 个地市自动综合知识库和自动成图知识库,原来需要重复采集制作且耗费大量人工的城市多尺度地形图编制,只需要一个月的时间(每个地市计算)就全部完成,且知识库不仅应用于本次地形图联动更新任务中,而且能够为后续逐年的联动更新工作提供统一的知识模板,不仅减少了数据重复建设带来的资源浪费,而且大大提升了统一质量下的编制效率。

# 附　　录

## 附录 1　优化的算法

| 算法分类 | 算法名称 | 算法 ID |
|---|---|---|
| 空间运算 | 几何转换 | 20 |
| 空间运算 | 计算平均宽度、长度与面积 | 25 |
| 空间运算 | 根据线计算点的角度 | 26 |
| 空间运算 | 计算多边形内点的角度 | 99 |
| 空间运算 | 带角度点房计算 | 233 |
| 空间运算 | 计算结点的方位角 | 119 |
| 空间运算 | 统计面内要素信息 | 204 |
| 空间运算 | 统计要素关联个数 | 240 |
| 空间运算 | 面图层中的外环与岛分离 | 38 |
| 空间运算 | 相交运算 | 47 |
| 空间运算 | 根据空间关系打标记 | 51 |
| 空间运算 | 几何匹配 | 52 |
| 空间运算 | 根据空间关系更新属性 | 53 |
| 空间运算 | 根据空间关系统计要素 | 54 |
| 空间运算 | 多边形缓冲 | 97 |
| 空间运算 | 多边形的交并补差操作 | 107 |
| 空间运算 | 多边形的交并补差操作(GEOS) | 130 |
| 空间运算 | 图层数据逻辑操作(交并补差) | 152 |
| 空间运算 | 数据补充 | 165 |
| 空间运算 | 多边形消除细颈及凹凸细节 | 122 |
| 空间运算 | 拓扑多边形分类过滤 | 123 |
| 空间运算 | 要素去重(完全相同) | 199 |
| 空间运算 | 要素去重(部分包含且共边) | 200 |
| 空间运算 | 图层关联到 NeedEntity 数据 | 66 |
| 空间运算 | 实体空间属性匹配 | 255 |
| 空间运算 | 根据周边要素赋值属性 | 269 |
| 空间运算 | 点到线最近点的偏移量 | 280 |
| 空间运算 | 坐标变换 | 281 |
| 属性运算 | 字段关联更新 | 24 |
| 属性运算 | 字段值算术运算 | 28 |
| 属性运算 | 要素根据字段去重 | 88 |

续表

| 算法分类 | 算法名称 | 算法 ID |
|---|---|---|
| 属性运算 | 数据属性合并 | 100 |
| 属性运算 | 字段修改 | 102 |
| 属性运算 | 属性字段修改 | 172 |
| 属性运算 | 属性值映射 | 120 |
| 属性运算 | 字段值赋随机数 | 149 |
| 属性运算 | 属性检查 | 157 |
| 属性运算 | 属性等级转换 | 174 |
| 属性运算 | POI 等级化 | 228 |
| 属性运算 | 属性值相似拷贝 | 214 |
| 属性运算 | 属性值清洗 | 219 |
| 属性运算 | 角度变换 | 241 |
| 属性运算 | 多字段排序过滤 | 245 |
| 属性运算 | 行政区域属性挂接/属性挂接 | 238 |
| 拓扑 | 拓扑生成 | 16 |
| 拓扑 | 拓扑重构 | 19 |
| 拓扑 | 拓扑连接线 | 17 |
| 拓扑 | 拓扑连接线(增强版) | 175 |
| 拓扑 | 拓扑打散线(组合打散) | 18 |
| 拓扑 | 拓扑预处理 | 70 |
| 拓扑 | 生成 Delaunay 三角网 | 78 |
| 拓扑 | 断头路修剪 | 156 |
| 拓扑 | 假结点去除 | 242 |
| 编辑 | 线反向 | 95 |
| 编辑 | 数据加密 | 22 |
| 编辑 | 环首点更改 | 193 |
| 编辑 | 同属性要素合成为多几何要素 | 252 |
| 编辑 | 面贴线 | 273 |
| 信息补偿 | 几何数据标准化 | 85 |
| 信息补偿 | 多边形自相交标准化 | 86 |
| 信息补偿 | 拓扑弧段的延伸以及节点拟合 NEW | 205 |
| 信息补偿 | 水系线参考水系面裁剪 | 290 |
| 信息补偿 | 面内骨架线修复 | 206 |
| 信息补偿 | 面内已有骨架线和提取骨架线融合 | 248 |
| 信息补偿 | 要素拓扑语义转换 | 203 |
| 信息补偿 | 弧段末梢修正 | 231 |
| 信息补偿 | 面内线末梢调整 | 264 |
| 信息补偿 | stroke 内部属性规范化 | 250 |
| 信息补偿 | 近似平行的重复道路数据预处理 | 288 |

续表

| 算法分类 | 算法名称 | 算法 ID |
| --- | --- | --- |
| 信息补偿 | 双线的识别和处理 | 223 |
| 信息补偿 | 平行线识别选取连接 | 266 |
| 信息补偿 | 图幅接边 | 42 |
| 信息补偿 | 大误差任意范围自动强制接边 | 133 |
| 数据提取 | 数据集提取与裁剪 | 132 |
| 数据提取 | 维度变换 | 21 |
| 数据提取 | 抽取优化后的骨架线 | 81 |
| 数据提取 | 生成格网数据 | 23 |
| 数据提取 | 从线数据集中提取多边形 | 44 |
| 数据提取 | 生成街区面 | 68 |
| 数据提取 | 线分割面 | 155 |
| 数据提取 | 格网线分割多边形 | 224 |
| 数据提取 | 多边形宽度分割 | 153 |
| 数据提取 | 多边形宽度分割(三角网模式) | 247 |
| 数据提取 | 随机生成点 | 43 |
| 数据提取 | 特征点提取 | 179 |
| 数据提取 | 关键结点选取 | 166 |
| 数据提取 | 选取中心点 | 118 |
| 数据提取 | 点延长到参考数据生成连接线 | 259 |
| 数据提取 | 两环最近匹配点对 | 220 |
| 数据提取 | 线分割 | 213 |
| 数据提取 | 点打断线 | 274 |
| 数据提取 | 多边形毗邻化 | 10 |
| 数据提取 | 桥接面 | 225 |
| 数据提取 | 建筑物的细颈的处理和提取 | 82 |
| 选取 | 简单点选取 | 1 |
| 选取 | 点选取 | 285 |
| 选取 | 格网过滤要素 | 89 |
| 选取 | "品"字形过滤要素 | 181 |
| 选取 | 点缓冲选取最近点 | 185 |
| 选取 | 线选取 | 0 |
| 选取 | 基于拓扑弧段分类的线选取 | 131 |
| 选取 | 多边形的选取 | 402 |
| 选取 | 顾及拓扑临近关系的多边形选取 | 128 |
| 选取 | 道路边界的点选取 | 61 |
| 选取 | 合并同名的出入口 | 168 |
| 选取 | 孤立要素提取 | 191 |
| 选取 | 孤立要素提取 | 262 |

| 算法分类 | 算法名称 | 算法 ID |
|---|---|---|
| 选取 | 重复弧段选取 | 209 |
| 选取 | POI 同属性抽样 | 227 |
| 合并 | 多边形直接临近合并 | 60 |
| 合并 | 缓冲聚类合并 | 140 |
| 合并 | 迭代缓冲聚类合并 | 243 |
| 合并 | 点线面初略轮廓提取 | 265 |
| 化简 | 线化简 | 6 |
| 化简 | 曲线光滑 | 139 |
| 化简 | 保持拓扑关系的几何化简(线面可以混合) | 106 |
| 化简 | 保持拓扑关系的几何光滑(线面可以混合) | 129 |
| 化简 | 面内线化简 | 263 |
| 化简 | 直角化特征多边形化简 | 143 |
| 化简 | 保持拓扑关系的直角化(线) | 159 |
| 空间模式识别 | 多边形(外环)形状识别 | 190 |
| 道路 | 道路网 stroke 处理 | 116 |
| 道路 | 网络 stroke 建立 | 258 |
| 道路 | "回"字形道路删除 | 215 |
| 道路 | 实体道路 stroke 选取 | 289 |
| 道路 | 道路网层次选取 | 117 |
| 道路 | 道路网眼选取 | 230 |
| 道路 | 主路附近的平行辅路识别 | 284 |
| 道路 | 实体中间断线补充 | 167 |
| 道路 | 道路立交识别与恢复 | 257 |
| 道路 | 根据周边房屋计算道路宽度 | 267 |
| 道路 | 道路交叉口面裁剪 | 287 |
| 道路 | 多边形的分割 | 404 |
| 道路 | 公路桥选取 | 161 |
| 道路 | 铁路线及编组站选取 | 71 |
| 河流 | 河流定向 | 218 |
| 河流 | 河流属性修正 | 146 |
| 河流 | 河源检查 | 217 |
| 河流 | 孤立弧段识别以及连接 | 235 |
| 河流 | 分流域平行渠选取 | 249 |
| 河流 | 分流域平行线选取 | 251 |
| 河流 | 河流渐变 | 138 |
| 河流 | 冗余河流渐变 | 221 |
| 河流 | 河流渐变唯一值化 | 270 |
| 河流 | 水系方向标准化 | 254 |

| 算法分类 | 算法名称 | 算法 ID |
|---|---|---|
| 河流 | 线采样：干渠流向 | 154 |
| 河流 | 面、线约束下的线选取 | 170 |
| 河流 | 桥梁面方向求取 | 277 |
| 居民地 | 居民地选取(属性道路约束) | 186 |
| 居民地 | 角度修正 | 187 |
| 居民地 | 线房参考道路方向标准化 | 232 |
| 居民地 | 居民地骨架线分割 | 212 |
| 居民地 | 散列式居民点选取 | 229 |
| 居民地 | 骨架线参考多边形最长边方向标准化 | 234 |
| 居民地 | 根据外界矩形和点，求平行长边的两点骨架线 | 236 |
| 居民地 | 根据外接矩形长宽过滤多边形 | 237 |
| 居民地 | 居民地点线选取(条状沿道路分布) | 207 |
| 居民地 | 居民地点线采样 | 211 |
| 居民地 | 散列居民地点线房连接 | 239 |
| 居民地 | 点线面房风格一致处理 | 261 |
| 居民地 | 线状建筑物分割 | 260 |
| 居民地 | 根据道路对居民地面进行分割 | 268 |
| 居民地 | 围墙线连接到房屋 | 272 |
| 居民地 | 管线连接到房屋 | 283 |
| 居民地 | 建筑物网格模式识别 | 286 |
| 等高线 | 等高线选取 | 5 |
| 等高线 | 等高线属性修改 | 75 |
| 等高线 | 等高线连接 | 76 |
| 等高线 | 断裂等高线连接 | 278 |
| 等高线 | 等高线修复 | 198 |
| 等高线 | 删除较短的环形等高线 | 96 |
| 等高线 | 极值等高线 | 126 |
| 等高线 | 等高点极值点提取 | 188 |
| 等高线 | 重要高程点选取 | 208 |
| 等高线 | 等高线与示坡线垂直修正 | 196 |
| 等高线 | 从 DEM 中提取等高线 | 197 |
| 图斑 | 图斑合并 | 109 |
| 图斑 | 面分裂融合 | 110 |
| 图斑 | 面分裂融合分幅缝合 | 135 |
| 图斑 | 分裂面合并 | 222 |
| 图斑 | 分裂面识别 | 226 |
| 图斑 | 相对窄面分裂融合 | 253 |
| 图斑 | 裁剪边界修正 | 271 |

| 算法分类 | 算法名称 | 算法ID |
|---|---|---|
| 图斑 | 分块溶解边界再融合 | 279 |
| 图斑 | 面镶嵌 | 145 |
| 图斑 | 线镶嵌 | 192 |
| 图斑 | 线、面图层细碎图斑处理 | 160 |
| 图斑 | 面兼并融合 | 124 |
| 图斑 | 细缝合并 | 275 |
| 图层关系 | 道路穿越建筑物空间关系处理 | 87 |
| 图层关系 | 重叠面要素处理 | 244 |
| 图层关系 | 删除与湖泊相交的沟渠 | 77 |
| 图层关系 | 不覆盖其他面的洞删除 | 256 |
| 图层关系 | 线缓冲裁切数据融合 | 282 |
| 图层关系 | 线缓冲裁切 | 136 |
| 图层关系 | 计算多边形的划分线 | 80 |
| 图层关系 | 面擦除 | 137 |
| 图层关系 | 多边形面关系调整 | 105 |
| 制图约束 | 符号转点 | 111 |
| 制图约束 | 跳绘 | 142 |
| 制图约束 | 界线方向标准化(实实与虚实符号完整性) | 147 |
| 制图约束 | 不同界线实部相交处理 | 151 |
| 制图约束 | 双线实体化 | 162 |
| 制图约束 | 实体双线化 | 163 |
| 制图约束 | 双线处理 | 183 |
| 制图约束 | 上下边缘线单线化 | 184 |
| 制图约束 | 双线方向化(参考高程点高程) | 195 |
| 制图约束 | 点线方向化(参考等高线) | 210 |
| 制图约束 | 面典型化(叉线) | 180 |
| 制图约束 | 线延伸(参考首尾点方位) | 194 |
| 制图约束 | 方向点生成方向线 | 216 |
| 制图约束 | 线参考面方向标准化 | 182 |
| 制图约束 | 点参考线或面方向标准化 | 189 |
| 制图约束 | 根据邻近要素分割面(道路分割桥) | 202 |
| 制图约束 | 要素显示顺序调整 | 201 |
| 制图约束 | 移动点 | 101 |
| 制图约束 | 线移位 | 141 |
| 制图约束 | 等级道路移位 | 144 |
| 制图约束 | 点面移位 | 178 |
| 制图约束 | 点线移位 | 148 |
| 制图约束 | 点点移位 | 171 |
| 制图约束 | 线线贴边 | 176 |
| 制图约束 | 点线贴边 | 177 |

# 附录 2　重要地理国情要素选取表

| 分类 | | 要素名称 | 1：10 000 | 1：15 万～1：25 000 | 1：100 万～1：16 万 | 1：100 万以下 |
|---|---|---|---|---|---|---|
| 道路 | 铁路 | 高速铁路 | √ | √ | √ | √ |
| | | 普通铁路 | √ | √ | √ | √ |
| | 公路 | 高速公路 | √ | √ | √ | √ |
| | | 国道 | √ | √ | √ | √ |
| | | 省道 | √ | √ | √ | √ |
| | | 县道 | √ | √ | √ | √ |
| | | 乡道 | √ | √ | √ | |
| | | 道路编号、技术等级注记 | √ | √ | √ | |
| | 城市道路 | 快速路 | √ | √ | √ | √ |
| | | 主干路 | √ | √ | √ | √ |
| | | 次干路 | √ | √ | √ | |
| | | 支路 | √ | √ | √ | |
| | | 地铁 | √ | √ | | |
| | | 地面轨道 | √ | √ | | |
| | | 城市道路名称注记 | √ | √ | | |
| | 乡村道路 | 乡村道路 | √ | √ | √ | |
| 构筑物 | 水工设施 | 堤坝 干堤 | √ | √ | √ | √ |
| | | 一般堤 | √ | √ | | |
| | | 滚水坝 | √ | √ | | |
| | | 拦水坝 | √ | √ | | |
| | | 制水坝 | √ | √ | | |
| | | 闸 水闸 | √ | √ | √ | √ |
| | | 船闸 | √ | √ | √ | √ |
| | | 排灌泵站 排水泵站 | √ | √ | | |
| | | 灌溉泵站 | √ | √ | | |
| | | 排灌综合泵站 | √ | √ | | |
| | | 其他水工构筑物 输水管道 | √ | √ | √ | |
| | | 渡槽 | √ | √ | √ | |
| 交通 | 交通设施 | 隧道 火车隧道 | √ | √ | √ | |
| | | 汽车隧道 | √ | √ | √ | |
| | | 输水隧道 | √ | √ | √ | |
| | | 桥梁 人行桥 | √ | √ | | |
| | | 铁路桥 | √ | √ | √ | √ |

| 分类 | | 要素名称 | 1：10 000 | 1：15 万~1：25 000 | 1：100 万~1：16 万 | 1：100 万以下 |
|---|---|---|---|---|---|---|
| 交通 | 交通设施 | 桥梁 公路桥 | √ | √ | √ | √ |
| | | 桥梁 铁路公路两用桥 | √ | √ | √ | √ |
| | | 码头 水运港客运站 | √ | √ | | |
| | | 码头 固定顺岸码头 | √ | √ | | |
| | | 码头 固定堤坝码头 | √ | √ | √ | √ |
| | | 码头 栈桥式码头 | √ | √ | | |
| | | 码头 浮码头 | √ | √ | | |
| | | 码头 码头名称注记 | √ | √ | | |
| | | 车渡 火车渡 | √ | √ | √ | |
| | | 车渡 汽车渡 | √ | √ | | |
| | | 高速路出入口 出口 | √ | √ | | |
| | | 高速路出入口 入口 | √ | √ | | |
| | | 高速路出入口 出入口名称注记 | √ | √ | | |
| | | 加油（气）、充电站 加油站 | √ | √ | | |
| | | 加油（气）、充电站 加气站 | √ | √ | | |
| | | 加油（气）、充电站 充电站 | √ | √ | | |
| 水域 | 河流(线状) | 常年河 | √ | √ | √ | √ |
| | | 时令河 | √ | √ | √ | √ |
| | | 干涸河 | √ | √ | √ | √ |
| | | 流向 | √ | √ | √ | √ |
| | | 河流名称注记 | √ | √ | √ | √ |
| | 水渠(线状) | 水渠 | √ | √ | √ | √ |
| | | 水渠流向 | √ | √ | √ | √ |
| | | 水渠名称注记 | √ | √ | √ | √ |
| | 湖泊 | 湖泊名称、水质、时令月份注记 | √ | √ | √ | √ |
| | 库塘 | 水库名称注记 | √ | √ | √ | √ |
| | 海面 | 海域名称注记 | √ | √ | √ | √ |
| | 冰川与常年积雪 | 冰川名称注记 | √ | √ | √ | √ |
| 行政区划与管理单元 | 国家级行政区 | 国界线 | √ | √ | √ | √ |
| | 省级行政区 | 省级行政区界线 | √ | √ | √ | √ |
| | | 省级行政区注记 | √ | √ | √ | √ |
| | 特别行政区 | 特别行政区界线 | √ | √ | √ | √ |
| | | 特别行政区注记 | √ | √ | √ | √ |

| 分类 | | 要素名称 | 1∶10 000 | 1∶15 万~1∶25 000 | 1∶100 万~1∶16 万 | 1∶100 万以下 |
|---|---|---|---|---|---|---|
| 行政区划与管理单元 | 地市、州级行政区 | 地市、州级行政区界线 | √ | √ | √ | √ |
| | | 地市、州级行政区注记 | √ | √ | √ | √ |
| | 县级行政区 | 县级行政区界线 | √ | √ | √ | √ |
| | | 县级行政区注记 | √ | √ | √ | √ |
| | 乡、镇行政区 | 乡镇级行政区界线 | √ | | | |
| | | 乡镇级行政区注记 | √ | | | |
| | 行政村 | 行政村 | √ | √ | √ | √ |
| | | 行政村名称注记 | √ | √ | √ | √ |
| | 其他特殊行政管理区 | 其他特殊行政管理区界线 | √ | √ | √ | √ |
| 社会经济区域单元 | 开发区、保税区 | 开发区界线 | √ | √ | | |
| | | 保税区界线 | √ | √ | | |
| | | 开发区、保税名称注记 | √ | √ | | |
| | 国有农林牧场 | 农场 | √ | √ | √ | √ |
| | | 林场 | √ | √ | √ | √ |
| | | 牧场 | √ | √ | √ | √ |
| | | 名称注记 | √ | √ | √ | √ |
| | 自然文化保护区 | 国家级 | √ | √ | √ | √ |
| | | 省级 | √ | √ | √ | |
| | | 名称注记 | √ | √ | √ | √ |
| | 自然文化遗产 | 世界级 | √ | √ | √ | √ |
| | | 国家级 | √ | √ | √ | √ |
| | | 省级 | √ | √ | √ | |
| | | 名称注记 | √ | √ | √ | √ |
| | 风景名胜区、旅游区 | 国家级风景名胜区 | √ | √ | √ | √ |
| | | 国家级旅游区 | √ | √ | √ | √ |
| | | 省级风景名胜区 | √ | √ | √ | |
| | | 省级旅游区 | √ | √ | √ | |
| | | 名称注记 | √ | √ | √ | √ |
| | 森林公园 | 国家级森林公园 | √ | √ | √ | √ |
| | | 省级森林公园 | √ | √ | √ | |
| | | 名称注记 | √ | √ | √ | √ |
| | 地质公园 | 国家级地质公园 | √ | √ | √ | √ |
| | | 省级地质公园 | √ | √ | √ | |
| | | 名称注记 | √ | √ | √ | √ |
| | 行蓄滞洪区 | 行洪区 | | | √ | √ |

| 分类 | | 要素名称 | 1∶10 000 | 1∶15万～1∶25 000 | 1∶100万～1∶16万 | 1∶100万以下 |
|---|---|---|---|---|---|---|
| 社会经济区域单元 | 行蓄滞洪区 | 蓄洪区 | | | √ | √ |
| | | 滞洪区 | | | √ | √ |
| | | 名称注记 | | | √ | √ |
| 自然地理单元 | 湿地保护区 | 近海与海岸湿地 | √ | √ | √ | √ |
| | | 河流湿地 | √ | √ | √ | √ |
| | | 湖泊湿地 | √ | √ | √ | √ |
| | | 沼泽湿地 | √ | √ | √ | √ |
| | | 湿地名称注记 | √ | √ | √ | √ |
| | 沼泽区 | 沼泽区 | √ | √ | √ | √ |
| | | 沼泽区名称注记 | √ | √ | √ | √ |
| 城镇综合功能单元 | 工矿企业 | 水厂 | √ | √ | | |
| | | 电厂 | √ | √ | | |
| | | 污水处理厂 | √ | √ | | |
| | | 工矿企业名称注记 | √ | √ | | |
| | 单位院落 | 学校 | √ | √ | | |
| | | 医院 | √ | √ | | |
| | | 社会福利机构 | √ | √ | | |
| | | 乡级以上政府驻地 | √ | √ | √ | √ |
| | | 机场 | √ | √ | √ | √ |
| | | 港口 | √ | √ | √ | √ |
| | | 长途汽车站 | √ | √ | | |
| | | 火车站 | √ | √ | √ | |
| | | 单位院落名称注记 | √ | √ | | |
| | | 一般村庄及名称注记 | √ | √ | √ | √ |
| | 休闲娱乐场所和景区 | 游乐园 | √ | √ | | |
| | | 公园 | √ | √ | | |
| | | 陵园 | √ | √ | | |
| | | 动物园 | √ | √ | | |
| | | 植物园 | √ | √ | | |
| | | 名称注记 | √ | √ | | |
| | 体育活动场所 | 高尔夫球场 | √ | √ | | |
| | | 体育馆 | √ | √ | | |
| | | 游泳场、池 | √ | √ | | |
| | | 名称注记 | √ | √ | | |
| | 名胜古迹 | 名胜古迹 | √ | √ | √ | √ |
| | | 名胜古迹名称注记 | √ | √ | | |

| 分类 | | 要素名称 | 1：10 000 | 1：15 万~1：25 000 | 1：100 万~1：16 万 | 1：100 万以下 |
|---|---|---|---|---|---|---|
| 城镇综合功能单元 | 宗教活动场所 | 佛教 | √ | √ | | |
| | | 道教 | √ | √ | | |
| | | 伊斯兰教 | √ | √ | | |
| | | 基督教 | √ | √ | | |
| | | 天主教 | √ | √ | | |
| | | 综合 | √ | √ | | |
| | | 宗教设施名称注记 | √ | √ | | |

注：表中 "√" 表示该比例尺段包括的内容。

# 附录 3　地表覆盖数据综合处理指标表

| 分类 | 序号 | 要素名称 | 对应比例尺 | 综合处理指标描述 |
|---|---|---|---|---|
| 耕地 | 1 | 水田 | 1：15 万~1：25 000 | 1. 在 LCA 层按 CC 字段提取水田数据；2. 对提取出的水田数据进行宽度分割，分割宽度阈值为 0.4，便得到细窄图斑和非细窄图斑；3. 将细窄图斑进行分裂融合，再进行图斑合并，包括合并小图斑，临近同类直接合并及基于语义的合并，面积大于或等于图上 4mm² 的应表示，不同类可共线表示；4. 进行整个地表覆盖的化简 |
| | | | 1：100 万~1：16 万 | 1. 在 LCA 层按 CC 字段提取水田数据；2. 对提取出的水田数据进行宽度分割，分割宽度阈值为 0.4，便得到细窄图斑和非细窄图斑；3. 将细窄图斑进行分裂融合，再进行图斑合并，包括合并小图斑，临近同类直接合并及基于语义的合并，面积大于或等于图上 4mm² 的应表示，不同类可共线表示；4. 进行整个地表覆盖的化简 |
| | 2 | 旱地 | 1：15 万~1：25 000 | 1. 在 LCA 层按 CC 字段提取旱地数据；2. 对提取出的旱地数据进行宽度分割，分割宽度阈值为 0.4，便得到细窄图斑和非细窄图斑；3. 将细窄图斑进行分裂融合，再进行图斑合并，包括合并小图斑，临近同类直接合并及基于语义的合并，面积大于或等于图上 4mm² 的应表示，不同类可共线表示；4. 进行整个地表覆盖的化简 |
| | | | 1：16 万~1：100 万 | 1. 在 LCA 层按 CC 字段提取旱地数据；2. 对提取出的旱地数据进行宽度分割，分割宽度阈值为 0.4，便得到细窄图斑和非细窄图斑；3. 将细窄图斑进行分裂融合，再进行图斑合并，包括合并小图斑，临近同类直接合并及基于语义的合并，面积大于或等于图上 4mm² 的应表示，不同类可共线表示；4. 进行整个地表覆盖的化简 |
| 园地 | 1 | 果园 | 1：15 万~1：25 000 | 1. 在 LCA 层按 CC 字段提取果园数据；2. 对提取出的果园数据进行宽度分割，分割宽度阈值为 0.4，便得到细窄图斑和非细窄图斑；3. 将细窄图斑进行分裂融合，再进行图斑合并，包括合并小图斑，临近同类直接合并及基于语义的合并，面积大于或等于图上 4mm² 的应表示，不同类可共线表示；4. 进行整个地表覆盖的化简 |
| | | | 1：16 万~1：100 万 | 1. 在 LCA 层按 CC 字段提取果园数据；2. 对提取出的果园数据进行宽度分割，分割宽度阈值为 0.4，便得到细窄图斑和非细窄图斑；3. 将细窄图斑进行分裂融合，再进行图斑合并，包括合并小图斑，临近同类直接合并及基于语义的合并，面积大于或等于图上 4mm² 的应表示，不同类可共线表示；4. 进行整个地表覆盖的化简 |
| | 2 | 茶园 | 1：15 万~1：25 000 | 1. 在 LCA 层按 CC 字段提取茶园数据；2. 对提取出的茶园数据进行宽度分割，分割宽度阈值为 0.4，便得到细窄图斑和非细窄图斑；3. 将细窄图斑进行分裂融合，再进行图斑合并，包括合并小图斑，临近同类直接合并及基于语义的合并，面积大于或等于图上 4mm² 的应表示，不同类可共线表示；4. 进行整个地表覆盖的化简 |

| 分类 | 序号 | 要素名称 | 对应比例尺 | 综合处理指标描述 |
|---|---|---|---|---|
| 园地 | 2 | 茶园 | 1：16 万～<br>1：100 万 | 1. 在 LCA 层按 CC 字段提取茶园数据；2. 对提取出的茶园数据进行宽度分割，分割宽度阈值为 0.4，便得到细窄图斑和非细窄图斑；3. 将细窄图斑进行分裂融合，再进行图斑合并，包括合并小图斑，临近同类直接合并及基于语义的合并，面积大于或等于图上 4mm²的应表示，不同类可共线表示；4. 进行整个地表覆盖的化简 |
|  | 3 | 桑园 | 1：15 万～<br>1：25 000 | 1. 在 LCA 层按 CC 字段提取桑园数据；2. 对提取出的桑园数据进行宽度分割，分割宽度阈值为 0.4，便得到细窄图斑和非细窄图斑；3. 将细窄图斑进行分裂融合，再进行图斑合并，包括合并小图斑，临近同类直接合并及基于语义的合并，面积大于或等于图上 4mm²的应表示，不同类可共线表示；4. 进行整个地表覆盖的化简 |
|  |  |  | 1：16 万～<br>1：100 万 | 1. 在 LCA 层按 CC 字段提取桑园数据；2. 对提取出的桑园数据进行宽度分割，分割宽度阈值为 0.4，便得到细窄图斑和非细窄图斑；3. 将细窄图斑进行分裂融合，再进行图斑合并，包括合并小图斑，临近同类直接合并及基于语义的合并，面积大于或等于图上 4mm²的应表示，不同类可共线表示；4. 进行整个地表覆盖的化简 |
|  | 4 | 橡胶园 | 1：15 万～<br>1：25 000 | 1. 在 LCA 层按 CC 字段提取橡胶园数据；2. 对提取出的橡胶园数据进行宽度分割，分割宽度阈值为 0.4，便得到细窄图斑和非细窄图斑；3. 将细窄图斑进行分裂融合，再进行图斑合并，包括合并小图斑，临近同类直接合并及基于语义的合并，面积大于或等于图上 4mm²的应表示，不同类可共线表示；4. 进行整个地表覆盖的化简 |
|  |  |  | 1：16 万～<br>1：100 万 | 1. 在 LCA 层按 CC 字段提取橡胶园数据；2. 对提取出的橡胶园数据进行宽度分割，分割宽度阈值为 0.4，便得到细窄图斑和非细窄图斑；3. 将细窄图斑进行分裂融合，再进行图斑合并，包括合并小图斑，临近同类直接合并及基于语义的合并，面积大于或等于图上 4mm²的应表示，不同类可共线表示；4. 进行整个地表覆盖的化简 |
|  | 5 | 苗圃 | 1：15 万～<br>1：25 000 | 1. 在 LCA 层按 CC 字段提取苗圃数据；2. 对提取出的苗圃数据进行宽度分割，分割宽度阈值为 0.4，便得到细窄图斑和非细窄图斑；3. 将细窄图斑进行分裂融合，再进行图斑合并，包括合并小图斑，临近同类直接合并及基于语义的合并，面积大于或等于图上 4mm²的应表示，不同类可共线表示；4. 进行整个地表覆盖的化简 |
|  |  |  | 1：16 万～<br>1：100 万 | 1. 在 LCA 层按 CC 字段提取苗圃数据；2. 对提取出的苗圃数据进行宽度分割，分割宽度阈值为 0.4，便得到细窄图斑和非细窄图斑；3. 将细窄图斑进行分裂融合，再进行图斑合并，包括合并小图斑，临近同类直接合并及基于语义的合并，面积大于或等于图上 4mm²的应表示，不同类可共线表示；4. 进行整个地表覆盖的化简 |
|  | 6 | 花圃 | 1：15 万～<br>1：25 000 | 1. 在 LCA 层按 CC 字段提取花圃数据；2. 对提取出的花圃数据进行宽度分割，分割宽度阈值为 0.4，便得到细窄图斑和非细窄图斑；3. 将细窄图斑进行分裂融合，再进行图斑合并，包括合并小图斑，临近同类直接合并及基于语义的合并，面积大于或等于图上 4mm²的应表示，不同类可共线表示；4. 进行整个地表覆盖的化简 |
|  |  |  | 1：16 万～<br>1：100 万 | 1. 在 LCA 层按 CC 字段提取花圃数据；2. 对提取出的花圃数据进行宽度分割，分割宽度阈值为 0.4，便得到细窄图斑和非细窄图斑；3. 将细窄图斑进行分裂融合，再进行图斑合并，包括合并小图斑，临近同类直接合并及基于语义的合并，面积大于或等于图上 4mm²的应表示，不同类可共线表示；4. 进行整个地表覆盖的化简 |
|  | 7 | 其他园地 | 1：15 万～<br>1：25 000 | 1. 在 LCA 层按 CC 字段提取其他园地数据；2. 对提取出的其他园地数据进行宽度分割，分割宽度阈值为 0.4，便得到细窄图斑和非细窄图斑；3. 将细窄图斑进行分裂融合，再进行图斑合并，包括合并小图斑，临近同类直接合并及基于语义的合并，面积大于或等于图上 4mm²的应表示，不同类可共线表示；4. 进行整个地表覆盖的化简 |

| 分类 | 序号 | 要素名称 | 对应比例尺 | 综合处理指标描述 |
|---|---|---|---|---|
| 园地 | 7 | 其他园地 | 1∶16万～1∶100万 | 1. 在 LCA 层按 CC 字段提取其他园地数据；2. 对提取出的其他园地数据进行宽度分割，分割宽度阈值为 0.4，便得到细窄图斑和非细窄图斑；3. 将细窄图斑进行分裂融合，再进行图斑合并，包括合并小图斑，临近同类直接合并及基于语义的合并，面积大于或等于图上 4mm²的应表示，不同类可共线表示；4. 进行整个地表覆盖的化简 |
| 林地 | 1 | 乔木林 | 1∶15万～1∶25 000 | 1. 在 LCA 层按 CC 字段提取乔木林数据；2. 对提取出的乔木林数据进行宽度分割，分割宽度阈值为 0.4，便得到细窄图斑和非细窄图斑；3. 将细窄图斑进行分裂融合，再进行图斑合并，包括合并小图斑，临近同类直接合并及基于语义的合并，面积大于或等于图上 4mm²的应表示，不同类可共线表示；4. 进行整个地表覆盖的化简 |
| | | | 1∶16万～1∶100万 | 1. 在 LCA 层按 CC 字段提取乔木林数据；2. 对提取出的乔木林数据进行宽度分割，分割宽度阈值为 0.4，便得到细窄图斑和非细窄图斑；3. 将细窄图斑进行分裂融合，再进行图斑合并，包括合并小图斑，临近同类直接合并及基于语义的合并，面积大于或等于图上 4mm²的应表示，不同类可共线表示；4. 进行整个地表覆盖的化简 |
| | 2 | 灌木林 | 1∶15万～1∶25 000 | 1. 在 LCA 层按 CC 字段提取灌木林数据；2. 对提取出的灌木林数据进行宽度分割，分割宽度阈值为 0.4，便得到细窄图斑和非细窄图斑；3. 将细窄图斑进行分裂融合，再进行图斑合并，包括合并小图斑，临近同类直接合并及基于语义的合并，面积大于或等于图上 4mm²的应表示，不同类可共线表示；4. 进行整个地表覆盖的化简 |
| | | | 1∶16万～1∶100万 | 1. 在 LCA 层按 CC 字段提取灌木林数据；2. 对提取出的灌木林数据进行宽度分割，分割宽度阈值为 0.4，便得到细窄图斑和非细窄图斑；3. 将细窄图斑进行分裂融合，再进行图斑合并，包括合并小图斑，临近同类直接合并及基于语义的合并，面积大于或等于图上 4mm²的应表示，不同类可共线表示；4. 进行整个地表覆盖的化简 |
| | 3 | 乔灌混合林 | 1∶15万～1∶25 000 | 1. 在 LCA 层按 CC 字段提取乔灌混合林数据；2. 对提取出的乔灌混合林数据进行宽度分割，分割宽度阈值为 0.4，便得到细窄图斑和非细窄图斑；3. 将细窄图斑进行分裂融合，再进行图斑合并，包括合并小图斑，临近同类直接合并及基于语义的合并，面积大于或等于图上 4mm²的应表示，不同类可共线表示；4. 进行整个地表覆盖的化简 |
| | | | 1∶16万～1∶100万 | 1. 在 LCA 层按 CC 字段提取乔灌混合林数据；2. 对提取出的乔灌混合林数据进行宽度分割，分割宽度阈值为 0.4，便得到细窄图斑和非细窄图斑；3. 将细窄图斑进行分裂融合，再进行图斑合并，包括合并小图斑，临近同类直接合并及基于语义的合并，面积大于或等于图上 4mm²的应表示，不同类可共线表示；4. 进行整个地表覆盖的化简 |
| | 4 | 竹林 | 1∶15万～1∶25 000 | 1. 在 LCA 层按 CC 字段提取竹林数据；2. 对提取出的竹林数据进行宽度分割，分割宽度阈值为 0.4，便得到细窄图斑和非细窄图斑；3. 将细窄图斑进行分裂融合，再进行图斑合并，包括合并小图斑，临近同类直接合并及基于语义的合并，面积大于或等于图上 4mm²的应表示，不同类可共线表示；4. 进行整个地表覆盖的化简 |
| | | | 1∶16万～1∶100万 | 1. 在 LCA 层按 CC 字段提取竹林数据；2. 对提取出的竹林数据进行宽度分割，分割宽度阈值为 0.4，便得到细窄图斑和非细窄图斑；3. 将细窄图斑进行分裂融合，再进行图斑合并，包括合并小图斑，临近同类直接合并及基于语义的合并，面积大于或等于图上 4mm²的应表示，不同类可共线表示；4. 进行整个地表覆盖的化简 |
| | 5 | 疏林 | 1∶15万～1∶25 000 | 1. 在 LCA 层按 CC 字段提取疏林数据；2. 对提取出的疏林数据进行宽度分割，分割宽度阈值为 0.4，便得到细窄图斑和非细窄图斑；3. 将细窄图斑进行分裂融合，再进行图斑合并，包括合并小图斑，临近同类直接合并及基于语义的合并，面积大于或等于图上 4mm²的应表示，不同类可共线表示；4. 进行整个地表覆盖的化简 |
| | | | 1∶16万～1∶100万 | 1. 在 LCA 层按 CC 字段提取疏林数据；2. 对提取出的疏林数据进行宽度分割，分割宽度阈值为 0.4，便得到细窄图斑和非细窄图斑；3. 将细窄图斑进行分裂融合，再进行图斑合并，包括合并小图斑，临近同类直接合并及基于语义的合并，面积大于或等于图上 4mm²的应表示，不同类可共线表示；4. 进行整个地表覆盖的化简 |
| | 6 | 绿化林地 | 1∶15万～1∶25 000 | 1. 在 LCA 层按 CC 字段提取绿化林地数据；2. 对提取出的绿化林地数据进行宽度分割，分割宽度阈值为 0.4，便得到细窄图斑和非细窄图斑；3. 将细窄图斑进行分裂融合，再进行图斑合并，包括合并小图斑，临近同类直接合并及基于语义的合并，面积大于或等于图上 4mm²的应表示，不同类可共线表示；4. 进行整个地表覆盖的化简 |

| 分类 | 序号 | 要素名称 | 对应比例尺 | 综合处理指标描述 |
|---|---|---|---|---|
| 林地 | 6 | 绿化林地 | 1：16万～<br>1：100万 | 1. 在 LCA 层按 CC 字段提取绿化林地数据；2. 对提取出的绿化林地数据进行宽度分割，分割宽度阈值为 0.4，便得到细窄图斑和非细窄图斑；3. 将细窄图斑进行分裂融合，再进行图斑合并，包括合并小图斑，临近同类直接合并及基于语义的合并，面积大于或等于图上 4mm² 的应表示，不同类可共线表示；4. 进行整个地表覆盖的化简 |
| | 7 | 人工幼林 | 1：15万～<br>1：25 000 | 1. 在 LCA 层按 CC 字段提取人工幼林数据；2. 对提取出的人工幼林数据进行宽度分割，分割宽度阈值为 0.4，便得到细窄图斑和非细窄图斑；3. 将细窄图斑进行分裂融合，再进行图斑合并，包括合并小图斑，临近同类直接合并及基于语义的合并，面积大于或等于图上 4mm² 的应表示，不同类可共线表示；4. 进行整个地表覆盖的化简 |
| | | | 1：16万～<br>1：100万 | 1. 在 LCA 层按 CC 字段提取人工幼林数据；2. 对提取出的人工幼林数据进行宽度分割，分割宽度阈值为 0.4，便得到细窄图斑和非细窄图斑；3. 将细窄图斑进行分裂融合，再进行图斑合并，包括合并小图斑，临近同类直接合并及基于语义的合并，面积大于或等于图上 4mm² 的应表示，不同类可共线表示；4. 进行整个地表覆盖的化简 |
| | 8 | 稀疏灌丛 | 1：15万～<br>1：25 000 | 1. 在 LCA 层按 CC 字段提取稀疏灌丛数据；2. 对提取出的稀疏灌丛数据进行宽度分割，分割宽度阈值为 0.4，便得到细窄图斑和非细窄图斑；3. 将细窄图斑进行分裂融合，再进行图斑合并，包括合并小图斑，临近同类直接合并及基于语义的合并，面积大于或等于图上 4mm² 的应表示，不同类可共线表示；4. 进行整个地表覆盖的化简 |
| | | | 1：16万～<br>1：100万 | 1. 在 LCA 层按 CC 字段提取稀疏灌丛数据；2. 对提取出的稀疏灌丛数据进行宽度分割，分割宽度阈值为 0.4，便得到细窄图斑和非细窄图斑；3. 将细窄图斑进行分裂融合，再进行图斑合并，包括合并小图斑，临近同类直接合并及基于语义的合并，面积大于或等于图上 4mm² 的应表示，不同类可共线表示；4. 进行整个地表覆盖的化简 |
| 草地 | 1 | 天然草地 | 1：15万～<br>1：25 000 | 1. 在 LCA 层按 CC 字段提取天然草地数据；2. 对提取出的天然草地数据进行宽度分割，分割宽度阈值为 0.4，便得到细窄图斑和非细窄图斑；3. 将细窄图斑进行分裂融合，再进行图斑合并，包括合并小图斑，临近同类直接合并及基于语义的合并，面积大于或等于图上 4mm² 的应表示，不同类可共线表示；4. 进行整个地表覆盖的化简 |
| | | | 1：16万～<br>1：100万 | 1. 在 LCA 层按 CC 字段提取天然草地数据；2. 对提取出的天然草地数据进行宽度分割，分割宽度阈值为 0.4，便得到细窄图斑和非细窄图斑；3. 将细窄图斑进行分裂融合，再进行图斑合并，包括合并小图斑，临近同类直接合并及基于语义的合并，面积大于或等于图上 4mm² 的应表示，不同类可共线表示；4. 进行整个地表覆盖的化简 |
| | 2 | 人工草地 | 1：15万～<br>1：25 000 | 1. 在 LCA 层按 CC 字段提取人工草地数据；2. 对提取出的人工草地数据进行宽度分割，分割宽度阈值为 0.4，便得到细窄图斑和非细窄图斑；3. 将细窄图斑进行分裂融合，再进行图斑合并，包括合并小图斑，临近同类直接合并及基于语义的合并，面积大于或等于图上 4mm² 的应表示，不同类可共线表示；4. 进行整个地表覆盖的化简 |
| | | | 1：16万～<br>1：100万 | 1. 在 LCA 层按 CC 字段提取人工草地数据；2. 对提取出的人工草地数据进行宽度分割，分割宽度阈值为 0.4，便得到细窄图斑和非细窄图斑；3. 将细窄图斑进行分裂融合，再进行图斑合并，包括合并小图斑，临近同类直接合并及基于语义的合并，面积大于或等于图上 4mm² 的应表示，不同类可共线表示；4. 进行整个地表覆盖的化简 |
| 人工堆掘地 | 1 | 露天采掘场 | 1：15万～<br>1：25 000 | 1. 在 LCA 层按 CC 字段提取露天采掘场数据；2. 对提取出的露天采掘场数据进行宽度分割，分割宽度阈值为 0.4，便得到细窄图斑和非细窄图斑；3. 将细窄图斑进行分裂融合，再进行图斑合并，包括合并小图斑，临近同类直接合并及基于语义的合并，面积大于或等于图上 8mm² 的应表示，不同类可共线表示；4. 进行整个地表覆盖的化简 |
| | | | 1：16万～<br>1：100万 | 1. 在 LCA 层按 CC 字段提取露天采掘场数据；2. 对提取出的露天采掘场数据进行宽度分割，分割宽度阈值为 0.4，便得到细窄图斑和非细窄图斑；3. 将细窄图斑进行分裂融合，再进行图斑合并，包括合并小图斑，临近同类直接合并及基于语义的合并，面积大于或等于图上 8mm² 的应表示，不同类可共线表示；4. 进行整个地表覆盖的化简 |
| | 2 | 堆放物 | 1：15万～<br>1：25 000 | 1. 在 LCA 层按 CC 字段提取堆放物数据；2. 对提取出的堆放物数据进行宽度分割，分割宽度阈值为 0.4，便得到细窄图斑和非细窄图斑；3. 将细窄图斑进行分裂融合，再进行图斑合并，包括合并小图斑，临近同类直接合并及基于语义的合并，面积大于或等于图上 8mm² 的应表示，不同类可共线表示；4. 进行整个地表覆盖的化简 |
| | | | 1：16万～<br>1：100万 | 1. 在 LCA 层按 CC 字段提取堆放物数据；2. 对提取出的堆放物数据进行宽度分割，分割宽度阈值为 0.4，便得到细窄图斑和非细窄图斑；3. 将细窄图斑进行分裂融合，再进行图斑合并，包括合并小图斑，临近同类直接合并及基于语义的合并，面积大于或等于图上 8mm² 的应表示，不同类可共线表示；4. 进行整个地表覆盖的化简 |

## 附录 4　重要地理国情要素数据综合处理指标表

| 分类 | 序号 | 要素名称 | 对应比例尺 | 综合处理指标描述 |
|---|---|---|---|---|
| 道路 | 1 | 高速铁路 | 1∶15万~1∶25 000 | 要素按 NAME 字段进行拓扑连接，拓扑连接容差为 0.001 |
| | | | 1∶16万~1∶100万 | 要素按 NAME 字段进行拓扑连接，拓扑连接容差为 0.001 |
| | 2 | 普通铁路 | 1∶15万~1∶25 000 | 要素按 NAME 字段进行拓扑连接，拓扑连接容差为 0.001 |
| | | | 1∶16万~1∶100万 | 要素按 NAME 字段进行拓扑连接，拓扑连接容差为 0.001 |
| | 3 | 高速公路 | 1∶15万~1∶25 000 | 1. 高速公路按 NAME 字段进行容差为 0.001 的拓扑连接；2. 高速公路作为参考道路进行低等级道路选取，如乡村道路，高速公路参与道路网数据标准化处理；3. 高速公路参与道路网层次选取；4. 高速公路进行拓扑弧段的延伸及节点拟合；5. 高速公路与其他道路进行保持拓扑关系的几何化简；6. 高速公路按 RN 字段进行容差为 0.001 的拓扑连接；7. 最后得到的高速公路作为参考图层对公路桥进行缓冲查询 |
| | | | 1∶16万~1∶100万 | 1. 高速公路按 NAME 字段进行容差为 0.001 的拓扑连接；2. 高速公路作为参考道路进行低等级道路选取，如乡村道路，高速公路参与道路网数据标准化处理；3. 高速公路参与道路网层次选取；4. 高速公路进行拓扑弧段的延伸及节点拟合；5. 高速公路与其他道路进行保持拓扑关系的几何化简；6. 高速公路按 RN 字段进行容差为 0.001 的拓扑连接；7. 最后得到的高速公路作为参考图层对公路桥进行缓冲查询 |
| | 4 | 国道 | 1∶15万~1∶25 000 | 1. 国道按 NAME 字段进行容差为 0.001 的拓扑连接；2. 国道作为参考道路进行低等级道路选取，如乡村道路，国道参与道路网数据标准化处理；3. 国道参与道路网层次选取；4. 国道进行拓扑弧段的延伸及节点拟合；5. 国道与其他道路线进行保持拓扑关系的几何化简；6. 国道按 RN 字段进行容差为 0.001 的拓扑连接；7. 最后得到的国道作为参考图层对公路桥进行缓冲查询 |
| | | | 1∶16万~1∶100万 | 1. 国道按 NAME 字段进行容差为 0.001 的拓扑连接；2. 国道作为参考道路进行低等级道路选取，如乡村道路，国道参与道路网数据标准化处理；3. 国道参与道路网层次选取；4. 国道进行拓扑弧段的延伸及节点拟合；5. 国道与其他道路线进行保持拓扑关系的几何化简；6. 国道按 RN 字段进行容差为 0.001 的拓扑连接；7. 最后得到的国道作为参考图层对公路桥进行缓冲查询 |
| | 5 | 省道 | 1∶15万~1∶25 000 | 1. 省道按 NAME 字段进行容差为 0.001 的拓扑连接；2. 省道作为参考道路进行低等级道路选取，如乡村道路，省道参与道路网数据标准化处理；3. 省道参与道路网层次选取；4. 省道进行拓扑弧段的延伸及节点拟合；5. 省道与其他道路线进行保持拓扑关系的几何化简；6. 省道按 RN 字段进行容差为 0.001 的拓扑连接；7. 最后得到的省道作为参考图层对公路桥进行缓冲查询 |
| | | | 1∶16万~1∶100万 | 1. 省道按 NAME 字段进行容差为 0.001 的拓扑连接；2. 省道作为参考道路进行低等级道路选取，如乡村道路，省道参与道路网数据标准化处理；3. 省道参与道路网层次选取；4. 省道进行拓扑弧段的延伸及节点拟合；5. 省道与其他道路线进行保持拓扑关系的几何化简；6. 省道按 RN 字段进行容差为 0.001 的拓扑连接；7. 最后得到的省道作为参考图层对公路桥进行缓冲查询 |

续表

| 分类 | 序号 | 要素名称 | 对应比例尺 | 综合处理指标描述 |
|---|---|---|---|---|
| 道路 | 6 | 县道 | 1∶15万～<br>1∶25 000 | 1. 县道按 NAME 字段进行容差为 0.001 的拓扑连接；2. 县道作为参考道路进行低等级道路选取，如乡村道路；3. 县道参与道路网数据标准化处理，县道参与道路网层次选取；4. 县道进行拓扑延伸及节点拟合；5. 县道与其他道路线进行保持拓扑关系的几何化简；6. 县道按 RN 字段进行容差为 0.001 的拓扑连接；7. 最后得到的县道作为参考图层对公路桥进行缓冲查询 |
| | | | 1∶16万～<br>1∶100 万 | 1. 县道按 NAME 字段进行容差为 0.001 的拓扑连接；2. 县道作为参考道路进行低等级道路选取，如乡村道路；3. 县道参与道路网数据标准化处理，县道参与道路网层次选取；4. 县道进行拓扑延伸及节点拟合；5. 县道与其他道路线进行保持拓扑关系的几何化简；6. 县道按 RN 字段进行容差为 0.001 的拓扑连接；7. 最后得到的县道作为参考图层对公路桥进行缓冲查询 |
| | 7 | 乡道 | 1∶15万～<br>1∶25 000 | 1. 乡道按 NAME 字段进行容差为 0.001 的拓扑连接；2. 乡道作为参考道路进行低等级道路选取，如乡村道路；3. 乡道参与道路网数据标准化处理，乡道参与道路网层次选取；4.乡道进行拓扑延伸及节点拟合；5. 乡道与其他道路线进行保持拓扑关系的几何化简；6. 乡道按 NAME 字段进行容差为 0.001 的拓扑连接 |
| | | | 1∶16万～<br>1∶100 万 | 1. 乡道按 NAME 字段进行容差为 0.001 的拓扑连接；2. 乡道作为参考道路进行低等级道路选取，如乡村道路；3. 乡道参与道路网数据标准化处理，乡道参与道路网层次选取；4. 乡道进行拓扑延伸及节点拟合；5. 乡道与其他道路线进行保持拓扑关系的几何化简；6. 乡道按 NAME 字段进行容差为 0.001 的拓扑连接 |
| | 8 | 专用公路 | 1∶15万～<br>1∶25 000 | 1. 专用公路按 NAME 字段进行容差为 0.001 的拓扑连接；2. 专用公路作为参考道路进行低等级道路选取，如乡村道路；3. 专用公路参与道路网数据标准化处理，专用公路参与道路网层次选取；4. 专用公路进行拓扑延伸及节点拟合；5. 专用公路与其他道路线进行保持拓扑关系的几何化简；6. 专用公路按 NAME 字段进行容差为 0.001 的拓扑连接 |
| | | | 1∶16万～<br>1∶100 万 | 1. 专用公路按 NAME 字段进行容差为 0.001 的拓扑连接；2. 专用公路作为参考道路进行低等级道路选取，如乡村道路；3. 专用公路参与道路网数据标准化处理，专用公路参与道路网层次选取；4. 专用公路进行拓扑延伸及节点拟合；5. 专用公路与其他道路线进行保持拓扑关系的几何化简；6. 专用公路按 NAME 字段进行容差为 0.001 的拓扑连接 |
| | 9 | 快速路 | 1∶15万～<br>1∶25 000 | 1. 快速路按 NAME 字段进行容差为 0.001 的拓扑连接；2. 快速路作为参考道路进行低等级道路选取，如乡村道路；3. 快速路参与道路网数据标准化处理，快速路参与道路网层次选取；4. 快速路进行拓扑延伸及节点拟合；5. 快速路与其他道路线进行保持拓扑关系的几何化简；6. 快速路按 NAME 字段进行容差为 0.001 的拓扑连接 |
| | | | 1∶16万～<br>1∶100 万 | 1. 快速路按 NAME 字段进行容差为 0.001 的拓扑连接；2. 快速路作为参考道路进行低等级道路选取，如乡村道路；3. 快速路参与道路网数据标准化处理，快速路参与道路网层次选取；4. 快速路进行拓扑延伸及节点拟合；5. 快速路与其他道路线进行保持拓扑关系的几何化简；6. 快速路按 NAME 字段进行容差为 0.001 的拓扑连接 |
| | 10 | 主干路 | 1∶15万～<br>1∶25 000 | 1. 主干路按 NAME 字段进行容差为 0.001 的拓扑连接；2. 主干路作为参考道路进行低等级道路选取，如乡村道路；3. 主干路参与道路网数据标准化处理，主干路参与道路网层次选取；4. 主干路进行拓扑延伸及节点拟合；5. 主干路与其他道路线进行保持拓扑关系的几何化简；6. 主干路按 NAME 字段进行容差为 0.001 的拓扑连接 |

| 分类 | 序号 | 要素名称 | 对应比例尺 | 综合处理指标描述 |
|---|---|---|---|---|
| 道路 | 10 | 主干路 | 1∶16 万～<br>1∶100 万 | 1. 主干路按 NAME 字段进行容差为 0.001 的拓扑连接；2. 主干路作为参考道路进行低等级道路选取，如乡村道路；3. 主干路参与道路网数据标准化处理，主干路参与道路网层次选取；4. 主干路进行拓扑延伸及节点拟合；5. 主干路与其他道路线进行保持拓扑关系的几何化简；6. 主干路按 NAME 字段进行容差为 0.001 的拓扑连接 |
| | 11 | 次干路 | 1∶15 万～<br>1∶25 000 | 1. 次干路按 NAME 字段进行容差为 0.001 的拓扑连接；2. 次干路作为参考道路进行低等级道路选取，如乡村道路；3. 次干路参与道路网数据标准化处理，次干路参与道路网层次选取；4. 次干路进行拓扑延伸及节点拟合；5. 次干路与其他道路线进行保持拓扑关系的几何化简；6. 次干路按 NAME 字段进行容差为 0.001 的拓扑连接 |
| | | | 1∶16 万～<br>1∶100 万 | 1. 次干路按 NAME 字段进行容差为 0.001 的拓扑连接；2. 次干路作为参考道路进行低等级道路选取，如乡村道路；3. 次干路参与道路网数据标准化处理，次干路参与道路网层次选取；4. 次干路进行拓扑延伸及节点拟合；5. 次干路与其他道路线进行保持拓扑关系的几何化简；6. 次干路按 NAME 字段进行容差为 0.001 的拓扑连接 |
| | 12 | 支路 | 1∶15 万～<br>1∶25 000 | 1. 支路按 NAME 字段进行容差为 0.001 的拓扑连接；2. 支路作为参考道路进行低等级道路选取，如乡村道路；3. 支路参与道路网数据标准化处理，支路参与道路网层次选取；4. 支路进行拓扑延伸及节点拟合；5. 支路与其他道路线进行保持拓扑关系的几何化简；6. 支路按 NAME 字段进行容差为 0.001 的拓扑连接 |
| | | | 1∶16 万～<br>1∶100 万 | 1. 支路按 NAME 字段进行容差为 0.001 的拓扑连接；2. 支路作为参考道路进行低等级道路选取，如乡村道路；3. 支路参与道路网数据标准化处理，支路参与道路网层次选取；4. 支路进行拓扑延伸及节点拟合；5. 支路与其他道路线进行保持拓扑关系的几何化简；6. 支路按 NAME 字段进行容差为 0.001 的拓扑连接 |
| | 13 | 地铁 | 1∶15 万～<br>1∶25 000 | 1. 地铁进行拓扑延伸及节点拟合；2. 地铁按 NAME 字段进行容差为 0.001 的拓扑连接 |
| | | | 1∶16 万～<br>1∶100 万 | 删除 |
| | 14 | 地面轨道 | 1∶15 万～<br>1∶25 000 | 地面轨道进行拓扑延伸及节点拟合 |
| | | | 1∶16 万～<br>1∶100 万 | 删除 |
| | 15 | 乡村道路 | 1∶15 万～<br>1∶25 000 | 1. 乡村道路按 NAME 字段进行容差为 0.001 的拓扑连接；2. 乡村道路与其他道路进行选取，去除图上 10mm 的悬挂线、断头路、环路；3. 乡村道路参与道路网数据标准化处理，乡村道路参与道路网层次选取；4. 乡村道路进行拓扑延伸及节点拟合；5. 乡村道路与其他道路线进行保持拓扑关系的几何化简；6. 乡村道路按 NAME 字段进行容差为 0.001 的拓扑连接 |
| | | | 1∶16 万～<br>1∶100 万 | 1. 乡村道路按 NAME 字段进行容差为 0.001 的拓扑连接；2. 乡村道路与其他道路进行选取，去除图上 10mm 的悬挂线、断头路、环路；3. 乡村道路参与道路网数据标准化处理，乡村道路参与道路网层次选取；4. 乡村道路进行拓扑延伸及节点拟合；5. 乡村道路与其他道路线进行保持拓扑关系的几何化简；6. 乡村道路按 NAME 字段进行容差为 0.001 的拓扑连接 |

| 分类 | 序号 | 要素名称 | 对应比例尺 | 综合处理指标描述 |
|---|---|---|---|---|
| 构筑物 | 1 | 干堤 | 1∶15万～<br>1∶25 000 | 选取距离水系面 10m 以内的要素 |
| | | | 1∶16万～<br>1∶100 万 | 选取距离水系面 10m 以内的要素 |
| | 2 | 一般堤 | 1∶15万～<br>1∶25 000 | 选取距离水系面 10m 以内的要素 |
| | | | 1∶16万～<br>1∶100 万 | 删除 |
| | 3 | 滚水坝 | 1∶15万～<br>1∶25 000 | 保留距离水库 10m 以内的要素 |
| | | | 1∶16万～<br>1∶100 万 | 删除 |
| | 4 | 拦水坝 | 1∶15万～<br>1∶25 000 | 保留距离水库 10m 以内的要素 |
| | | | 1∶16万～<br>1∶100 万 | 删除 |
| | 5 | 制水坝 | 1∶15万～<br>1∶25 000 | 保留距离水库 10m 以内的要素 |
| | | | 1∶16万～<br>1∶100 万 | 删除 |
| | 6 | 水闸 | 1∶15万～<br>1∶25 000 | 位于双线河及主要单线河上的应表示,其他河流上择要表示 |
| | | | 1∶16万～<br>1∶100 万 | 位于双线河及主要单线河上的应表示,其他河流上择要表示 |
| 交通 | 4 | 水运港客运站 | 1∶15万～<br>1∶25 000 | 与其他交通附属设施有关的点要素一块进行格网过滤 |
| | | | 1∶16万～<br>1∶100 万 | 删除 |
| | 9 | 固定顺岸码头 | 1∶15万～<br>1∶25 000 | 面转线表示 |
| | | | 1∶16万～<br>1∶100 万 | 面转线表示 |
| | 15 | 高速路出口 | 1∶15万～<br>1∶25 000 | 与其他交通附属设施有关的点要素一块进行格网过滤 |
| | | | 1∶16万～<br>1∶100 万 | 删除 |
| | 16 | 高速路入口 | 1∶15万～<br>1∶25 000 | 与其他交通附属设施有关的点要素一块进行格网过滤 |
| | | | 1∶16万～<br>1∶100 万 | 删除 |
| | 18 | 加油站 | 1∶15万～<br>1∶25 000 | 与其他交通附属设施有关的点要素一块进行格网过滤 |

续表

| 分类 | 序号 | 要素名称 | 对应比例尺 | 综合处理指标描述 |
|---|---|---|---|---|
| 交通 | 18 | 加油站 | 1∶16万～<br>1∶100万 | 删除 |
| | 19 | 加气站 | 1∶15万～<br>1∶25 000 | 与其他交通附属设施有关的点要素一块进行格网过滤 |
| | | | 1∶16万～<br>1∶100万 | 与其他交通附属设施有关的点要素一块进行格网过滤 |
| | 20 | 充电站 | 1∶15万～<br>1∶25 000 | 与其他交通附属设施有关的点要素一块进行格网过滤 |
| | | | 1∶16万～<br>1∶100万 | 与其他交通附属设施有关的点要素一块进行格网过滤 |
| 水域 | 1 | 常年河 | 1∶15万～<br>1∶25 000 | 1. 常年河(线)按 NAME 字段进行容差为 0.001 的拓扑连接；2. 水系网要素进行拓扑预处理，消除拓扑错误；3. 常年河(线)进行河流渐变操作，对水网线数据进行选取；4. 进行拓扑延伸及节点拟合；5. 水系网做保持拓扑关系的几何化简；6. 水系网进行线采样，得到河流流向；7. 水系(面)进行拓扑预处理；8. 水系(面)面积大于图上 2mm$^2$ 的为面；9. 水系(面)作为参考图层对水系附属设施进行选取；10. 水系(面)保持拓扑关系的几何化简；11. 水系(面)保持拓扑关系的几何化简；12. 常年河(线)拓扑连接改名为常年河(线)注记；13. 常年河(线)注记分层、改名处理，为成图后注记做准备 |
| | | | 1∶16万～<br>1∶100万 | 1. 常年河(线)按 NAME 字段进行容差为 0.001 的拓扑连接；2. 水系网要素进行拓扑预处理，消除拓扑错误；3. 常年河(线)进行河流渐变操作，对水网线数据进行选取；4. 进行拓扑延伸及节点拟合；5. 水系网做保持拓扑关系的几何化简；6. 水系网进行线采样，得到河流流向；7. 水系(面)进行拓扑预处理；8. 水系(面)面积大于图上 2mm$^2$ 的为面；9. 水系(面)作为参考图层对水系附属设施进行选取；10. 水系(面)保持拓扑关系的几何化简；11. 常年河(线)拓扑连接改名为常年河(线)注记；12. 常年河(线)注记分层、改名处理，为成图后注记做准备 |
| | 2 | 时令河 | 1∶15万～<br>1∶25 000 | 1. 时令河(线)按 NAME 字段进行容差为 0.001 的拓扑连接；2. 时令河(线)进行河流渐变操作；3. 对水网线数据进行选取，并进行拓扑延伸及节点拟合；4. 删除与水系面相交的时令河(线)；5. 水系网做保持拓扑关系的几何化简 |
| | | | 1∶16万～<br>1∶100万 | 1. 时令河(线)按 NAME 字段进行容差为 0.001 的拓扑连接；2. 时令河(线)进行河流渐变操作；3. 对水网线数据进行选取，并进行拓扑延伸及节点拟合；4. 删除与水系面相交的时令河(线)；5. 水系网做保持拓扑关系的几何化简 |
| | 3 | 干涸河 | 1∶15万～<br>1∶25 000 | 1. 干涸河(线)按 NAME 字段进行容差为 0.001 的拓扑连接；2. 干涸河(线)进行河流渐变操作；3. 对水网线数据进行选取并进行拓扑延伸及节点拟合；4. 删除与水系面相交的干涸河(线)；5. 水系网做保持拓扑关系的几何化简 |
| | | | 1∶16万～<br>1∶100万 | 1. 干涸河(线)按 NAME 字段进行容差为 0.001 的拓扑连接；2. 干涸河(线)进行河流渐变操作；3. 对水网线数据进行选取并进行拓扑延伸及节点拟合；4. 删除与水系面相交的干涸河(线)；5. 水系网做保持拓扑关系的几何化简 |
| | 4 | 水渠 | 1∶15万～<br>1∶25 000 | 1. 水渠(线)按 NAME 字段进行容差为 0.001 的拓扑连接；2. 水渠(线)进行河流渐变操作；3. 对水网线数据进行选取，舍去长度小于图上 10mm 的悬挂线、孤立线、闭合线等，并进行拓扑延伸及节点拟合；4. 删除与水系面相交的干涸河(线)；5. 水系网做保持拓扑关系的几何化简；6. 水渠(线)拓扑连接后改名为水渠(线)注记；7. 根据水渠(线)计算水渠流向(线)角度；8. 水渠(线)注记分层、改名处理，为成图后注记做准备 |

| 分类 | 序号 | 要素名称 | 对应比例尺 | 综合处理指标描述 |
|---|---|---|---|---|
| 水域 | 4 | 水渠 | 1：16万～<br>1：100万 | 1. 水渠(线)按 NAME 字段进行容差为 0.001 的拓扑连接；2. 水渠(线)进行河流渐变操作；3. 对水渠线数据进行选取，舍去长度小于图上 10mm 的悬挂线、孤立线、闭合线等，并进行拓扑延伸及节点拟合；4. 删除与水系面相交的干涸河(线)；5. 水系网做保持拓扑关系的几何化简；6. 水渠(线)拓扑连接后改名为水渠(线)注记；7. 根据水渠(线)计算水渠流向(线)角度；8. 水渠(线)注记分层、改名处理，为成图后注记做准备 |
| | 5 | 库塘 | 1：15万～<br>1：25 000 | 1. 参与水网要素的拓扑预处理；2. 库塘进行多边形选取，舍去面积小于图上 2mm² 的库塘；3. 库塘参与对水网线的选取，库塘作为参考选取其附近的水系附属设施，如堤坝等；4. 保持拓扑关系的几何化简 |
| | | | 1：16万～<br>1：100万 | 1. 参与水网要素的拓扑预处理；2. 库塘进行多边形选取，舍去面积小于图上 2mm² 的库塘；3. 库塘参与对水网线的选取，库塘作为参考选取其附近的水系附属设施，如堤坝等；4. 保持拓扑关系的几何化简 |
| 行政区划与管理单元 | 1 | 国家级行政区 | 1：15万～<br>1：25 000 | 不进行综合 |
| | | | 1：16万～<br>1：100万 | 不进行综合 |
| | 2 | 省级行政区 | 1：15万～<br>1：25 000 | 不进行综合 |
| | | | 1：16万～<br>1：100万 | 不进行综合 |
| | 3 | 特别行政区 | 1：15万～<br>1：25 000 | 不进行综合 |
| | | | 1：100 000 | 不进行综合 |
| | 4 | 地市、州级行政区 | 1：15万～<br>1：25 000 | 不进行综合 |
| | | | 1：16万～<br>1：100万 | 不进行综合 |
| | 5 | 县级行政区 | 1：15万～<br>1：25 000 | 不进行综合 |
| | | | 1：16万～<br>1：100万 | 不进行综合 |
| | 6 | 乡、镇行政区 | 1：15万～<br>1：25 000 | 乡、镇行政区界线进行化简，相关参数设置：化简算法：建筑物直角特征化简，化简容差 0.4 |
| | | | 1：16万～<br>1：100万 | 删除 |
| | 7 | 行政村 | 1：15万～<br>1：25 000 | 不进行综合 |
| | | | 1：16万～<br>1：100万 | 不进行综合 |
| 社会经济区域单元 | 1 | 自然文化保护区 | 1：15万～<br>1：25 000 | 将要素进行化简处理，化简方法采用 OpenShaw，相关参数：比例尺由 10000 综合至 50000，化简容差为 0.0004 |

| 分类 | 序号 | 要素名称 | 对应比例尺 | 综合处理指标描述 |
|---|---|---|---|---|
| 社会经济区域单元 | 1 | 自然文化保护区 | 1∶16万～1∶100万 | 将要素进行化简处理,化简方法采用 OpenShaw,相关参数:比例尺由 1∶10000 综合至 1∶50000, 化简容差为 0.0004 |
| | 2 | 自然文化遗产 | 1∶15万～1∶25 000 | 将要素进行化简处理,化简方法采用 OpenShaw,相关参数:比例尺由 1∶10000 综合至 1∶50000, 化简容差为 0.0004 |
| | | | 1∶16万～1∶100万 | 将要素进行化简处理,化简方法采用 OpenShaw,相关参数:比例尺由 1∶10000 综合至 1∶50000, 化简容差为 0.0004 |
| | 3 | 风景名胜区、旅游区 | 1∶15万～1∶25 000 | 将要素进行化简处理,化简方法采用 OpenShaw,相关参数:比例尺由 1∶10000 综合至 1∶50000, 化简容差为 0.0004 |
| | | | 1∶16万～1∶100万 | 将要素进行化简处理,化简方法采用 OpenShaw,相关参数:比例尺由 1∶10000 综合至 1∶50000, 化简容差为 0.0004 |
| | 4 | 森林公园 | 1∶15万～1∶25 000 | 将要素进行化简处理,化简方法采用 OpenShaw,相关参数:比例尺由 1∶10000 综合至 1∶50000, 化简容差为 0.0004 |
| | | | 1∶16万～1∶100万 | 将要素进行化简处理,化简方法采用 OpenShaw,相关参数:比例尺由 1∶10000 综合至 1∶50000, 化简容差为 0.0004 |
| | 5 | 地质公园 | 1∶15万～1∶25 000 | 将要素进行化简处理,化简方法采用 OpenShaw,相关参数:比例尺由 1∶10000 综合至 1∶50000, 化简容差为 0.0004 |
| | | | 1∶16万～1∶100万 | 将要素进行化简处理,化简方法采用 OpenShaw,相关参数:比例尺由 1∶10000 综合至 1∶50000, 化简容差为 0.0004 |
| 城镇综合功能单元 | 1 | 水厂 | 1∶15万～1∶25 000 | 与其他居民地设施点数据进行格网过滤 |
| | | | 1∶16万～1∶100万 | 删除 |
| | 2 | 电厂 | 1∶15万～1∶25 000 | 与其他居民地设施点数据进行格网过滤 |
| | | | 1∶16万～1∶100万 | 删除 |
| | 3 | 污水处理厂 | 1∶15万～1∶25 000 | 与其他居民地设施点数据进行格网过滤 |
| | | | 1∶16万～1∶100万 | 删除 |
| | 4 | 学校 | 1∶15万～1∶25 000 | 与其他居民地设施点数据进行格网过滤 |
| | | | 1∶16万～1∶100万 | 删除 |
| | 5 | 医院 | 1∶15万～1∶25 000 | 与其他居民地设施点数据进行格网过滤 |
| | | | 1∶16万～1∶100万 | 删除 |
| | 6 | 社会福利机构 | 1∶15万～1∶25 000 | 与其他居民地设施点数据进行格网过滤 |
| | | | 1∶16万～1∶100万 | 删除 |

| 分类 | 序号 | 要素名称 | 对应比例尺 | 综合处理指标描述 |
|---|---|---|---|---|
| 城镇综合功能单元 | 7 | 机场 | 1∶15万～1∶25 000 | 与其他居民地设施点数据进行格网过滤 |
| | | | 1∶16万～1∶100万 | 与其他居民地设施点数据进行格网过滤 |
| | 8 | 港口 | 1∶15万～1∶25 000 | 与其他居民地设施点数据进行格网过滤 |
| | | | 1∶16万～1∶100万 | 与其他居民地设施点数据进行格网过滤 |
| | 9 | 长途汽车站 | 1∶15万～1∶25 000 | 与其他居民地设施点数据进行格网过滤 |
| | | | 1∶16万～1∶100万 | 删除 |
| | 10 | 火车站 | 1∶15万～1∶25 000 | 与其他居民地设施点数据进行格网过滤 |
| | | | 1∶16万～1∶100万 | 与其他居民地设施点数据进行格网过滤 |
| | 11 | 游乐园 | 1∶15万～1∶25 000 | 与其他居民地设施点数据进行格网过滤 |
| | | | 1∶16万～1∶100万 | 删除 |
| | 12 | 公园 | 1∶15万～1∶25 000 | 与其他居民地设施点数据进行格网过滤 |
| | | | 1∶16万～1∶100万 | 删除 |
| | 13 | 陵园 | 1∶15万～1∶25 000 | 与其他居民地设施点数据进行格网过滤 |
| | | | 1∶16万～1∶100万 | 删除 |
| | 14 | 动物园 | 1∶15万～1∶25 000 | 与其他居民地设施点数据进行格网过滤 |
| | | | 1∶16万～1∶100万 | 删除 |
| | 15 | 植物园 | 1∶15万～1∶25 000 | 与其他居民地设施点数据进行格网过滤 |
| | | | 1∶16万～1∶100万 | 删除 |
| | 16 | 高尔夫球场 | 1∶15万～1∶25 000 | 与其他居民地设施点数据进行格网过滤 |
| | | | 1∶16万～1∶100万 | 删除 |
| | 17 | 体育馆 | 1∶15万～1∶25 000 | 与其他居民地设施点数据进行格网过滤 |

续表

| 分类 | 序号 | 要素名称 | 对应比例尺 | 综合处理指标描述 |
|---|---|---|---|---|
| 城镇综合功能单元 | 17 | 体育馆 | 1∶16万～1∶100万 | 删除 |
| | 18 | 游泳场、池 | 1∶15万～1∶25 000 | 与其他居民地设施点数据进行格网过滤 |
| | | | 1∶16万～1∶100万 | 删除 |
| | 19 | 宗教活动场所 | 1∶15万～1∶25 000 | 与其他居民地设施点数据进行格网过滤 |
| | | | 1∶16万～1∶100万 | 与其他居民地设施点数据进行格网过滤 |

# 附录5　1∶25万公众版地图的各类要素表达要求

| 分类 | 要素类型 | 表达要求 |
|---|---|---|
| 河流、运河、沟渠 | 河流 | 单线河流需从河源到下游进行渐变表示，按照数据属性中的等级一级线粗0.5mm，二级线粗0.4mm，三级线粗0.3mm，四级线粗0.2mm，五级线粗0.16mm，六级线粗0.13mm；其他无级河流中的主流线粗0.1～0.13mm渐变，支流线粗0.1mm |
| | 运河 | 按照图式规定京杭运河用双线表示，其他运河用单线表示 |
| | 沟渠 | 根据数据属性分为干渠和支渠，按照图式规定表示 |
| | 河流、运河、沟渠的流向 | 流向难以判断时标注流向符号 |
| | 河流、运河、沟渠的名称注记 | 按照图式规定表示，注记大小一级用6.0mm，二级用5.0mm，三级用4.0mm，四五级用3.0mm，五级以下用2.5mm。水系注记的大小要注意反映主支流关系和河流上、下关系。河流、运河、沟渠、冰川等名称注记一般用屈曲字列、雁行字列、弧形字列随线状物体排列。较长的河、渠每隔15～20cm重复注出；一条河流注记的字间隔一般不应超过字大的五倍 |
| 水系 | 地下河段、消失河段、干河床、时令河 | 根据数据属性按照图式规定表示。当消失河段的符号不能反映出该河段的特征时，可在符号属性框中调整该符号的长、宽，直至图上能显现出其特征。<br>单线时令河分四级表示，一级用0.1～0.4mm的渐变单虚线表示，二级用0.1～0.3mm的渐变单虚线表示，三级用0.1～0.2mm的渐变单虚线表示，三级以下用0.1～0.15mm的渐变单虚线表示 |
| | 坎儿井、输水渡槽、输水隧道、干沟 | 根据数据属性按照图式规定表示 |
| | 湖泊、池塘 | 根据数据属性按照图式规定表示。有名称的应创建注记层标注名称。名称注记应按湖泊面积的大小保持一定的级差。湖泊名称注记分为四级，应按图式所规定的字体、字大、字向排列其位置。非淡水湖泊应加注水质性质 |
| | 时令湖、干涸湖 | 根据数据属性按照图式规定表示。有名称的应创建注记层标注名称 |
| | 水库 | 根据数据属性按照图式规定表示。有名称的应创建注记层标注名称。根据大、中、小型类型选用相应等级的字大标注，大型水库字大4.5mm，中型水库字大3.5mm，小型水库字大2.5mm |
| | 海域要素 | 根据数据属性按照图式规定表示 |
| | 井、泉、贮水池、瀑布 | 根据数据属性按照图式规定表示。有名称的井、泉、瀑布应创建注记层标注名称 |
| | 沼泽 | 根据数据属性按照图式规定表示。其面状符号需调整高度和宽度，在符号选择对话框中将符号高度和符号宽度都改为30比较合适 |
| | 水利附属设施 | 根据数据属性按照图式规定表示 |

| 分类 | 要素类型 | 表达要求 |
|---|---|---|
| 居民地及设施 | 用街区式图形表示的居民地 | 根据数据属性按照图式规定表示。河流、铁路、高速公路可通过街区，其他道路不直接通过街区图形，道路应对准街道线中心表示，并保持 0.2mm 的距离 |
| | 用圈式图形符号表示的居民地 | 根据数据属性按照图式规定表示。符号中心应配置在居民地的结构中心；若居民地结构分散则配置在主要建筑区中，或居民地内线状地物交叉点处，或普通房屋符号密集处。用圈形表示的居民地应正确反映其与道路、河流等地物之间的相切、相割、相离的位置关系。对于 GB 为 31100 的农、林、牧、渔、企事业单位的居民地，要根据其属性表中的类别字段继续分层，并按照图式规定符号分别表示农、林、牧、渔场及企事业单位 |
| | 普通房屋、窑洞式房屋、蒙古包、放牧点 | 根据数据属性按照图式规定表示位于道路交叉口、隘口、桥梁、渡口附近及其他有方位意义的居民地 |
| | 居民地名称注记的表示 | 各行政等级的居民地名称注记按照图式规定表示。<br><br>乡、镇及县级以上居民地按行政名称全名注出。当县级名称与其驻地自然名称不一致时，驻地自然名称作为副名注出，副名属于哪个行政等级就用该等级的字体字大注在正名下方。<br><br>自治州人民政府驻地，地区、盟行政公署以驻地名称注出，并在其名称下方绘一横线。<br><br>居民地名称注记应能明白无误地说明属于哪一个居民地，一般配置在符号的右中位置，与符号有 0.2mm 的间隔。尽量避让其他要素，特别是不应压盖重要的线状物体的交叉点、特征弯曲处以及独立地物符号，更不能压盖同色印刷的其他内容，实在无法避让，可将该注记描一 0.2mm 的白边。位于国界线、省界线一侧的居民地，其名称应注在居民地符号的同一侧 |
| | 居民地设施的选取与表示 | 居民地设施包括工矿、农业、公共服务、名胜古迹、宗教设施、科学测站和其他独立地物等。<br><br>根据数据属性按照图式规定表示。<br><br>水电站、发电厂(站)、通信设施属于涉密内容，删除 |
| | 长城、砖石城墙及地类界的表示 | 根据数据属性按照图式规定表示。<br><br>地类界与地面有形的线状地物，如道路、河流重合或相距窄于 1mm 时，可以线状地物为界，但当与地面无形的线状地物，如境界等重合时，应适当移动地类界以保持 0.2mm 的间距；与等高线重合时可压盖等高线 |
| 交通 | 铁路<br><br>铁路 | 根据数据属性按照图式规定表示。<br><br>铁路一般不予化简。要按照图式规定注出线路名称注记，路段很长时，可每隔 15～20cm 重复注出 |
| | 火车站 | 根据数据属性按照图式规定表示。<br><br>编辑时，需将表示火车站的点符号转换成线符号，再用节点编辑工具改变符号方向使之与线路走向平行。<br><br>车站应注出名称，但当车站名称与所在居民地名称一致且靠得很近时，可舍去个别车站符号 |
| | 公路及其他道路 | 根据数据属性按照图式规定表示。<br><br>不表示公路的技术等级代码，但省级及以上公路要表示公路代码，路段很长时，可每隔 15～20cm 重复注出。具有两个以上公路代码的路段其道路编号按管理等级高的注出公路代码，管理等级相同的按道路编号小的注出公路代码。<br><br>公路一般不予简化。山区公路的"之"形弯道表示不清楚(糊在一起)，可在保持两端位置准确和"之"形特征的条件下作适当化简。概括后的道路形状应与地貌、水系等要协调。当道路与水系要素发生争位时，宜保持水系要素的位置准确，移动道路，保持图上 0.2mm 的间隔。<br><br>GB42240 对应的要素名称是县、乡及其他公路，符号化时按照县道符号进行。<br><br>GB42120 对应的要素名称是乡村路，符号化时按照乡镇公路符号进行 |

| 分类 | 要素类型 | 表达要求 |
|---|---|---|
| 交通 | 道路附属设施 桥梁 | 根据数据属性按照图式规定表示。<br>连接铁路与国道及以上公路的桥梁一般应表示，但以单线表示的河流其桥梁不表示。<br>桥梁有名称的可加注名称 |
| | 隧道、明峒、路堤、路堑 | 根据数据属性按照图式规定表示。按照图式配置的隧道符号如果在图上没有显现其特征，可在符号选择对话框中修改符号高度和符号宽度直至合适为止 |
| | 水运设施 | 水运设施包括码头、停泊场、助航标志、通航河段起讫点等，根据数据属性按照图式规定表示 |
| | 空运设施 | 主要表示民用机场，根据数据属性按照图式规定表示。民用机场应注记名 |
| 地貌 | 等高线 | 图上只表示等高线和任意等高线，不区分计曲线和首曲线。根据数据属性按照图式规定表示。<br>每隔 500m 等高距标注一等高线高程注记(100m 及以下每一等高线均应标注等高线注记)，等高线高程注记应分布适当(保证每一格网中有 1～2 个等高线高程注记)，便于用图时迅速判定等高线的高程，其字头朝向高处。<br>任意等高线也应加注等高线高程注记 |
| | 等深线 | 表示水深为 5m、10m、20m、30m、50m、100m、200m、500m、1 000m、1 500m、2 000m、3 000m 的各条等深线。等深线应加注记，注记一般成组配置，字头指向浅水处。在斜坡方向不易判读处和最低一条封闭等深线上应表示示坡线。<br>不表示水深注记 |
| | 冰川地貌 | 根据数据属性按照图式规定表示。<br>用地类界表示出雪山范围，其内表示粒雪原。<br>地类界的概括应与等高线图形相适应。粒雪原图上面积大于 4mm² 的应表示，零散分布的面积不足 4mm² 时也应夸大表示一部分，以反映雪区与非雪区面积对比和粒雪原分布特点。粒雪原之间间距小于 1mm 时可合并。<br>图上长小于 4mm 且宽度小于 1mm 的冰川用不依比例尺符号选取表示，作为河源的冰川应优先选取。<br>雪山内的冰面等高线按图式规定表示，不区分计曲线和首曲线 |
| | 黄土地貌 | 根据数据属性按照图式规定表示 |
| | 岩溶地貌 | 根据数据属性按照图式规定表示 |
| | 风成地貌 | 根据数据属性按照图式规定表示。<br>不具体区分风成地貌的类型，一律用平沙地表示 |
| | 地理名称注记 | 地理名称注记包括山峰、山脉、谷地、盆地等。按照图式规定注出。<br>山岭、山脉注记大小应保持一定级差。一级山脉字大 6.0mm，二级山脉字大 5.0mm，三级山脉字大 4.0mm，四、五级山脉字大 3.0mm。注记位置沿山脊走向排列。<br>凹地、草地、沙地、沙漠、山峡、山谷、冰川等名称按其范围、方向注出，并保持一定级差，字大等级与山脉同 |

续表

| 分类 | 要素类型 | 表达要求 |
|---|---|---|
| 境界 | 国界 | 根据数据属性按照图式规定表示。<br>国界线应严格按照公开出版地图的要求绘制，参照《1∶100万中国国界线画法标准样图》（国家测绘局 2001 年编制）。<br>表示国界时应注意：<br>①国界应准确表示，一般不应有较大综合或移位。国界的转折点、交叉点应用国界符号的点部或实线段表示。<br>②位于国界线上和紧靠国界线的居民地、道路、山峰、山隘、河流、岛屿和沙洲等地物表示时要明确其领属关系。<br>③紧靠国界线的各种注记不应压盖国界符号，并应注在本国界内。<br>④以河流中心线或主航道为界的国界，当河流用双线表示且其间能表示出国界符号时，国界符号应不间断表示出，并正确表示岛屿和沙洲的归属；河流符号内表示不下国界符号时，国界符号应在河流两侧不间断地交错表示出，岛屿、沙洲归属用说明注记括注（国名简注）。<br>⑤以共有河流或线状地物为界时，国界符号应在其两侧每隔 3～5cm 交错表示 3～4 节符号，岛屿、沙洲归属用说明注记括注（国名简注）。<br>⑥以河流或线状地物一侧为界时，国界符号在相应的一侧不间断地表示出 |
| | 国内各级行政境界 | 根据数据属性按照图式规定表示。<br>各级境界以线状地物为界时，能在其线状地物中心表示出符号的，在其中心每隔 3～5cm 表示 3～4 节符号；不能在其中心表示出符号的，可在线状地物两侧每隔 3～5cm 交错表示 3～4 节符号。在明显转折点、境界交接点以及出图廓处应表示境界符号。应明确岛屿、沙洲等的隶属关系。<br>"飞地"界线用其所属的行政单位的境界符号表示，并加隶属说明注记，如"属××省××县"或"属××县"，飞地范围太小注不下说明注记时，可用指示线在邻近处标注 |
| | 自然、文化保护区界线 | 根据数据属性按照图式规定表示，并在范围内注记名称。<br>当自然保护区界线无法确定时，可只在中心部分加注名称 |

# 附录 6　天地图城市级电子地图各级要素在综合处理中的情况表

| 大类要素 | 小类要素 | 20级 | 19级 | 18级 | 17级 | 16级 | 15级 | 14级 | 13级 | 12级 | 11级 | 10级 |
|---|---|---|---|---|---|---|---|---|---|---|---|---|
| 水系 | F 长江 | | | | O | O | O | O | O | O | O | O |
| | F 双线河 | | | | O | O | O | O | O | O | O | O |
| | F 湖泊 | √ | √ | √ | O | O | O | O | O | O | O | O |
| | F 水库 | | | | O | O | O | O | O | O | | |
| | F 池塘 | | | | O | O | O | O | O | × | × | × |
| | F 单线河 | | | | O | O | O | O | O | O | | |
| 道路 | D 国道中心线 | √ | √ | √ | O | O | O | O | O | O | O | O |

续表

| 大类要素 | 小类要素 | 20级 | 19级 | 18级 | 17级 | 16级 | 15级 | 14级 | 13级 | 12级 | 11级 | 10级 |
|---|---|---|---|---|---|---|---|---|---|---|---|---|
| 道路 | D 高速公路中心线 | | | | | O | O | O | O | O | O | O |
| | D 高速高架路中心线 | | | | | O | O | O | O | O | × | |
| | D 省道中心线 | | | | | O | O | O | O | O | O | |
| | D 县道中心线 | | | | | O | O | O | O | O | | |
| | D 乡道中心线 | | | | | O | O | O | O | O | | |
| | D 地铁线 | | | | | O | O | O | O | × | × | × |
| | D 快速高架路中心线 | | | | | O | O | O | O | O | | |
| | D 快速路中心线 | | | | | O | O | O | O | O | | |
| | D 主干道中心线 | √ | √ | √ | | O | O | | | | | |
| | D 次干道中心线 | | | | | O | O | O | O | O | O | |
| | D 支路中心线 | | | | | O | O | | | | | |
| | D 铁路中心线 | | | | | O | O | O | O | O | O | O |
| | D 内部路 | | | | | O | O | × | × | × | | |
| | D 机耕路 | | | | | O | O | O | O | × | | |
| | D 各种道路边线 | | | | | √ | × | × | × | × | × | × |
| | D 隧道中心线 | | | | | O | O | O | O | × | | |
| | F 桥梁 | | | | O | O | O | O | O | × | | |
| 居民地 | C 外轮廓 | | | | | × | × | × | × | × | × | |
| | C 房屋 | | | | | O | O | O | O | O | | |
| | C 居民地 | | | | | O | O | O | O | O | | |
| | C 建 | | | | | O | O | | | | × | × |
| | C 简单房屋 | √ | √ | √ | O | O | O | | | | | |
| | C 棚房 | | | | | O | O | × | × | × | | |
| | C 破坏房屋 | | | | | O | O | | | | | |
| | C 厕所 | | | | | O | O | | | | | |
| | E 城墙 | | | | | O | O | O | × | × | × | × |
| 植被 | H 植被 | √ | √ | √ | O | O | O | O | O | O | × | × |
| POI_党政机关 | 省级首府 | | | | | | | | | | | |
| | 市级首府 | | | | | | | | | | | |
| | 区级首府 | √ | √ | √ | √ | √ | √ | √ | √ | √ | √ | √ |
| | 乡、镇级、街道首府 | | | | | | | | | | | |
| | 省级其他机关 | | | | | | | | | | | |
| | 市级其他机关 | | | | | | | | | | | |
| | 区级其他机关 | | | | | O | O | O | O | O | × | × |
| | 乡、镇级、街道其他机关 | | | | | | | | | | | |
| | 村级、社区 | | | | O | | | | | | | |

续表

| 大类要素 | 小类要素 | 20级 | 19级 | 18级 | 17级 | 16级 | 15级 | 14级 | 13级 | 12级 | 11级 | 10级 |
|---|---|---|---|---|---|---|---|---|---|---|---|---|
| POI_党政机关 | 其他党政机关 | | | O | | | | | | | | |
| POI_企事业单位及社会组织 | 事业单位 | | | | O | | | | | | | |
| | 企业单位 | √ | √ | √ | | O | O | × | × | × | × | × |
| | 其他社会组织 | | | | √ | | | | | | | |
| POI_商业服务 | 商场 | | | | | √ | O | | | | | |
| | 专业市场 | √ | √ | √ | | | | O | × | × | × | × |
| | 超市 | | | | O | | × | | | | | |
| | 其他商业服务 | | | O | O | | | | | | | |
| POI_交通运输 | 飞机场 | | | | | | | | | √ | √ | |
| | 火车站 | | | | | | √ | √ | √ | √ | | |
| | 港口码头 | | | | | √ | | | | | | |
| | 地铁站名 | | | | | | | | | | | |
| | 长途汽车站 | | | | | | | | | | | |
| | 公交总站 | √ | √ | √ | | O | | | | | | × |
| | 地铁站口 | | | | | | | | | × | × | |
| | 公交车站 | | | | | × | | | | | | |
| | 隧道出入口 | | | | | | | × | × | × | | |
| | 公共自行车站 | | | | | | × | | | | | |
| | 车票销售网点 | | | | | O | | | | | | |
| | 其他交通运输 | | | | | | | | | | | |
| POI_餐饮住宿 | 星级酒店(四星及以上) | | | | | √ | √ | √ | | | | |
| | 大型饭店 | | √ | √ | | | | | | | | |
| | 连锁旅店 | | | | | | | | | | | |
| | 招待所 | √ | | | | | | × | × | × | × | × |
| | 快餐店 | | | | | O | × | × | | | | |
| | 一般饭店 | | O | O | | | | | | | | |
| | 其他餐饮 | | | | | | | | | | | |
| | 其他住宿 | | | | | | | | | | | |
| POI_金融保险 | 中国银行 | | | | | | | | | | | |
| | 工商银行 | | √ | √ | √ | | | | | | | |
| | 建设银行 | | | | | | | | | | | |
| | 农业银行 | | | | | | | | | | | |
| | 交通银行 | √ | | | | | | × | × | × | × | × |
| | 招商银行 | | | | | | | | | | | |
| | 兴业银行 | | O | O | × | | | | | | | |
| | 商业银行 | | | | | | | | | | | |

续表

| 大类要素 | 小类要素 | 20级 | 19级 | 18级 | 17级 | 16级 | 15级 | 14级 | 13级 | 12级 | 11级 | 10级 |
|---|---|---|---|---|---|---|---|---|---|---|---|---|
| POI_金融保险 | 中信银行 | | | | | | | | | | | |
| | 民生银行 | | | | | | | | | | | |
| | 光大银行 | | | | | | | | | | | |
| | 华夏银行 | | | | | | | | | | | |
| | 南京银行 | | | | | | | | | | | |
| | 江苏银行 | | | | | | | | | | | |
| | 其他银行及信用社 | | | | | | | | | | | |
| | ATM | | | | | | | | | | | |
| | 保险公司 | | | | | | | | | | | |
| | 证券公司 | | | | | | | | | | | |
| | 其他金融保险 | | | | | | | | | | | |
| POI_旅游服务 | 风景名胜区 | | | | | | | | | | | |
| | 自然保护区 | | | | | | | | | | | |
| | 公园 | | | | | | | | | | O | |
| | 寺庙 | | | | | | | | | | | |
| | 教堂 | | | | | | | | | | | |
| | 清真寺 | | | | | | | | | | | |
| | 游乐场 | | | | | | | | | | | |
| | 博物馆 | | | √ | O | O | O | O | O | O | | |
| | 科技馆 | √ | √ | | | | | | | | × | |
| | 展览馆 | | | | | | | | | | | |
| | 度假村 | | | | | | | | | | | |
| | 纪念碑/塔 | | | | | | | | | × | | |
| | 动物园 | | | | | | | | | | | |
| | 植物园 | | | | | | | | | | | |
| | 纪念馆 | | | | | | | | | | | |
| | 旅行社 | | | | | | | | | | | |
| | 其他旅游景点 | | | O | × | × | × | × | × | × | | |
| POI_房产楼盘 | 住宅小区 | | | | | | | | | | | |
| | 商务大厦 | √ | √ | √ | √ | O | O | O | O | × | × | × |
| | 其他房产楼盘 | | | | O | × | × | × | × | | | |
| POI_休闲娱乐 | 体育场馆 | | | | | O | O | O | O | | | |
| | 咖啡厅 | | | | | | | | | | | |
| | 茶座 | | | | | | | | | | | |
| | 酒吧 | √ | O | O | O | × | × | × | × | × | × | × |
| | 音像书店 | | | | | | | | | | | |
| | 影剧院 | | | | | | | | | | | |

续表

| 大类要素 | 小类要素 | 20级 | 19级 | 18级 | 17级 | 16级 | 15级 | 14级 | 13级 | 12级 | 11级 | 10级 |
|---|---|---|---|---|---|---|---|---|---|---|---|---|
| POI_休闲娱乐 | KTV | | | | | | | | | | | |
| | 迪吧舞厅 | | | | | | | | | | | |
| | 图书馆 | | | | | | | | | | | |
| | 网吧 | | | | | | | | | | | |
| | 健身处 | √ | O | O | O | × | × | × | × | × | × | × |
| | 洗浴足浴 | | | | | | | | | | | |
| | 美容美发 | | | | | | | | | | | |
| | 游泳池 | | | | | | | | | | | |
| | 其他休闲娱乐 | | | | | | | | | | | |
| POI_医疗卫生 | 医院 | | √ | √ | | O | O | O | O | | | |
| | 卫生院 | | | | | | | | | | | |
| | 诊所 | | | | | | | | | | | |
| | 药店 | √ | O | O | O | × | × | × | | × | × | × |
| | 救护站 | | | | | | | | | | | |
| | 防疫站 | | | | | | | | | | | |
| | 其他医疗卫生 | | | | | | | | | | | |
| POI_文教科研 | 高等院校 | | | | | | | | O | O | O | |
| | 中学 | | | √ | | | | | | | | |
| | 小学 | | | | O | O | | | | | | |
| | 幼儿园 | | | | | | | O | | | | |
| | 职业学校 | √ | √ | | | | | | | × | × | × |
| | 驾校 | | | | | | | × | | | | |
| | 科研所 | | | O | | | | | | | | |
| | 新闻传媒 | | | | | | × | | | | | |
| | 其他文教科研 | | | | | × | × | | | | | |
| POI_生活服务 | 房地产中介 | | | | | | | | | | | |
| | 邮局 | | | | | | | | | | | |
| | 报刊亭 | | | | | | | | | | | |
| | 电信 | | | | | | | | | | | |
| | 移动 | | | | | | | | | | | |
| | 联通 | | | | | | | | | | | |
| | 汽车服务 | √ | O | O | × | × | × | × | × | × | × | × |
| | 摄影 | | | | | | | | | | | |
| | 家政 | | | | | | | | | | | |
| | 快递 | | | | | | | | | | | |
| | 陵园、公墓 | | | | | | | | | | | |
| | 殡仪馆 | | | | | | | | | | | |

续表

| 大类要素 | 小类要素 | 20级 | 19级 | 18级 | 17级 | 16级 | 15级 | 14级 | 13级 | 12级 | 11级 | 10级 |
|---|---|---|---|---|---|---|---|---|---|---|---|---|
| POI_生活服务 | 其他生活服务 | | | | | | | | | | | |
| POI_公用设施 | 广场 | | √ | √ | √ | √ | √ | | | | | |
| | 停车场 | | | | | | | | | | | |
| | 地下车库 | | | | | | | | | | | |
| | 厕所 | | | | | | | | | | | |
| | 垃圾站 | √ | ○ | ○ | × | × | × | × | × | × | × | × |
| | 公用电话 | | | | | | | | | | | |
| | 加油站 | | | | | | | | | | | |
| | 警务室 | | | | | | | | | | | |
| | 其他公用设施 | | | | | | | | | | | |

注：其中√代表不处理，保持原状；○代表参与综合处理；×代表直接删除图层。

## 附录7　天地图城市级电子地图水系综合指标表

| 序号 | 要素名称 | 对应级别 | 综合指标描述 |
|---|---|---|---|
| 1 | F长江 | 10级 | 进行化简处理，化简容差为15 |
| | | 11级 | 进行化简处理，化简容差为10 |
| | | 12级 | 进行化简处理，化简容差为8 |
| | | 13级 | 进行化简处理，化简容差为5 |
| | | 14级 | 进行化简处理，化简容差为3 |
| | | 15级 | 进行化简处理，化简容差为2 |
| | | 16级 | 进行化简处理，化简容差为1 |
| | | 17级 | 进行化简处理，化简容差为0.5 |
| | | 18级 | |
| | | 19级 | 不进行处理，保持原始数据情况 |
| | | 20级 | |
| 2 | F双线河 | 10级 | 对F双线河消除细颈及凸凹细节，缓冲距设置5；接着对F双线河进行合并，合并缓冲距设置5，移除岛的面积为3500 |
| | | 11级 | 对F双线河消除细颈及凸凹细节，缓冲距设置4；接着对F双线河进行合并，合并缓冲距设置3，移除岛的面积为3000 |
| | | 12级 | 对F双线河消除细颈及凸凹细节，缓冲距设置3；接着对F双线河进行合并，合并缓冲距设置2，移除岛的面积为2000 |
| | | 13级 | 对F双线河消除细颈及凸凹细节，缓冲距设置2；接着对F双线河进行合并，合并缓冲距设置1.5，移除岛的面积为1200 |
| | | 14级 | 对F双线河消除细颈及凸凹细节，缓冲距设置1.5；接着对F双线河进行合并，合并缓冲距设置1，移除岛的面积为800 |

续表

| 序号 | 要素名称 | 对应级别 | 综合指标描述 |
|---|---|---|---|
| 2 | F双线河 | 15级 | 对F双线河消除细颈及凸凹细节,缓冲距设置2;接着对F双线河进行合并,合并缓冲距设置2,移除岛的面积为500 |
| | | 16级 | 对F双线河消除细颈及凸凹细节,缓冲距设置1;接着对F双线河进行合并,合并缓冲距设置1,移除岛的面积为250 |
| | | 17级 | 对F双线河消除细颈及凸凹细节,缓冲距设置0.5;接着对F双线河进行合并,合并缓冲距设置0.5,移除岛的面积为200 |
| | | 18级 | |
| | | 19级 | 不进行处理,保持原始数据情况 |
| | | 20级 | |
| 3 | F湖泊 | 10级 | 对F湖泊合并,合并缓冲距设置8,移除岛的面积为3000;再F湖泊选取面积为1500 |
| | | 11级 | 对F湖泊合并,合并缓冲距设置6,移除岛的面积为2500;再F湖泊选取面积为1200 |
| | | 12级 | 对F湖泊合并,合并缓冲距设置5,移除岛的面积为2000;再F湖泊选取面积为1000 |
| | | 13级 | 对F湖泊合并,合并缓冲距设置4,移除岛的面积为1500;再F湖泊选取面积为800 |
| | | 14级 | 对F湖泊合并,合并缓冲距设置3,移除岛的面积为800;再F湖泊选取面积为600 |
| | | 15级 | 对F湖泊合并,合并缓冲距设置2,移除岛的面积为500 |
| | | 16级 | 对F湖泊合并,合并缓冲距设置1,移除岛的面积为300 |
| | | 17级 | 对F湖泊合并,合并缓冲距设置0.5,移除岛的面积为200 |
| | | 18级 | |
| | | 19级 | 不进行处理,保持原始数据情况 |
| | | 20级 | |
| 4 | F水库 | 10级 | 删除图层 |
| | | 11级 | 删除图层 |
| | | 12级 | 对F水库毗邻化合并,合并缓冲距设置5,移除岛的面积为1800;接着对F水库选取面积为1000;最后对F水库、F池塘进行顾及拓扑关系的多边形选取,面积条件设置为2000 |
| | | 13级 | 对F水库毗邻化合并,合并缓冲距设置4,移除岛的面积为1500;接着对F水库选取面积为900;最后对F水库、F池塘进行顾及拓扑关系的多边形选取,面积条件设置为1200 |
| | | 14级 | 对F水库毗邻化合并,合并缓冲距设置3,移除岛的面积为800;最后对F水库、F池塘进行顾及拓扑关系的多边形选取,面积条件设置为700 |
| | | 15级 | 对F水库毗邻化合并,合并缓冲距设置2,移除岛的面积为350;最后对F水库、F池塘进行顾及拓扑关系的多边形选取,面积条件设置为400 |
| | | 16级 | 对F水库毗邻化合并,合并缓冲距设置1,移除岛的面积为300;最后对F水库、F池塘进行顾及拓扑关系的多边形选取,面积条件设置为200 |
| | | 17级 | 对F水库毗邻化合并,合并缓冲距设置0.5,移除岛的面积为200;最后对F水库、F池塘进行顾及拓扑关系的多边形选取,面积条件设置为100 |
| | | 18级 | |
| | | 19级 | 不进行处理,保持原始数据情况 |
| | | 20级 | |
| 5 | F池塘 | 10级 | 删除图层 |

续表

| 序号 | 要素名称 | 对应级别 | 综合指标描述 |
|---|---|---|---|
| 5 | F 池塘 | 11 级 | 删除图层 |
| | | 12 级 | 删除图层 |
| | | 13 级 | 先对 F 池塘毗邻化合并，缓冲距设置为 4，移除岛的面积为 2000；然后对 F 池塘消除细条，锐角角度阈值设置为 2，锐角切割线长度限制为 20；最后对 F 水库、F 池塘进行顾及拓扑关系的多边形选取，面积条件设置为 2000 |
| | | 14 级 | 先对 F 池塘毗邻化合并，缓冲距设置为 3，移除岛的面积为 1000；然后对 F 池塘消除细条，锐角角度阈值设置为 2，锐角切割线长度限制为 15；最后对 F 水库、F 池塘进行顾及拓扑关系的多边形选取，面积条件设置为 1000 |
| | | 15 级 | 对 F 池塘毗邻化合并，缓冲距设置为 2，移除岛的面积为 500；最后对 F 水库、F 池塘进行顾及拓扑关系的多边形选取，面积条件设置为 500 |
| | | 16 级 | 对 F 池塘毗邻化合并，缓冲距设置为 1，移除岛的面积为 300；最后对 F 水库、F 池塘进行顾及拓扑关系的多边形选取，面积条件设置为 200 |
| | | 17 级 | 对 F 池塘毗邻化合并，缓冲距设置为 0.5，移除岛的面积为 200；最后对 F 水库、F 池塘进行顾及拓扑关系的多边形选取，面积条件设置为 100 |
| | | 18 级 | |
| | | 19 级 | 不进行处理，保持原始数据情况 |
| | | 20 级 | |
| 6 | F 单线河 | 10 级 | 删除图层 |
| | | 11 级 | 删除图层 |
| | | 12 级 | 先对水系面及线做拓扑预处理；接着将单线河与河流面拓扑弧段延伸，弧段延伸设置为 3，对单线河进行拓扑选取，选取长度设置 500 |
| | | 13 级 | 先对水系面及线做拓扑预处理；接着将单线河与河流面拓扑弧段延伸，弧段延伸设置为 2.5，对单线河进行拓扑选取，选取长度设置 400 |
| | | 14 级 | 先对水系面及线做拓扑预处理；接着将单线河与河流面拓扑弧段延伸，弧段延伸设置为 2，对单线河进行拓扑选取，选取长度设置 300 |
| | | 15 级 | 先对水系面及线做拓扑预处理；接着将单线河与河流面拓扑弧段延伸，弧段延伸设置为 1.5，对单线河进行拓扑选取，选取长度设置 200 |
| | | 16 级 | 先对水系面及线做拓扑预处理；接着将单线河与河流面拓扑弧段延伸，弧段延伸设置为 1，对单线河进行拓扑选取，选取长度设置 150 |
| | | 17 级 | 先对水系面及线做拓扑预处理；接着将单线河与河流面拓扑弧段延伸，弧段延伸设置为 0.5，对单线河进行拓扑选取，选取长度设置 80 |
| | | 18 级 | |
| | | 19 级 | 不进行处理，保持原始数据情况 |
| | | 20 级 | |

## 附录 8　天地图城市级电子地图道路综合指标表

| 序号 | 要素名称 | 对应级别 | 综合指标描述 |
|---|---|---|---|
| 1 | D 国道中心线 | 10 级 | 进行化简处理，化简容差为 15 |
| | | 11 级 | 进行化简处理，化简容差为 10 |

| 序号 | 要素名称 | 对应级别 | 综合指标描述 |
|---|---|---|---|
| 1 | D国道中心线 | 12 级 | 进行化简处理，化简容差为 8 |
| | | 13 级 | 进行化简处理，化简容差为 6 |
| | | 14 级 | 进行化简处理，化简容差为 5 |
| | | 15 级 | 进行化简处理，化简容差为 1 |
| | | 16 级 | 进行化简处理，化简容差为 1 |
| | | 17 级 | 根据情况处理，一般不处理 |
| | | 18 级 | |
| | | 19 级 | 不进行处理，保持原始数据情况 |
| | | 20 级 | |
| 2 | D高速公路中心线 | 10 级 | 进行化简处理，化简容差为 15 |
| | | 11 级 | 进行化简处理，化简容差为 10 |
| | | 12 级 | 进行化简处理，化简容差为 8 |
| | | 13 级 | 进行化简处理，化简容差为 6 |
| | | 14 级 | 进行化简处理，化简容差为 5 |
| | | 15 级 | 进行化简处理，化简容差为 1 |
| | | 16 级 | 进行化简处理，化简容差为 1 |
| | | 17 级 | 根据情况处理，一般不处理 |
| | | 18 级 | |
| | | 19 级 | 不进行处理，保持原始数据情况 |
| | | 20 级 | |
| 3 | D高速高架路中心线 | 10 级 | 删除图层 |
| | | 11 级 | 删除图层 |
| | | 12 级 | 择要选取 |
| | | 13 级 | 进行化简处理，化简容差为 6 |
| | | 14 级 | 进行化简处理，化简容差为 5 |
| | | 15 级 | 进行化简处理，化简容差为 1 |
| | | 16 级 | 进行化简处理，化简容差为 1 |
| | | 17 级 | 根据情况处理，一般不处理 |
| | | 18 级 | |
| | | 19 级 | 不进行处理，保持原始数据情况 |
| | | 20 级 | |
| 4 | D省道中心线 | 10 级 | 删除图层 |
| | | 11 级 | 进行化简处理，化简容差为 10 |
| | | 12 级 | 进行化简处理，化简容差为 8 |
| | | 13 级 | 进行化简处理，化简容差为 6 |
| | | 14 级 | 进行化简处理，化简容差为 5 |
| | | 15 级 | 进行化简处理，化简容差为 1 |
| | | 16 级 | 进行化简处理，化简容差为 1 |

| 序号 | 要素名称 | 对应级别 | 综合指标描述 |
|---|---|---|---|
| 4 | D 省道中心线 | 17 级 | 根据情况处理，一般不处理 |
| | | 18 级 | 不进行处理，保持原始数据情况 |
| | | 19 级 | |
| | | 20 级 | |
| 5 | D 县道中心线 | 10 级 | 删除图层 |
| | | 11 级 | 删除图层 |
| | | 12 级 | 进行化简处理，化简容差为 8 |
| | | 13 级 | 进行化简处理，化简容差为 6 |
| | | 14 级 | 进行化简处理，化简容差为 5 |
| | | 15 级 | 进行化简处理，化简容差为 1 |
| | | 16 级 | 进行化简处理，化简容差为 1 |
| | | 17 级 | 根据情况处理，一般不处理 |
| | | 18 级 | 不进行处理，保持原始数据情况 |
| | | 19 级 | |
| | | 20 级 | |
| 6 | D 乡道中心线 | 10 级 | 删除图层 |
| | | 11 级 | 删除图层 |
| | | 12 级 | 进行化简处理，化简容差为 8 |
| | | 13 级 | 进行化简处理，化简容差为 6 |
| | | 14 级 | 进行化简处理，化简容差为 5 |
| | | 15 级 | 进行化简处理，化简容差为 1 |
| | | 16 级 | 进行化简处理，化简容差为 1 |
| | | 17 级 | 根据情况处理，一般不处理 |
| | | 18 级 | 不进行处理，保持原始数据情况 |
| | | 19 级 | |
| | | 20 级 | |
| 7 | D 快速高架路中心线 | 10 级 | 删除图层 |
| | | 11 级 | 删除图层 |
| | | 12 级 | 择要选取 |
| | | 13 级 | 进行化简处理，化简容差为 6 |
| | | 14 级 | 进行化简处理，化简容差为 5 |
| | | 15 级 | 进行化简处理，化简容差为 1 |
| | | 16 级 | 进行化简处理，化简容差为 1 |
| | | 17 级 | 根据情况处理，一般不处理 |
| | | 18 级 | 不进行处理，保持原始数据情况 |
| | | 19 级 | |
| | | 20 级 | |

续表

| 序号 | 要素名称 | 对应级别 | 综合指标描述 |
|---|---|---|---|
| 8 | D 主干道中心线 | 10 级 | 删除图层 |
| | | 11 级 | 先对 D 主干道中心线做属性查询，查询一些由于道路线拓扑选取后去掉而第 12 级存在的道路线中的 D 主干道中心线，接着对 D 主干道中心线做拓扑弧段延伸及节点，弧段延伸为 10，节点拟合为 1；然后对剩下的 D 主干道中心线做拓扑选取，去掉岛弧线 1000，岛环 1000，孤立线 1000，断头线 1000；最后对 D 主干道中心线做化简，容差为 10；最后将属性查询的 D 主干道中心线和剩下的 D 主干道中心线做合并；去掉 D 支路中心线/D 次干道中心线 |
| | | 12 级 | 先对 D 主干道中心线做属性查询，查询一些由于道路线拓扑选取后去掉而第 13 级存在的道路线中的 D 主干道中心线，接着对 D 主干道中心线做拓扑弧段延伸及节点，弧段延伸为 2，节点拟合为 0.1；然后对剩下的 D 主干道中心线做拓扑选取，去掉岛弧线 900，岛环 900，孤立线 900，断头线 900；最后对 D 主干道中心线做化简，容差为 10；最后将属性查询的 D 主干道中心线和剩下的 D 主干道中心线做合并 |
| | | 13 级 | 先对 D 主干道中心线做属性查询，查询一些由于道路线拓扑选取后去掉而第 14 级存在的道路线中的 D 主干道中心线，接着对 D 主干道中心线做拓扑弧段延伸及节点，弧段延伸为 2，节点拟合为 0.1；然后对剩下的 D 主干道中心线做拓扑选取，去掉岛弧线 800，岛环 800，孤立线 800，断头线 800；最后对 D 主干道中心线做化简，容差为 8；最后将属性查询的 D 主干道中心线和剩下的 D 主干道中心线做合并 |
| | | 14 级 | 先对 D 主干道中心线做属性查询，查询一些需要留下来的长度相对短的需要保证道路贯通的 D 主干道中心线，然后对剩下的 D 主干道中心线做拓扑选取，去掉孤立线 500，断头线 500，岛弧线 500；接着对 D 主干道中心线做拓扑弧段延伸及节点，弧段延伸为 1，节点拟合为 0.1；最后对 D 主干道中心线做化简，容差为 5；最后将属性查询的 D 主干道中心线和剩下的 D 主干道中心线做合并 |
| | | 15 级 | 进行化简处理，化简容差为 1 |
| | | 16 级 | 进行化简处理，化简容差为 1 |
| | | 17 级 | 根据情况处理，一般不处理 |
| | | 18 级 | |
| | | 19 级 | 不进行处理，保持原始数据情况 |
| | | 20 级 | |
| 9 | D 次干道中心线 | 10 级 | 删除图层 |
| | | 11 级 | 删除图层 |
| | | 12 级 | 先对 D 次干道中心线做根据 NAME 拓扑连接，接着对 D 次干道中心线做属性查询，查询一些由于道路线拓扑选取后去掉而第 13 级存在的道路线中的 D 次干道中心线，接着对 D 次干道中心线做拓扑弧段延伸及节点，弧段延伸为 2，节点拟合为 0.1；然后对剩下的 D 次干道中心线做拓扑选取，去掉岛弧线 900，岛环 900，孤立线 900，断头线 900；接着再对 D 次干道中心线做拓扑选取，去掉孤立线 1200，断头线 1200，主干线 1000，岛弧线 1200；最后对 D 次干道中心线做化简 10；最后将属性查询的 D 次干道中心线和剩下的 D 次干道中心线做合并 |

续表

| 序号 | 要素名称 | 对应级别 | 综合指标描述 |
|---|---|---|---|
| 9 | D次干道中心线 | 13级 | 先对D次干道中心线做根据NAME拓扑连接，接着对D次干道中心线做属性查询，查询一些由于道路线拓扑选取后去掉而第14级存在的道路线中的D次干道中心线，接着对D次干道中心线做拓扑段延伸及节点，弧段延伸为2，节点拟合为0.1；然后对剩下的D次干道中心线做拓扑选取，去掉岛弧线800，岛环800，孤立线800，断头线800；接着再对D次干道中心线做拓扑选取，去掉孤立线1000，断头线1000，主干线900，岛弧线1000；最后对D次干道中心线做化简，容差为8；最后将属性查询的D次干道中心线和剩下的D次干道中心线做合并 |
| | | 14级 | 先对D次干道中心线做根据NAME拓扑连接，接着对D次干道中心线做属性查询，查询一些需要留下来的长度相对短的需要保证道路贯通的D次干道中心线，然后对剩下的D次干道中心线做拓扑选取，去掉孤立线500，断头线500，岛弧线500；接着对D次干道中心线做拓扑弧段延伸及节点，弧段延伸为1，节点拟合为0.1；最后对D次干道中心线做化简，容差为5；最后将属性查询的D次干道中心线和剩下的D次干道中心线做合并 |
| | | 15级 | 进行化简处理，化简容差为1 |
| | | 16级 | 进行化简处理，化简容差为1 |
| | | 17级 | 根据情况处理，一般不处理 |
| | | 18级 | |
| | | 19级 | 不进行处理，保持原始数据情况 |
| | | 20级 | |
| 10 | D支路中心线 | 10级 | 删除图层 |
| | | 11级 | 删除图层 |
| | | 12级 | 先对D支路中心线做根据NAME拓扑连接，接着对D支路中心线做属性查询，查询一些由于道路线拓扑选取后去掉而第13级存在的道路线中的D支路中心线，接着对D支路中心线做拓扑弧段延伸及节点，弧段延伸为2，节点拟合为0.1；然后对剩下的D支路中心线做拓扑选取，去掉岛弧线900，岛环900，孤立线900，断头线900；接着再对D支路中心线做拓扑选取，去掉孤立线1200，断头线1200，主干线1000，岛弧线1200；最后对D支路中心线做化简10；最后将属性查询的D支路中心线和剩下的D支路中心线做合并 |
| | | 13级 | 先对D支路中心线做根据NAME拓扑连接，接着对D支路中心线做属性查询，查询一些由于道路线拓扑选取后去掉而第14级存在的道路线中的D支路中心线，接着对D支路中心线做拓扑弧段延伸及节点，弧段延伸为2，节点拟合为0.1；然后对剩下的D支路中心线做拓扑选取，去掉岛弧线800，岛环800，孤立线800，断头线800；接着再对D支路中心线拓扑选取，去掉孤立线1000，断头线1000，主干线900，岛弧线1000；最后对D支路中心线做化简，容差为8；最后将属性查询的D支路中心线和剩下的D支路中心线做合并 |
| | | 14级 | 先对D支路中心线做根据NAME拓扑连接，接着对D支路中心线做属性查询，查询一些需要留下来的长度相对短的需要保证道路贯通的D支路中心线，然后对剩下的D支路中心线做拓扑选取，去掉孤立线500，断头线500，岛弧线500；接着对D支路中心线做拓扑弧段延伸及节点，弧段延伸为1，节点拟合为0.1；最后对D支路中心线做化简，容差为5；最后将属性查询的D支路中心线和剩下的D支路中心线做合并 |
| | | 15级 | 进行化简处理，化简容差为1 |
| | | 16级 | 进行化简处理，化简容差为1 |

| 序号 | 要素名称 | 对应级别 | 综合指标描述 |
|------|----------|----------|--------------|
| 10 | D支路中心线 | 17级 | 根据情况处理，一般不处理 |
| | | 18级 | 不进行处理，保持原始数据情况 |
| | | 19级 | |
| | | 20级 | |
| 11 | D铁路中心线 | 10级 | 先对D铁路中心线做拓扑弧段延伸及节点拟合，弧段延伸为5，节点拟合为1；接着对D铁路中心线做拓扑预处理；最后对D铁路中心线做铁路线及编组站选取，编组站中铁路线之间的选取间隔为30，非编组站中铁路线之间的选取间隔为20，独立线选取容差为300，断头线选取容差为400，编组站线选取容差为1000，平行线选取容差为200，主干线选取容差为400；最后对D铁路中心线做化简，容差为10 |
| | | 11级 | 先对D铁路中心线做拓扑弧段延伸及节点拟合，弧段延伸为4，节点拟合为1；接着对D铁路中心线做拓扑预处理；最后对D铁路中心线做铁路线及编组站选取，编组站中铁路线之间的选取间隔为30，非编组站中铁路线之间的选取间隔为20，独立线选取容差为300，断头线选取容差为400，编组站线选取容差为1000，平行线选取容差为200，主干线选取容差为400；最后对D铁路中心线做化简，容差为8 |
| | | 12级 | 先对D铁路中心线做拓扑弧段延伸及节点拟合，弧段延伸为3.5，节点拟合为1；接着对D铁路中心线做拓扑预处理；最后对D铁路中心线做铁路线及编组站选取，编组站中铁路线之间的选取间隔为30，非编组站中铁路线之间的选取间隔为20，独立线选取容差为300，断头线选取容差为400，编组站线选取容差为1000，平行线选取容差为200，主干线选取容差为400；最后对D铁路中心线做化简，容差为6 |
| | | 13级 | 先对D铁路中心线做拓扑弧段延伸及节点拟合，弧段延伸为3，节点拟合为1；接着对D铁路中心线做拓扑预处理；最后对D铁路中心线做铁路线及编组站选取，编组站中铁路线之间的选取间隔为30，非编组站中铁路线之间的选取间隔为20，独立线选取容差为300，断头线选取容差为400，编组站线选取容差为1000，平行线选取容差为200，主干线选取容差为400；最后对D铁路中心线做化简，容差为5 |
| | | 14级 | 先对D铁路中心线做拓扑弧段延伸及节点拟合，弧段延伸为2.5，节点拟合为1；接着对D铁路中心线做拓扑预处理；最后对D铁路中心线做铁路线及编组站选取，编组站中铁路线之间的选取间隔为30，非编组站中铁路线之间的选取间隔为20，独立线选取容差为300，断头线选取容差为400，编组站线选取容差为1000，平行线选取容差为200，主干线选取容差为400；最后对D铁路中心线做化简，容差为2 |
| | | 15级 | 先对D铁路中心线做拓扑弧段延伸及节点拟合，弧段延伸为2，节点拟合为1；接着对D铁路中心线做拓扑预处理；最后对D铁路中心线做铁路线及编组站选取，编组站中铁路线之间的选取间隔为30，非编组站中铁路线之间的选取间隔为20，独立线选取容差为300，断头线选取容差为400，编组站线选取容差为1000，平行线选取容差为200，主干线选取容差为400 |
| | | 16级 | 先对D铁路中心线做拓扑弧段延伸及节点拟合，弧段延伸为1，节点拟合为0.1；接着对D铁路中心线做拓扑预处理；最后对D铁路中心线做铁路线及编组站选取，编组站中铁路线之间的选取间隔为30，非编组站中铁路线之间的选取间隔为20，独立线选取容差为300，断头线选取容差为400，编组站线选取容差为1000，平行线选取容差为200，主干线选取容差为400 |
| | | 17级 | 不进行处理，保持原始数据情况 |
| | | 18级 | |
| | | 19级 | |
| | | 20级 | |

续表

| 序号 | 要素名称 | 对应级别 | 综合指标描述 |
|---|---|---|---|
| 12 | D 内部路 | 10 级 | 删除图层 |
|  |  | 11 级 | 删除图层 |
|  |  | 12 级 | 删除图层 |
|  |  | 13 级 | 删除图层 |
|  |  | 14 级 | 删除图层 |
|  |  | 15 级 | 择要选取 |
|  |  | 16 级 | 择要选取 |
|  |  | 17 级 | 不进行处理，保持原始数据情况 |
|  |  | 18 级 |  |
|  |  | 19 级 |  |
|  |  | 20 级 |  |
| 13 | D 机耕路 | 10 级 | 删除图层 |
|  |  | 11 级 | 删除图层 |
|  |  | 12 级 | 删除图层 |
|  |  | 13 级 | 择要选取 |
|  |  | 14 级 | 择要选取 |
|  |  | 15 级 | 择要选取 |
|  |  | 16 级 | 暂时不化简 |
|  |  | 17 级 | 不进行处理，保持原始数据情况 |
|  |  | 18 级 |  |
|  |  | 19 级 |  |
|  |  | 20 级 |  |
| 14 | D 各种道路边线 | 10 级 | 删除图层 |
|  |  | 11 级 | 删除图层 |
|  |  | 12 级 | 删除图层 |
|  |  | 13 级 | 删除图层 |
|  |  | 14 级 | 删除图层 |
|  |  | 15 级 | 删除图层 |
|  |  | 16 级 | 根据情况处理，基本没变化 |
|  |  | 17 级 |  |
|  |  | 18 级 | 不进行处理，保持原始数据情况 |
|  |  | 19 级 |  |
|  |  | 20 级 |  |

# 附录 9　天地图城市级电子地图居民地综合指标表

| 序号 | 要素名称 | 对应级别 | 综合指标描述 |
|---|---|---|---|
| | | 10 级 | 删除图层 |
| | | 11 级 | 删除图层 |
| | | 12 级 | 将 C 居民地、C 简单房屋、C 房屋、C 建、C 破坏房屋、C 棚房、C 厕所合并成街区；选取省级其他机关、市级其他机关、区级首府及乡级首府附近 800 的街区；对街区做拓扑预处理；合并缓冲距设置为 10，移除岛面积为 68000；选取街区面积为 10000；然后对街区做修复化简，去掉街区的 V 凹 1000、U 凹 1000、V 凸 1000、U 凸 1000，台阶角度阈值为 1.57，台阶的两条线段长度的比例阈值为 5；接着对街区做建筑物化简，容差为 30；然后对街区做消除细颈及凸凹细节，缓冲距为 20；再对街区和水系做关系处理，街区的移位阈值和内缩阈值都为 5；然后再对街区做消除细颈及凸凹细节，缓冲距为 20；接着街区和道路线做关系处理，缓冲距为 20，街区和单线河做关系处理，缓冲距为 20；街区和 F 桥梁做关系处理，缓冲距为 20；接着再对街区做消除细颈及凸凹细节，缓冲距为 6；然后对街区做选取面积为 10000；最后将街区改名为 C 房屋 |
| 1 | C 房屋 | 13 级 | 将 C 居民地、C 简单房屋、C 房屋、C 建、C 破坏房屋、C 棚房、C 厕所合并成街区；选取省级其他机关、市级其他机关、区级首府及乡、镇级、街道首府附近 900 的街区；对街区做拓扑预处理；合并缓冲距设置为 8，移除岛面积为 65000；选取街区面积为 8000；然后对街区做修复化简，去掉街区的 V 凹 800、U 凹 800、V 凸 800、U 凸 800，台阶角度阈值为 1.57，台阶的两条线段长度的比例阈值为 5；接着对街区做建筑物化简，容差为 20；然后对街区做消除细颈及凸凹细节，缓冲距为 10；再对街区和水系做关系处理，街区的移位阈值和内缩阈值都为 5；然后再对街区做消除细颈及凸凹细节，缓冲距为 10；接着街区和道路线做关系处理，缓冲距为 15，街区和单线河做关系处理，缓冲距为 15；街区和 F 桥梁做关系处理，缓冲距为 20；接着再对街区做消除细颈及凸凹细节，缓冲距为 5；然后对街区做选取面积为 8000；最后将街区改名为 C 房屋 |
| | | 14 级 | 将 C 居民地、C 简单房屋、C 房屋、C 建、C 破坏房屋、C 棚房、C 厕所合并成街区；选取党政机关如区级首府、乡、镇级、街道首府及村级、社区等附近 1000 的街区；对街区做拓扑预处理；合并缓冲距设置为 6，移除岛面积为 15000；选取街区面积为 1000；去掉街区的锯齿，台阶角度阈值为 1.57，台阶的两条线段长度的比例阈值为 5；接着对街区做建筑物化简，容差为 10；然后对街区做消除细颈及凸凹细节，缓冲距为 5；再对街区和水系做关系处理，街区的移位阈值和内缩阈值都为 5；然后再对街区做消除细颈及凸凹细节，缓冲距为 8；接着街区和道路线做关系处理，缓冲距为 10，街区和单线河做关系处理，缓冲距为 10；接着再对街区做消除细颈及凸凹细节，缓冲距为 5；然后对街区做选取面积为 1000；最后将街区改名为 C 房屋 |

续表

| 序号 | 要素名称 | 对应级别 | 综合指标描述 |
|---|---|---|---|
| 1 | C 房屋 | 15 级 | 将 C 居民地、C 简单房屋、C 建、C 破坏房屋、C 棚房、C 厕所合并到已有的 C 房屋中；先整体处理；对整体房屋做拓扑预处理，接着合并，缓冲距设置为 5；然后选取面积 100；接着修复简化、台阶角度阈值设置为 1.57，台阶两条线段长度的比例阈值设置为 3；再建筑物化简，化简阈值 5；接着修复化简，去掉 V 凹 500、U 凹 500、V 凸 500、U 凸 500；然后消除细颈及凸凹细节，缓冲距设置为 3；接着跟水系做关系处理，移位阈值 3；再跟道路线、水系线做关系处理，道路 buffer 阈值为 5；接着再做一次消除细颈及凸凹，缓冲距设置为 2；最后做选取阈值 500。最后选取 C 建以外的 C 房屋 |
| | | 16 级 | 将 C 居民地、C 简单房屋、C 建、C 破坏房屋、C 棚房、C 厕所合并到已有的 C 房屋中；先整体处理；对整体房屋做拓扑预处理，接着合并，缓冲距设置为 3；然后选取面积 80；接着修复简化、台阶角度阈值设置为 1.57，台阶两条线段长度的比例阈值设置为 3；再建筑物化简，化简阈值 2.5；接着修复化简，去掉 V 凹 200、U 凹 200、V 凸 200、U 凸 200；然后消除细颈及凸凹细节，缓冲距设置为 1；接着跟水系做关系处理，移位阈值 2；再跟道路线、水系线做关系处理，道路 buffer 阈值为 2；接着再做一次消除细颈及凸凹，缓冲距设置为 1；最后做选取阈值 200。最后选取 C 建以外的 C 房屋 |
| | | 17 级 | 对 C 房屋做拓扑邻近合并，即共用一条或多条公共边的做临近合并 |
| | | 18 级 | 不进行处理，保持原始数据情况 |
| | | 19 级 | |
| | | 20 级 | |
| 2 | C 建 | 10 级 | 删除图层 |
| | | 11 级 | 删除图层 |
| | | 12 级 | 删除图层 |
| | | 13 级 | 删除图层 |
| | | 14 级 | 删除图层 |
| | | 15 级 | C 建合并缓冲距 10；消除细颈及凸凹缓冲距 6；建筑物化简阈值 5；与道路线的关系处理，buffer 阈值 10；选取阈值 500 |
| | | 16 级 | C 建合并缓冲距 5；消除细颈及凸凹缓冲距 3；建筑物化简阈值 2；与道路线的关系处理，buffer 阈值 5；选取阈值 200 |
| | | 17 级 | 对 C 建做拓扑邻近合并，即共用一条或多条公共边的做临近合并 |
| | | 18 级 | 不进行处理，保持原始数据情况 |
| | | 19 级 | |
| | | 20 级 | |
| 3 | C 简单房屋 | 10 级 | 删除图层 |

| 序号 | 要素名称 | 对应级别 | 综合指标描述 |
|---|---|---|---|
| 3 | C 简单房屋 | 11 级 | 删除图层 |
| | | 12 级 | 删除图层 |
| | | 13 级 | 删除图层 |
| | | 14 级 | 删除图层 |
| | | 15 级 | C 简单房屋合并缓冲距设置 4；消除细颈及凸凹细节，缓冲距 1.5；建筑物化简阈值 5；空间查询 C 房屋以外的 C 简单房屋；对 C 简单房屋与道路线做关系处理，buffer 阈值 10；选取面积阈值 300 |
| | | 16 级 | C 简单房屋合并缓冲距设置 3；消除细颈及凸凹细节，缓冲距 1；建筑物化简阈值 2；空间查询 C 房屋以外的 C 简单房屋；对 C 简单房屋与道路线做关系处理，buffer 阈值 5；选取面积阈值 200 |
| | | 17 级 | 对 C 简单房屋做拓扑邻近合并，即共用一条或多条公共边的做临近合并 |
| | | 18 级 | 不进行处理，保持原始数据情况 |
| | | 19 级 | |
| | | 20 级 | |
| 4 | C 棚房 | 10 级 | 删除图层 |
| | | 11 级 | 删除图层 |
| | | 12 级 | 删除图层 |
| | | 13 级 | 删除图层 |
| | | 14 级 | 删除图层 |
| | | 15 级 | C 棚房合并缓冲距 4；多边形选取面积 200；空间查询 C 房屋以外的 C 棚房；对 C 棚房与道路线做关系处理，buffer 阈值 10；多边形选取面积 200 |
| | | 16 级 | C 棚房合并缓冲距 3；多边形选取面积 150；空间查询 C 房屋以外的 C 棚房；对 C 棚房与道路线做关系处理，buffer 阈值 5；多边形选取面积 150 |
| | | 17 级 | 对 C 棚房做拓扑邻近合并，即共用一条或多条公共边的做临近合并 |
| | | 18 级 | 不进行处理，保持原始数据情况 |
| | | 19 级 | |
| | | 20 级 | |
| 5 | C 破坏房屋 | 10 级 | 删除图层 |
| | | 11 级 | 删除图层 |
| | | 12 级 | 删除图层 |
| | | 13 级 | 删除图层 |
| | | 14 级 | 删除图层 |
| | | 15 级 | C 破坏房屋合并缓冲距 4；空间查询 C 房屋以外的 C 破坏房屋；消除细颈及凸凹细节，缓冲距 1.5；建筑物化简阈值：5；对 C 破坏房屋与道路线做关系处理，buffer 阈值 10；多边形选取面积 200 |
| | | 16 级 | C 破坏房屋合并缓冲距 3；空间查询 C 房屋以外的 C 破坏房屋；消除细颈及凸凹细节，缓冲距 1；建筑物化简阈值：2；对 C 破坏房屋与道路线做关系处理，buffer 阈值 5；多边形选取面积 180 |
| | | 17 级 | 对 C 破坏房屋做拓扑邻近合并，即共用一条或多条公共边的做临近合并 |

续表

| 序号 | 要素名称 | 对应级别 | 综合指标描述 |
|---|---|---|---|
| 5 | C 破坏房屋 | 18 级 | 不进行处理，保持原始数据情况 |
| | | 19 级 | |
| | | 20 级 | |
| 6 | E 城墙 | 10 级 | 删除图层 |
| | | 11 级 | 删除图层 |
| | | 12 级 | 删除图层 |
| | | 13 级 | 删除图层 |
| | | 14 级 | 删除图层 |
| | | 15 级 | 化简容差为 2 |
| | | 16 级 | 化简容差为 1 |
| | | 17 级 | 化简容差为 0.5 |
| | | 18 级 | |
| | | 19 级 | 不进行处理，保持原始数据情况 |
| | | 20 级 | |

## 附录 10　天地图城市级电子地图植被综合指标表

| 序号 | 要素名称 | 对应级别 | 综合指标描述 |
|---|---|---|---|
| 1 | H 植被 | 10 级 | 删除图层 |
| | | 11 级 | 等高面(山体面) |
| | | 12 级 | 等高面(山体面) |
| | | 13 级 | 先对 H 植被做拓扑预处理；接着对 H 植被做合并缓冲距 8；然后对 H 植被去岛，补岛面积 9 000；接着再对各种道路中心线和 H 植被做关系处理，道路 buffer 阈值为 10；然后对 F 单线河和 H 植被做关系处理，道路 buffer 阈值为 10；接着对 H 植被做化简，容差为 5；再对 H 植被做消除细颈及凹凸细节，缓冲距为 6；然后再选取面积为 15 000 的 H 植被；接着再对 C 房屋和 H 植被做关系处理，H 植被的移位阈值为 10，内缩阈值为 10；最后选取 H 植被面积为 15 000，C 房屋选取面积为 8 000 |
| | | 14 级 | 先对 H 植被做拓扑预处理；接着对 H 植被做合并缓冲距 8；然后对 H 植被去岛，补岛面积 9 000；接着再对各种道路中心线和 H 植被做关系处理，道路 buffer 阈值为 10；然后对 F 单线河和 H 植被做关系处理，道路 buffer 阈值为 10；接着对 H 植被做化简，容差为 5；再对 H 植被做消除细颈及凹凸细节，缓冲距为 6；然后再选取面积为 15 000 的 H 植被；接着再对 C 房屋和 H 植被做关系处理，H 植被的移位阈值为 10，内缩阈值为 10；最后选取 H 植被面积为 15 000，C 房屋选取面积为 8 000 |
| | | 15 级 | 先对 H 植被做拓扑预处理；接着对 H 植被做合并缓冲距 3；然后对 H 植被去岛，补岛面积 2 000；接着对 H 植被做化简，容差为 3；再对 H 植被做消除细颈及凹凸细节，缓冲距为 3；然后再选取面积为 500 的 H 植被；接着再对 C 房屋和 H 植被做关系处理，H 植被的移位阈值为 3，内缩阈值为 3；最后选取 H 植被面积为 300，C 房屋选取面积为 500 |

续表

| 序号 | 要素名称 | 对应级别 | 综合指标描述 |
|---|---|---|---|
| 1 | H 植被 | 16 级 | 先对 H 植被做拓扑预处理；接着对 H 植被做合并缓冲距 2；然后对 H 植被去岛，补岛面积 1000；接着对 H 植被做化简，容差为 2；再对 H 植被做消除细颈及凹凸细节，缓冲距为 2；然后再选取面积为 200 的 H 植被；接着再对 C 房屋和 H 植被做关系处理，H 植被的移位阈值为 2，内缩阈值为 2；最后选取 H 植被面积为 200，C 房屋选取面积为 200 |
| | | 17 级 | 先对 H 植被做拓扑预处理；接着对 H 植被做合并缓冲距 1；然后对 H 植被去岛，补岛面积 500；接着对 H 植被做化简，容差为 1；再对 H 植被做消除细颈及凹凸细节，缓冲距为 1；然后再选取面积为 100 的 H 植被；接着再对 C 房屋和 H 植被做关系处理，H 植被的移位阈值为 1，内缩阈值为 1；最后选取 H 植被面积为 100 |
| | | 18 级 | 不进行处理，保持原始数据情况 |
| | | 19 级 | |
| | | 20 级 | |

# 附录 11　天地图城市级电子地图兴趣点综合指标表

| 序号 | 对应级别 | 综合指标描述 |
|---|---|---|
| 1 | 10 级 | 上图 POI 要素：省级首府、市级首府、区级首府，乡、镇级、街道首府<br>删除要素：除上述要素外，其余都删除 |
| 2 | 11 级 | 参与格网过滤选取的要素：特别重要的 POI 数据不参与格网过滤筛选，如省级首府、市级首府、区级首府、乡、镇、街道首府等数据。其参数设置：格网的大小设置成 400m×400m，每个格网平均选取数目为 5 个，每个点之间最小的距离为 500m，格网在边界部分留白的情况设置成 0.8，属性去重字段为 NAME，控制图层选取比例的门限值为 3，按照图层要素数量多少排优先级为 true，要素选取时图层优先参数为 false。<br>删除要素：省级其他机关、市级其他机关、区级其他机关、清真寺、游乐场、教堂、博物馆、科技馆、度假村、纪念碑/塔、动物园、植物园、公园、纪念馆、展览馆、植物园、风景名胜区、寺庙、医院等要素 |
| 3 | 12 级 | 参与格网过滤选取的要素：特别重要的 POI 数据不参与格网过滤筛选，如省级首府、市级首府、区级首府、乡、镇、街道首府等数据。L13 级到 L12 级参与格网过滤的要素：省级其他机关、市级其他机关、区级其他机关、高等院校、博物馆、公园、纪念馆、展览馆、植物园、风景名胜区、寺庙、清真寺、游乐场、教堂等数据。其参数设置：格网的大小设置成 400m×400m，每个格网平均选取数目为 10 个，每个点之间最小的距离为 400m，格网在边界部分留白的情况设置成 0.8，属性去重字段为 NAME，控制图层选取比例的门限值为 3，按照图层要素数量多少排优先级为 true，要素选取时图层优先参数为 false。<br>删除要素：体育场馆、港口码头、地铁站名、住宅小区、商务大厦、医院等数据 |

| 序号 | 对应级别 | 综合指标描述 |
|---|---|---|
| 4 | 13级 | 参与格网过滤选取的要素：特别重要的POI数据不参与格网过滤筛选，如省级首府、市级首府、区级首府、乡、镇、街道首府等数据。L14到L13级参与格网过滤的要素有：省级其他机关、市级其他机关、区级其他机关、高等院校、商务大厦、医院、住宅小区、科研所、体育场馆、博物馆、公园、纪念馆、展览馆、植物园、风景名胜区、寺庙、清真寺、游乐场、教堂、港口码头等数据。其参数设置：格网的大小设置成400m×400m，每个格网平均选取数目为15个，每个点之间最小的距离为300m，格网在边界部分留白的情况设置成0.8，属性去重字段为NAME，控制图层选取比例的门限值为3，按照图层要素数量多少排优先级为true，要素选取时图层优先参数为false。<br><br>删除要素：中学、小学 |
| 5 | 14级 | 参与格网过滤选取的要素：特别重要的POI数据不参与格网过滤筛选比如省级首府、市级首府、区级首府、乡、镇、街道首府等数据。L15级到L14级参与格网过滤的要素有：省级其他机关、市级其他机关、区级其他机关、高等院校、商务大厦、医院、住宅小区、体育场馆、博物馆、公园、纪念馆、展览馆、植物园、风景名胜区、中学、小学、寺庙、清真寺、游乐场、教堂、港口码头等数据。参数设置：格网的大小设置成400m×400m，每个格网平均选取数目为30个，每个点之间最小的距离为200m，格网在边界部分留白的情况设置成0.8，属性去重字段为NAME，控制图层选取比例的门限值为3，按照图层要素数量多少排优先级为true，要素选取时图层优先参数为false。<br><br>删除要素：乡、镇级、街道其他机关、村级、社区、事业单位、企业单位、其他社会组织、商场、专业市场、星级酒店(四星及以上)、大型饭店、广场、幼儿园、职业学校、驾校、科研所等 |
| 6 | 15级 | 参与格网过滤的要素：特别重要的POI数据不参与格网过滤选取，如省级首府、市级首府、区级首府、乡、镇、街道首府等数据。L16级到L15级参与格网过滤的要素有：省级其他机关、市级其他机关、区级其他机关、高等院校、商务大厦、星级酒店(四星及以上)、大型饭店、医院、乡、镇级、街道其他机关、村级、社区、住宅小区、科研所、体育场馆、博物馆、公园、纪念馆、展览馆、植物园、风景名胜区、中学、小学、幼儿园、科研所、驾校、寺庙、清真寺、游乐场、教堂、商场、广场、事业单位、企业单位、其他社会组织、港口码头等数据。其参数设置：格网的大小设置成400m×400m，每个格网平均选取数目为50个，每个点之间最小的距离为100m，格网在边界部分留白的情况设置成0.8，属性去重字段为NAME，控制图层选取比例的门限值为5，按照图层要素数量多少排优先级为true，要素选取时图层优先参数为false。<br><br>删除要素：其他党政机关、专业市场、超市、其他商业服务、长途汽车站、公交总站、中国银行、工商银行、农业银行、建设银行、新闻传媒等 |
| 7 | 16级 | 参与属性查询的要素：查询出POI小类中特殊字眼的数据并删除：将高等院校数据排除掉"学院""分校""分院""系""部""校区"等字眼的记录，星级酒店(四星及以上)中去除"—"的数据记录，以防像"新兴大厦—A座"或者"新兴大厦—东门"记录留下而删除"新兴大厦"记录，住宅小区中去除"宿舍""公寓""家属院"等字眼，学校中去除"分校""附属""校区"等字眼的记录。<br><br>参与格网过滤选取的要素：特别重要的POI数据不参与格网过滤筛选，如省级首府、市级首府、区级首府、乡、镇、街道首府等数据。L17级到L16级参与格网过滤的要素有：省级其他机关、市级其他机关、区级其他机关、乡、镇级、街道其他机关、高等院校、商务大厦、村级、社区、星级酒店(四星及以上)、大型饭店、医院、住宅小区、科研所、体育场馆、博物馆、公园、纪念馆、展览馆、植物园、风景名胜区、中学、小学、幼儿园、广场、驾校、寺庙、清真寺、游乐场、教堂、新闻传媒、事业单位、企业单位、其他社会组织、中国银行、工商银行、农业银行、建设银行、港口码头、公交总站等数据。其参数设置：格网的大小设置成400m×400m，每个格网平均选取数目为70个，每个点之间最小的距离为50m，格网在边界部分留白的情况设置成0.8，属性去重字段为NAME，控制图层选取比例的门限值为10，按照图层要素数量多少排优先级为true，要素选取时图层优先参数为false。 |

续表

| 序号 | 对应级别 | 综合指标描述 |
|---|---|---|
| 7 | 16级 | 删除要素：公共自行车站、车票销售网点、其他交通运输、招待所、快餐店、一般饭店、其他餐饮、其他住宿、中国银行、工商银行、建设银行、农业银行、其他房产楼盘、咖啡厅、茶座、酒吧、音像书店、影剧院、KTV、迪吧舞厅、图书馆、网吧、健身处、洗浴足浴、美容美发、游泳池、其他休闲娱乐、卫生院、诊所、药店、救护站、防疫站、其他医疗卫生、其他文教科研、交通银行、招商银行、兴业银行、商业银行、中信银行、民生银行、光大银行、华夏银行、南京银行、江苏银行、其他银行及信用社、ATM、保险公司、证券公司、其他金融保险、旅行社、其他旅游景点等 |
| 8 | 17级 | 上图POI要素：省级首府、市级首府、区级首府 、乡、镇级、街道首府、省级其他机关、市级其他机关、区级其他机关、乡、镇级、街道其他机关、事业单位、企业单位、商场、专业市场、超市、飞机场、火车站、港口码头、地铁站名、长途汽车站、公交总站、星级酒店(四星及以上)、大型饭店、连锁旅店、POI_旅游服务、POI_房产楼盘、体育场馆、医院、高等院校、中学、小学、广场等。<br><br>参与选取的要素：进行点选取的要素有其他党政机关、其他商业服务、公共自行车站、车票销售网点、其他交通运输、连锁旅店、招待所、快餐店、一般饭店、其他餐饮、其他住宿、咖啡厅、茶座、酒吧、音像书店、影剧院、KTV、迪吧舞厅、图书馆、网吧、健身处、洗浴足浴、美容美发、游泳池、其他休闲娱乐、卫生院、诊所、药店、救护站、防疫站、其他医疗卫生、新闻传媒、房产中介、邮局、报刊亭、电信、移动、联通、汽车服务、摄影、家政、快递、陵园、公墓、殡仪馆、其他生活服务等数据，删除比例为30%。<br><br>参与格网过滤选取的要素：村级、社区、医院、风景名胜区、自然保护区、公园、寺庙、教堂、清真寺、游乐场、博物馆、科技馆、展览馆、度假村、纪念碑/塔、动物园、植物园、纪念馆、其他社会组织、幼儿园、职业学校、驾校、科研所、其他房产楼盘。<br><br>删除要素：地铁站口、公交车站、隧道出入口、旅行社、其他旅游景点、交通银行、招商银行、兴业银行、商业银行、中信银行、民生银行、光大银行、华夏银行、南京银行、江苏银行、其他银行及信用社、ATM、保险公司、证券公司、其他金融保险、其他文教科研、POI_生活服务、停车场、地下车库、厕所、垃圾站、公用电话、加油站、警务室、其他公用设施 |
| 9 | 18级 | 上图POI要素：省级首府、市级首府、区级首府 、乡、镇级、街道首府、省级其他机关、市级其他机关、区级其他机关、乡、镇级、街道其他机关，村级、社区、POI_企事业单位及社会组织、商场、专业市场、超市、POI_交通运输、星级酒店(四星及以上)、大型饭店、连锁旅店、POI_旅游服务、POI_房产楼盘、体育场馆、医院、高等院校、中学、小学、幼儿园、广场等。<br><br>参与选取的要素：进行点选取的要素有：其他党政机关、其他商业服务、招待所、快餐店、一般饭店、其他餐饮、其他住宿、交通银行、招商银行、兴业银行、商业银行、中信银行、民生银行、光大银行、华夏银行、南京银行、江苏银行、其他银行及信用社、ATM、保险公司、证券公司、其他金融保险、旅行社、其他旅游景点、咖啡厅、茶座、酒吧、音像书店、影剧院、KTV、迪吧舞厅、图书馆、网吧、健身处、洗浴足浴、美容美发、游泳池、其他休闲娱乐、卫生院、诊所、药店、救护站、防疫站、其他医疗卫生、职业学校、驾校、科研所、新闻传媒、其他文教科研、房产中介、邮局、报刊亭、电信、移动、联通、汽车服务、摄影、家政、快递、陵园、公墓、殡仪馆、其他生活服务、停车场、地下车库、厕所、垃圾站、公用电话、加油站、警务室、其他公用设施等数据，删除比例为30% |
| 10 | 19级 | 上图POI要素：POI_党政机关、POI_企事业单位及社会组织、POI_交通运输、中国银行、工商银行、建设银行、农业银行、POI_旅游服务、POI_房产楼盘、POI_休闲娱乐、POI_医疗卫生、POI_文教科研 |

| 序号 | 对应级别 | 综合指标描述 |
|---|---|---|
| 10 | 19级 | 参与选取的要素：大比例尺重要的要素在L19上图，而低等级的POI数据会选一般点选取方法进行综合。进行点选取的要素有：其他商业服务、招待所、快餐店、一般饭店、其他餐饮、其他住宿、交通银行、招商银行、兴业银行、商业银行、中信银行、民生银行、光大银行、华夏银行、南京银行、江苏银行、其他银行及信用社、ATM、保险公司、证券公司、其他金融保险、咖啡厅、茶座、酒吧、音像书店、影剧院、KTV、迪吧舞厅、图书馆、网吧、健身处、洗浴足浴、美容美发、游泳池、其他休闲娱乐、房地产中介、邮局、报刊亭、电信、移动、联通、汽车服务、摄影、家政、快递、陵园、公墓、殡仪馆、其他生活服务、停车场、地下车库、厕所、垃圾站、公用电话、加油站、警务室、其他公用设施等数据，删除比例为20% |
| 11 | 20级 | 上图POI要素：全部POI兴趣点要素 |

## 附录12　各尺度要素在综合处理中的情况表

| 要素代码 | 要素名称 | 图层名称 | 几何类型 | 1：2 000 | 1：5 000 | 1：10 000 | 1：50 000 | 1：100 000 | 1：250 000 |
|---|---|---|---|---|---|---|---|---|---|
| **10000000** | **定位基础** | | | | | | | | |
| **11000000** | **测量控制点** | | | | | | | | |
| 11010110 | 大地原点 | CPTP | 点 | √ | √ | √ | √ | √ | √ |
| 11010210 | 三角点 | CPTP | 点 | √ | √ | √ | √ | √ | √ |
| 11010310 | 图根点 | CPTP | 点 | √ | × | × | × | × | × |
| 11010410 | 小三角点 | CPTP | 点 | √ | √ | × | × | × | × |
| 11010510 | 导线点 | CPTP | 点 | √ | × | × | × | × | × |
| 11020110 | 水准原点 | CPTP | 点 | √ | √ | √ | √ | √ | √ |
| 11020210 | 水准点 | CPTP | 点 | √ | √ | √ | √ | √ | × |
| 11020310 | 外业实测点 | CPTP | 点 | × | × | × | × | × | × |
| 11030110 | 卫星定位连续运行站点 | CPTP | 点 | √ | √ | √ | √ | √ | √ |
| 11030210 | 卫星定位等级点 | CPTP | 点 | √ | √ | √ | √ | √ | × |
| 11040110 | 重力点 | CPTP | 点 | × | × | × | × | × | × |
| 11040210 | 独立天文点 | CPTP | 点 | √ | √ | √ | √ | √ | × |
| **12000000** | **数学基础** | | | | | | | | |
| 12010020 | 内图廓线 | CPTL | 线 | × | × | × | × | × | × |
| 12020020 | 坐标网线 | CPTL | 线 | × | × | × | × | × | × |
| 12030030 | 图廓 | TK | 面 | × | × | × | × | × | × |
| **20000000** | **水系** | | | | | | | | |
| **21000000** | **河流** | | | | | | | | |
| 21010120 | 地面河流岸线 | HYDL | 线 | × | O | O | O | O | O |
| 21010130 | 地面河流面 | HYDA | 面 | O | O | O | O | O | O |
| 21010220 | 地下河段线 | HYDL | 线 | O | O | × | × | × | × |
| 21010230 | 地下河段面 | HYDA | 面 | O | O | × | × | × | × |

| 要素代码 | 要素名称 | 图层名称 | 几何类型 | 1：2 000 | 1：5 000 | 1：10 000 | 1：50 000 | 1：100 000 | 1：250 000 |
|---|---|---|---|---|---|---|---|---|---|
| 21010320 | 地下河段出入口 | HYDL | 线 | O | × | × | × | × | × |
| 21010420 | 消失河段线 | HYDL | 线 | O | O | O | O | O | O |
| 21010430 | 消失河段面 | HYDA | 面 | O | O | O | O | O | O |
| 21010520 | 高水界线 | HYDL | 线 | O | O | O | O | O | × |
| 21020020 | 时令河线 | HYDL | 线 | O | O | O | O | O | O |
| 21020030 | 时令河面 | HYDA | 面 | O | O | O | O | O | O |
| 21020120 | 时令河中心线 | HRCL | 线 | × | × | × | O | × | × |
| 21030020 | 干涸河线 | HYDL | 线 | O | O | O | O | O | O |
| 21030030 | 干涸河面 | HYDA | 面 | O | O | O | O | O | O |
| 21030120 | 干涸河中心线 | HRCL | 线 | × | × | × | O | × | × |
| 21050120 | 地面河流中心线 | HRCL | 线 | × | × | × | O | × | × |
| 21050220 | 地下河段中心线 | HRCL | 线 | × | × | × | O | × | × |
| 21050320 | 消失河段中心线 | HRCL | 线 | × | × | × | O | × | × |
| **22000000** | **沟渠** | | | | | | | | |
| 22010020 | 运河边线 | HYDL | 线 | × | × | × | × | × | × |
| 22010030 | 运河 | HYDA | 面 | O | O | O | O | O | O |
| 22020120 | 地面干渠边线 | HYDL | 线 | × | × | × | × | × | × |
| 22020130 | 地面干渠 | HYDA | 面 | O | O | O | O | O | O |
| 22020220 | 高于地面干渠边线 | HYDL | 线 | × | × | × | × | × | × |
| 22020230 | 高于地面干渠 | HYDA | 面 | O | O | O | O | O | O |
| 22020320 | 渠首 | HYDL | 线 | O | O | O | O | O | × |
| 22030120 | 地面支渠线 | HYDL | 线 | O | O | O | O | O | O |
| 22030130 | 地面支渠面 | HYDA | 面 | O | O | × | O | O | × |
| 22030220 | 高于地面支渠线 | HYDL | 线 | O | O | O | O | O | × |
| 22030230 | 高于地面支渠面 | HYDA | 面 | O | O | O | O | O | × |
| 22030320 | 地下渠 | HYDL | 线 | O | × | × | × | × | × |
| 22030410 | 地下渠出水口 | HYDP | 点 | O | × | × | × | × | × |
| 22030520 | 沟堑(未加固、已加固) | HYDL | 线 | O | O | O | O | O | O |
| 22040010 | 坎儿井-竖井 | HYDP | 点 | O | O | O | O | O | O |
| 22040020 | 坎儿井-线 | HFCL | 线 | O | O | O | O | O | O |
| 22060020 | 输水渡槽线 | HFCL | 线 | O | × | × | × | × | × |
| 22060030 | 输水渡槽 | HFCA | 面 | O | × | × | × | × | × |
| 22070030 | 输水隧道 | HFCA | 面 | O | × | × | × | × | × |
| 22080030 | 倒虹吸 | HFCA | 面 | O | × | × | × | × | × |
| 22080130 | 倒虹吸入水口 | HFCA | 面 | O | × | × | × | × | × |
| 22090010 | 涵洞(不依比例)(单边) | HFCP | 点 | O | × | × | × | × | × |
| 22090020 | 涵洞(不依比例) | HFCL | 线 | O | × | × | × | × | × |

续表

| 要素代码 | 要素名称 | 图层名称 | 几何类型 | 1：2 000 | 1：5 000 | 1：10 000 | 1：50 000 | 1：100 000 | 1：250 000 |
|---|---|---|---|---|---|---|---|---|---|
| 22090030 | 涵洞（依比例） | HFCA | 面 | O | O | O | O | O | × |
| 22100020 | 单线干沟 | HYDL | 线 | O | O | O | O | O | O |
| 22100030 | 双线干沟面 | HYDA | 面 | O | O | O | O | O | O |
| 22110120 | 运河中心线 | HRCL | 线 | × | × | × | × | × | × |
| **23000000** | **湖泊** | | | | | | | | |
| 23010120 | 湖泊边线 | HYDL | 线 | × | × | × | × | × | × |
| 23010130 | 湖泊 | HYDA | 面 | O | O | O | O | O | O |
| 23010220 | 池塘边线 | HYDL | 线 | × | × | × | × | × | × |
| 23010230 | 池塘 | HYDA | 面 | O | O | O | O | O | O |
| 23020020 | 时令湖边线 | HYDL | 线 | × | × | × | × | × | × |
| 23020030 | 时令湖 | HYDA | 面 | O | O | O | O | O | O |
| 23030020 | 干涸湖边线 | HYDL | 线 | × | × | × | × | × | × |
| 23030030 | 干涸湖 | HYDA | 面 | O | O | O | O | O | O |
| **24000000** | **水库** | | | | | | | | |
| 24010120 | 水库边线 | HYDL | 线 | × | × | × | × | × | × |
| 24010130 | 水库 | HYDA | 面 | O | O | O | O | O | O |
| 24010220 | 建筑中水库边线 | HYDL | 线 | × | × | × | × | × | × |
| 24010230 | 建筑中水库 | HYDA | 面 | O | O | O | O | O | O |
| 24020020 | 溢洪道边线 | HFCL | 线 | × | × | × | × | × | × |
| 24020030 | 溢洪道面 | HFCA | 面 | O | O | O | O | O | × |
| 24030020 | 泄洪洞、出水口 | HFCL | 线 | O | O | O | O | O | × |
| **25000000** | **海洋要素** | | | | | | | | |
| 25010020 | 海域边线 | HYDL | 线 | × | × | × | × | × | × |
| 25010030 | 海域 | HYDA | 面 | O | O | O | O | O | O |
| 25020020 | 海岸线 | HYDL | 线 | O | O | O | O | O | O |
| 25030020 | 干出线 | HYDL | 线 | O | O | O | O | O | O |
| 25040130 | 沙滩 | HYDA | 面 | O | O | O | O | O | O |
| 25040230 | 沙砾滩、砾石滩 | HYDA | 面 | O | O | O | O | O | O |
| 25040320 | 岩石滩的干出线 | HYDL | 线 | O | O | O | O | O | O |
| 25040330 | 岩石滩面 | HYDA | 面 | O | O | O | O | O | O |
| 25040420 | 珊瑚滩的干出线 | HYDL | 线 | O | O | O | O | O | O |
| 25040430 | 珊瑚滩面 | HYDA | 面 | O | O | O | O | O | O |
| 25040530 | 淤泥滩 | HYDA | 面 | O | O | O | O | O | O |
| 25040630 | 沙泥滩 | HYDA | 面 | O | O | O | O | O | O |
| 25040730 | 红树林滩 | HYDA | 面 | O | O | O | O | O | O |
| 25040830 | 贝类养殖滩 | HYDA | 面 | O | O | O | O | O | O |
| 25041020 | 干出滩中河道线 | HYDL | 线 | O | O | O | O | O | O |

续表

| 要素代码 | 要素名称 | 图层名称 | 几何类型 | 1:2 000 | 1:5 000 | 1:10 000 | 1:50 000 | 1:100 000 | 1:250 000 |
|---|---|---|---|---|---|---|---|---|---|
| 25041030 | 干出滩中河道面 | HYDA | 面 | O | O | O | O | O | O |
| 25041120 | 潮水沟 | HYDL | 线 | O | O | O | O | × | × |
| 25050130 | 危险岸区 | HYDA | 面 | O | O | O | O | O | O |
| 25050230 | 危险海区 | HYDA | 面 | O | O | O | O | O | O |
| 25060110 | 明礁(不依比例) | HYDP | 点 | O | O | O | O | O | O |
| 25060130 | 明礁(依比例) | HYDA | 面 | O | × | × | × | × | × |
| 25060210 | 暗礁(不依比例) | HYDP | 点 | O | O | O | O | O | O |
| 25060230 | 暗礁(依比例) | HYDA | 面 | O | O | O | O | O | O |
| 25060310 | 干出礁(不依比例) | HYDP | 点 | O | O | O | O | O | O |
| 25060330 | 干出礁(依比例) | HYDA | 面 | O | O | O | O | O | O |
| 25060410 | 适淹礁(不依比例) | HYDP | 点 | O | × | × | × | × | × |
| 25060430 | 适淹礁(依比例) | HYDA | 面 | O | × | × | × | × | × |
| 25070030 | 海岛 | HYDA | 面 | O | O | O | O | O | O |
| **26000000** | **其他水系要素** | | | | | | | | |
| 26010010 | 水系交汇处点 | HYDP | 点 | O | O | O | O | O | O |
| 26010020 | 水系交汇处 | HYDL | 线 | O | O | O | O | O | O |
| 26030030 | 沙洲 | HYDA | 面 | O | O | O | O | O | O |
| 26040020 | 高水界 | HYDL | 线 | O | O | O | O | O | O |
| 26050030 | 岸滩 | HYDA | 面 | O | O | O | O | O | × |
| 26060030 | 水中滩 | HYDA | 面 | O | O | O | O | O | O |
| 26070010 | 泉 | HYDP | 点 | O | O | O | O | O | O |
| 26080010 | 水井点 | HYDP | 点 | O | O | O | O | O | O |
| 26080030 | 水井面 | HYDA | 面 | O | O | O | O | O | O |
| 26090010 | 地热井 | HYDP | 点 | O | O | O | O | O | O |
| 26100030 | 贮水池、水窖 | HYDA | 面 | O | O | O | O | O | O |
| 26110020 | 瀑布、跌水 | HYDL | 线 | O | O | O | O | O | O |
| 26120130 | 能通行沼泽、湿地 | HYDA | 面 | O | O | O | O | O | O |
| 26120230 | 不能通行沼泽、湿地 | HYDA | 面 | O | O | O | O | O | O |
| 26130110 | 河流流向 | HYDP | 点 | × | × | × | × | × | × |
| 26130210 | 沟渠流向 | HYDP | 点 | × | × | × | × | × | × |
| 26130310 | 潮汐流向 | HYDP | 点 | × | × | × | × | × | × |
| **27000000** | **水利及附属设施** | | | | | | | | |
| 27010120 | 干堤顶线 | HFCL | 线 | O | × | × | × | × | × |
| 27010130 | 干堤面 | HFCA | 面 | O | × | × | × | × | O |
| 27010220 | 一般堤 | HFCL | 线 | O | × | × | × | × | × |
| 27010230 | 一般堤面 | HFCA | 面 | O | × | × | × | × | O |
| 27020110 | 水闸(不依比例) | HFCP | 点 | O | × | × | × | × | × |

续表

| 要素代码 | 要素名称 | 图层名称 | 几何类型 | 1：2 000 | 1：5 000 | 1：10 000 | 1：50 000 | 1：100 000 | 1：250 000 |
|---|---|---|---|---|---|---|---|---|---|
| 27020120 | 水闸线 | HFCL | 线 | O | × | × | × | × | × |
| 27020130 | 水闸面 | HFCA | 面 | O | × | × | × | × | × |
| 27020220 | 船闸线 | HFCL | 线 | O | × | × | × | × | × |
| 27020230 | 船闸面 | HFCA | 面 | O | × | × | × | × | × |
| 27030010 | 扬水站 | HFCP | 点 | O | O | O | O | O | O |
| 27050020 | 滚水坝(半依比例) | HFCL | 线 | O | O | O | O | O | O |
| 27050030 | 滚水坝面 | HFCA | 面 | O | O | O | O | O | O |
| 27060020 | 拦水坝(半依比例) | HFCL | 线 | O | O | O | O | O | O |
| 27060030 | 拦水坝面 | HFCA | 面 | O | O | O | O | O | O |
| 27070020 | 制水坝坝顶线 | HFCL | 线 | O | O | O | O | O | O |
| 27070030 | 制水坝面 | HFCA | 面 | O | O | O | O | O | O |
| 27080120 | 有防洪墙加固岸线 | HFCL | 线 | O | O | O | O | O | × |
| 27080130 | 有防洪墙加固岸面 | HFCA | 面 | O | O | O | O | × | × |
| 27080220 | 无防洪墙加固岸线 | HFCL | 线 | O | O | O | O | O | × |
| 27080230 | 无防洪墙加固岸面 | HFCA | 面 | O | O | O | O | × | × |
| 27080320 | 栅栏坎 | HFCL | 线 | O | O | O | O | O | × |
| **30000000** | **居民地及设施** | | | | | | | | |
| 31030130 | 建成房屋 | RESA | 面 | O | O | O | O | O | O |
| 31030230 | 建筑中房屋 | RESA | 面 | O | O | O | O | O | O |
| 31030530 | 放样房屋 | RESA | 面 | O | O | O | O | O | O |
| 31040030 | 突出房屋 | RESA | 面 | O | O | O | O | O | O |
| 31050030 | 高层房屋 | RESA | 面 | O | O | O | O | O | O |
| 31060030 | 棚房 | RESA | 面 | O | O | O | O | O | O |
| 31070030 | 破坏房屋 | RESA | 面 | O | O | O | O | O | O |
| 31080030 | 架空房 | RESA | 面 | O | O | × | O | O | O |
| 31090030 | 廊房 | RESA | 面 | O | × | × | × | × | × |
| 31100110 | 地面窑洞(不依比例) | RESP | 点 | O | O | O | O | O | O |
| 31100120 | 地面窑洞(半依比例) | RESL | 线 | O | O | O | O | O | O |
| 31100130 | 地面窑洞(依比例) | RESA | 面 | O | × | × | × | × | × |
| 31100210 | 地下窑洞(不依比例) | RESP | 点 | O | O | × | O | O | O |
| 31100230 | 地下窑洞面(依比例) | RESA | 面 | O | O | × | O | O | O |
| 31100310 | 蒙古包、放牧点(不依比例) | RESP | 点 | O | O | × | O | O | O |
| 31100330 | 蒙古包、放牧点(依比例) | RESA | 面 | O | × | × | × | × | × |
| 31110130 | 天井面 | RESA | 面 | O | × | × | × | × | × |
| 31110230 | 地下室面 | RESA | 面 | O | O | × | O | O | × |
| 31110320 | 建筑物下通道 | RESL | 线 | O | O | × | O | O | × |
| 31130130 | 建成房屋外包面 | REOA | 面 | × | × | × | × | × | × |

续表

| 要素代码 | 要素名称 | 图层名称 | 几何类型 | 1：2 000 | 1：5 000 | 1：10 000 | 1：50 000 | 1：100 000 | 1：250 000 |
|---|---|---|---|---|---|---|---|---|---|
| 31180030 | 架空房外包面 | REOA | 面 | × | × | × | × | × | × |
| 31190030 | 廊房外包面 | REOA | 面 | × | × | × | × | × | × |
| **32000000** | **工矿及其设施** | | | | | | | | |
| 32020110 | 竖井井口(不依比例) | RFCP | 点 | O | O | × | O | O | O |
| 32020130 | 竖井井口(依比例) | RFCA | 面 | O | × | | × | × | × |
| 32020210 | 斜井井口(不依比例) | RFCP | 点 | O | O | × | O | O | O |
| 32020230 | 斜井井口(依比例) | RFCA | 面 | O | × | | × | × | × |
| 32020310 | 平硐洞口(不依比例) | RFCP | 点 | O | O | × | O | O | O |
| 32020330 | 平硐洞口(依比例) | RFCA | 面 | O | × | | × | × | × |
| 32020410 | 开采的小矿井(不依比例) | RFCP | 点 | O | O | × | O | O | O |
| 32020430 | 开采的小矿井(依比例) | RFCA | 面 | O | × | | × | × | × |
| 32020510 | 矿井通风口箭头 | RFCP | 点 | × | × | × | × | × | × |
| 32030030 | 露天采掘场 | RFCA | 面 | O | O | O | O | O | O |
| 32040030 | 乱掘地 | RFCA | 面 | O | O | O | O | O | O |
| 32050010 | 管道井(油、气) | RFCP | 点 | O | O | O | O | O | O |
| 32050030 | 管道井(油、气)(依比例) | RFCA | 面 | O | O | O | O | O | O |
| 32060010 | 盐井 | RFCP | 点 | O | O | O | O | O | O |
| 32060030 | 盐井(依比例) | RFCA | 面 | O | O | O | O | O | O |
| 32070010 | 废弃的矿井井口点 | RFCP | 点 | O | O | × | O | O | O |
| 32070030 | 废弃的矿井井口面 | RFCA | 面 | O | × | | × | × | × |
| 32080030 | 海上平台 | RFCA | 面 | O | O | O | O | O | × |
| 32090110 | 探井(不依比例) | RFCP | 点 | O | O | × | O | O | × |
| 32090130 | 探井(依比例) | RFCA | 面 | O | × | | × | × | × |
| 32090230 | 探槽 | RFCA | 面 | O | O | O | × | × | × |
| 32090310 | 钻孔 | RFCP | 点 | O | O | O | O | O | × |
| 32090330 | 钻孔(依比例) | RFCA | 面 | O | O | | O | O | × |
| 32100010 | 液、气贮存设备(不依比例) | RFCP | 点 | O | O | O | O | O | O |
| 32100030 | 液、气贮存设备(依比例) | RFCA | 面 | O | O | O | O | O | O |
| 32110110 | 散热塔(不依比例) | RFCP | 点 | O | O | O | O | O | O |
| 32110130 | 散热塔(依比例) | RFCA | 面 | O | O | O | O | O | O |
| 32110210 | 蒸馏塔(不依比例) | RFCP | 点 | O | O | O | O | O | O |
| 32110230 | 蒸馏塔(依比例) | RFCA | 面 | O | O | O | O | O | O |
| 32110310 | 瞭望塔(不依比例) | RFCP | 点 | O | O | O | O | O | O |
| 32110330 | 瞭望塔(依比例) | RFCA | 面 | O | O | O | O | O | O |
| 32110410 | 水塔(不依比例) | RFCP | 点 | O | O | × | O | O | O |
| 32110430 | 水塔(依比例) | RFCA | 面 | O | × | | × | × | × |
| 32110510 | 水塔烟囱(不依比例) | RFCP | 点 | O | O | × | O | O | O |

| 要素代码 | 要素名称 | 图层名称 | 几何类型 | 1：2 000 | 1：5 000 | 1：10 000 | 1：50 000 | 1：100 000 | 1：250 000 |
|---|---|---|---|---|---|---|---|---|---|
| 32110530 | 水塔烟囱(依比例) | RFCA | 面 | O | × | × | × | × | × |
| 32110610 | 烟囱(不依比例) | RFCP | 点 | O | O | × | O | O | O |
| 32110630 | 烟囱(依比例) | RFCA | 面 | O | × | | × | × | × |
| 32110720 | 烟道 | RFCL | 线 | O | × | × | × | × | × |
| 32110810 | 放空火炬 | RFCP | 点 | O | O | O | O | O | O |
| 32120030 | 盐田、盐场范围面 | RFCA | 面 | O | O | O | O | O | O |
| 32130010 | 窑(点状) | RFCP | 点 | O | O | O | O | O | O |
| 32130030 | 窑面 | RFCA | 面 | O | O | O | O | O | × |
| 32140010 | 露天设备点 | RFCP | 点 | O | O | O | O | O | O |
| 32140030 | 露天设备范围面 | RFCA | 面 | O | O | O | O | O | O |
| 32150120 | 传送带(不依比例) | RFCL | 线 | O | O | O | O | O | O |
| 32150130 | 传送带(依比例) | RFCA | 面 | × | × | × | × | × | × |
| 32150210 | 固定的起重机 | RFCP | 点 | O | × | × | × | × | × |
| 32150220 | 有轨道的起重机 | RFCL | 线 | O | × | × | × | × | × |
| 32150320 | 吊车 | RFCL | 线 | O | × | × | × | × | × |
| 32150410 | 装卸漏斗(不依比例) | RFCP | 点 | O | × | × | × | × | × |
| 32150430 | 装卸漏斗(依比例) | RFCA | 面 | O | × | × | × | × | × |
| 32150520 | 滑槽线 | RFCL | 线 | O | × | × | × | × | × |
| 32150530 | 滑槽面 | RFCA | 面 | O | × | | × | × | × |
| 32150610 | 地磅(不依比例) | RFCP | 点 | O | × | × | × | × | × |
| 32150630 | 地磅(依比例) | RFCA | 面 | O | × | × | × | × | × |
| 32160030 | 露天货栈 | RFCA | 面 | O | × | × | × | × | × |
| **33000000** | **农业及其设施** | | | | | | | | |
| 33010110 | 抽水站 | RFCP | 点 | O | O | O | O | O | × |
| 33020030 | 饲养场 | RFCA | 面 | × | × | × | × | × | × |
| 33030030 | 水产养殖场 | RFCA | 面 | O | O | O | O | O | × |
| 33040010 | 温室、大棚(不依比例) | RFCP | 点 | O | O | O | O | O | O |
| 33040030 | 温室、大棚(依比例) | RFCA | 面 | O | O | O | O | O | O |
| 33050010 | 粮仓(库)(不依比例) | RFCP | 点 | O | O | O | × | × | × |
| 33050030 | 粮仓(库)(依比例) | RFCA | 面 | O | O | O | O | O | × |
| 33050130 | 粮仓群 | RFCA | 面 | O | O | O | O | O | × |
| 33060110 | 水磨房、水车 | RFCP | 点 | O | O | O | O | O | × |
| 33060210 | 风磨房、风车 | RFCP | 点 | O | O | O | O | O | × |
| 33060330 | 打谷场 | RFCA | 面 | O | O | O | O | O | × |
| 33060430 | 贮草场 | RFCA | 面 | O | O | O | O | O | × |
| 33060510 | 药浴池 | RFCP | 点 | O | O | O | O | O | × |
| 33060610 | 积肥池(不依比例) | RFCP | 点 | O | O | O | O | O | × |

| 要素代码 | 要素名称 | 图层名称 | 几何类型 | 1:2 000 | 1:5 000 | 1:10 000 | 1:50 000 | 1:100 000 | 1:250 000 |
|---|---|---|---|---|---|---|---|---|---|
| 33060630 | 积肥池(依比例) | RFCA | 面 | O | O | O | O | O | × |
| **34000000** | **公共服务及其设施** | | | | | | | | |
| 34010110 | 学校 | RFCP | 点 | O | O | O | × | × | × |
| 34010210 | 医院 | RFCP | 点 | × | × | × | × | × | × |
| 34010310 | 馆 | RFCP | 点 | × | × | × | × | × | × |
| 34020110 | 宾馆、饭店 | RFCP | 点 | × | × | × | × | × | × |
| 34020210 | 超市 | RFCP | 点 | × | × | × | × | × | × |
| 34030110 | 游乐场 | RFCP | 点 | O | O | O | O | O | O |
| 34030210 | 公园 | RFCP | 点 | O | O | O | O | O | O |
| 34030310 | 陵园 | RFCP | 点 | O | O | O | O | O | O |
| 34030410 | 动物园 | RFCP | 点 | O | O | O | O | O | O |
| 34030510 | 植物园 | RFCP | 点 | O | O | O | O | O | O |
| 34030610 | 剧场、电影院 | RFCP | 点 | × | × | × | × | × | × |
| 34040130 | 露天体育场 | RFCA | 面 | O | × | × | × | × | × |
| 34040220 | 体育场门洞(有看台) | RFCL | 线 | × | × | × | × | × | × |
| 34040310 | 体育馆 | RFCP | 点 | × | × | × | × | × | × |
| 34040430 | 游泳场、池(依比例) | RFCA | 面 | O | O | O | O | O | O |
| 34040510 | 跳伞塔(不依比例) | RFCP | 点 | O | O | O | O | O | O |
| 34040530 | 跳伞塔(依比例) | RFCA | 面 | O | O | O | O | O | O |
| 34040630 | 露天舞台 | RFCA | 面 | O | O | × | O | O | O |
| 34050110 | 电视台 | RFCP | 点 | O | × | × | × | × | × |
| 34050210 | 电信局 | RFCP | 点 | O | × | × | × | × | × |
| 34050310 | 邮局 | RFCP | 点 | O | × | × | × | × | × |
| 34050410 | 电视发射塔点 | RFCP | 点 | O | O | O | O | O | O |
| 34050430 | 电视发射塔 | RFCA | 面 | O | × | × | × | × | × |
| 34050510 | 移动通信塔(不依比例) | RFCP | 点 | O | × | × | × | × | × |
| 34050530 | 移动通信塔(依比例) | RFCA | 面 | O | × | × | × | × | × |
| 34050610 | 微波塔(不依比例) | RFCP | 点 | O | O | × | O | O | O |
| 34050630 | 微波塔(依比例) | RFCA | 面 | O | × | × | × | × | × |
| 34050710 | 电话亭 | RFCP | 点 | O | × | × | × | × | × |
| 34050810 | 邮筒 | RFCP | 点 | O | × | × | × | × | × |
| 34060130 | 厕所 | RFCA | 面 | O | O | O | O | O | O |
| 34060210 | 垃圾台(不依比例) | RFCP | 点 | O | × | × | × | × | × |
| 34060230 | 垃圾台(依比例) | RFCA | 面 | O | O | O | O | O | × |
| 34060330 | 垃圾场(依比例) | RFCA | 面 | O | O | O | O | O | × |
| 34070130 | 公墓 | RFCA | 面 | O | O | O | O | O | × |
| 34070210 | 坟地(不依比例) | RFCP | 点 | O | O | O | O | O | × |

续表

| 要素代码 | 要素名称 | 图层名称 | 几何类型 | 1：2 000 | 1：5 000 | 1：10 000 | 1：50 000 | 1：100 000 | 1：250 000 |
|---|---|---|---|---|---|---|---|---|---|
| 34070230 | 坟地(依比例) | RFCA | 面 | O | O | O | O | O | × |
| 34070310 | 独立大坟(不依比例) | RFCP | 点 | O | O | O | O | O | × |
| 34070330 | 独立大坟(依比例) | RFCA | 面 | O | O | O | O | O | × |
| 34070410 | 殡葬场所 | RFCP | 点 | O | O | O | O | O | × |
| **35000000** | **名胜古迹** | | | | | | | | |
| 35010130 | 烽火台 | RFCA | 面 | O | × | × | × | × | × |
| 35010210 | 旧碉堡(不依比例) | RFCP | 点 | O | O | × | O | O | × |
| 35010230 | 旧碉堡(依比例) | RFCA | 面 | O | × | × | × | × | × |
| 35010310 | 古迹、遗址(不依比例) | RFCP | 点 | O | O | × | O | O | × |
| 35010330 | 古迹、遗址(依比例) | RFCA | 面 | O | × | × | × | × | × |
| 35020110 | 纪念碑、柱、墩(不依比例) | RFCP | 点 | O | O | O | O | O | O |
| 35020130 | 纪念碑、柱、墩(依比例) | RFCA | 面 | O | × | × | × | × | × |
| 35020210 | 北回归线标志塔(不依比例) | RFCP | 点 | O | × | × | O | O | × |
| 35020230 | 北回归线标志塔(依比例) | RFCA | 面 | O | × | × | × | × | × |
| 35020310 | 牌楼、牌坊、彩门(不依比例) | RFCP | 点 | O | O | × | O | O | × |
| 35020320 | 牌楼、牌坊、彩门(依比例) | RFCL | 线 | O | × | × | × | × | × |
| 35020410 | 钟鼓楼、城楼、古关塞(不依比例) | RFCP | 点 | O | O | O | O | O | × |
| 35020430 | 钟鼓楼、城楼、古关塞(依比例) | RFCA | 面 | O | × | × | × | × | × |
| 35020510 | 亭(不依比例) | RFCP | 点 | O | O | × | O | O | × |
| 35020530 | 亭(依比例) | RFCA | 面 | O | × | × | × | × | × |
| 35020610 | 文物碑石(不依比例) | RFCP | 点 | O | O | × | O | O | O |
| 35020630 | 文物碑石(依比例) | RFCA | 面 | O | × | × | × | × | × |
| 35020710 | 旗杆 | RFCP | 点 | O | × | × | × | × | × |
| 35020730 | 旗杆(依比例) | RFCA | 面 | O | × | × | × | × | × |
| 35020810 | 塑像(不依比例) | RFCP | 点 | O | O | × | O | O | × |
| 35020830 | 塑像(依比例) | RFCA | 面 | O | × | × | × | × | × |
| 35020910 | 碑、坊、楼、亭(不依比例) | RFCP | 点 | O | O | × | O | O | O |
| 35020930 | 碑、坊、楼、亭(依比例) | RFCA | 面 | O | × | × | × | × | × |
| **36000000** | **宗教设施** | | | | | | | | |
| 36010010 | 庙宇 | RFCP | 点 | O | O | × | O | O | O |
| 36010030 | 庙宇(依比例) | RFCA | 面 | O | O | × | O | O | O |
| 36020010 | 清真寺 | RFCP | 点 | O | O | × | O | O | O |
| 36030010 | 教堂 | RFCP | 点 | O | O | O | O | O | O |
| 36040010 | 宝塔、经塔(不依比例) | RFCP | 点 | O | O | O | O | O | O |
| 36040030 | 宝塔、经塔(依比例) | RFCA | 面 | O | O | O | O | O | O |
| 36050010 | 敖包、经堆(不依比例) | RFCP | 点 | O | O | O | O | O | O |

续表

| 要素代码 | 要素名称 | 图层名称 | 几何类型 | 1：2 000 | 1：5 000 | 1：10 000 | 1：50 000 | 1：100 000 | 1：250 000 |
|---|---|---|---|---|---|---|---|---|---|
| 36050030 | 敖包、经堆(依比例) | RFCA | 面 | O | × | × | × | × | × |
| 36060010 | 土地庙(不依比例尺) | RFCP | 点 | O | O | × | O | O | O |
| 36060030 | 土地庙(依比例尺) | RFCA | 面 | O | × | × | × | × | × |
| **37000000** | **科学观测站** | | | | | | | | |
| 37010110 | 气象站 | RFCP | 点 | O | O | × | O | O | O |
| 37010210 | 水文站 | RFCP | 点 | O | O | O | O | O | O |
| 37010310 | 地震台 | RFCP | 点 | O | O | O | O | O | O |
| 37010410 | 天文台 | RFCP | 点 | O | O | O | O | O | O |
| 37010510 | 环保监测站 | RFCP | 点 | O | O | O | O | O | O |
| 37020010 | 卫星地面站 | RFCP | 点 | O | O | O | O | O | O |
| 37030010 | 科学试验站 | RFCP | 点 | O | O | O | O | O | O |
| **38000000** | **其他建筑物及其设施** | | | | | | | | |
| 38010120 | 完好砖石城墙外侧轮廓线 | RFCL | 线 | × | × | × | × | × | × |
| 38010130 | 完好砖石城墙面 | RFCA | 面 | O | O | O | O | O | × |
| 38010220 | 破坏砖石城墙外侧轮廓线 | RFCL | 线 | × | × | × | × | × | × |
| 38010230 | 破坏砖石城墙面 | RFCA | 面 | O | O | O | O | O | × |
| 38010320 | 完好土城墙外侧轮廓线 | RFCL | 线 | × | × | × | × | × | × |
| 38010330 | 完好土城墙范围面 | RFCA | 面 | O | O | O | O | O | × |
| 38010340 | 土城墙的豁口 | RFCL | 线 | O | O | O | O | O | × |
| 38010420 | 破坏土城墙外侧轮廓线 | RFCL | 线 | × | × | × | × | × | × |
| 38010430 | 破坏土城墙范围面 | RFCA | 面 | O | O | O | O | O | × |
| 38010520 | 完好砖石城墙城门 | RFCL | 线 | O | O | O | O | O | × |
| 38010620 | 土城墙城门 | RFCL | 线 | O | O | O | O | O | × |
| 38010730 | 砖石城楼面 | RFCA | 面 | O | O | O | O | O | × |
| 38020020 | 围墙(不依比例) | RFCL | 线 | × | × | × | × | × | × |
| 38020120 | 围墙(依比例) | RFCL | 线 | × | × | × | × | × | × |
| 38020220 | 栅栏 | RFCL | 线 | O | O | O | O | O | × |
| 38020320 | 篱笆 | RFCL | 线 | O | O | O | O | O | × |
| 38020420 | 活树篱笆 | RFCL | 线 | O | O | O | O | O | × |
| 38020520 | 铁丝网、电网 | RFCL | 线 | O | O | O | O | O | × |
| 38020620 | 地类界 | RFCL | 线 | × | × | × | × | × | × |
| 38020720 | 拆迁区范围线 | RFCL | 线 | × | × | × | × | × | × |
| 38020820 | 施工区范围线 | RFCL | 线 | × | × | × | × | × | × |
| 38030110 | 地下建筑物-出入口 | RFCP | 点 | O | O | O | O | O | × |
| 38030210 | 天窗 | RFCP | 点 | O | O | O | O | O | × |
| 38030310 | 通风口 | RFCP | 点 | O | O | O | O | O | × |
| 38040130 | 柱廊 | RFCA | 面 | O | O | O | O | O | × |

续表

| 要素代码 | 要素名称 | 图层名称 | 几何类型 | 1：2 000 | 1：5 000 | 1：10 000 | 1：50 000 | 1：100 000 | 1：250 000 |
|---|---|---|---|---|---|---|---|---|---|
| 38040230 | 门顶、雨罩 | RFCA | 面 | × | × | × | × | × | × |
| 38040330 | 阳台 | RFCA | 面 | × | × | × | × | × | × |
| 38040430 | 台阶 | RFCA | 面 | × | × | × | × | × | × |
| 38040530 | 室外楼梯 | RFCA | 面 | × | × | × | × | × | × |
| 38040610 | 有门房的院门 | RFCP | 点 | × | × | × | × | × | × |
| 38040710 | 门墩(不依比例) | RFCP | 点 | O | O | × | O | O | × |
| 38040730 | 门墩(依比例) | RFCA | 面 | × | × | × | × | × | × |
| 38040810 | 支柱、墩(不依比例) | RFCP | 点 | O | O | × | O | O | × |
| 38040830 | 支柱、墩面(依比例) | RFCA | 面 | O | × | × | × | × | × |
| 38040920 | 檐廊 | RFCL | 线 | O | O | × | O | O | × |
| 38041020 | 挑廊 | RFCL | 线 | O | O | × | O | O | × |
| 38041120 | 悬空通廊 | RFCL | 线 | O | O | × | O | O | × |
| 38050110 | 路灯 | RFCP | 点 | O | × | × | × | × | × |
| 38050210 | 杆式照射灯(不依比例) | RFCP | 点 | O | × | × | × | × | × |
| 38050230 | 照射灯(依比例) | RFCA | 面 | O | × | × | × | × | × |
| 38050310 | 岗亭、岗楼(不依比例) | RFCP | 点 | O | O | × | O | O | × |
| 38050330 | 岗亭、岗楼(依比例) | RFCA | 面 | O | × | × | × | × | × |
| 38050410 | 单柱的宣传橱窗、广告牌 | RFCP | 点 | O | × | × | × | × | × |
| 38050420 | 双柱或多柱的宣传橱窗、广告牌 | RFCL | 线 | O | × | × | × | × | × |
| 38050510 | 喷水池(不依比例) | RFCP | 点 | O | × | × | × | × | × |
| 38050530 | 喷水池(依比例) | RFCA | 面 | O | × | × | × | × | × |
| 38050610 | 假石山 | RFCP | 点 | O | O | × | O | O | × |
| 38050630 | 假石山范围面 | RFCA | 面 | O | O | × | O | O | × |
| 38060010 | 避雷针 | RFCP | 点 | O | × | × | × | × | × |
| **40000000** | **交通** | | | | | | | | |
| **41000000** | **铁路** | | | | | | | | |
| 41010120 | 单线标准轨(中心定位) | LRRL | 线 | √ | √ | √ | √ | O | O |
| 41010320 | 建设中铁路(中心定位) | LRRL | 线 | √ | √ | √ | √ | O | O |
| 41010420 | 电气化铁路(中心定位) | LRRL | 线 | √ | √ | √ | O | O | O |
| 41010520 | 电气化铁路电线架 | LFCL | 线 | O | O | O | O | O | O |
| 41020120 | 单线窄轨(中心定位) | LRRL | 线 | O | O | O | O | O | O |
| 41030110 | 火车站 | LFCP | 点 | O | O | O | O | O | O |
| 41030210 | 机车转盘(不依比例) | LFCP | 点 | O | O | O | O | O | × |
| 41030230 | 机车转盘(依比例) | LFCA | 面 | O | × | × | × | × | × |
| 41030310 | 车挡(不依比例) | LFCP | 点 | O | O | × | O | O | × |
| 41030320 | 车挡(依比例) | LFCL | 线 | O | × | × | × | × | × |

| 要素代码 | 要素名称 | 图层名称 | 几何类型 | 1：2 000 | 1：5 000 | 1：10 000 | 1：50 000 | 1：100 000 | 1：250 000 |
|---|---|---|---|---|---|---|---|---|---|
| 41030410 | 信号灯 | LFCP | 点 | O | O | × | O | O | × |
| 41030510 | 臂板信号机 | LFCP | 点 | × | × | × | × | × | × |
| 41030610 | 水鹤 | LFCP | 点 | O | O | × | O | O | × |
| 41030730 | 站台 | LFCA | 面 | O | × | × | × | × | × |
| 41030820 | 地道 | LFCL | 线 | O | O | × | O | × | × |
| **42000000** | **城际公路** | | | | | × | | | |
| 42010120 | 国道-边线 | LRDL | 线 | × | × | × | × | × | × |
| 42010130 | 国道-范围面 | LRDA | 面 | √ | √ | √ | O | O | O |
| 42010220 | 国道-建筑中边线 | LRDL | 线 | × | × | × | × | × | × |
| 42010230 | 国道-建筑中范围面 | LRDA | 面 | √ | √ | √ | × | × | × |
| 42010320 | 公路隔离设施 | LFCL | 线 | O | × | × | × | × | × |
| 42010330 | 公路隔离带面 | LFCA | 面 | O | × | × | × | × | × |
| 42011120 | 国道路肩线 | LRDL | 线 | × | × | × | × | × | × |
| 42020120 | 省道-边线 | LRDL | 线 | × | × | × | × | × | × |
| 42020130 | 省道面 | LRDA | 面 | √ | √ | √ | × | × | × |
| 42020220 | 省道-建筑中边线 | LRDL | 线 | × | × | × | × | × | × |
| 42020230 | 省道-建筑中范围面 | LRDA | 面 | √ | √ | √ | × | × | × |
| 42021120 | 省道路肩线 | LRDL | 线 | O | O | O | × | × | × |
| 42030120 | 县道-边线 | LRDL | 线 | × | × | × | × | × | × |
| 42030130 | 县道范围面 | LRDA | 面 | √ | √ | √ | × | × | × |
| 42030220 | 县道-建筑中边线 | LRDL | 线 | × | × | × | × | × | × |
| 42030230 | 县道-建筑中范围面 | LRDA | 面 | √ | √ | √ | × | × | × |
| 42031120 | 县道路肩线 | LRDL | 线 | O | O | O | × | × | × |
| 42040020 | 乡道边线 | LRDL | 线 | × | × | × | × | × | × |
| 42040030 | 乡道-范围面 | LRDA | 面 | O | O | O | × | × | × |
| 42041020 | 乡道路肩线 | LRDL | 线 | O | O | O | × | × | × |
| 42050020 | 专用公路边线 | LRDL | 线 | × | × | × | × | × | × |
| 42050030 | 专用公路范围面 | LRDA | 面 | O | O | O | × | × | × |
| 42051020 | 专用公路路肩线 | LRDL | 线 | O | O | O | × | × | × |
| 42060020 | 匝道边线 | LRDL | 线 | × | × | × | × | × | × |
| 42060030 | 匝道范围面 | LRDA | 面 | O | O | O | × | × | × |
| 42070110 | 高速路入口 | LFCP | 点 | O | O | O | O | O | O |
| 42070210 | 高速路出口 | LFCP | 点 | O | O | O | O | O | O |
| 42070310 | 高速公路临时停车点 | LFCP | 点 | O | O | O | O | O | O |
| 42070510 | 高速公路上的电话 | LFCP | 点 | O | O | O | O | O | × |
| **42090000** | **城际公路中心线** | | | | | | | | |
| 42090420 | 省道(建筑中)中心线 | LRCL | 线 | × | × | × | O | O | O |

| 要素代码 | 要素名称 | 图层名称 | 几何类型 | 1：2 000 | 1：5 000 | 1：10 000 | 1：50 000 | 1：100 000 | 1：250 000 |
|---|---|---|---|---|---|---|---|---|---|
| 42090520 | 县道中心线 | LRCL | 线 | × | × | × | O | O | O |
| 42090620 | 县道(建筑中)中心线 | LRCL | 线 | × | × | × | O | O | O |
| 42090720 | 乡道中心线 | LRCL | 线 | × | × | × | O | O | O |
| 42090820 | 专用公路中心线 | LRCL | 线 | × | × | × | O | O | O |
| 42090920 | 匝道中心线 | LRCL | 线 | × | × | × | O | O | O |
| **43000000** | **城市道路** | | | | | | | | |
| 43010120 | 地铁 | LRRL | 线 | √ | √ | O | O | O | × |
| 43010220 | 轻轨(中心定位) | LRRL | 线 | √ | √ | O | O | O | × |
| 43010320 | 有轨电车轨道 | LRRL | 线 | O | O | O | O | O | × |
| 43010420 | 电车轨道电杆 | LFCL | 线 | O | O | O | × | × | × |
| 43020020 | 快速路边线 | LRDL | 线 | × | × | × | × | × | × |
| 43020030 | 快速路范围面 | LRDA | 面 | √ | √ | √ | × | × | × |
| 43020120 | 快速路分隔带 | LFCL | 线 | O | × | × | × | × | × |
| 43020130 | 快速路分隔带范围面 | LFCA | 面 | O | × | × | × | × | × |
| 43030020 | 高架路边线 | LRDL | 线 | × | × | × | × | × | × |
| 43030030 | 高架路范围面 | LRDA | 面 | √ | √ | × | × | × | × |
| 43040020 | 引道边线 | LRDL | 线 | × | × | × | × | × | × |
| 43040030 | 引道范围面 | LRDA | 面 | √ | √ | √ | × | × | × |
| 43050120 | 主干道边线 | LRDL | 线 | × | × | × | × | × | × |
| 43050130 | 主干道范围面 | LRDA | 面 | √ | √ | √ | × | × | × |
| 43050220 | 次干道边线 | LRDL | 线 | × | × | × | × | × | × |
| 43050230 | 次干道范围面 | LRDA | 面 | O | O | O | × | × | × |
| 43050320 | 支路边线 | LRDL | 线 | × | × | × | × | × | × |
| 43050330 | 支路范围面 | LRDA | 面 | O | O | O | × | × | × |
| 43060020 | 内部道路边线 | LRDL | 线 | × | × | × | × | × | × |
| 43060030 | 内部道路范围面 | LRDA | 面 | O | O | O | × | × | × |
| 43070020 | 阶梯路范围线 | LRDL | 线 | × | × | × | × | × | × |
| 43070030 | 阶梯路范围面 | LRDA | 面 | × | × | × | × | × | × |
| **43090000** | **城市道路中心线** | | | | | | | | |
| 43090120 | 快速路中心线 | LRCL | 线 | × | × | × | O | O | O |
| 43090220 | 高架路中心线 | LRCL | 线 | × | × | × | O | O | O |
| 43090320 | 引道中心线 | LRCL | 线 | × | × | × | O | O | O |
| 43090420 | 主干道中心线 | LRCL | 线 | × | × | × | O | O | O |
| 43090520 | 次干道中心线 | LRCL | 线 | × | × | × | O | O | O |
| 43090620 | 支路中心线 | LRCL | 线 | × | × | × | O | O | O |
| 43090720 | 内部道路中心线 | LRCL | 线 | × | × | × | O | O | O |
| 43090820 | 阶梯路中心线 | LRCL | 线 | × | × | × | O | O | O |

续表

| 要素代码 | 要素名称 | 图层名称 | 几何类型 | 1:2 000 | 1:5 000 | 1:10 000 | 1:50 000 | 1:100 000 | 1:250 000 |
|---|---|---|---|---|---|---|---|---|---|
| **44000000** | **乡村道路** | | | | | | | | |
| 44010020 | 机耕路(大路)边线 | LRCL | 线 | × | × | × | × | × | × |
| 44010030 | 机耕路(大路)面 | LRDA | 面 | O | O | O | O | × | × |
| 44020020 | 乡村路边线 | LRDL | 线 | × | × | × | × | × | × |
| 44020030 | 乡村路面 | LRDA | 面 | O | O | O | × | × | × |
| 44030020 | 小路 | LRDL | 线 | O | O | O | × | × | × |
| 44040020 | 挡土墙 | LFCL | 线 | O | O | O | × | × | × |
| **44050000** | **乡村道路中心线** | | | | | | | | |
| 44060120 | 机耕路(大路)中心线 | LRCL | 线 | × | × | × | O | O | O |
| 44060220 | 乡村路中心线 | LRCL | 线 | × | × | × | O | O | × |
| **45000000** | **道路构造物及附属设施** | | | | | | | | |
| 45010110 | 地铁站 | LFCP | 点 | O | O | O | O | O | × |
| 45010210 | 轻轨站 | LFCP | 点 | O | O | O | O | O | × |
| 45010310 | 长途汽车站 | LFCP | 点 | O | O | O | O | O | × |
| 45010410 | 加油(气)站 | LFCP | 点 | × | × | × | × | × | × |
| 45010430 | 加油(气)站(依比例) | LFCA | 面 | × | × | × | × | × | × |
| 45010510 | 停车场(不依比例) | LFCP | 点 | × | × | × | × | × | × |
| 45010530 | 停车场 | LFCA | 面 | O | O | O | O | O | × |
| 45010630 | 收费站 | LFCA | 面 | O | O | O | O | O | × |
| 45011010 | 街道信号灯(车用) | LFCP | 点 | O | O | O | O | O | × |
| 45011110 | 街道信号灯(人用) | LFCP | 点 | O | O | O | O | O | × |
| 45011210 | 公共自行车站 | LFCP | 点 | O | O | O | O | O | × |
| 45011310 | 汽车停车站 | LFCP | 点 | O | O | O | O | O | × |
| 45020020 | 门洞、下跨道 | LFCL | 线 | O | O | O | O | O | × |
| 45020120 | 已加固路堑 | LFCL | 线 | O | O | O | O | O | × |
| 45020220 | 未加固路堑 | LFCL | 线 | O | O | O | O | O | × |
| 45020320 | 已加固路堤 | LFCL | 线 | O | O | O | O | O | × |
| 45020420 | 未加固路堤 | LFCL | 线 | O | O | O | O | O | × |
| 45030130 | 单层桥 | LFCA | 面 | O | O | O | O | O | O |
| 45030230 | 双层桥 | LFCA | 面 | O | O | O | O | O | O |
| 45030330 | 并行桥 | LFCA | 面 | O | O | O | O | O | O |
| 45030430 | 引桥 | LFCA | 面 | O | O | O | O | O | × |
| 45030530 | 有人行道的单层桥 | LFCA | 面 | O | O | O | O | O | × |
| 45040010 | 桥墩、柱(不依比例) | LFCP | 点 | O | O | O | O | O | × |
| 45040030 | 桥墩、柱(范围面) | LFCA | 面 | O | O | O | O | O | × |
| 45050130 | 过街天桥 | LFCA | 面 | O | × | × | × | × | × |
| 45050220 | 人行桥(不依比例) | LFCL | 线 | O | × | × | × | × | × |

| 要素代码 | 要素名称 | 图层名称 | 几何类型 | 1:2 000 | 1:5 000 | 1:10 000 | 1:50 000 | 1:100 000 | 1:250 000 |
|---|---|---|---|---|---|---|---|---|---|
| 45050230 | 人行桥(依比例) | LFCA | 面 | O | × | × | × | × | O |
| 45050320 | 缆索桥(不依比例) | LFCL | 线 | O | × | × | × | × | × |
| 45050330 | 缆索桥(依比例) | LFCA | 面 | O | O | × | O | O | O |
| 45050420 | 级面桥、人行拱桥(不依比例) | LFCL | 线 | O | O | O | O | O | × |
| 45050430 | 级面桥、人行拱桥(依比例) | LFCA | 面 | O | × | × | × | × | × |
| 45050530 | 亭桥、廊桥 | LFCA | 面 | O | O | × | O | O | × |
| 45050630 | 漫水桥 | LFCA | 面 | O | O | × | O | O | × |
| 45050730 | 栈桥 | LFCA | 面 | O | × | × | × | × | × |
| 45060120 | 火车隧道(不依比例) | LFCL | 线 | O | O | × | O | O | O |
| 45060130 | 火车隧道(依比例) | LFCA | 面 | O | O | O | × | × | × |
| 45060220 | 汽车隧道(不依比例) | LFCL | 线 | O | O | O | O | × | × |
| 45060230 | 汽车隧道(依比例) | LFCA | 面 | O | O | O | × | × | × |
| 45060420 | 火车隧道出入口(不依比例) | LFCL | 线 | O | × | × | × | × | × |
| 45060520 | 火车隧道出入口(依比例) | LFCL | 线 | O | × | × | × | × | × |
| 45060620 | 汽车隧道出入口(不依比例) | LFCL | 线 | O | × | × | × | × | × |
| 45060720 | 汽车隧道出入口(依比例) | LFCL | 线 | O | × | × | × | × | × |
| 45070030 | 明峒 | LFCA | 面 | O | × | × | × | × | × |
| 45080030 | 地下人行通道 | LFCA | 面 | O | × | × | × | × | × |
| 45090010 | 道路交会处 | LFCP | 点 | O | O | × | O | O | × |
| 45100110 | 中国公路零公里标志 | LFCP | 点 | O | O | × | O | O | × |
| 45100210 | 路标 | LFCP | 点 | O | O | × | O | O | × |
| 45100310 | 里程碑 | LFCP | 点 | O | O | × | O | O | × |
| 45100410 | 坡度标 | LFCP | 点 | × | × | × | × | × | × |
| **45120000** | **道路构造物及附属设施中心线** | | | | | | | | |
| 45120120 | 火车隧道中心线 | LFCL | 线 | × | × | × | O | O | O |
| 45120220 | 汽车隧道中心线 | LFCL | 线 | × | × | × | O | O | O |
| **46000000** | **水运设施** | | | | | | | | |
| 46010110 | 水运港客运站 | LFCP | 点 | O | O | O | O | O | × |
| 46010230 | 固定顺岸码头 | LFCA | 面 | O | O | O | O | O | × |
| 46010330 | 固定堤坝码头 | LFCA | 面 | O | O | O | O | O | O |
| 46010430 | 栈桥式码头 | LFCA | 面 | O | × | × | × | × | × |
| 46010530 | 浮码头 | LFCA | 面 | O | × | × | × | × | × |
| 46010620 | 浮码头架空过道 | LFCL | 线 | O | × | × | × | × | × |
| 46020020 | 防波堤 | LFCL | 线 | O | O | × | O | O | × |
| 46020030 | 防波堤范围面 | LFCA | 面 | O | O | × | O | O | × |
| 46030010 | 停泊场 | LFCP | 点 | O | O | × | O | O | × |
| 46040110 | 灯塔 | LFCP | 点 | O | O | × | O | O | × |

| 要素代码 | 要素名称 | 图层名称 | 几何类型 | 1：2 000 | 1：5 000 | 1：10 000 | 1：50 000 | 1：100 000 | 1：250 000 |
|---|---|---|---|---|---|---|---|---|---|
| 46040130 | 灯塔范围面 | LFCA | 面 | O | O | O | O | O | × |
| 46040210 | 灯桩 | LFCP | 点 | O | O | O | O | O | × |
| 46040310 | 灯船 | LFCP | 点 | O | O | O | O | O | × |
| 46040410 | 浮标 | LFCP | 点 | O | O | O | O | O | × |
| 46040510 | 岸标、立标 | LFCP | 点 | O | O | O | O | O | × |
| 46040610 | 信号杆 | LFCP | 点 | O | O | O | O | O | × |
| 46040710 | 系船浮筒 | LFCP | 点 | O | O | O | O | O | × |
| 46040810 | 过江管线标 | LFCP | 点 | O | × | × | × | × | × |
| 46050110 | 沉船(露出) | LFCP | 点 | O | O | × | O | O | × |
| 46050230 | 沉船(淹没) | LFCA | 面 | O | O | × | O | O | × |
| 46050310 | 急流区域 | LFCP | 点 | O | × | × | × | × | × |
| 46050330 | 急流区域范围面 | LFCA | 面 | O | × | × | × | × | × |
| 46050410 | 漩涡区域 | LFCP | 点 | O | × | × | × | × | × |
| 46050430 | 漩涡区域范围面 | LFCA | 面 | O | × | × | × | × | × |
| **47000000** | **航道** | | | | | | | | |
| 47010010 | 通航河段起讫点 | LFCP | 点 | O | O | × | O | O | O |
| **48000000** | **空运设施** | | | | | | | | |
| 48010010 | 机场 | LFCP | 点 | O | O | O | O | O | O |
| **49000000** | **其他交通设施** | | | | | | | | |
| 49010020 | 缆车道 | LFCL | 线 | O | O | O | O | O | × |
| 49020020 | 简易轨道线(中心定位) | LFCL | 线 | O | O | O | O | O | O |
| 49030120 | 索道 | LFCL | 线 | O | O | O | O | O | O |
| 49030210 | 架空索道端点、转折点支架点 | LFCP | 点 | O | O | × | O | O | × |
| 49030220 | 架空索道端点、转折点支架线 | LFCL | 线 | O | O | × | O | O | O |
| 49030230 | 架空索道端点、转折点支架面 | LFCA | 面 | O | O | × | O | O | × |
| 49050120 | 火车渡 | LFCL | 线 | O | O | O | O | O | O |
| 49050220 | 汽车渡 | LFCL | 线 | O | O | O | O | O | O |
| 49050320 | 人渡 | LFCL | 线 | O | O | O | O | O | O |
| 49050420 | 汽车徒涉场 | LFCL | 线 | O | O | O | O | O | O |
| 49050520 | 行人徒涉场 | LFCL | 线 | O | O | O | O | O | O |
| 49050620 | 跳墩 | LFCL | 线 | O | × | × | × | × | × |
| 49050720 | 漫水路面(线) | LFCL | 线 | O | × | × | × | × | × |
| 49050730 | 漫水路面(面) | LFCA | 面 | O | × | × | × | × | × |
| 49050820 | 过河缆 | LFCL | 线 | O | × | × | × | × | × |
| **50000000** | **管线** | | | | | | | | |
| **51000000** | **输电线** | | | | | | | | |
| 51010120 | 高压输电线架空线 | PIPL | 线 | O | O | × | O | O | O |

续表

| 要素代码 | 要素名称 | 图层名称 | 几何类型 | 1：2 000 | 1：5 000 | 1：10 000 | 1：50 000 | 1：100 000 | 1：250 000 |
|---|---|---|---|---|---|---|---|---|---|
| 51010220 | 高压输电线地下线 | PIPL | 线 | × | × | × | × | × | × |
| 51010310 | 高压输电线入地口(不依比例) | PIPP | 点 | O | O | O | O | O | O |
| 51020120 | 配电线架空线 | PIPL | 线 | O | O | O | O | O | O |
| 51020220 | 配电线地下线 | PIPL | 线 | × | × | × | × | × | × |
| 51020310 | 配电线入地口 | PIPP | 点 | O | × | O | × | × | × |
| 51030110 | 电杆 | PIPP | 点 | O | × | × | × | × | × |
| 51030220 | 电线架 | PIPL | 线 | O | O | × | × | × | × |
| 51030310 | 电线塔、铁塔(不依比例) | PIPP | 点 | O | × | × | × | × | × |
| 51030330 | 电线塔、铁塔(依比例) | PIPA | 面 | O | × | × | × | × | × |
| 51030410 | 输电线电缆标 | PIPP | 点 | O | × | × | × | × | × |
| 51030510 | 电缆交接箱 | PIPP | 点 | O | × | × | × | × | × |
| 51030610 | 输电线检修井孔 | PIPP | 点 | O | × | × | × | × | × |
| 51030710 | 断头符号 | PIPP | 点 | × | × | × | × | × | × |
| 51040110 | 变电站、所 | PIPP | 点 | O | O | × | × | × | × |
| 51040130 | 变电站、所(依比例) | PIPA | 面 | O | O | × | × | × | × |
| 51040210 | 变压器 | PIPP | 点 | O | × | × | × | × | × |
| 51040220 | 电杆上的变压器(双杆) | PIPL | 线 | O | O | O | × | × | × |
| **52000000** | **通信线** | | | | | | | | |
| 52010120 | 陆地通信线(地上) | PIPL | 线 | O | O | O | O | O | O |
| 52010220 | 陆地通信线(地下) | PIPL | 线 | × | × | × | × | × | × |
| 52010310 | 陆地通信线入地口 | PIPP | 点 | O | × | × | × | × | × |
| 52010410 | 陆地通信线电缆标 | PIPP | 点 | O | × | × | × | × | × |
| 52010510 | 电信检修井孔 | PIPP | 点 | O | × | × | × | × | × |
| 52010610 | 电信交接箱 | PIPP | 点 | O | × | × | × | × | × |
| **53000000** | **油、气、水输送主管道** | | | | | | | | |
| 53010120 | 油管道(地上) | PIPL | 线 | O | O | O | O | O | O |
| 53010220 | 油管道(地下) | PIPL | 线 | × | × | × | × | × | × |
| 53010310 | 油管道出入口 | PIPP | 点 | O | O | O | × | × | × |
| 53010410 | 油管道墩架(不依比例) | PIPP | 点 | O | × | × | × | × | × |
| 53010420 | 油管道(架空) | PIPL | 线 | O | O | O | O | O | O |
| 53010430 | 油管道墩架(依比例) | PIPA | 面 | O | × | × | × | × | × |
| 53020120 | 天然气主管道(地上) | PIPL | 线 | O | O | O | O | O | O |
| 53020220 | 天然气主管道(地下) | PIPL | 线 | × | × | × | × | × | × |
| 53020310 | 天然气主管道出入口 | PIPP | 点 | O | O | O | × | × | × |
| 53020410 | 天然气管道墩架(不依比例) | PIPP | 点 | O | × | × | × | × | × |
| 53020420 | 天然气主管道(架空) | PIPL | 线 | O | O | O | O | O | × |
| 53020430 | 天然气管道墩架(依比例) | PIPA | 面 | O | × | × | × | × | × |

续表

| 要素代码 | 要素名称 | 图层名称 | 几何类型 | 1：2 000 | 1：5 000 | 1：10 000 | 1：50 000 | 1：100 000 | 1：250 000 |
|---|---|---|---|---|---|---|---|---|---|
| 53030120 | 水主管道(地上) | PIPL | 线 | O | O | O | O | O | O |
| 53030220 | 水主管道(地下) | PIPL | 线 | × | × | × | × | × | × |
| 53030310 | 水主管道出入口 | PIPP | 点 | O | O | O | × | × | × |
| 53030410 | 水主管道墩架(不依比例) | PIPP | 点 | O | × | × | × | × | × |
| 53030420 | 水主管道(架空) | PIPL | 线 | O | O | O | O | O | O |
| 53030430 | 水主管道墩架(依比例) | PIPA | 面 | O | × | × | × | × | × |
| **54000000** | **城市管线** | | | | | | | | |
| 54010010 | 不明用途检修井 | PIPP | 点 | O | × | × | × | × | × |
| 54010020 | 不明管线 | PIPL | 线 | O | O | O | O | O | × |
| 54100020 | 电力线 | PIPL | 线 | O | O | O | O | O | O |
| 54300120 | 给水管线(地上) | PIPL | 线 | O | O | O | O | O | O |
| 54300210 | 给水管线出入口 | PIPP | 点 | O | O | O | × | × | × |
| 54300220 | 给水管线(地下) | PIPL | 线 | × | × | × | × | × | × |
| 54300320 | 给水管线(架空) | PIPL | 线 | O | O | O | O | O | O |
| 54300410 | 给水管线墩架(不依比例) | PIPP | 点 | O | × | × | × | × | × |
| 54300430 | 给水管线墩架(依比例) | PIPA | 面 | O | × | × | × | × | × |
| 54300510 | 给水管线检修井 | PIPP | 点 | O | × | × | × | × | × |
| 54300610 | 水龙头 | PIPP | 点 | O | O | O | O | O | × |
| 54300710 | 消火栓 | PIPP | 点 | O | O | O | O | O | × |
| 54300810 | 阀门 | PIPP | 点 | O | O | O | O | O | × |
| 54410110 | 雨水管线检修井 | PIPP | 点 | O | × | × | × | × | × |
| 54410210 | 雨水篦子 | PIPP | 点 | O | × | × | × | × | × |
| 54410230 | 雨水篦子(依比例尺) | PIPA | 面 | O | × | × | × | × | × |
| 54420110 | 污水管线检修井 | PIPP | 点 | O | × | × | × | × | × |
| 54430110 | 合流管线检查井 | PIPP | 点 | O | × | × | × | × | × |
| 54440110 | 排水暗井 | PIPP | 点 | O | O | O | O | O | × |
| 54510120 | 煤气管线(地上) | PIPL | 线 | O | O | × | O | O | × |
| 54510210 | 煤气管线出入口 | PIPP | 点 | O | O | × | × | × | × |
| 54510220 | 煤气管线(地下) | PIPL | 线 | × | × | × | × | × | × |
| 54510320 | 煤气管线(架空) | PIPL | 线 | O | O | O | O | O | × |
| 54510410 | 煤气管线墩架(不依比例) | PIPP | 点 | O | × | × | × | × | × |
| 54510430 | 煤气管线墩架(依比例) | PIPA | 面 | O | × | × | × | × | × |
| 54510510 | 煤气管线检修井 | PIPP | 点 | O | × | × | × | × | × |
| 54520120 | 天然气管线(地上) | PIPL | 线 | O | O | × | O | O | × |
| 54520210 | 天然气管线出入口 | PIPP | 点 | O | O | × | × | × | × |
| 54520220 | 天然气管线(地下) | PIPL | 线 | × | × | × | × | × | × |
| 54520320 | 天然气管线(架空) | PIPL | 线 | O | O | × | O | O | × |

续表

| 要素代码 | 要素名称 | 图层名称 | 几何类型 | 1：2 000 | 1：5 000 | 1：10 000 | 1：50 000 | 1：100 000 | 1：250 000 |
|---|---|---|---|---|---|---|---|---|---|
| 54520410 | 天然气管线墩架(不依比例) | PIPP | 点 | O | × | × | × | × | × |
| 54520430 | 天然气管线墩架(依比例) | PIPA | 面 | O | × | × | × | × | × |
| 54520510 | 天然气管线检修井 | PIPP | 点 | O | × | × | × | × | × |
| 54530120 | 液化气管线(地上) | PIPL | 线 | O | O | × | O | O | × |
| 54530210 | 液化气管线出入口 | PIPP | 点 | O | O | × | O | O | × |
| 54530220 | 液化气管线(地下) | PIPL | 线 | × | × | × | × | × | × |
| 54530320 | 液化气管线(架空) | PIPL | 线 | O | O | × | O | O | × |
| 54530410 | 液化气管线墩架(不依比例) | PIPP | 点 | O | × | × | × | × | × |
| 54530430 | 液化气管线墩架(依比例) | PIPA | 面 | O | × | × | × | × | × |
| 54530510 | 液化气管线检修井 | PIPP | 点 | O | × | × | × | × | × |
| 54600120 | 热力管线(地上) | PIPL | 线 | O | O | × | O | O | × |
| 54600210 | 热力管线出入口 | PIPP | 点 | O | O | × | O | O | × |
| 54600220 | 热力管线(地下) | PIPL | 线 | × | × | × | × | × | × |
| 54600320 | 热力管线(架空) | PIPL | 线 | O | O | × | O | O | × |
| 54600410 | 热力管线墩架(不依比例) | PIPP | 点 | O | × | × | × | × | × |
| 54600430 | 热力管线墩架(依比例) | PIPA | 面 | O | × | × | × | × | × |
| 54600510 | 热力管线检修井 | PIPP | 点 | O | × | × | × | × | × |
| 54700120 | 工业管线(地上) | PIPL | 线 | O | × | × | × | × | × |
| 54700210 | 工业管线出入口 | PIPP | 点 | O | × | × | × | × | × |
| 54700220 | 工业管线(地下) | PIPL | 线 | × | × | × | × | × | × |
| 54700320 | 工业管线(架空) | PIPL | 线 | O | O | × | O | O | O |
| 54700410 | 工业管线墩架(不依比例) | PIPP | 点 | O | × | × | × | × | × |
| 54700430 | 工业管线墩架(依比例) | PIPA | 面 | O | × | × | × | × | × |
| 54700510 | 工业管线检修井 | PIPP | 点 | O | × | × | × | × | × |
| 54800110 | 综合管廊检查井 | PIPP | 点 | O | × | × | × | × | × |
| 54900120 | 有管堤的管道 | PIPL | 线 | O | × | × | × | × | × |
| 54900220 | 管线(地上) | PIPL | 线 | O | × | × | × | × | × |
| 54900310 | 管线出入口 | PIPP | 点 | O | × | × | × | × | × |
| 54900320 | 管线(地下) | PIPL | 线 | × | × | × | × | × | × |
| 54900420 | 管线(架空) | PIPL | 线 | O | O | × | O | O | O |
| 54900510 | 管线墩架(不依比例) | PIPP | 点 | O | × | × | × | × | × |
| 54900530 | 管线墩架(依比例) | PIPA | 面 | O | × | × | × | × | × |
| **60000000** | **境界与政区** | | | | | | | | |
| **62000000** | **国家行政区** | | | | | | | | |
| 62020120 | 国家行政区(已定界) | BOUL | 线 | √ | √ | √ | √ | √ | √ |
| 62020220 | 国家行政区(未定界) | BOUL | 线 | √ | √ | √ | √ | √ | √ |
| 62030010 | 国家行政区(界桩、界碑) | BOUP | 点 | √ | √ | √ | √ | √ | √ |

| 要素代码 | 要素名称 | 图层名称 | 几何类型 | 1:2 000 | 1:5 000 | 1:10 000 | 1:50 000 | 1:100 000 | 1:250 000 |
|---|---|---|---|---|---|---|---|---|---|
| **63000000** | **省级行政区** | | | | | | | | |
| 63020120 | 省级行政区界线（已定界） | BOUL | 线 | √ | √ | √ | √ | √ | √ |
| 63020220 | 省级行政区界线（未定界） | BOUL | 线 | √ | √ | √ | √ | √ | √ |
| 63030010 | 省级行政区界线（界桩、界碑） | BOUP | 点 | √ | √ | √ | √ | √ | √ |
| **64000000** | **地级行政区** | | | | | | | | |
| 64020120 | 地级行政区界线（已定界） | BOUL | 线 | √ | √ | √ | √ | √ | √ |
| 64020130 | 地级行政区 | BOUA | 面 | √ | √ | √ | √ | √ | √ |
| 64020220 | 地级行政区界线（未定界） | BOUL | 线 | √ | √ | √ | √ | √ | √ |
| 64030010 | 地级行政区界线（界桩、界碑） | BOUP | 点 | √ | √ | √ | √ | √ | √ |
| **65000000** | **县级行政区** | | | | | | | | |
| 65020120 | 县级行政区界线（已定界） | BOUL | 线 | √ | √ | √ | O | O | O |
| 65020130 | 县级行政区域 | BOUA | 面 | √ | √ | √ | O | O | O |
| 65020220 | 县级行政区界线（未定界） | BOUL | 线 | √ | √ | √ | O | O | O |
| 65030010 | 县级行政区界线（界桩、界碑） | BOUP | 点 | √ | √ | √ | O | O | O |
| **66000000** | **乡、街道级行政区** | | | | | | | | |
| 66020120 | 乡级行政区界线（已定界） | BOUL | 线 | √ | √ | √ | O | O | O |
| 66020130 | 乡级行政区域 | BOUA | 面 | √ | √ | √ | O | O | O |
| 66020220 | 乡级行政区界线（未定界） | BOUL | 线 | √ | √ | √ | O | O | O |
| 66030010 | 乡、镇行政区界线（界桩、界碑） | BOUP | 点 | √ | √ | √ | O | O | O |
| 66050120 | 街道行政区界线 | BOUL | 线 | √ | √ | √ | × | × | × |
| 66050130 | 街道行政区域 | BOUA | 面 | √ | √ | √ | × | × | × |
| **67000000** | **其他区域** | | | | | | | | |
| 67010220 | 自然、文化保护区界 | BOUL | 线 | √ | √ | √ | √ | √ | √ |
| 67010230 | 自然、文化保护区面 | BOUA | 面 | √ | √ | √ | √ | √ | √ |
| 67030220 | 国有农场、林场、牧场界线 | BOUL | 线 | √ | √ | √ | √ | √ | √ |
| 67030230 | 国有农场、林场、牧场区域 | BOUA | 面 | √ | √ | √ | √ | √ | √ |
| 67040220 | 开发区、保税区界线 | BOUL | 线 | √ | √ | √ | √ | √ | √ |
| 67040230 | 开发区、保税区面 | BOUA | 面 | √ | √ | √ | √ | √ | √ |
| 67040320 | 特殊地区界线 | BOUL | 线 | √ | √ | √ | × | × | × |
| 67040330 | 特殊地区面 | BOUA | 面 | √ | √ | √ | × | × | × |
| 67050120 | 村界（已定界） | BOUL | 线 | √ | × | × | × | × | × |
| 67050130 | 村界面 | BOUA | 面 | √ | × | × | × | × | × |
| 67050220 | 村界（未定界） | BOUL | 线 | √ | × | × | × | × | × |
| 67050310 | 村界（界桩、界碑） | BOUP | 点 | √ | × | × | × | × | × |
| 67060120 | 社区行政区界线 | BOUL | 线 | √ | × | × | × | × | × |
| 67060130 | 社区行政区面 | BOUA | 面 | √ | × | × | × | × | × |

| 要素代码 | 要素名称 | 图层名称 | 几何类型 | 1：2 000 | 1：5 000 | 1：10 000 | 1：50 000 | 1：100 000 | 1：250 000 |
|---|---|---|---|---|---|---|---|---|---|
| **70000000** | **地貌** | | | | | | | | |
| **71000000** | **等高线** | | | | | | | | |
| 71010120 | 首曲线 | COUL | 线 | O | O | O | O | O | O |
| 71010220 | 计曲线 | COUL | 线 | O | O | O | O | O | O |
| 71010320 | 间曲线 | COUL | 线 | O | O | O | × | × | × |
| 71010420 | 助曲线 | COUL | 线 | O | O | O | × | × | × |
| 71040020 | 示坡线 | COUL | 线 | O | O | O | × | × | × |
| **72000000** | **高程注记点** | | | | | | | | |
| 72010010 | 高程点 | ELEP | 点 | O | O | O | O | O | O |
| 72020010 | 比高点 | ELEP | 点 | O | O | O | O | O | O |
| 72030010 | 特殊高程点 | ELEP | 点 | O | O | O | O | O | O |
| **73000000** | **水域等值线** | | | | | | | | |
| 73010120 | 水下等高线(首曲线) | COUL | 线 | O | O | O | O | O | × |
| 73010220 | 水下等高线(计曲线) | COUL | 线 | O | O | O | O | O | × |
| 73010320 | 水下等高线(间曲线) | COUL | 线 | O | O | O | O | O | × |
| **74000000** | **水下注记点** | | | | | | | | |
| 74020010 | 水下高程点 | ELEP | 点 | O | O | O | O | O | × |
| **75000000** | **自然地貌** | | | | | | | | |
| 75010310 | 独立石(不依比例) | TERP | 点 | O | O | O | O | O | O |
| 75010330 | 独立石(依比例) | TERA | 面 | O | × | × | × | × | × |
| 75010410 | 土堆(不依比例) | TERP | 点 | O | O | O | O | O | O |
| 75010420 | 土堆范围线 | TERL | 线 | O | O | O | O | O | O |
| 75010430 | 土堆(依比例) | TERA | 面 | O | O | O | O | O | O |
| 75010510 | 石堆(不依比例) | TERP | 点 | O | O | O | O | O | O |
| 75010530 | 石堆(依比例) | TERA | 面 | O | O | O | O | O | O |
| 75020110 | 岩溶漏斗(不依比例) | TERP | 点 | O | O | O | O | O | O |
| 75020130 | 岩溶漏斗(依比例) | TERA | 面 | O | × | × | × | × | × |
| 75020210 | 黄土漏斗(不依比例) | TERP | 点 | O | O | × | O | O | O |
| 75020230 | 黄土漏斗(依比例) | TERA | 面 | O | × | × | × | × | × |
| 75020310 | 坑穴(不依比例) | TERP | 点 | O | O | × | O | O | O |
| 75020330 | 坑穴(依比例) | TERA | 面 | O | O | × | O | O | O |
| 75030010 | 山洞、溶洞(不依比例) | TERP | 点 | O | O | × | O | O | O |
| 75030020 | 山洞、溶洞(依比例) | TERL | 线 | O | O | × | O | O | O |
| 75050120 | 冲沟 | TERL | 线 | O | O | × | O | O | O |
| 75050210 | 地裂缝(不依比例) | TERP | 点 | O | O | × | O | O | O |
| 75050230 | 地裂缝(依比例) | TERA | 面 | O | × | × | × | × | × |
| 75060120 | 土质陡崖、石质陡崖、陡石山、土质有滩陡岸线 | TERL | 线 | O | O | O | O | O | O |

续表

| 要素代码 | 要素名称 | 图层名称 | 几何类型 | 1：2 000 | 1：5 000 | 1：10 000 | 1：50 000 | 1：100 000 | 1：250 000 |
|---|---|---|---|---|---|---|---|---|---|
| 75060130 | 土质陡崖、土质有滩陡岸面 | TERA | 面 | O | O | O | O | O | O |
| 75060220 | 石质陡崖、石质有滩陡岸线 | TERL | 线 | O | O | O | O | O | O |
| 75060230 | 石质陡崖、石质有滩陡岸面 | TERA | 面 | O | O | O | O | O | O |
| 75060320 | 土质无滩陡岸 | TERL | 线 | O | O | O | O | O | O |
| 75060420 | 石质无滩陡岸 | TERL | 线 | O | O | O | O | O | O |
| 75060520 | 未加固的人工陡坎 | TERL | 线 | O | O | O | O | O | O |
| 75060620 | 已加固的人工陡坎 | TERL | 线 | O | × | × | × | × | × |
| 75070120 | 陡石山坡顶线 | TERL | 线 | O | O | O | O | O | O |
| 75070130 | 陡石山范围面 | TERA | 面 | O | O | O | O | O | O |
| 75070230 | 露岩地 | TERA | 面 | O | O | O | O | O | O |
| 75080030 | 沙地 | TERA | 面 | O | O | O | O | O | O |
| 75100120 | 沙土崩崖坡顶线 | TERL | 线 | O | O | O | O | O | O |
| 75100130 | 沙土崩崖范围面 | TERA | 面 | O | O | O | O | O | O |
| 75100220 | 石崩崖坡顶线 | TERL | 线 | O | O | O | O | O | O |
| 75100230 | 石崩崖范围面 | TERA | 面 | O | O | O | O | O | O |
| 75100320 | 滑坡坎线 | TERL | 线 | O | O | O | O | O | O |
| 75100330 | 滑坡范围面 | TERA | 面 | O | O | O | O | O | O |
| 75100430 | 泥石流 | TERA | 面 | O | O | O | O | O | O |
| 75100530 | 熔岩流 | TERA | 面 | O | O | O | O | O | O |
| **76000000** | **人工地貌** | | | | | | | | |
| 76010120 | 未加固斜坡线 | TERL | 线 | O | O | O | O | O | O |
| 76010130 | 未加固斜坡面 | TERA | 面 | √ | √ | O | √ | √ | √ |
| 76010220 | 已加固斜坡线 | TERL | 线 | O | O | O | O | O | O |
| 76010230 | 已加固斜坡面 | TERA | 面 | √ | √ | O | √ | √ | √ |
| 76020120 | 田坎、路堑、沟堑、路堤-未加固线 | TERL | 线 | O | O | O | O | O | O |
| 76020130 | 田坎、路堑、沟堑、路堤-未加固范围面 | TERA | 面 | √ | √ | O | √ | √ | √ |
| 76020220 | 田坎、路堑、沟堑、路堤-已加固线 | TERL | 线 | O | O | O | O | O | O |
| 76020230 | 田坎、路堑、沟堑、路堤-已加固范围面 | TERA | 面 | √ | √ | O | √ | √ | √ |
| 76020320 | 梯田坎 | TERL | 线 | O | O | O | O | O | O |
| 76030120 | 石垄线(半依比例) | TERL | 线 | O | O | O | O | O | O |
| 76030130 | 石垄(依比例) | TERA | 面 | √ | × | × | × | × | × |
| 76030220 | 土垄 | TERL | 线 | O | O | O | O | O | O |
| **80000000** | **植被与土质** | | | | | | | | |
| **81000000** | **农林用地** | | | | | | | | |

| 要素代码 | 要素名称 | 图层名称 | 几何类型 | 1：2 000 | 1：5 000 | 1：10 000 | 1：50 000 | 1：100 000 | 1：250 000 |
|---|---|---|---|---|---|---|---|---|---|
| 81010020 | 地类界 | VEGL | 线 | × | × | × | × | × | × |
| 81020020 | 田埂（半依比例） | VEGL | 线 | O | × | × | × | × | × |
| 81020030 | 田埂（依比例） | VEGA | 面 | O | O | O | O | O | O |
| 81030110 | 稻田点 | VEGP | 点 | O | O | O | O | O | O |
| 81030130 | 稻田 | VEGA | 面 | O | O | O | O | O | O |
| 81030210 | 旱地点 | VEGP | 点 | O | O | O | O | O | O |
| 81030230 | 旱地 | VEGA | 面 | O | O | O | O | O | O |
| 81030310 | 菜地点 | VEGP | 点 | O | O | O | O | O | O |
| 81030330 | 菜地 | VEGA | 面 | O | O | O | O | O | O |
| 81030410 | 水生作物地点 | VEGP | 点 | O | O | O | O | O | O |
| 81030430 | 水生作物地 | VEGA | 面 | O | O | O | O | O | O |
| 81030530 | 台田、条田 | VEGA | 面 | O | O | O | O | O | O |
| 81040110 | 果园点 | VEGP | 点 | O | O | O | O | O | O |
| 81040130 | 果园 | VEGA | 面 | O | O | O | O | O | O |
| 81040210 | 桑园点 | VEGP | 点 | O | O | O | O | O | O |
| 81040230 | 桑园 | VEGA | 面 | O | O | O | O | O | O |
| 81040310 | 茶园点 | VEGP | 点 | O | O | O | O | O | O |
| 81040330 | 茶园 | VEGA | 面 | O | O | O | O | O | O |
| 81040410 | 橡胶园点 | VEGP | 点 | O | O | O | O | O | O |
| 81040430 | 橡胶园 | VEGA | 面 | O | O | O | O | O | O |
| 81040510 | 其他园地点 | VEGP | 点 | O | O | O | O | O | O |
| 81040530 | 其他园地 | VEGA | 面 | O | O | O | O | O | O |
| 81040610 | 经济作物地点 | VEGP | 点 | O | O | O | O | O | O |
| 81040630 | 经济作物地 | VEGA | 面 | O | O | O | O | O | O |
| 81050110 | 成林点 | VEGP | 点 | O | O | O | O | O | O |
| 81050130 | 成林 | VEGA | 面 | O | O | O | O | O | O |
| 81050210 | 幼林点 | VEGP | 点 | O | O | O | O | O | O |
| 81050230 | 幼林 | VEGA | 面 | O | O | O | O | O | O |
| 81050310 | 独立灌木林丛 | VEGP | 点 | O | O | O | O | O | O |
| 81050320 | 狭长灌木林 | VEGL | 线 | O | O | O | O | O | O |
| 81050330 | 大面积灌木林 | VEGA | 面 | O | O | O | O | O | O |
| 81050410 | 小面积竹林、竹丛 | VEGP | 点 | O | O | O | O | O | O |
| 81050420 | 狭长竹丛 | VEGL | 线 | O | O | O | O | O | O |
| 81050430 | 大面积竹林 | VEGA | 面 | O | O | O | O | O | O |
| 81050510 | 疏林点 | VEGP | 点 | O | O | O | O | O | O |
| 81050530 | 疏林 | VEGA | 面 | O | O | O | O | O | O |
| 81050610 | 迹地点 | VEGP | 点 | O | O | O | O | O | O |

续表

| 要素代码 | 要素名称 | 图层名称 | 几何类型 | 1：2 000 | 1：5 000 | 1：10 000 | 1：50 000 | 1：100 000 | 1：250 000 |
|---|---|---|---|---|---|---|---|---|---|
| 81050630 | 迹地 | VEGA | 面 | O | O | O | O | O | O |
| 81050710 | 苗圃点 | VEGP | 点 | O | O | O | O | O | O |
| 81050730 | 苗圃 | VEGA | 面 | O | O | O | O | O | O |
| 81050820 | 防火带边线 | VEGL | 线 | O | O | O | O | O | × |
| 81050830 | 防火带 | VEGA | 面 | O | O | O | O | O | × |
| 81050910 | 零星树木 | VEGP | 点 | O | O | O | O | O | O |
| 81051020 | 行树 | VEGL | 线 | O | O | O | O | O | O |
| 81051110 | 独立树 | VGSP | 点 | O | O | O | O | O | O |
| 81051210 | 独立树丛 | VGSP | 点 | O | O | O | O | O | O |
| 81051310 | 特殊树 | VGSP | 点 | O | O | O | O | O | O |
| 81060110 | 高草地点 | VEGP | 点 | O | O | O | O | O | O |
| 81060130 | 高草地 | VEGA | 面 | O | O | O | O | O | O |
| 81060210 | 草地点 | VEGP | 点 | O | O | O | O | O | O |
| 81060230 | 草地 | VEGA | 面 | O | O | O | O | O | O |
| 81060310 | 半荒草地点 | VEGP | 点 | O | O | O | O | O | O |
| 81060330 | 半荒草地 | VEGA | 面 | O | O | O | O | O | O |
| 81060410 | 荒草地点 | VEGP | 点 | O | O | O | O | O | O |
| 81060430 | 荒草地 | VEGA | 面 | O | O | O | O | O | O |
| **82000000** | **城市绿地** | | | | | | | | |
| 82010010 | 人工绿地点 | VEGP | 点 | O | O | O | O | O | O |
| 82010030 | 人工绿地 | VEGA | 面 | O | O | O | O | O | O |
| 82020010 | 花圃、花坛点 | VEGP | 点 | O | O | O | O | O | O |
| 82020020 | 花圃、花坛边线 | VEGL | 线 | × | × | × | × | × | × |
| 82020030 | 花圃、花坛 | VEGA | 面 | O | O | O | O | O | O |
| **83000000** | **土质** | | | | | | | | |
| 83010010 | 盐碱地点 | VEGP | 点 | O | O | O | O | O | O |
| 83010030 | 盐碱地 | VEGA | 面 | O | O | O | O | O | O |
| 83020010 | 小草丘地点 | VEGP | 点 | O | O | O | O | O | O |
| 83020030 | 小草丘地(大面积) | VEGA | 面 | O | O | O | O | O | O |
| 83030110 | 龟裂地点 | VEGP | 点 | O | O | O | O | O | O |
| 83030130 | 龟裂地 | VEGA | 面 | O | O | O | O | O | O |
| 83040130 | 沙砾地、戈壁滩 | VEGA | 面 | O | O | O | O | O | O |
| 83040210 | 石块地点 | VEGP | 点 | O | O | O | O | O | O |
| 83040230 | 石块地 | VEGA | 面 | O | O | O | O | O | O |
| 83040330 | 残丘地 | VEGA | 面 | O | O | O | O | O | O |
| 83040430 | 沙泥地 | VEGA | 面 | O | O | O | O | O | O |

注：√代表不处理，保持原状；O 代表参与综合处理；×代表直接删除图层。

## 附录 13　1∶2 000 尺度水系综合指标表

| 要素名称 | 图层名称 | 1∶2 000 要素对应的综合指标描述 |
|---|---|---|
| **水系** | | |
| **河流** | | |
| 地面河流岸线 | HYDL | 对要素进行删除 |
| 地面河流面 | HYDA | 进行直接临近合并，移除面积阈值＜100 的岛 |
| 地下河段线 | HYDL | 对线要素进行拓扑连接，选取长度阈值＞50 的要素 |
| 地下河段面 | HYDA | 进行直接临近合并，移除面积阈值＜100 的岛 |
| 地下河段出入口 | HYDL | 对线要素进行拓扑连接 |
| 消失河段线 | HYDL | 对线要素进行拓扑连接，选取长度阈值＞50 的要素 |
| 消失河段面 | HYDA | 进行直接临近合并，移除面积阈值＜100 的岛 |
| 高水界线 | HYDL | 对线要素进行拓扑连接，选取长度阈值＞50 的要素 |
| 时令河线 | HYDL | 对线要素进行拓扑连接，选取长度阈值＞50 的要素 |
| 时令河面 | HYDA | 进行直接临近合并，移除面积阈值＜100 的岛 |
| 时令河中心线 | HRCL | 对要素进行删除 |
| 干涸河线 | HYDL | 对线要素进行拓扑连接，选取长度阈值＞50 的要素 |
| 干涸河面 | HYDA | 进行直接临近合并，移除面积阈值＜100 的岛 |
| 干涸河中心线 | HRCL | 对要素进行删除 |
| 地面河流中心线 | HRCL | 对要素进行删除 |
| 地下河段中心线 | HRCL | 对要素进行删除 |
| 消失河段中心线 | HRCL | 对要素进行删除 |
| **沟渠** | | |
| 运河边线 | HYDL | 对要素进行删除 |
| 运河 | HYDA | 进行直接临近合并，移除面积阈值＜100 的岛 |
| 地面干渠边线 | HYDL | 对要素进行删除 |
| 地面干渠 | HYDA | 进行直接临近合并，移除面积阈值＜100 的岛 |
| 高于地面干渠边线 | HYDL | 对要素进行删除 |
| 高于地面干渠 | HYDA | 进行直接临近合并，移除面积阈值＜100 的岛 |
| 渠首 | HYDL | 对线要素进行拓扑连接 |
| 地面支渠线 | HYDL | 对线要素进行拓扑连接，选取长度阈值＞50 的要素 |
| 地面支渠面 | HYDA | 进行直接临近合并，移除面积阈值＜100 的岛 |
| 高于地面支渠线 | HYDL | 对线要素进行拓扑连接，选取长度阈值＞50 的要素 |
| 高于地面支渠面 | HYDA | 进行直接临近合并，移除面积阈值＜100 的岛 |
| 地下渠 | HYDL | 对线要素进行拓扑连接，选取长度阈值＞50 的要素 |
| 地下渠出水口 | HYDP | 空间查询，保留距离地下渠线要素 2m 以内的要素 |
| 沟堑(未加固、已加固) | HYDL | 对线要素进行拓扑连接，选取长度阈值＞50 的要素 |
| 坎儿井-竖井 | HYDP | 与其他水系点要素一起进行选取，保留 95% 的点要素 |
| 坎儿井-线 | HFCL | 对线要素进行拓扑连接，选取长度阈值＞50 的要素 |

续表

| 要素名称 | 图层名称 | 1∶2000 要素对应的综合指标描述 |
|---|---|---|
| 输水渡槽线 | HFCL | 对线要素进行拓扑连接，选取长度阈值＞50 的要素 |
| 输水渡槽 | HFCA | 进行直接临近合并，移除面积阈值＜50 的要素 |
| 输水隧道 | HFCA | 进行直接临近合并，移除面积阈值＜50 的要素 |
| 倒虹吸 | HFCA | 进行直接临近合并 |
| 倒虹吸入水口 | HFCA | 进行直接临近合并 |
| 涵洞(不依比例)(单边) | HFCP | 空间查询，保留距离涵洞线要素 2m 以内的要素 |
| 涵洞(不依比例) | HFCL | 对线要素进行拓扑连接 |
| 涵洞(依比例) | HFCA | 进行直接临近合并，移除面积阈值＜100 的岛 |
| 单线干沟 | HYDL | 对线要素进行拓扑连接 |
| 双线干沟面 | HYDA | 进行直接临近合并，移除面积阈值＜100 的岛 |
| 运河中心线 | HRCL | 对要素进行删除 |
| **湖泊** | | |
| 湖泊边线 | HYDL | 对要素进行删除 |
| 湖泊 | HYDA | 进行直接临近合并，移除面积阈值＜100 的岛 |
| 池塘边线 | HYDL | 对要素进行删除 |
| 池塘 | HYDA | 进行直接临近合并，移除面积阈值＜100 的岛 |
| 时令湖边线 | HYDL | 对要素进行删除 |
| 时令湖 | HYDA | 进行直接临近合并，移除面积阈值＜100 的岛 |
| 干涸湖边线 | HYDL | 对要素进行删除 |
| 干涸湖 | HYDA | 进行直接临近合并，移除面积阈值＜100 的岛 |
| **水库** | | |
| 水库边线 | HYDL | 对要素进行删除 |
| 水库 | HYDA | 进行直接临近合并，移除面积阈值＜100 的岛 |
| 建筑中水库边线 | HYDL | 对要素进行删除 |
| 建筑中水库 | HYDA | 进行直接临近合并，移除面积阈值＜100 的岛 |
| 溢洪道边线 | HFCL | 对要素进行删除 |
| 溢洪道面 | HFCA | 进行直接临近合并，移除面积阈值＜100 的岛 |
| 泄洪洞、出水口 | HFCL | 对线要素进行拓扑连接 |
| **海洋要素** | | |
| 海域边线 | HYDL | 对要素进行删除 |
| 海域 | HYDA | 进行直接临近合并，移除面积阈值＜100 的岛 |
| 海岸线 | HYDL | 对线要素进行拓扑连接 |
| 干出线 | HYDL | 对线要素进行拓扑连接 |
| 沙滩 | HYDA | 进行直接临近合并，移除面积阈值＜100 的岛 |
| 沙砾滩、砾石滩 | HYDA | 进行直接临近合并，移除面积阈值＜100 的岛 |
| 岩石滩的干出线 | HYDL | 对线要素进行拓扑连接 |
| 岩石滩面 | HYDA | 进行直接临近合并，移除面积阈值＜100 的岛 |
| 珊瑚滩的干出线 | HYDL | 对线要素进行拓扑连接 |

| 要素名称 | 图层名称 | 1∶2000 要素对应的综合指标描述 |
|---|---|---|
| 珊瑚滩面 | HYDA | 进行直接临近合并，移除面积阈值＜100 的岛 |
| 淤泥滩 | HYDA | 进行直接临近合并，移除面积阈值＜100 的岛 |
| 沙泥滩 | HYDA | 进行直接临近合并，移除面积阈值＜100 的岛 |
| 红树林滩 | HYDA | 进行直接临近合并，移除面积阈值＜100 的岛 |
| 贝类养殖滩 | HYDA | 进行直接临近合并，移除面积阈值＜100 的岛 |
| 干出滩中河道线 | HYDL | 对线要素进行拓扑连接 |
| 干出滩中河道面 | HYDA | 进行直接临近合并，移除面积阈值＜100 的岛 |
| 潮水沟 | HYDL | 对线要素进行拓扑连接 |
| 危险岸区 | HYDA | 进行直接临近合并，移除面积阈值＜100 的岛 |
| 危险海区 | HYDA | 进行直接临近合并，移除面积阈值＜100 的岛 |
| 明礁(不依比例) | HYDP | 与其他水系点要素一起进行选取，保留90%的点要素 |
| 明礁(依比例) | HYDA | 进行直接临近合并，移除面积阈值＜100 的岛 |
| 暗礁(不依比例) | HYDP | 与其他水系点要素一起进行选取，保留90%的点要素 |
| 暗礁(依比例) | HYDA | 进行直接临近合并，移除面积阈值＜100 的岛 |
| 干出礁(不依比例) | HYDP | 与其他水系点要素一起进行选取，保留95%的点要素 |
| 干出礁(依比例) | HYDA | 进行直接临近合并，移除面积阈值＜100 的岛 |
| 适淹礁(不依比例) | HYDP | 与其他水系点要素一起进行选取，保留90%的点要素 |
| 适淹礁(依比例) | HYDA | 进行直接临近合并，移除面积阈值＜100 的岛 |
| 海岛 | HYDA | 进行直接临近合并，移除面积阈值＜100 的岛 |
| **其他水系要素** | | |
| 水系交汇处点 | HYDP | 空间查询其他水系线、面，保留距离其 2 m 以内的点要素 |
| 水系交汇处 | HYDL | 对线要素进行拓扑连接 |
| 沙洲 | HYDA | 进行直接临近合并，移除面积阈值＜100 的岛 |
| 高水界 | HYDL | 对线要素进行拓扑连接 |
| 岸滩 | HYDA | 进行直接临近合并，移除面积阈值＜100 的岛 |
| 水中滩 | HYDA | 进行直接临近合并，移除面积阈值＜100 的岛 |
| 泉 | HYDP | 与其他水系点要素一起进行选取，保留90%的点要素 |
| 水井点 | HYDP | 与其他水系点要素一起进行选取，保留90%的点要素 |
| 水井面 | HYDA | 进行直接临近合并，移除面积阈值＜100 的岛 |
| 地热井 | HYDP | 与其他水系点要素一起进行选取，保留90%的点要素 |
| 贮水池、水窖 | HYDA | 进行直接临近合并，移除面积阈值＜100 的岛 |
| 瀑布、跌水 | HYDL | 对线要素进行拓扑连接 |
| 能通行沼泽、湿地 | HYDA | 进行直接临近合并，移除面积阈值＜100 的岛 |
| 不能通行沼泽、湿地 | HYDA | 进行直接临近合并，移除面积阈值＜100 的岛 |
| 河流流向 | HYDP | 对要素进行删除 |
| 沟渠流向 | HYDP | 对要素进行删除 |
| 潮汐流向 | HYDP | 对要素进行删除 |
| **水利及附属设施** | | |

续表

| 要素名称 | 图层名称 | 1∶2000 要素对应的综合指标描述 |
|---|---|---|
| 干堤顶线 | HFCL | 对线要素进行拓扑连接 |
| 干堤面 | HFCA | 进行直接临近合并，移除面积阈值＜100 的岛 |
| 一般堤 | HFCL | 对线要素进行拓扑连接 |
| 一般堤面 | HFCA | 进行直接临近合并，移除面积阈值＜100 的岛 |
| 水闸(不依比例) | HFCP | 空间查询其他水系线、面，保留距离其 2m 以内的点要素 |
| 水闸线 | HFCL | 对线要素进行拓扑连接 |
| 水闸面 | HFCA | 进行直接临近合并，移除面积阈值＜100 的岛 |
| 船闸线 | HFCL | 对线要素进行拓扑连接 |
| 船闸面 | HFCA | 进行直接临近合并，移除面积阈值＜100 的岛 |
| 扬水站 | HFCP | 与其他水系点要素一起进行选取，保留 90%的点要素 |
| 滚水坝(半依比例) | HFCL | 对线要素进行拓扑连接 |
| 滚水坝面 | HFCA | 进行直接临近合并，移除面积阈值＜100 的岛 |
| 拦水坝(半依比例) | HFCL | 对线要素进行拓扑连接 |
| 拦水坝面 | HFCA | 进行直接临近合并，移除面积阈值＜100 的岛 |
| 制水坝坝顶线 | HFCL | 对线要素进行拓扑连接 |
| 制水坝面 | HFCA | 进行直接临近合并，移除面积阈值＜100 的岛 |
| 有防洪墙加固岸线 | HFCL | 对线要素进行拓扑连接 |
| 有防洪墙加固岸面 | HFCA | 进行直接临近合并，移除面积阈值＜100 的岛 |
| 无防洪墙加固岸线 | HFCL | 对线要素进行拓扑连接 |
| 无防洪墙加固岸面 | HFCA | 进行直接临近合并，移除面积阈值＜100 的岛 |
| 栅栏坎 | HFCL | 对线要素进行拓扑连接 |

## 附录 14　1∶2 000 尺度居民地综合指标表

| 要素名称 | 图层名称 | 1∶2 000 要素对应的综合指标描述 |
|---|---|---|
| **居民地及设施** | | |
| 建成房屋 | RESA | 首先对要素进行拓扑预处理，并进行直接临近合并，然后对合并后的要素进行多转单，并自身标准化，再选取面积阈值＞30 的要素 |
| 建筑中房屋 | RESA | 首先对要素进行拓扑预处理，并进行直接临近合并，然后对合并后的要素进行多转单，并自身标准化，再选取面积阈值＞30 的要素 |
| 放样房屋 | RESA | 首先对要素进行拓扑预处理，并进行直接临近合并，然后对合并后的要素进行多转单，并自身标准化，再选取面积阈值＞30 的要素 |
| 突出房屋 | RESA | 首先对要素进行拓扑预处理，并进行直接临近合并，然后对合并后的要素进行多转单，并自身标准化，再选取面积阈值＞30 的要素 |
| 高层房屋 | RESA | 首先对要素进行拓扑预处理，并进行直接临近合并，然后对合并后的要素进行多转单，并自身标准化，再选取面积阈值＞30 的要素 |
| 棚房 | RESA | 首先对要素进行拓扑预处理，并进行直接临近合并，然后对合并后的要素进行多转单，并自身标准化，再选取面积阈值＞30 的要素 |

续表

| 要素名称 | 图层名称 | 1∶2 000 要素对应的综合指标描述 |
|---|---|---|
| 破坏房屋 | RESA | 首先对要素进行拓扑预处理，并进行直接临近合并，然后对合并后的要素进行多转单，并自身标准化，再选取面积阈值>30 的要素 |
| 架空房 | RESA | 首先对要素进行拓扑预处理，并进行直接临近合并，然后对合并后的要素进行多转单，并自身标准化，再选取面积阈值>30 的要素 |
| 廊房 | RESA | 首先对要素进行拓扑预处理，并进行直接临近合并，然后对合并后的要素进行多转单，并自身标准化，再选取面积阈值>30 的要素 |
| 地面窑洞(不依比例) | RESP | 对于点要素进行格网过滤选取，参数设置如下：每个格网平均选取数目150；格网大小 500；每个点之间最小间距要求 20 |
| 地面窑洞(半依比例) | RESL | 选取长度阈值>50 的要素 |
| 地面窑洞(依比例) | RESA | 首先对要素进行直接临近合并，然后对合并后的要素进行多转单，并自身标准化，再选取面积阈值>30 的要素 |
| 地下窑洞(不依比例) | RESP | 对于点要素进行格网过滤选取，参数设置如下：每个格网平均选取数目150；格网大小 500；每个点之间最小间距要求 20 |
| 地下窑洞面(依比例) | RESA | 首先对要素进行直接临近合并，然后对合并后的要素进行多转单，并自身标准化，再选取面积阈值>30 的要素 |
| 蒙古包、放牧点(不依比例) | RESP | 对于点要素进行格网过滤选取，参数设置如下：每个格网平均选取数目150；格网大小 500；每个点之间最小间距要求 20 |
| 蒙古包、放牧点(依比例) | RESA | 首先对要素进行直接临近合并，然后对合并后的要素进行多转单，并自身标准化，再选取面积阈值>30 的要素 |
| 天井面 | RESA | 首先对要素进行直接临近合并，然后对合并后的要素进行多转单，并自身标准化，再选取面积阈值>30 的要素 |
| 地下室面 | RESA | 首先对要素进行直接临近合并，然后对合并后的要素进行多转单，并自身标准化，再选取面积阈值>30 的要素 |
| 建筑物下通道 | RESL | 选取长度阈值>50 的要素 |
| 建成房屋外包面 | REOA | 对要素进行删除 |
| 架空房外包面 | REOA | 对要素进行删除 |
| 廊房外包面 | REOA | 对要素进行删除 |
| **工矿及其设施** | | |
| 竖井井口(不依比例) | RFCP | 与面转点的数据进行合并，再进行格网过滤选取，参数设置如下：每个格网平均选取数目150；格网大小 500；每个点之间最小间距要求 20 |
| 竖井井口(依比例) | RFCA | 首先对要素进行直接临近合并，然后对合并后的要素进行多转单，并自身标准化，再选取面积阈值>30 的要素；面积阈值<30 的要素进行降维转点 |
| 斜井井口(不依比例) | RFCP | 与面转点的数据进行合并，再进行格网过滤选取，参数设置如下：每个格网平均选取数目150；格网大小 500；每个点之间最小间距要求 20 |
| 斜井井口(依比例) | RFCA | 首先对要素进行直接临近合并，然后对合并后的要素进行多转单，并自身标准化，再选取面积阈值>30 的要素；面积阈值<30 的要素进行降维转点 |
| 平峒洞口(不依比例) | RFCP | 与面转点的数据进行合并，再进行格网过滤选取，参数设置如下：每个格网平均选取数目150；格网大小 500；每个点之间最小间距要求 20 |
| 平峒洞口(依比例) | RFCA | 首先对要素进行直接临近合并，然后对合并后的要素进行多转单，并自身标准化，再选取面积阈值>30 的要素；面积阈值<30 的要素进行降维转点 |

| 要素名称 | 图层名称 | 1∶2 000 要素对应的综合指标描述 |
|---|---|---|
| 开采的小矿井(不依比例) | RFCP | 与面转点的数据进行合并，再进行格网过滤选取，参数设置如下：每个格网平均选取数目 150；格网大小 500；每个点之间最小间距要求 20 |
| 开采的小矿井(依比例) | RFCA | 首先对要素进行直接临近合并，然后对合并后的要素进行多转单，并自身标准化，再选取面积阈值>30 的要素；面积阈值<30 的要素进行降维转点 |
| 矿井通风口箭头 | RFCP | 空间查询各类矿井，距离其 5m 内的点要素进行保留 |
| 露天采掘场 | RFCA | 首先对要素进行直接临近合并，然后对合并后的要素进行多转单，并自身标准化，再选取面积阈值>30 的要素 |
| 乱掘地 | RFCA | 首先对要素进行直接临近合并，然后对合并后的要素进行多转单，并自身标准化，再选取面积阈值>30 的要素 |
| 管道井(油、气) | RFCP | 与面转点的数据进行合并，再进行格网过滤选取，参数设置如下：每个格网平均选取数目 150；格网大小 500；每个点之间最小间距要求 20 |
| 管道井(油、气)(依比例) | RFCA | 首先对要素进行直接临近合并，然后对合并后的要素进行多转单，并自身标准化，再选取面积阈值>30 的要素；面积阈值<30 的要素进行降维转点 |
| 盐井 | RFCP | 与面转点的数据进行合并，再进行格网过滤选取，参数设置如下：每个格网平均选取数目 150；格网大小 500；每个点之间最小间距要求 20 |
| 盐井(依比例) | RFCA | 首先对要素进行直接临近合并，然后对合并后的要素进行多转单，并自身标准化，再选取面积阈值>30 的要素；面积阈值<30 的要素进行降维转点 |
| 废弃的矿井井口点 | RFCP | 与面转点的数据进行合并，再进行格网过滤选取，参数设置如下：每个格网平均选取数目 150；格网大小 500；每个点之间最小间距要求 20 |
| 废弃的矿井井口面 | RFCA | 首先对要素进行直接临近合并，然后对合并后的要素进行多转单，并自身标准化，再选取面积阈值>30 的要素；面积阈值<30 的要素进行降维转点 |
| 海上平台 | RFCA | 首先对要素进行直接临近合并，然后对合并后的要素进行多转单，并自身标准化，再选取面积阈值>30 的要素 |
| 探井(不依比例) | RFCP | 与面转点的数据进行合并，再进行格网过滤选取，参数设置如下：每个格网平均选取数目 150；格网大小 500；每个点之间最小间距要求 20 |
| 探井(依比例) | RFCA | 首先对要素进行直接临近合并，然后对合并后的要素进行多转单，并自身标准化，再选取面积阈值>30 的要素；面积阈值<30 的要素进行降维转点 |
| 探槽 | RFCA | 首先对要素进行直接临近合并，然后对合并后的要素进行多转单，并自身标准化，再选取面积阈值>30 的要素 |
| 钻孔 | RFCP | 与面转点的数据进行合并，再进行格网过滤选取，参数设置如下：每个格网平均选取数目 150；格网大小 500；每个点之间最小间距要求 20 |
| 钻孔(依比例) | RFCA | 首先对要素进行直接临近合并，然后对合并后的要素进行多转单，并自身标准化，再选取面积阈值>30 的要素；面积阈值<30 的要素进行降维转点 |
| 液、气贮存设备(不依比例) | RFCP | 与面转点的数据进行合并，再进行格网过滤选取，参数设置如下：每个格网平均选取数目 150；格网大小 500；每个点之间最小间距要求 20 |
| 液、气贮存设备(依比例) | RFCA | 首先对要素进行直接临近合并，然后对合并后的要素进行多转单，并自身标准化，再选取面积阈值>30 的要素；面积阈值<30 的要素进行降维转点 |
| 散热塔(不依比例) | RFCP | 与面转点的数据进行合并，再进行格网过滤选取，参数设置如下：每个格网平均选取数目 150；格网大小 500；每个点之间最小间距要求 20 |
| 散热塔(依比例) | RFCA | 首先对要素进行直接临近合并，然后对合并后的要素进行多转单，并自身标准化，再选取面积阈值>30 的要素；面积阈值<30 的要素进行降维转点 |

| 要素名称 | 图层名称 | 1∶2 000 要素对应的综合指标描述 |
| --- | --- | --- |
| 蒸馏塔(不依比例) | RFCP | 与面转点的数据进行合并，再进行格网过滤选取，参数设置如下：每个格网平均选取数目 150；格网大小 500；每个点之间最小间距要求 20 |
| 蒸馏塔(依比例) | RFCA | 首先对要素进行直接临近合并，然后对合并后的要素进行多转单，并自身标准化，再选取面积阈值>30 的要素；面积阈值<30 的要素进行降维转点 |
| 瞭望塔(不依比例) | RFCP | 与面转点的数据进行合并，再进行格网过滤选取，参数设置如下：每个格网平均选取数目 150；格网大小 500；每个点之间最小间距要求 20 |
| 瞭望塔(依比例) | RFCA | 首先对要素进行直接临近合并，然后对合并后的要素进行多转单，并自身标准化，再选取面积阈值>30 的要素；面积阈值<30 的要素进行降维转点 |
| 水塔(不依比例) | RFCP | 与面转点的数据进行合并，再进行格网过滤选取，参数设置如下：每个格网平均选取数目 150；格网大小 500；每个点之间最小间距要求 20 |
| 水塔(依比例) | RFCA | 首先对要素进行直接临近合并，然后对合并后的要素进行多转单，并自身标准化，再选取面积阈值>30 的要素；面积阈值<30 的要素进行降维转点 |
| 水塔烟囱(不依比例) | RFCP | 与面转点的数据进行合并，再进行格网过滤选取，参数设置如下：每个格网平均选取数目 150；格网大小 500；每个点之间最小间距要求 20 |
| 水塔烟囱(依比例) | RFCA | 首先对要素进行直接临近合并，然后对合并后的要素进行多转单，并自身标准化，再选取面积阈值>30 的要素；面积阈值<30 的要素进行降维转点 |
| 烟囱(不依比例) | RFCP | 与面转点的数据进行合并，再进行格网过滤选取，参数设置如下：每个格网平均选取数目 150；格网大小 500；每个点之间最小间距要求 20 |
| 烟囱(依比例) | RFCA | 首先对要素进行直接临近合并，然后对合并后的要素进行多转单，并自身标准化，再选取面积阈值>30 的要素；面积阈值<30 的要素进行降维转点 |
| 烟道 | RFCL | 选取长度阈值>30 的线要素 |
| 放空火炬 | RFCP | 保留 90% 的点要素 |
| 盐田、盐场范围面 | RFCA | 首先对要素进行直接临近合并，然后对合并后的要素进行多转单，并自身标准化，再选取面积阈值>30 的要素 |
| 窑(点状) | RFCP | 与面转点的数据进行合并，再进行格网过滤选取，参数设置如下：每个格网平均选取数目 150；格网大小 500；每个点之间最小间距要求 20 |
| 窑面 | RFCA | 首先对要素进行直接临近合并，然后对合并后的要素进行多转单，并自身标准化，再选取面积阈值>30 的要素；面积阈值<30 的要素进行降维转点 |
| 露天设备点 | RFCP | 与面转点的数据进行合并，再进行格网过滤选取，参数设置如下：每个格网平均选取数目 150；格网大小 500；每个点之间最小间距要求 20 |
| 露天设备范围面 | RFCA | 首先对要素进行直接临近合并，然后对合并后的要素进行多转单，并自身标准化，再选取面积阈值>30 的要素；面积阈值<30 的要素进行降维转点 |
| 传送带(不依比例) | RFCL | 选取长度阈值>50 的要素 |
| 传送带(依比例) | RFCA | 对要素进行删除 |
| 固定的起重机 | RFCP | 保留 90% 的要素 |
| 有轨道的起重机 | RFCL | 选取长度阈值>50 的要素 |
| 吊车 | RFCL | 选取长度阈值>30 的要素 |
| 装卸漏斗(不依比例) | RFCP | 与面转点的数据进行合并，再进行格网过滤选取，参数设置如下：每个格网平均选取数目 150；格网大小 500；每个点之间最小间距要求 20 |
| 装卸漏斗(依比例) | RFCA | 首先对要素进行直接临近合并，然后对合并后的要素进行多转单，并自身标准化，再选取面积阈值>30 的要素；面积阈值<30 的要素进行降维转点 |

续表

| 要素名称 | 图层名称 | 1：2 000 要素对应的综合指标描述 |
|---|---|---|
| 滑槽线 | RFCL | 与面转线的要素进行合并处理，并选取长度阈值>50 的要素 |
| 滑槽面 | RFCA | 首先对要素进行直接临近合并，然后对合并后的要素进行多转单，并自身标准化，再选取面积阈值>30 的要素；面积阈值<30 的要素进行降维转线 |
| 地磅(不依比例) | RFCP | 与面转点的数据进行合并，再进行格网过滤选取，参数设置如下：每个格网平均选取数目 150；格网大小 500；每个点之间最小间距要求 20 |
| 地磅(依比例) | RFCA | 首先对要素进行直接临近合并，然后对合并后的要素进行多转单，并自身标准化，再选取面积阈值>30 的要素；面积阈值<30 的要素进行降维转点 |
| 露天货栈 | RFCA | 首先对要素进行直接临近合并，然后对合并后的要素进行多转单，并自身标准化，再选取面积阈值>30 的要素 |
| **农业及其设施** | | |
| 抽水站 | RFCP | 与居民地中其他点要素进行点选取，保留 90%的点要素 |
| 饲养场 | RFCA | 对要素进行删除 |
| 水产养殖场 | RFCA | 首先对要素进行直接临近合并，然后对合并后的要素进行多转单，并自身标准化，再选取面积阈值>30 的要素 |
| 温室、大棚(不依比例) | RFCP | 与面转点的数据进行合并，再进行格网过滤选取，参数设置如下：每个格网平均选取数目 150；格网大小 500；每个点之间最小间距要求 20 |
| 温室、大棚(依比例) | RFCA | 首先对要素进行直接临近合并，然后对合并后的要素进行多转单，并自身标准化，再选取面积阈值>30 的要素；面积阈值<30 的要素进行降维转点 |
| 粮仓(库)(不依比例) | RFCP | 与面转点的数据进行合并，再进行格网过滤选取，参数设置如下：每个格网平均选取数目 150；格网大小 500；每个点之间最小间距要求 20 |
| 粮仓(库)(依比例) | RFCA | 首先对要素进行直接临近合并，然后对合并后的要素进行多转单，并自身标准化，再选取面积阈值>30 的要素；面积阈值<30 的要素进行降维转点 |
| 粮仓群 | RFCA | 首先对要素进行直接临近合并，然后对合并后的要素进行多转单，并自身标准化，再选取面积阈值>30 的要素；面积阈值<30 的要素进行降维转点 |
| 水磨房、水车 | RFCP | 与居民地中其他点要素进行点选取，保留 90%的点要素 |
| 风磨房、风车 | RFCP | 与居民地中其他点要素进行点选取，保留 90%的点要素 |
| 打谷场 | RFCA | 首先对要素进行直接临近合并，然后对合并后的要素进行多转单，并自身标准化，再选取面积阈值>30 的要素 |
| 贮草场 | RFCA | 首先对要素进行直接临近合并，然后对合并后的要素进行多转单，并自身标准化，再选取面积阈值>30 的要素 |
| 药浴池 | RFCP | 与居民地中其他点要素进行点选取，保留 90%的点要素 |
| 积肥池(不依比例) | RFCP | 与面转点的数据进行合并，再进行格网过滤选取，参数设置如下：每个格网平均选取数目 150；格网大小 500；每个点之间最小间距要求 20 |
| 积肥池(依比例) | RFCA | 首先对要素进行直接临近合并，然后对合并后的要素进行多转单，并自身标准化，再选取面积阈值>30 的要素；面积阈值<30 的要素进行降维转点 |
| **公共服务及其设施** | | |
| 学校 | RFCP | 与居民地中其他点要素进行点选取，保留 90%的点要素 |
| 医院 | RFCP | 对要素进行删除 |
| 馆 | RFCP | 对要素进行删除 |
| 宾馆、饭店 | RFCP | 对要素进行删除 |

| 要素名称 | 图层名称 | 1∶2 000 要素对应的综合指标描述 |
|---|---|---|
| 超市 | RFCP | 对要素进行删除 |
| 游乐场 | RFCP | 与居民地中其他点要素进行点选取，保留 90%的点要素 |
| 公园 | RFCP | 与居民地中其他点要素进行点选取，保留 90%的点要素 |
| 陵园 | RFCP | 与居民地中其他点要素进行点选取，保留 90%的点要素 |
| 动物园 | RFCP | 与居民地中其他点要素进行点选取，保留 90%的点要素 |
| 植物园 | RFCP | 与居民地中其他点要素进行点选取，保留 90%的点要素 |
| 剧场、电影院 | RFCP | 对要素进行删除 |
| 露天体育场 | RFCA | 首先对要素进行直接临近合并，然后对合并后的要素进行多转单，并自身标准化，再选取面积阈值>30 的要素 |
| 体育场门洞(有看台) | RFCL | 对要素进行删除 |
| 体育馆 | RFCP | 对要素进行删除 |
| 游泳场、池(依比例) | RFCA | 首先对要素进行直接临近合并，然后对合并后的要素进行多转单，并自身标准化，再选取面积阈值>30 的要素 |
| 跳伞塔(不依比例) | RFCP | 与面转点的数据进行合并，再进行格网过滤选取，参数设置如下：每个格网平均选取数目 150；格网大小 500；每个点之间最小间距要求 20 |
| 跳伞塔(依比例) | RFCA | 首先对要素进行直接临近合并，然后对合并后的要素进行多转单，并自身标准化，再选取面积阈值>30 的要素；面积阈值<30 的要素进行降维转点 |
| 露天舞台 | RFCA | 首先对要素进行直接临近合并，然后对合并后的要素进行多转单，并自身标准化，再选取面积阈值>30 的要素 |
| 电视台 | RFCP | 与居民地中其他点要素进行点选取，保留 90%的点要素 |
| 电信局 | RFCP | 与居民地中其他点要素进行点选取，保留 90%的点要素 |
| 邮局 | RFCP | 与居民地中其他点要素进行点选取，保留 90%的点要素 |
| 电视发射塔点 | RFCP | 与面转点的数据进行合并，再进行格网过滤选取，参数设置如下：每个格网平均选取数目 150；格网大小 500；每个点之间最小间距要求 20 |
| 电视发射塔 | RFCA | 首先对要素进行直接临近合并，然后对合并后的要素进行多转单，并自身标准化，再选取面积阈值>30 的要素；面积阈值<30 的要素进行降维转点 |
| 移动通信塔(不依比例) | RFCP | 与面转点的数据进行合并，再进行格网过滤选取，参数设置如下：每个格网平均选取数目 150；格网大小 500；每个点之间最小间距要求 20 |
| 移动通信塔(依比例) | RFCA | 首先对要素进行直接临近合并，然后对合并后的要素进行多转单，并自身标准化，再选取面积阈值>30 的要素；面积阈值<30 的要素进行降维转点 |
| 微波塔(不依比例) | RFCP | 与面转点的数据进行合并，再进行格网过滤选取，参数设置如下：每个格网平均选取数目 150；格网大小 500；每个点之间最小间距要求 20 |
| 微波塔(依比例) | RFCA | 首先对要素进行直接临近合并，然后对合并后的要素进行多转单，并自身标准化，再选取面积阈值>30 的要素；面积阈值<30 的要素进行降维转点 |
| 电话亭 | RFCP | 与居民地中其他点要素进行点选取，保留 90%的点要素 |
| 邮筒 | RFCP | 与居民地中其他点要素进行点选取，保留 90%的点要素 |
| 厕所 | RFCA | 首先对要素进行直接临近合并，然后对合并后的要素进行多转单，并自身标准化，再选取面积阈值>30 的要素；面积阈值<30 的要素进行降维转点 |
| 垃圾台(不依比例) | RFCP | 与面转点的数据进行合并，再进行格网过滤选取，参数设置如下：每个格网平均选取数目 150；格网大小 500；每个点之间最小间距要求 20 |

| 要素名称 | 图层名称 | 1:2 000 要素对应的综合指标描述 |
|---|---|---|
| 垃圾台(依比例) | RFCA | 首先对要素进行直接临近合并，然后对合并后的要素进行多转单，并自身标准化，再选取面积阈值>30 的要素；面积阈值<30 的要素进行降维转点 |
| 垃圾场(依比例) | RFCA | 首先对要素进行直接临近合并，然后对合并后的要素进行多转单，并自身标准化，再选取面积阈值>30 的要素；面积阈值<30 的要素进行降维转点 |
| 公墓 | RFCA | 首先对要素进行直接临近合并，然后对合并后的要素进行多转单，并自身标准化，再选取面积阈值>30 的要素；面积阈值<30 的要素进行降维转点 |
| 坟地(不依比例) | RFCP | 与面转点的数据进行合并，再进行格网过滤选取，参数设置如下：每个格网平均选取数目150；格网大小 500；每个点之间最小间距要求 20 |
| 坟地(依比例) | RFCA | 首先对要素进行直接临近合并，然后对合并后的要素进行多转单，并自身标准化，再选取面积阈值>30 的要素；面积阈值<30 的要素进行降维转点 |
| 独立大坟(不依比例) | RFCP | 与面转点的数据进行合并，再进行格网过滤选取，参数设置如下：每个格网平均选取数目150；格网大小 500；每个点之间最小间距要求 20 |
| 独立大坟(依比例) | RFCA | 首先对要素进行直接临近合并，然后对合并后的要素进行多转单，并自身标准化，再选取面积阈值>30 的要素；面积阈值<30 的要素进行降维转点 |
| 殡葬场所 | RFCP | 与居民地中其他点要素进行点选取，保留90%的点要素 |
| **名胜古迹** | | |
| 烽火台 | RFCA | 首先对要素进行直接临近合并，然后对合并后的要素进行多转单，并自身标准化，再选取面积阈值>30 的要素 |
| 旧碉堡(不依比例) | RFCP | 与面转点的数据进行合并，再进行格网过滤选取，参数设置如下：每个格网平均选取数目150；格网大小 500；每个点之间最小间距要求 20 |
| 旧碉堡(依比例) | RFCA | 首先对要素进行直接临近合并，然后对合并后的要素进行多转单，并自身标准化，再选取面积阈值>30 的要素；面积阈值<30 的要素进行降维转点 |
| 古迹、遗址(不依比例) | RFCP | 与面转点的数据进行合并，再进行格网过滤选取，参数设置如下：每个格网平均选取数目150；格网大小 500；每个点之间最小间距要求 20 |
| 古迹、遗址(依比例) | RFCA | 首先对要素进行直接临近合并，然后对合并后的要素进行多转单，并自身标准化，再选取面积阈值>30 的要素；面积阈值<30 的要素进行降维转点 |
| 纪念碑、柱、墩(不依比例) | RFCP | 与面转点的数据进行合并，再进行格网过滤选取，参数设置如下：每个格网平均选取数目150；格网大小 500；每个点之间最小间距要求 20 |
| 纪念碑、柱、墩(依比例) | RFCA | 首先对要素进行直接临近合并，然后对合并后的要素进行多转单，并自身标准化，再选取面积阈值>30 的要素；面积阈值<30 的要素进行降维转点 |
| 北回归线标志塔(不依比例) | RFCP | 与面转点的数据进行合并，再进行格网过滤选取，参数设置如下：每个格网平均选取数目150；格网大小 500；每个点之间最小间距要求 20 |
| 北回归线标志塔(依比例) | RFCA | 首先对要素进行直接临近合并，然后对合并后的要素进行多转单，并自身标准化，再选取面积阈值>30 的要素；面积阈值<30 的要素进行降维转点 |
| 牌楼、牌坊、彩门(不依比例) | RFCP | 与线转点的数据进行合并，再进行格网过滤选取，参数设置如下：每个格网平均选取数目150；格网大小 500；每个点之间最小间距要求 20 |
| 牌楼、牌坊、彩门(依比例) | RFCL | 首先选取长度阈值>30 的要素；长度阈值<30 的要素进行降维转点 |
| 钟鼓楼、城楼、古关塞(不依比例) | RFCP | 与面转点的数据进行合并，再进行格网过滤选取，参数设置如下：每个格网平均选取数目150；格网大小 500；每个点之间最小间距要求 20 |
| 钟鼓楼、城楼、古关塞(依比例) | RFCA | 首先对要素进行直接临近合并，然后对合并后的要素进行多转单，并自身标准化，再选取面积阈值>30 的要素；面积阈值<30 的要素进行降维转点 |

| 要素名称 | 图层名称 | 1∶2 000 要素对应的综合指标描述 |
|---|---|---|
| 亭(不依比例) | RFCP | 与面转点的数据进行合并，再进行格网过滤选取，参数设置如下：每个格网平均选取数目 150；格网大小 500；每个点之间最小间距要求 20 |
| 亭(依比例) | RFCA | 首先对要素进行直接临近合并，然后对合并后的要素进行多转单，并自身标准化，再选取面积阈值＞30 的要素；面积阈值＜30 的要素进行降维转点 |
| 文物碑石(不依比例) | RFCP | 与面转点的数据进行合并，再进行格网过滤选取，参数设置如下：每个格网平均选取数目 150；格网大小 500；每个点之间最小间距要求 20 |
| 文物碑石(依比例) | RFCA | 首先对要素进行直接临近合并，然后对合并后的要素进行多转单，并自身标准化，再选取面积阈值＞30 的要素；面积阈值＜30 的要素进行降维转点 |
| 旗杆 | RFCP | 与面转点的数据进行合并，再进行格网过滤选取，参数设置如下：每个格网平均选取数目 150；格网大小 500；每个点之间最小间距要求 20 |
| 旗杆(依比例) | RFCA | 首先对要素进行直接临近合并，然后对合并后的要素进行多转单，并自身标准化，再选取面积阈值＞30 的要素；面积阈值＜30 的要素进行降维转点 |
| 塑像(不依比例) | RFCP | 与面转点的数据进行合并，再进行格网过滤选取，参数设置如下：每个格网平均选取数目 150；格网大小 500；每个点之间最小间距要求 20 |
| 塑像(依比例) | RFCA | 首先对要素进行直接临近合并，然后对合并后的要素进行多转单，并自身标准化，再选取面积阈值＞30 的要素；面积阈值＜30 的要素进行降维转点 |
| 碑、坊、楼、亭(不依比例) | RFCP | 与面转点的数据进行合并，再进行格网过滤选取，参数设置如下：每个格网平均选取数目 150；格网大小 500；每个点之间最小间距要求 20 |
| 碑、坊、楼、亭(依比例) | RFCA | 首先对要素进行直接临近合并，然后对合并后的要素进行多转单，并自身标准化，再选取面积阈值＞30 的要素；面积阈值＜30 的要素进行降维转点 |
| **宗教设施** | | |
| 庙宇 | RFCP | 与面转点的数据进行合并，再进行格网过滤选取，参数设置如下：每个格网平均选取数目 150；格网大小 500；每个点之间最小间距要求 20 |
| 庙宇(依比例) | RFCA | 首先对要素进行直接临近合并，然后对合并后的要素进行多转单，并自身标准化，再选取面积阈值＞30 的要素；面积阈值＜30 的要素进行降维转点 |
| 清真寺 | RFCP | 与居民地中其他点要素进行点选取，保留 90%的点要素 |
| 教堂 | RFCP | 与居民地中其他点要素进行点选取，保留 90%的点要素 |
| 宝塔、经塔(不依比例) | RFCP | 与面转点的数据进行合并，再进行格网过滤选取，参数设置如下：每个格网平均选取数目 150；格网大小 500；每个点之间最小间距要求 20 |
| 宝塔、经塔(依比例) | RFCA | 首先对要素进行直接临近合并，然后对合并后的要素进行多转单，并自身标准化，再选取面积阈值＞30 的要素；面积阈值＜30 的要素进行降维转点 |
| 敖包、经堆(不依比例) | RFCP | 与面转点的数据进行合并，再进行格网过滤选取，参数设置如下：每个格网平均选取数目 150；格网大小 500；每个点之间最小间距要求 20 |
| 敖包、经堆(依比例) | RFCA | 首先对要素进行直接临近合并，然后对合并后的要素进行多转单，并自身标准化，再选取面积阈值＞30 的要素；面积阈值＜30 的要素进行降维转点 |
| 土地庙(不依比例尺) | RFCP | 与面转点的数据进行合并，再进行格网过滤选取，参数设置如下：每个格网平均选取数目 150；格网大小 500；每个点之间最小间距要求 20 |
| 土地庙(依比例尺) | RFCA | 首先对要素进行直接临近合并，然后对合并后的要素进行多转单，并自身标准化，再选取面积阈值＞30 的要素；面积阈值＜30 的要素进行降维转点 |
| **科学观测站** | | |
| 气象站 | RFCP | 与居民地中其他点要素进行点选取，保留 90%的点要素 |

| 要素名称 | 图层名称 | 1:2 000 要素对应的综合指标描述 |
|---|---|---|
| 水文站 | RFCP | 与居民地中其他点要素进行点选取，保留90%的点要素 |
| 地震台 | RFCP | 与居民地中其他点要素进行点选取，保留90%的点要素 |
| 天文台 | RFCP | 与居民地中其他点要素进行点选取，保留90%的点要素 |
| 环保监测站 | RFCP | 与居民地中其他点要素进行点选取，保留90%的点要素 |
| 卫星地面站 | RFCP | 与居民地中其他点要素进行点选取，保留90%的点要素 |
| 科学试验站 | RFCP | 与居民地中其他点要素进行点选取，保留90%的点要素 |
| **其他建筑物及其设施** | | |
| 完好砖石城墙外侧轮廓线 | RFCL | 对要素进行删除 |
| 完好砖石城墙面 | RFCA | 首先对要素进行直接临近合并，然后对合并后的要素进行多转单，并自身标准化，再选取面积阈值>30的要素 |
| 破坏砖石城墙外侧轮廓线 | RFCL | 对要素进行删除 |
| 破坏砖石城墙面 | RFCA | 首先对要素进行直接临近合并，然后对合并后的要素进行多转单，并自身标准化，再选取面积阈值>30的要素 |
| 完好土城墙外侧轮廓线 | RFCL | 对要素进行删除 |
| 完好土城墙范围面 | RFCA | 首先对要素进行直接临近合并，然后对合并后的要素进行多转单，并自身标准化，再选取面积阈值>30的要素 |
| 土城墙的豁口 | RFCL | 选取长度阈值>30的要素 |
| 破坏土城墙外侧轮廓线 | RFCL | 对要素进行删除 |
| 破坏土城墙范围面 | RFCA | 首先对要素进行直接临近合并，然后对合并后的要素进行多转单，并自身标准化，再选取面积阈值>30的要素 |
| 完好砖石城墙城门 | RFCL | 选取长度阈值>30的要素 |
| 土城墙城门 | RFCL | 选取长度阈值>30的要素 |
| 砖石城楼面 | RFCA | 首先对要素进行直接临近合并，然后对合并后的要素进行多转单，并自身标准化，再选取面积阈值>30的要素 |
| 围墙(不依比例) | RFCL | 对要素进行删除 |
| 围墙(依比例) | RFCL | 对要素进行删除 |
| 栅栏 | RFCL | 选取长度阈值>30的要素 |
| 篱笆 | RFCL | 选取长度阈值>30的要素 |
| 活树篱笆 | RFCL | 选取长度阈值>30的要素 |
| 铁丝网、电网 | RFCL | 选取长度阈值>30的要素 |
| 地类界 | RFCL | 对要素进行删除 |
| 拆迁区范围线 | RFCL | 对要素进行删除 |
| 施工区范围线 | RFCL | 对要素进行删除 |
| 地下建筑物-出入口 | RFCP | 与居民地中其他点要素进行点选取，保留90%的点要素 |
| 天窗 | RFCP | 与居民地中其他点要素进行点选取，保留90%的点要素 |
| 通风口 | RFCP | 与居民地中其他点要素进行点选取，保留90%的点要素 |
| 柱廊 | RFCA | 首先对要素进行直接临近合并，然后对合并后的要素进行多转单，并自身标准化，再选取面积阈值>30的要素 |
| 门顶、雨罩 | RFCA | 对要素进行删除 |

续表

| 要素名称 | 图层名称 | 1∶2 000 要素对应的综合指标描述 |
|---|---|---|
| 阳台 | RFCA | 对要素进行删除 |
| 台阶 | RFCA | 对要素进行删除 |
| 室外楼梯 | RFCA | 对要素进行删除 |
| 有门房的院门 | RFCP | 对要素进行删除 |
| 门墩(不依比例) | RFCP | 与居民地中其他点要素进行点选取,保留90%的点要素 |
| 门墩(依比例) | RFCA | 对要素进行删除 |
| 支柱、墩(不依比例) | RFCP | 与面转点的数据进行合并,再进行格网过滤选取,参数设置如下:每个格网平均选取数目150;格网大小500;每个点之间最小间距要求20 |
| 支柱、墩面(依比例) | RFCA | 首先对要素进行直接临近合并,然后对合并后的要素进行多转单,并自身标准化,再选取面积阈值>30的要素;面积阈值<30的要素进行降维转点 |
| 檐廊 | RFCL | 选取长度阈值>30的要素 |
| 挑廊 | RFCL | 选取长度阈值>30的要素 |
| 悬空通廊 | RFCL | 选取长度阈值>30的要素 |
| 路灯 | RFCP | 与居民地中其他点要素进行点选取,保留90%的点要素 |
| 杆式照射灯(不依比例) | RFCP | 与居民地中其他点要素进行点选取,保留90%的点要素 |
| 照射灯(依比例) | RFCA | 与居民地中其他点要素进行点选取,保留90%的点要素 |
| 岗亭、岗楼(不依比例) | RFCP | 与面转点的数据进行合并,再进行格网过滤选取,参数设置如下:每个格网平均选取数目150;格网大小500;每个点之间最小间距要求20 |
| 岗亭、岗楼(依比例) | RFCA | 首先对要素进行直接临近合并,然后对合并后的要素进行多转单,并自身标准化,再选取面积阈值>30的要素;面积阈值<30的要素进行降维转点 |
| 单柱的宣传橱窗、广告牌 | RFCP | 与线转点的数据进行合并,再进行格网过滤选取,参数设置如下:每个格网平均选取数目150;格网大小500;每个点之间最小间距要求20 |
| 双柱或多柱的宣传橱窗、广告牌 | RFCL | 首先选取长度阈值>30的要素;长度阈值<30的要素进行降维转点 |
| 喷水池(不依比例) | RFCP | 与面转点的数据进行合并,再进行格网过滤选取,参数设置如下:每个格网平均选取数目150;格网大小500;每个点之间最小间距要求20 |
| 喷水池(依比例) | RFCA | 首先对要素进行直接临近合并,然后对合并后的要素进行多转单,并自身标准化,再选取面积阈值>30的要素;面积阈值<30的要素进行降维转点 |
| 假石山 | RFCP | 与面转点的数据进行合并,再进行格网过滤选取,参数设置如下:每个格网平均选取数目150;格网大小500;每个点之间最小间距要求20 |
| 假石山范围面 | RFCA | 首先对要素进行直接临近合并,然后对合并后的要素进行多转单,并自身标准化,再选取面积阈值>30的要素;面积阈值<30的要素进行降维转点 |
| 避雷针 | RFCP | 与居民地中其他点要素进行点选取,保留90%的点要素 |

## 附录15　1∶2 000 尺度交通综合指标表

| 要素名称 | 图层名称 | 1∶2 000 要素对应的综合指标描述 |
|---|---|---|
| **交通** | | |
| **铁路** | | |
| 单线标准轨(中心定位) | LRRL | 参与综合,保持原状 |

| 要素名称 | 图层名称 | 1：2 000 要素对应的综合指标描述 |
|---|---|---|
| 建设中铁路(中心定位) | LRRL | 参与综合，保持原状 |
| 电气化铁路(中心定位) | LRRL | 参与综合，保持原状 |
| 电气化铁路电线架 | LFCL | 选取长度阈值>100 的要素 |
| 单线窄轨(中心定位) | LRRL | 选取长度阈值>100 的要素 |
| 火车站 | LFCP | 格网过滤选取，参数设置如下：每个格网平均选取数目150；格网大小500；每个点之间最小间距要求20 |
| 机车转盘(不依比例) | LFCP | 与面转点的数据进行合并，再进行格网过滤选取，参数设置如下：每个格网平均选取数目150；格网大小500；每个点之间最小间距要求20 |
| 机车转盘(依比例) | LFCA | 首先对要素进行直接临近合并，然后对合并后的要素进行多转单，并自身标准化，再选取面积阈值>30 的要素；面积阈值<30 的要素进行降维转点 |
| 车挡(不依比例) | LFCP | 与线转点的数据进行合并，再进行格网过滤选取，参数设置如下：每个格网平均选取数目150；格网大小500；每个点之间最小间距要求20 |
| 车挡(依比例) | LFCL | 首先选取长度阈值>30 的要素；长度阈值<30 的要素进行降维转点 |
| 信号灯 | LFCP | 与交通中其他点要素进行点选取，保留90%的点要素 |
| 臂板信号机 | LFCP | 对要素进行删除 |
| 水鹤 | LFCP | 与交通中其他点要素进行点选取，保留90%的点要素 |
| 站台 | LFCA | 选取面积阈值>30 的要素 |
| 地道 | LFCL | 选取长度阈值>100 的要素 |
| **城际公路** | | |
| 国道-边线 | LRDL | 对要素进行删除 |
| 国道-范围面 | LRDA | 参与综合，保持原状 |
| 国道-建筑中边线 | LRDL | 对要素进行删除 |
| 国道-建筑中范围面 | LRDA | 参与综合，保持原状 |
| 公路隔离设施 | LFCL | 选取长度阈值>50 的要素 |
| 公路隔离带面 | LFCA | 选取面积阈值>30 的要素 |
| 国道路肩线 | LRDL | 对要素进行删除 |
| 省道-边线 | LRDL | 对要素进行删除 |
| 省道面 | LRDA | 参与综合，保持原状 |
| 省道-建筑中边线 | LRDL | 对要素进行删除 |
| 省道-建筑中范围面 | LRDA | 参与综合，保持原状 |
| 省道路肩线 | LRDL | 选取长度阈值>50 的要素 |
| 县道-边线 | LRDL | 对要素进行删除 |
| 县道范围面 | LRDA | 参与综合，保持原状 |
| 县道-建筑中边线 | LRDL | 对要素进行删除 |
| 县道-建筑中范围面 | LRDA | 参与综合，保持原状 |
| 县道路肩线 | LRDL | 选取长度阈值>50 的要素 |
| 乡道边线 | LRDL | 对要素进行删除 |
| 乡道-范围面 | LRDA | 选取面积阈值>30 的要素 |
| 乡道路肩线 | LRDL | 选取长度阈值>50 的要素 |
| 专用公路边线 | LRDL | 对要素进行删除 |

续表

| 要素名称 | 图层名称 | 1∶2 000 要素对应的综合指标描述 |
|---|---|---|
| 专用公路范围面 | LRDA | 选取面积阈值＞30 的要素 |
| 专用公路路肩线 | LRDL | 选取长度阈值＞50 的要素 |
| 匝道边线 | LRDL | 对要素进行删除 |
| 匝道范围面 | LRDA | 选取面积阈值＞30 的要素 |
| 高速路入口 | LFCP | 与交通中其他点要素进行点选取，保留 90%的点要素 |
| 高速路出口 | LFCP | 空间查询，保留距离高速路入口 5 m 的要素 |
| 高速公路临时停车点 | LFCP | 与交通中其他点要素进行点选取，保留 90%的点要素 |
| 高速公路上的电话 | LFCP | 与交通中其他点要素进行点选取，保留 90%的点要素 |
| **城际公路中心线** | | |
| 省道(建筑中)中心线 | LRCL | 对要素进行删除 |
| 县道中心线 | LRCL | 对要素进行删除 |
| 县道(建筑中)中心线 | LRCL | 对要素进行删除 |
| 乡道中心线 | LRCL | 对要素进行删除 |
| 专用公路中心线 | LRCL | 对要素进行删除 |
| 匝道中心线 | LRCL | 对要素进行删除 |
| **城市道路** | | |
| 地铁 | LRRL | 参与综合，保持原状 |
| 轻轨(中心定位) | LRRL | 参与综合，保持原状 |
| 有轨电车轨道 | LRRL | 选取长度阈值＞50 的要素 |
| 电车轨道电杆 | LFCL | 选取长度阈值＞50 的要素 |
| 快速路边线 | LRDL | 对要素进行删除 |
| 快速路范围面 | LRDA | 参与综合，保持原状 |
| 快速路分隔带 | LFCL | 选取长度阈值＞50 的要素 |
| 快速路分隔带范围面 | LFCA | 选取面积阈值＞30 的要素 |
| 高架路边线 | LRDL | 对要素进行删除 |
| 高架路范围面 | LRDA | 参与综合，保持原状 |
| 引道边线 | LRDL | 对要素进行删除 |
| 引道范围面 | LRDA | 参与综合，保持原状 |
| 主干道边线 | LRDL | 对要素进行删除 |
| 主干道范围面 | LRDA | 参与综合，保持原状 |
| 次干道边线 | LRDL | 对要素进行删除 |
| 次干道范围面 | LRDA | 选取面积阈值＞30 的要素 |
| 支路边线 | LRDL | 对要素进行删除 |
| 支路范围面 | LRDA | 选取面积阈值＞30 的要素 |
| 内部道路边线 | LRDL | 对要素进行删除 |
| 内部道路范围面 | LRDA | 选取面积阈值＞30 的要素 |
| 阶梯路范围线 | LRDL | 对要素进行删除 |
| 阶梯路范围面 | LRDA | 对要素进行删除 |
| **城市道路中心线** | | |
| 快速路中心线 | LRCL | 对要素进行删除 |

| 要素名称 | 图层名称 | 1∶2 000 要素对应的综合指标描述 |
|---|---|---|
| 高架路中心线 | LRCL | 对要素进行删除 |
| 引道中心线 | LRCL | 对要素进行删除 |
| 主干道中心线 | LRCL | 对要素进行删除 |
| 次干道中心线 | LRCL | 对要素进行删除 |
| 支路中心线 | LRCL | 对要素进行删除 |
| 内部道路中心线 | LRCL | 对要素进行删除 |
| 阶梯路中心线 | LRCL | 对要素进行删除 |
| **乡村道路** | | |
| 机耕路(大路)边线 | LRDL | 对要素进行删除 |
| 机耕路(大路)面 | LRDA | 选取面积阈值>30 的要素 |
| 乡村路边线 | LRDL | 对要素进行删除 |
| 乡村路面 | LRDA | 选取面积阈值>30 的要素 |
| 小路 | LRDL | 选取长度阈值>50 的要素 |
| 挡土墙 | LFCL | 选取长度阈值>50 的要素 |
| **乡村道路中心线** | | |
| 机耕路(大路)中心线 | LRCL | 对要素进行删除 |
| 乡村路中心线 | LRCL | 对要素进行删除 |
| **道路构造物及附属设施** | | |
| 地铁站 | LFCP | 与交通中其他点要素进行点选取,保留90%的点要素 |
| 轻轨站 | LFCP | 与交通中其他点要素进行点选取,保留90%的点要素 |
| 长途汽车站 | LFCP | 与交通中其他点要素进行点选取,保留90%的点要素 |
| 加油(气)站 | LFCP | 对要素进行删除 |
| 加油(气)站(依比例) | LFCA | 对要素进行删除 |
| 停车场(不依比例) | LFCP | 对要素进行删除 |
| 停车场 | LFCA | 选取面积阈值>30 的要素 |
| 收费站 | LFCA | 选取面积阈值>30 的要素 |
| 街道信号灯(车用) | LFCP | 与交通中其他点要素进行点选取,保留90%的点要素 |
| 街道信号灯(人用) | LFCP | 与交通中其他点要素进行点选取,保留90%的点要素 |
| 公共自行车站 | LFCP | 与交通中其他点要素进行点选取,保留90%的点要素 |
| 汽车停车站 | LFCP | 与交通中其他点要素进行点选取,保留90%的点要素 |
| 门洞、下跨道 | LFCL | 选取长度阈值>50 的要素 |
| 已加固路堑 | LFCL | 选取长度阈值>50 的要素 |
| 未加固路堑 | LFCL | 选取长度阈值>50 的要素 |
| 已加固路堤 | LFCL | 选取长度阈值>50 的要素 |
| 未加固路堤 | LFCL | 选取长度阈值>50 的要素 |
| 单层桥 | LFCA | 选取面积阈值>30 的要素 |
| 双层桥 | LFCA | 选取面积阈值>30 的要素 |
| 并行桥 | LFCA | 选取面积阈值>30 的要素 |
| 引桥 | LFCA | 选取面积阈值>30 的要素 |
| 有人行道的单层桥 | LFCA | 选取面积阈值>30 的要素 |

续表

| 要素名称 | 图层名称 | 1:2 000 要素对应的综合指标描述 |
|---|---|---|
| 桥墩、柱(不依比例) | LFCP | 与面转点的数据进行合并，再进行格网过滤选取，参数设置如下：每个格网平均选取数目150；格网大小500；每个点之间最小间距要求20 |
| 桥墩、柱(范围面) | LFCA | 首先对要素进行直接临近合并，然后对合并后的要素进行多转单，并自身标准化，再选取面积阈值>30的要素；面积阈值<30的要素进行降维转点 |
| 过街天桥 | LFCA | 选取面积阈值>30的要素 |
| 人行桥(不依比例) | LFCL | 与面转线的数据进行合并，再选取长度阈值大于30的要素 |
| 人行桥(依比例) | LFCA | 首先对要素进行直接临近合并，然后对合并后的要素进行多转单，并自身标准化，再选取面积阈值>30的要素；面积阈值<30的要素进行降维转线 |
| 缆索桥(不依比例) | LFCL | 与面转线的数据进行合并，再选取长度阈值大于30的要素 |
| 缆索桥(依比例) | LFCA | 首先对要素进行直接临近合并，然后对合并后的要素进行多转单，并自身标准化，再选取面积阈值>30的要素；面积阈值<30的要素进行降维转线 |
| 级面桥、人行拱桥(不依比例) | LFCL | 与面转线的数据进行合并，再选取长度阈值大于30的要素 |
| 级面桥、人行拱桥(依比例) | LFCA | 首先对要素进行直接临近合并，然后对合并后的要素进行多转单，并自身标准化，再选取面积阈值>30的要素；面积阈值<30的要素进行降维转线 |
| 亭桥、廊桥 | LFCA | 选取面积阈值>30的要素 |
| 漫水桥 | LFCA | 选取面积阈值>30的要素 |
| 栈桥 | LFCA | 选取面积阈值>30的要素 |
| 火车隧道(不依比例) | LFCL | 与面转线的数据进行合并，再选取长度阈值大于30的要素 |
| 火车隧道(依比例) | LFCA | 首先对要素进行直接临近合并，然后对合并后的要素进行多转单，并自身标准化，再选取面积阈值>30的要素；面积阈值<30的要素进行降维转线 |
| 汽车隧道(不依比例) | LFCL | 与面转线的数据进行合并，再选取长度阈值大于30的要素 |
| 汽车隧道(依比例) | LFCA | 首先对要素进行直接临近合并，然后对合并后的要素进行多转单，并自身标准化，再选取面积阈值>30的要素；面积阈值<30的要素进行降维转线 |
| 火车隧道出入口(不依比例) | LFCL | 选取长度阈值>50的要素 |
| 火车隧道出入口(依比例) | LFCL | 选取长度阈值>50的要素 |
| 汽车隧道出入口(不依比例) | LFCL | 选取长度阈值>50的要素 |
| 汽车隧道出入口(依比例) | LFCL | 选取长度阈值>50的要素 |
| 明峒 | LFCA | 选取面积阈值>30的要素 |
| 地下人行通道 | LFCA | 选取面积阈值>30的要素 |
| 道路交汇处 | LFCP | 与交通中其他点要素进行点选取，保留90%的点要素 |
| 中国公路零公里标志 | LFCP | 与交通中其他点要素进行点选取，保留90%的点要素 |
| 路标 | LFCP | 与交通中其他点要素进行点选取，保留90%的点要素 |
| 里程碑 | LFCP | 与交通中其他点要素进行点选取，保留90%的点要素 |
| 坡度标 | LFCP | 对要素进行删除 |
| **道路构造物及附属设施中心线** | | |
| 火车隧道中心线 | LFCL | 对要素进行删除 |
| 汽车隧道中心线 | LFCL | 对要素进行删除 |
| **水运设施** | | |
| 水运港客运站 | LFCP | 与交通中其他点要素进行点选取，保留90%的点要素 |
| 固定顺岸码头 | LFCA | 选取面积阈值>30的要素 |
| 固定堤坝码头 | LFCA | 选取面积阈值>30的要素 |

| 要素名称 | 图层名称 | 1∶2 000 要素对应的综合指标描述 |
|---|---|---|
| 栈桥式码头 | LFCA | 选取面积阈值>30 的要素 |
| 浮码头 | LFCA | 选取面积阈值>30 的要素 |
| 浮码头架空过道 | LFCL | 选取长度阈值>50 的要素 |
| 防波堤 | LFCL | 选取长度阈值>50 的要素 |
| 防波堤范围面 | LFCA | 选取面积阈值>30 的要素 |
| 停泊场 | LFCP | 与交通中其他点要素进行点选取,保留 90%的点要素 |
| 灯塔 | LFCP | 与交通中其他点要素进行点选取,保留 90%的点要素 |
| 灯塔范围面 | LFCA | 选取面积阈值>30 的要素 |
| 灯桩 | LFCP | 与交通中其他点要素进行点选取,保留 90%的点要素 |
| 灯船 | LFCP | 与交通中其他点要素进行点选取,保留 90%的点要素 |
| 浮标 | LFCP | 与交通中其他点要素进行点选取,保留 90%的点要素 |
| 岸标、立标 | LFCP | 与交通中其他点要素进行点选取,保留 90%的点要素 |
| 信号杆 | LFCP | 与交通中其他点要素进行点选取,保留 90%的点要素 |
| 系船浮筒 | LFCP | 与交通中其他点要素进行点选取,保留 90%的点要素 |
| 过江管线标 | LFCP | 与交通中其他点要素进行点选取,保留 90%的点要素 |
| 沉船(露出) | LFCP | 与面转点的数据进行合并,再进行格网过滤选取,参数设置如下:每个格网平均选取数目 150;格网大小 500;每个点之间最小间距要求 20 |
| 沉船(淹没) | LFCA | 首先对要素进行直接临近合并,然后对合并后的要素进行多转单,并自身标准化,再选取面积阈值>30 的要素;面积阈值<30 的要素进行降维转点 |
| 急流区域 | LFCP | 与面转点的数据进行合并,再进行格网过滤选取,参数设置如下:每个格网平均选取数目 150;格网大小 500;每个点之间最小间距要求 20 |
| 急流区域范围面 | LFCA | 首先对要素进行直接临近合并,然后对合并后的要素进行多转单,并自身标准化,再选取面积阈值>30 的要素;面积阈值<30 的要素进行降维转点 |
| 漩涡区域 | LFCP | 与面转点的数据进行合并,再进行格网过滤选取,参数设置如下:每个格网平均选取数目 150;格网大小 500;每个点之间最小间距要求 20 |
| 漩涡区域范围面 | LFCA | 首先对要素进行直接临近合并,然后对合并后的要素进行多转单,并自身标准化,再选取面积阈值>30 的要素;面积阈值<30 的要素进行降维转点 |
| **航道** | | |
| 通航河段起讫点 | LFCP | 与交通中其他点要素进行点选取,保留 90%的点要素 |
| **空运设施** | | |
| 机场 | LFCP | 与交通中其他点要素进行点选取,保留 90%的点要素 |
| **其他交通设施** | | |
| 缆车道 | LFCL | 选取长度阈值>50 的要素 |
| 简易轨道线(中心定位) | LFCL | 选取长度阈值>50 的要素 |
| 索道 | LFCL | 选取长度阈值>50 的要素 |
| 架空索道端点、转折点支架点 | LFCP | 与线转点的数据进行合并,再进行格网过滤选取,参数设置如下:每个格网平均选取数目 150;格网大小 500;每个点之间最小间距要求 20 |
| 架空索道端点、转折点支架线 | LFCL | 与转线的要素进行合并,再选取长度阈值>50 的要素,长度阈值<50 的降维转点 |
| 架空索道端点、转折点支架面 | LFCA | 首先对要素进行直接临近合并,然后对合并后的要素进行多转单,并自身标准化,再选取面积阈值>30 的要素;面积阈值<30 的要素进行降维转线 |

| 要素名称 | 图层名称 | 1∶2 000 要素对应的综合指标描述 |
|---|---|---|
| 火车渡 | LFCL | 选取长度阈值＞50 的要素 |
| 汽车渡 | LFCL | 选取长度阈值＞50 的要素 |
| 人渡 | LFCL | 选取长度阈值＞50 的要素 |
| 汽车徒涉场 | LFCL | 选取长度阈值＞50 的要素 |
| 行人徒涉场 | LFCL | 选取长度阈值＞50 的要素 |
| 跳墩 | LFCL | 选取长度阈值＞50 的要素 |
| 漫水路面(线) | LFCL | 选取长度阈值＞50 的要素 |
| 漫水路面(面) | LFCA | 选取面积阈值＞30 的要素 |
| 过河缆 | LFCL | 选取长度阈值＞50 的要素 |

# 附录 16　1∶2 000 尺度管线综合指标表

| 要素名称 | 图层名称 | 1∶2 000 要素对应的综合指标描述 |
|---|---|---|
| **管线** | | |
| **输电线** | | |
| 高压输电线架空线 | PIPL | 选取长度阈值＞100 的要素 |
| 高压输电线地下线 | PIPL | 对要素进行删除 |
| 高压输电线入地口(不依比例) | PIPP | 空间查询高压输电线附近 2m 内的点要素，然后保留 90%的要素 |
| 配电线架空线 | PIPL | 选取长度阈值＞100 的要素 |
| 配电线地下线 | PIPL | 对要素进行删除 |
| 配电线入地口 | PIPP | 空间查询配电线附近 2m 内的点要素，然后保留 90%的要素 |
| 电杆 | PIPP | 空间查询输电线 2m 之内的点要素，然后保留 90%的要素 |
| 电线架 | PIPL | 选取长度阈值＞100 的要素 |
| 电线塔、铁塔(不依比例) | PIPP | 与面转点的数据进行合并，再与其他管线点要素进行格网过滤选取，参数设置如下：每个格网平均选取数目 100；格网大小 500；每个点之间最小间距要求 5 |
| 电线塔、铁塔(依比例) | PIPA | 首先选取面积阈值＞60 的要素；面积阈值＜60 的要素进行降维转点 |
| 输电线电缆标 | PIPP | 空间查询配电线附近 2m 内的点要素，然后保留 90%的要素 |
| 电缆交接箱 | PIPP | 空间查询配电线附近 2m 内的点要素，然后保留 90%的要素 |
| 输电线检修井孔 | PIPP | 空间查询配电线附近 2m 内的点要素，然后保留 90%的要素 |
| 断头符号 | PIPP | 对要素进行删除 |
| 变电站、所 | PIPP | 与面转点的数据进行合并，再与其他管线点要素进行格网过滤选取，参数设置如下：每个格网平均选取数目 100；格网大小 500；每个点之间最小间距要求 5 |
| 变电站、所(依比例) | PIPA | 首先选取面积阈值＞60 的要素；面积阈值＜60 的要素进行降维转点 |
| 变压器 | PIPP | 空间查询配电线附近 2m 内的点要素，然后保留 90%的要素 |
| 电杆上的变压器(双杆) | PIPL | 选取长度阈值＞100 的要素 |
| **通信线** | | |
| 陆地通信线(地上) | PIPL | 选取长度阈值＞100 的要素 |
| 陆地通信线(地下) | PIPL | 对要素进行删除 |

续表

| 要素名称 | 图层名称 | 1∶2 000 要素对应的综合指标描述 |
|---|---|---|
| 陆地通信线入地口 | PIPP | 空间查询陆地通信线附近 2m 内的点要素，然后保留 90% 的要素 |
| 陆地通信线电缆标 | PIPP | 空间查询通信线附近 2m 内的点要素，然后保留 90% 的要素 |
| 电信检修井孔 | PIPP | 空间查询通信线附近 2m 内的点要素，然后保留 90% 的要素 |
| 电信交接箱 | PIPP | 空间查询通信线附近 2m 内的点要素，然后保留 90% 的要素 |
| **油、气、水输送主管道** | | |
| 油管道(地上) | PIPL | 选取长度阈值＞100 的要素 |
| 油管道(地下) | PIPL | 对要素进行删除 |
| 油管道出入口 | PIPP | 空间查询油管道附近 2m 内的点要素，然后保留 90% 的要素 |
| 油管道墩架(不依比例) | PIPP | 与面转点的数据进行合并，再与其他管线点要素进行格网过滤选取，参数设置如下：每个格网平均选取数目 100；格网大小 500；每个点之间最小间距要求 5 |
| 油管道(架空) | PIPL | 选取长度阈值＞100 的要素 |
| 油管道墩架(依比例) | PIPA | 首先选取面积阈值＞60 的要素；面积阈值＜60 的要素进行降维转点 |
| 天然气主管道(地上) | PIPL | 选取长度阈值＞100 的要素 |
| 天然气主管道(地下) | PIPL | 对要素进行删除 |
| 天然气主管道出入口 | PIPP | 空间查询天然气主管道附近 2m 内的点要素，然后保留 90% 的要素 |
| 天然气管道墩架(不依比例) | PIPP | 与面转点的数据进行合并，再与其他管线点要素进行格网过滤选取，参数设置如下：每个格网平均选取数目 100；格网大小 500；每个点之间最小间距要求 5 |
| 天然气主管道(架空) | PIPL | 选取长度阈值＞100 的要素 |
| 天然气管道墩架(依比例) | PIPA | 首先选取面积阈值＞60 的要素；面积阈值＜60 的要素进行降维转点 |
| 水主管道(地上) | PIPL | 选取长度阈值＞100 的要素 |
| 水主管道(地下) | PIPL | 对要素进行删除 |
| 水主管道出入口 | PIPP | 空间查询水主管道附近 2m 内的点要素，然后保留 90% 的要素 |
| 水主管道墩架(不依比例) | PIPP | 与面转点的数据进行合并，再与其他管线点要素进行格网过滤选取，参数设置如下：每个格网平均选取数目 100；格网大小 500；每个点之间最小间距要求 5 |
| 水主管道(架空) | PIPL | 选取长度阈值＞100 的要素 |
| 水主管道墩架(依比例) | PIPA | 首先选取面积阈值＞60 的要素；面积阈值＜60 的要素进行降维转点 |
| **城市管线** | | |
| 不明用途检修井 | PIPP | 空间查询城市管线附近 2m 内的点要素，然后保留 90% 的要素 |
| 不明管线 | PIPL | 选取长度阈值＞100 的要素 |
| 电力线 | PIPL | 选取长度阈值＞100 的要素 |
| 给水管线(地上) | PIPL | 选取长度阈值＞100 的要素 |
| 给水管线出入口 | PIPP | 空间查询给水管线附近 2m 内的点要素，然后保留 90% 的要素 |
| 给水管线(地下) | PIPL | 对要素进行删除 |
| 给水管线(架空) | PIPL | 选取长度阈值＞100 的要素 |
| 给水管线墩架(不依比例) | PIPP | 与面转点的数据进行合并，再与其他管线点要素进行格网过滤选取，参数设置如下：每个格网平均选取数目 100；格网大小 500；每个点之间最小间距要求 5 |
| 给水管线墩架(依比例) | PIPA | 首先选取面积阈值＞60 的要素；面积阈值＜60 的要素进行降维转点 |
| 给水管线检修井 | PIPP | 空间查询城市管线附近 2m 内的点要素，然后保留 90% 的要素 |

| 要素名称 | 图层名称 | 1：2 000 要素对应的综合指标描述 |
| --- | --- | --- |
| 水龙头 | PIPP | 空间查询城市管线附近 2m 内的点要素，然后保留 90%的要素 |
| 消火栓 | PIPP | 空间查询城市管线附近 2m 内的点要素，然后保留 90%的要素 |
| 阀门 | PIPP | 空间查询城市管线附近 2m 内的点要素，然后保留 90%的要素 |
| 雨水管线检修井 | PIPP | 空间查询城市管线附近 2m 内的点要素，然后保留 90%的要素 |
| 雨水箅子 | PIPP | 与面转点的数据进行合并，再与其他管线点要素进行格网过滤选取，参数设置如下：每个格网平均选取数目 100；格网大小 500；每个点之间最小间距要求 5 |
| 雨水箅子(依比例尺) | PIPA | 首先选取面积阈值＞60 的要素；面积阈值＜60 的要素进行降维转点 |
| 污水管线检修井 | PIPP | 空间查询城市管线附近 2m 内的点要素，然后保留 90%的要素 |
| 合流管线检查井 | PIPP | 空间查询城市管线附近 2m 内的点要素，然后保留 90%的要素 |
| 排水暗井 | PIPP | 空间查询城市管线附近 2m 内的点要素，然后保留 90%的要素 |
| 煤气管线(地上) | PIPL | 选取长度阈值＞100 的要素 |
| 煤气管线出入口 | PIPP | 空间查询煤气管线附近 2m 内的点要素，然后保留 90%的要素 |
| 煤气管线(地下) | PIPL | 对要素进行删除 |
| 煤气管线(架空) | PIPL | 选取长度阈值＞100 的要素 |
| 煤气管线墩架(不依比例) | PIPP | 与面转点的数据进行合并，再与其他管线点要素进行格网过滤选取，参数设置如下：每个格网平均选取数目 100；格网大小 500；每个点之间最小间距要求 5 |
| 煤气管线墩架(依比例) | PIPA | 首先选取面积阈值＞60 的要素；面积阈值＜60 的要素进行降维转点 |
| 煤气管线检修井 | PIPP | 空间查询城市管线附近 2 m 内的点要素，然后保留 90%的要素 |
| 天然气管线(地上) | PIPL | 选取长度阈值＞100 的要素 |
| 天然气管线出入口 | PIPP | 空间查询天然气管线附近 2 m 内的点要素，然后保留 90%的要素 |
| 天然气管线(地下) | PIPL | 对要素进行删除 |
| 天然气管线(架空) | PIPL | 选取长度阈值＞100 的要素 |
| 天然气管线墩架(不依比例) | PIPP | 与面转点的数据进行合并，再与其他管线点要素进行格网过滤选取，参数设置如下：每个格网平均选取数目 100；格网大小 500；每个点之间最小间距要求 5 |
| 天然气管线墩架(依比例) | PIPA | 首先选取面积阈值＞60 的要素；面积阈值＜60 的要素进行降维转点 |
| 天然气管线检修井 | PIPP | 空间查询城市管线附近 2 m 内的点要素，然后保留 90%的要素 |
| 液化气管线(地上) | PIPL | 选取长度阈值＞100 的要素 |
| 液化气管线出入口 | PIPP | 空间查询液化气管线附近 2m 内的点要素，然后保留 90%的要素 |
| 液化气管线(地下) | PIPL | 对要素进行删除 |
| 液化气管线(架空) | PIPL | 选取长度阈值＞100 的要素 |
| 液化气管线墩架(不依比例) | PIPP | 与面转点的数据进行合并，再与其他管线点要素进行格网过滤选取，参数设置如下：每个格网平均选取数目 100；格网大小 500；每个点之间最小间距要求 5 |
| 液化气管线墩架(依比例) | PIPA | 首先选取面积阈值＞60 的要素；面积阈值＜60 的要素进行降维转点 |
| 液化气管线检修井 | PIPP | 空间查询城市管线附近 2m 内的点要素，然后保留 90%的要素 |
| 热力管线(地上) | PIPL | 选取长度阈值＞100 的要素 |
| 热力管线出入口 | PIPP | 空间查询热力管线附近 2m 内的点要素，然后保留 90%的要素 |
| 热力管线(地下) | PIPL | 对要素进行删除 |

| 要素名称 | 图层名称 | 1∶2 000 要素对应的综合指标描述 |
|---|---|---|
| 热力管线(架空) | PIPL | 选取长度阈值>100 的要素 |
| 热力管线墩架(不依比例) | PIPP | 与面转点的数据进行合并,再与其他管线点要素进行格网过滤选取,参数设置如下:每个格网平均选取数目 100;格网大小 500;每个点之间最小间距要求 5 |
| 热力管线墩架(依比例) | PIPA | 首先选取面积阈值>60 的要素;面积阈值<60 的要素进行降维转点 |
| 热力管线检修井 | PIPP | 空间查询城市管线附近 2m 内的点要素,然后保留 90%的要素 |
| 工业管线(地上) | PIPL | 选取长度阈值>100 的要素 |
| 工业管线出入口 | PIPP | 空间查询工业管线附近 2m 内的点要素,然后保留 90%的要素 |
| 工业管线(地下) | PIPL | 对要素进行删除 |
| 工业管线(架空) | PIPL | 选取长度阈值>100 的要素 |
| 工业管线墩架(不依比例) | PIPP | 与面转点的数据进行合并,再与其他管线点要素进行格网过滤选取,参数设置如下:每个格网平均选取数目 100;格网大小 500;每个点之间最小间距要求 5 |
| 工业管线墩架(依比例) | PIPA | 首先选取面积阈值>60 的要素;面积阈值<60 的要素进行降维转点 |
| 工业管线检修井 | PIPP | 空间查询城市管线附近 2m 内的点要素,然后保留 90%的要素 |
| 综合管廊检查井 | PIPP | 空间查询城市管线附近 2m 内的点要素,然后保留 90%的要素 |
| 有管堤的管道 | PIPL | 选取长度阈值>100 的要素 |
| 管线(地上) | PIPL | 选取长度阈值>100 的要素 |
| 管线出入口 | PIPP | 空间查询管线附近 2m 内的点要素,然后保留 90%的要素 |
| 管线(地下) | PIPL | 对要素进行删除 |
| 管线(架空) | PIPL | 选取长度阈值>100 的要素 |
| 管线墩架(不依比例) | PIPP | 与面转点的数据进行合并,再与其他管线点要素进行格网过滤选取,参数设置如下:每个格网平均选取数目 100;格网大小 500;每个点之间最小间距要求 5 |
| 管线墩架(依比例) | PIPA | 首先选取面积阈值>60 的要素;面积阈值<60 的要素进行降维转点 |

## 附录17 1∶2 000 尺度境界综合指标表

| 要素名称 | 图层名称 | 1∶2 000 要素对应的综合指标描述 |
|---|---|---|
| **境界与政区** | | |
| **国家行政区** | | |
| 国家行政区(已定界) | BOUL | 不参与综合,保持原状 |
| 国家行政区(未定界) | BOUL | 不参与综合,保持原状 |
| 国家行政区(界桩、界碑) | BOUP | 不参与综合,保持原状 |
| **省级行政区** | | |
| 省级行政区界线(已定界) | BOUL | 不参与综合,保持原状 |
| 省级行政区界线(未定界) | BOUL | 不参与综合,保持原状 |
| 省级行政区界线(界桩、界碑) | BOUP | 不参与综合,保持原状 |
| **地级行政区** | | |
| 地级行政区界线(已定界) | BOUL | 不参与综合,保持原状 |
| 地级行政区 | BOUA | 不参与综合,保持原状 |

| 要素名称 | 图层名称 | 1∶2 000 要素对应的综合指标描述 |
|---|---|---|
| 地级行政区界线（未定界） | BOUL | 不参与综合，保持原状 |
| 地级行政区界线（界桩、界碑） | BOUP | 不参与综合，保持原状 |
| **县级行政区** | | |
| 县级行政区界线（已定界） | BOUL | 不参与综合，保持原状 |
| 县级行政区域 | BOUA | 不参与综合，保持原状 |
| 县级行政区界线（未定界） | BOUL | 不参与综合，保持原状 |
| 县级行政区界线（界桩、界碑） | BOUP | 不参与综合，保持原状 |
| **乡、街道级行政区** | | |
| 乡级行政区界线（已定界） | BOUL | 不参与综合，保持原状 |
| 乡级行政区域 | BOUA | 不参与综合，保持原状 |
| 乡级行政区界线（未定界） | BOUL | 不参与综合，保持原状 |
| 乡、镇行政区界线（界桩、界碑） | BOUP | 不参与综合，保持原状 |
| 街道行政区界线 | BOUL | 不参与综合，保持原状 |
| 街道行政区域 | BOUA | 不参与综合，保持原状 |
| **其他区域** | | |
| 自然、文化保护区界 | BOUL | 不参与综合，保持原状 |
| 自然、文化保护区面 | BOUA | 不参与综合，保持原状 |
| 国有农场、林场、牧场界线 | BOUL | 不参与综合，保持原状 |
| 国有农场、林场、牧场区域 | BOUA | 不参与综合，保持原状 |
| 开发区、保税区界线 | BOUL | 不参与综合，保持原状 |
| 开发区、保税区面 | BOUA | 不参与综合，保持原状 |
| 特殊地区界线 | BOUL | 不参与综合，保持原状 |
| 特殊地区面 | BOUA | 不参与综合，保持原状 |
| 村界（已定界） | BOUL | 不参与综合，保持原状 |
| 村界面 | BOUA | 不参与综合，保持原状 |
| 村界（未定界） | BOUL | 不参与综合，保持原状 |
| 村界（界桩、界碑） | BOUP | 不参与综合，保持原状 |
| 社区行政区界线 | BOUL | 不参与综合，保持原状 |
| 社区行政区面 | BOUA | 不参与综合，保持原状 |

## 附录 18　1∶2 000 尺度地貌综合指标表

| 要素名称 | 图层名称 | 1∶2 000 要素对应的综合指标描述 |
|---|---|---|
| **地貌** | | |
| **等高线** | | |
| 首曲线 | COUL | 进行等高线选取，相关参数设置如下：ContoursField-Elevation；Distance-3；Region-0,1000000 |

| 要素名称 | 图层名称 | 1：2 000 要素对应的综合指标描述 |
| --- | --- | --- |
| 计曲线 | COUL | 进行等高线选取，相关参数设置如下：ContoursField-Elevation；Distance-3；Region-0,1000000 |
| 间曲线 | COUL | 进行等高线选取，相关参数设置如下：ContoursField-Elevation；Distance-3；Region-0,1000000 |
| 助曲线 | COUL | 进行等高线选取，相关参数设置如下：ContoursField-Elevation；Distance-3；Region-0,1000000 |
| 示坡线 | COUL | 进行降维转点，然后进行字段值算术运算，相关值设置如下：writeField、oprateFields-ROTATION；method-9；const-360 |
| **高程注记点** | | |
| 高程点 | ELEP | 进行格网过滤选取，参数设置如下：每个格网平均选取数目150；格网大小500；每个点之间最小间距要求30 |
| 比高点 | ELEP | 进行格网过滤选取，参数设置如下：每个格网平均选取数目150；格网大小500；每个点之间最小间距要求30 |
| 特殊高程点 | ELEP | 进行格网过滤选取，参数设置如下：每个格网平均选取数目150；格网大小500；每个点之间最小间距要求30 |
| **水域等值线** | | |
| 水下等高线（首曲线） | COUL | 进行等高线选取，相关参数设置如下：ContoursField-Elevation；Distance-3；Region-0,1000000 |
| 水下等高线（计曲线） | COUL | 进行等高线选取，相关参数设置如下：ContoursField-Elevation；Distance-3；Region-0,1000000 |
| 水下等高线（间曲线） | COUL | 进行等高线选取，相关参数设置如下：ContoursField-Elevation；Distance-3；Region-0,1000000 |
| **水下注记点** | | |
| 水下高程点 | ELEP | 进行格网过滤选取，参数设置如下：每个格网平均选取数目150；格网大小500；每个点之间最小间距要求30 |
| **自然地貌** | | |
| 独立石(不依比例) | TERP | 与面转点的数据进行合并，再与其他地貌点要素进行格网过滤选取，参数设置如下：每个格网平均选取数目150；格网大小500；每个点之间最小间距要求30 |
| 独立石(依比例) | TERA | 首先选取面积阈值>30的要素；面积阈值<30的要素进行降维转点 |
| 土堆(不依比例) | TERP | 与线转点的数据进行合并，再与其他地貌点要素进行格网过滤选取，参数设置如下：每个格网平均选取数目150；格网大小500；每个点之间最小间距要求30 |
| 土堆范围线 | TERL | 首先与面转线的要素进行合并，然后选取长度阈值>30的要素；长度阈值<30的要素进行降维转点 |
| 土堆(依比例) | TERA | 首先选取面积阈值>30的要素；面积阈值<30的要素进行降维转线 |
| 石堆(不依比例) | TERP | 与面转点的数据进行合并，再与其他地貌点要素进行格网过滤选取，参数设置如下：每个格网平均选取数目150；格网大小500；每个点之间最小间距要求30 |
| 石堆(依比例) | TERA | 首先选取面积阈值>30的要素；面积阈值<30的要素进行降维转点 |
| 岩溶漏斗（不依比例） | TERP | 与面转点的数据进行合并，再与其他地貌点要素进行格网过滤选取，参数设置如下：每个格网平均选取数目150；格网大小500；每个点之间最小间距要求30 |
| 岩溶漏斗(依比例) | TERA | 首先选取面积阈值>30的要素；面积阈值<30的要素进行降维转点 |

续表

| 要素名称 | 图层名称 | 1∶2 000 要素对应的综合指标描述 |
|---|---|---|
| 黄土漏斗（不依比例） | TERP | 与面转点的数据进行合并，再与其他地貌点要素进行格网过滤选取，参数设置如下：每个格网平均选取数目 150；格网大小 500；每个点之间最小间距要求 30 |
| 黄土漏斗（依比例） | TERA | 首先选取面积阈值＞30 的要素；面积阈值＜30 的要素进行降维转点 |
| 坑穴（不依比例） | TERP | 与面转点的数据进行合并，再与其他地貌点要素进行格网过滤选取，参数设置如下：每个格网平均选取数目 150；格网大小 500；每个点之间最小间距要求 30 |
| 坑穴（依比例） | TERA | 首先选取面积阈值＞30 的要素；面积阈值＜30 的要素进行降维转点 |
| 山洞、溶洞（不依比例） | TERP | 与线转点的数据进行合并，再与其他地貌点要素进行格网过滤选取，参数设置如下：每个格网平均选取数目 150；格网大小 500；每个点之间最小间距要求 30 |
| 山洞、溶洞（依比例） | TERL | 首先选取长度阈值＞30 的要素；长度阈值＜30 的要素进行降维转线 |
| 冲沟 | TERL | 选取长度阈值＞30 的要素 |
| 地裂缝（不依比例） | TERP | 与面转点的数据进行合并，再与其他地貌要素进行格网过滤选取，参数设置如下：每个格网平均选取数目 150；格网大小 500；每个点之间最小间距要求 30 |
| 地裂缝（依比例） | TERA | 首先选取面积阈值＞30 的要素；面积阈值＜30 的要素进行降维转点 |
| 土质陡崖、石质陡崖、陡石山、土质有滩陡岸线 | TERL | 首先与面转线的要素进行合并，然后选取长度阈值＞30 的要素 |
| 土质陡崖、土质有滩陡岸面 | TERA | 首先选取面积阈值＞30 的要素；面积阈值＜30 的要素进行降维转线 |
| 石质陡崖、石质有滩陡岸线 | TERL | 首先与面转线的要素进行合并，然后选取长度阈值＞30 的要素 |
| 石质陡崖、石质有滩陡岸面 | TERA | 首先选取面积阈值＞30 的要素；面积阈值＜30 的要素进行降维转线 |
| 土质无滩陡岸 | TERL | 选取长度阈值＞30 的要素 |
| 石质无滩陡岸 | TERL | 选取长度阈值＞30 的要素 |
| 未加固的人工陡坎 | TERL | 选取长度阈值＞30 的要素 |
| 已加固的人工陡坎 | TERL | 选取长度阈值＞30 的要素 |
| 陡石山坡顶线 | TERL | 首先与面转线的要素进行合并，然后选取长度阈值＞30 的要素 |
| 陡石山范围面 | TERA | 首先选取面积阈值＞30 的要素；面积阈值＜30 的要素进行降维转线 |
| 露岩地 | TERA | 选取面积阈值＞30 的要素 |
| 沙地 | TERA | 选取面积阈值＞30 的要素 |
| 沙土崩崖坡顶线 | TERL | 首先与面转线的要素进行合并，然后选取长度阈值＞30 的要素 |
| 沙土崩崖范围面 | TERA | 首先选取面积阈值＞30 的要素；面积阈值＜30 的要素进行降维转线 |
| 石崩崖坡顶线 | TERL | 首先与面转线的要素进行合并，然后选取长度阈值＞30 的要素 |
| 石崩崖范围面 | TERA | 首先选取面积阈值＞30 的要素；面积阈值＜30 的要素进行降维转线 |
| 滑坡坎线 | TERL | 首先与面转线的要素进行合并，然后选取长度阈值＞30 的要素 |
| 滑坡范围面 | TERA | 首先选取面积阈值＞30 的要素；面积阈值＜30 的要素进行降维转线 |
| 泥石流 | TERA | 选取面积阈值＞30 的要素 |
| 熔岩流 | TERA | 选取面积阈值＞30 的要素 |
| **人工地貌** | | |
| 未加固斜坡线 | TERL | 选取长度阈值＞30 的要素 |

| 要素名称 | 图层名称 | 1:2 000 要素对应的综合指标描述 |
|---|---|---|
| 未加固斜坡面 | TERA | 不参与综合，保持原状 |
| 已加固斜坡线 | TERL | 选取长度阈值>30 的要素 |
| 已加固斜坡面 | TERA | 不参与综合，保持原状 |
| 田坎、路堑、沟堑、路堤-未加固线 | TERL | 选取长度阈值>30 的要素 |
| 田坎、路堑、沟堑、路堤-未加固范围面 | TERA | 不参与综合，保持原状 |
| 田坎、路堑、沟堑、路堤-已加固线 | TERL | 选取长度阈值>30 的要素 |
| 田坎、路堑、沟堑、路堤-已加固范围面 | TERA | 不参与综合，保持原状 |
| 梯田坎 | TERL | 选取长度阈值>30 的要素 |
| 石垄线（半依比例） | TERL | 选取长度阈值>30 的要素 |
| 石垄（依比例） | TERA | 不参与综合，保持原状 |
| 土垄 | TERL | 选取长度阈值>30 的要素 |

## 附录 19　1:2 000 尺度植被综合指标表

| 要素名称 | 图层名称 | 1:2 000 要素对应的综合指标描述 |
|---|---|---|
| **植被与土质** | | |
| **农林用地** | | |
| 地类界 | VEGL | 对要素进行删除 |
| 田埂（半依比例） | VEGL | 首先与面转线的要素进行合并，然后选取长度阈值>30 的要素 |
| 田埂（依比例） | VEGA | 首先选取面积阈值>30 的要素；面积阈值<30 的要素进行降维转线 |
| 稻田点 | VEGP | 与面转点的数据进行合并，再与其他地貌点要素进行点选取，保留 85%的要素 |
| 稻田 | VEGA | 首先选取面积阈值>30 的要素；面积阈值<30 的要素进行降维转点 |
| 旱地点 | VEGP | 与面转点的数据进行合并，再与其他地貌点要素进行点选取，保留 85%的要素 |
| 旱地 | VEGA | 首先选取面积阈值>30 的要素；面积阈值<30 的要素进行降维转点 |
| 菜地点 | VEGP | 与面转点的数据进行合并，再与其他地貌点要素进行点选取，保留 85%的要素 |
| 菜地 | VEGA | 首先选取面积阈值>30 的要素；面积阈值<30 的要素进行降维转点 |
| 水生作物地点 | VEGP | 与面转点的数据进行合并，再与其他地貌点要素进行点选取，保留 85%的要素 |
| 水生作物地 | VEGA | 首先选取面积阈值>30 的要素；面积阈值<30 的要素进行降维转点 |
| 台田、条田 | VEGA | 选取面积阈值>30 的要素 |
| 果园点 | VEGP | 与面转点的数据进行合并，再与其他地貌点要素进行点选取，保留 85%的要素 |
| 果园 | VEGA | 首先选取面积阈值>30 的要素；面积阈值<30 的要素进行降维转点 |
| 桑园点 | VEGP | 与面转点的数据进行合并，再与其他地貌点要素进行点选取，保留 85%的要素 |
| 桑园 | VEGA | 首先选取面积阈值>30 的要素；面积阈值<30 的要素进行降维转点 |
| 茶园点 | VEGP | 与面转点的数据进行合并，再与其他地貌点要素进行点选取，保留 85%的要素 |

续表

| 要素名称 | 图层名称 | 1∶2 000 要素对应的综合指标描述 |
|---|---|---|
| 茶园 | VEGA | 首先选取面积阈值>30 的要素；面积阈值<30 的要素进行降维转点 |
| 橡胶园点 | VEGP | 与面转点的数据进行合并，再与其他地貌点要素进行点选取，保留85%的要素 |
| 橡胶园 | VEGA | 首先选取面积阈值>30 的要素；面积阈值<30 的要素进行降维转点 |
| 其他园地点 | VEGP | 与面转点的数据进行合并，再与其他地貌点要素进行点选取，保留85%的要素 |
| 其他园地 | VEGA | 首先选取面积阈值>30 的要素；面积阈值<30 的要素进行降维转点 |
| 经济作物地点 | VEGP | 与面转点的数据进行合并，再与其他地貌点要素进行点选取，保留85%的要素 |
| 经济作物地 | VEGA | 首先选取面积阈值>30 的要素；面积阈值<30 的要素进行降维转点 |
| 成林点 | VEGP | 与面转点的数据进行合并，再与其他地貌点要素进行点选取，保留85%的要素 |
| 成林 | VEGA | 首先选取面积阈值>30 的要素；面积阈值<30 的要素进行降维转点 |
| 幼林点 | VEGP | 与面转点的数据进行合并，再与其他地貌点要素进行点选取，保留85%的要素 |
| 幼林 | VEGA | 首先选取面积阈值>30 的要素；面积阈值<30 的要素进行降维转点 |
| 独立灌木林丛 | VEGP | 与线转点的数据进行合并，再与其他地貌点要素进行点选取，保留85%的要素 |
| 狭长灌木林 | VEGL | 首先与面转线的要素进行合并处理，再选取长度阈值>20 的要素；长度阈值<20 的要素进行降维转点 |
| 大面积灌木林 | VEGA | 首先选取面积阈值>30 的要素；面积阈值<30 的要素进行降维转线 |
| 小面积竹林、竹丛 | VEGP | 与线转点的数据进行合并，再与其他地貌点要素进行点选取，保留85%的要素 |
| 狭长竹丛 | VEGL | 首先与面转线的要素进行合并处理，再选取长度阈值>20 的要素；长度阈值<20 的要素进行降维转点 |
| 大面积竹林 | VEGA | 首先选取面积阈值>30 的要素；面积阈值<30 的要素进行降维转线 |
| 疏林点 | VEGP | 与面转点的数据进行合并，再与其他地貌点要素进行点选取，保留85%的要素 |
| 疏林 | VEGA | 首先选取面积阈值>30 的要素；面积阈值<30 的要素进行降维转点 |
| 迹地点 | VEGP | 与面转点的数据进行合并，再与其他地貌点要素进行点选取，保留85%的要素 |
| 迹地 | VEGA | 首先选取面积阈值>30 的要素；面积阈值<30 的要素进行降维转点 |
| 苗圃点 | VEGP | 与面转点的数据进行合并，再与其他地貌点要素进行点选取，保留85%的要素 |
| 苗圃 | VEGA | 首先选取面积阈值>10 的要素；面积阈值<10 的要素进行降维转点 |
| 防火带边线 | VEGL | 首先与面转线的要素进行合并处理，再选取长度阈值>20 的要素 |
| 防火带 | VEGA | 首先选取面积阈值>30 的要素；面积阈值<30 的要素进行降维转线 |
| 零星树木 | VEGP | 与其他地貌点要素进行点选取，保留80%的要素 |
| 行树 | VEGL | 选取长度阈值>30 的要素 |
| 独立树 | VGSP | 与其他地貌点要素进行点选取，保留85%的要素 |
| 独立树丛 | VGSP | 与其他地貌点要素进行点选取，保留85%的要素 |
| 特殊树 | VGSP | 与其他地貌点要素进行点选取，保留85%的要素 |
| 高草地点 | VEGP | 与面转点的数据进行合并，再与其他地貌点要素进行点选取，保留85%的要素 |
| 高草地 | VEGA | 首先选取面积阈值>30 的要素；面积阈值<30 的要素进行降维转点 |
| 草地点 | VEGP | 与面转点的数据进行合并，再与其他地貌点要素进行点选取，保留85%的要素 |
| 草地 | VEGA | 首先选取面积阈值>30 的要素；面积阈值<30 的要素进行降维转点 |
| 半荒草地点 | VEGP | 与面转点的数据进行合并，再与其他地貌点要素进行点选取，保留85%的要素 |

续表

| 要素名称 | 图层名称 | 1∶2 000 要素对应的综合指标描述 |
|---|---|---|
| 半荒草地 | VEGA | 首先选取面积阈值>30 的要素；面积阈值<30 的要素进行降维转点 |
| 荒草地点 | VEGP | 与面转点的数据进行合并，再与其他地貌点要素进行点选取，保留 85%的要素 |
| 荒草地 | VEGA | 首先选取面积阈值>30 的要素；面积阈值<30 的要素进行降维转点 |
| **城市绿地** | | |
| 人工绿地点 | VEGP | 与面转点的数据进行合并，再与其他地貌点要素进行点选取，保留 85%的要素 |
| 人工绿地 | VEGA | 首先选取面积阈值>20 的要素；面积阈值<20 的要素进行降维转点 |
| 花圃、花坛点 | VEGP | 与面转点的数据进行合并，再与其他地貌点要素进行点选取，保留 85%的要素 |
| 花圃、花坛边线 | VEGL | 对要素进行删除 |
| 花圃、花坛 | VEGA | 首先选取面积阈值>10 的要素；面积阈值<10 的要素进行降维转点 |
| **土质** | | |
| 盐碱地点 | VEGP | 与面转点的数据进行合并，再与其他地貌点要素进行点选取，保留 85%的要素 |
| 盐碱地 | VEGA | 首先选取面积阈值>30 的要素；面积阈值<30 的要素进行降维转点 |
| 小草丘地点 | VEGP | 与面转点的数据进行合并，再与其他地貌点要素进行点选取，保留 85%的要素 |
| 小草丘地（大面积） | VEGA | 首先选取面积阈值>30 的要素；面积阈值<30 的要素进行降维转点 |
| 龟裂地点 | VEGP | 与面转点的数据进行合并，再与其他地貌点要素进行点选取，保留 85%的要素 |
| 龟裂地 | VEGA | 首先选取面积阈值>30 的要素；面积阈值<30 的要素进行降维转点 |
| 沙砾地、戈壁滩 | VEGA | 选取面积阈值>30 的要素 |
| 石块地点 | VEGP | 与面转点的数据进行合并，再与其他地貌点要素进行点选取，保留 85%的要素 |
| 石块地 | VEGA | 首先选取面积阈值>30 的要素；面积阈值<30 的要素进行降维转点 |
| 残丘地 | VEGA | 选取面积阈值>30 的要素 |
| 沙泥地 | VEGA | 选取面积阈值>30 的要素 |

彩　　图

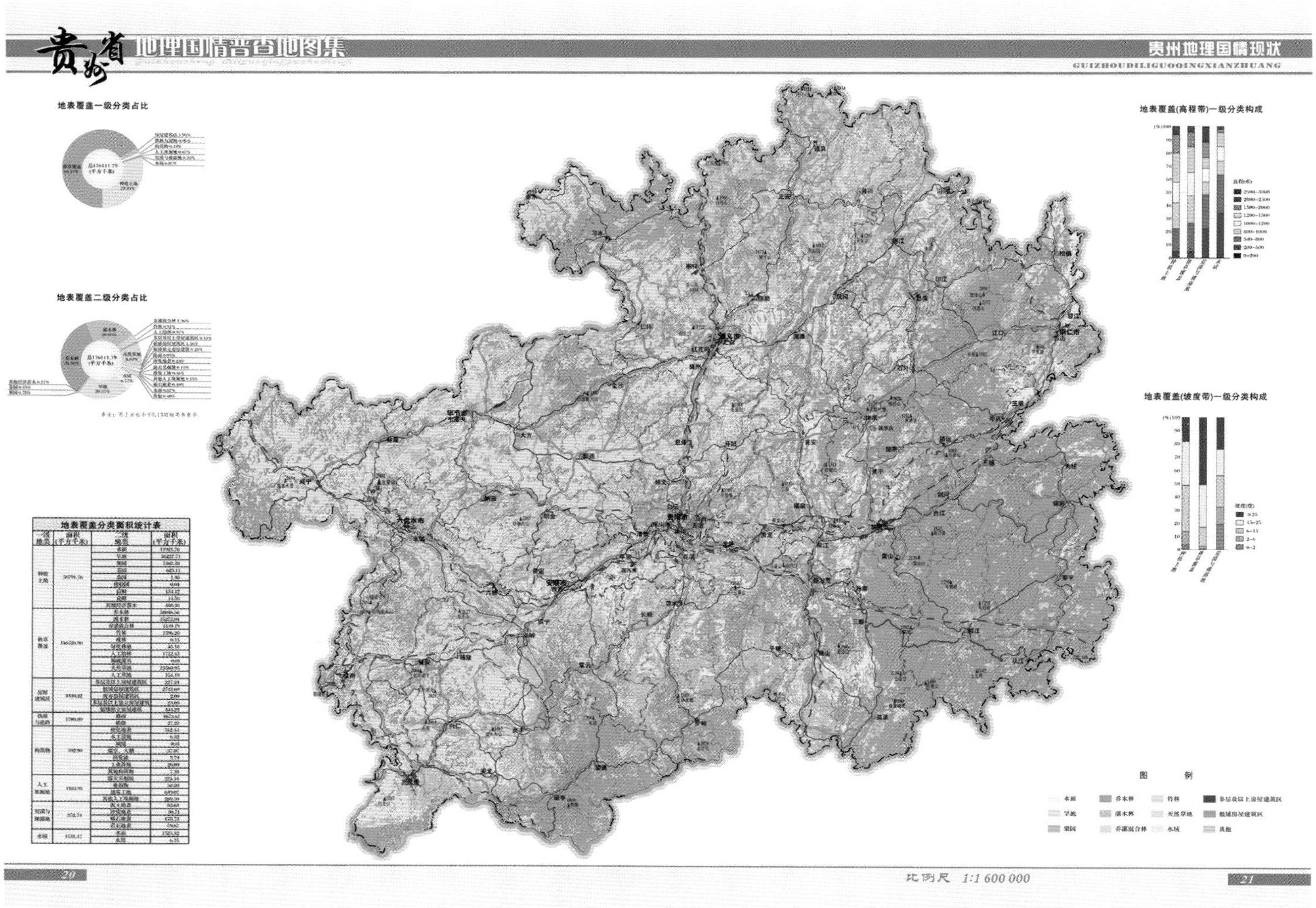

彩图 1　贵州省地理国情现状图

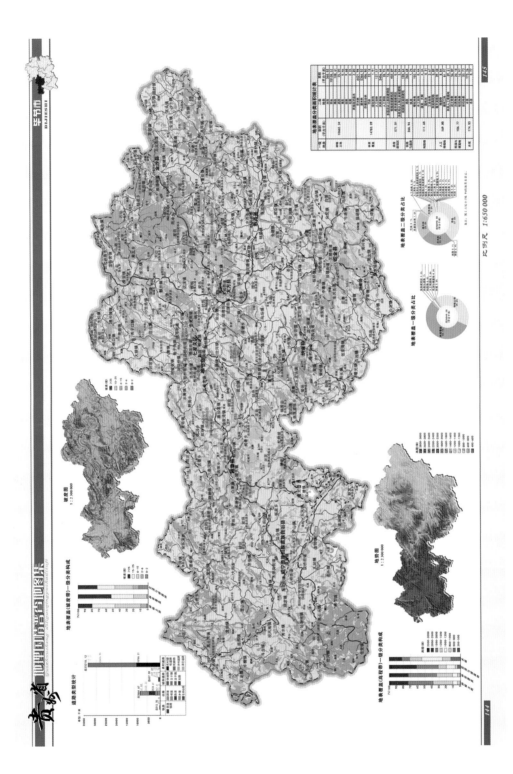

彩图 2 贵州省毕节市地理国情现状图

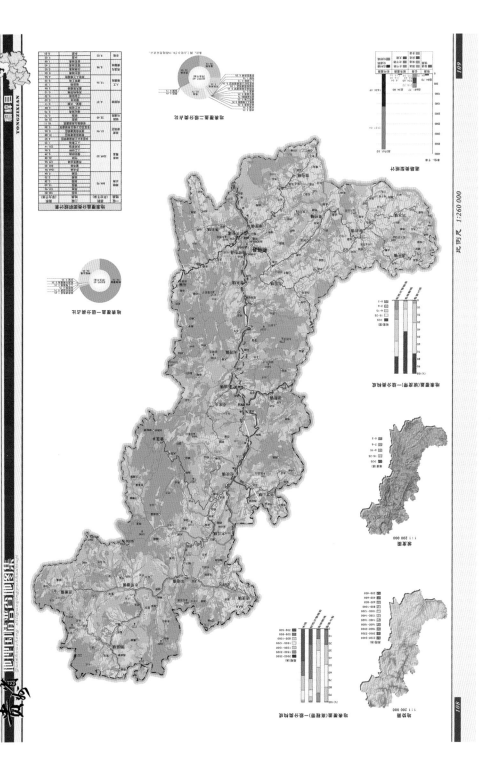

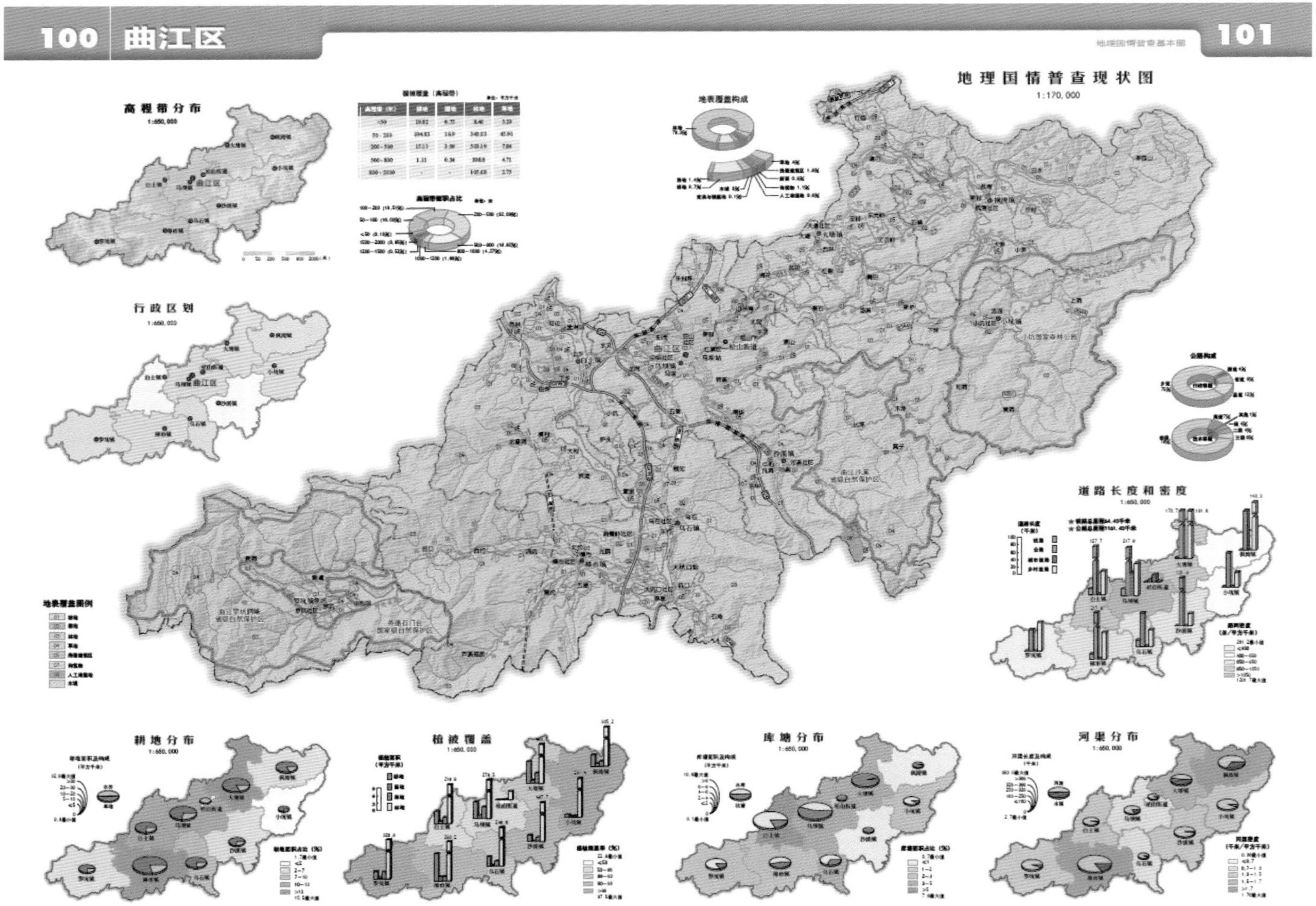

彩图4 广东省韶关市曲江区地理国情现状图

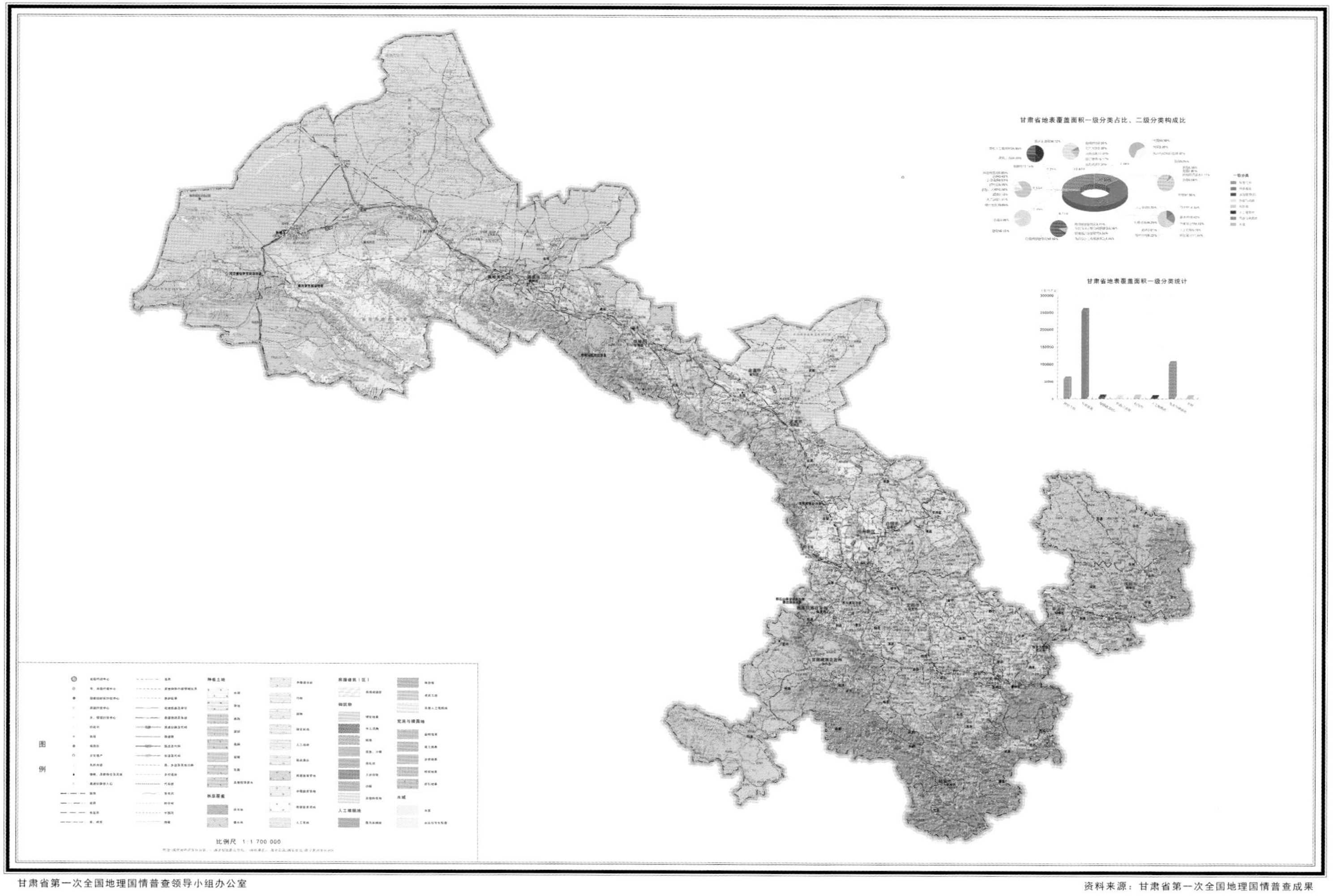

甘肃省第一次全国地理国情普查领导小组办公室

资料来源：甘肃省第一次全国地理国情普查成果

彩图 5  甘肃省地理国情现状图

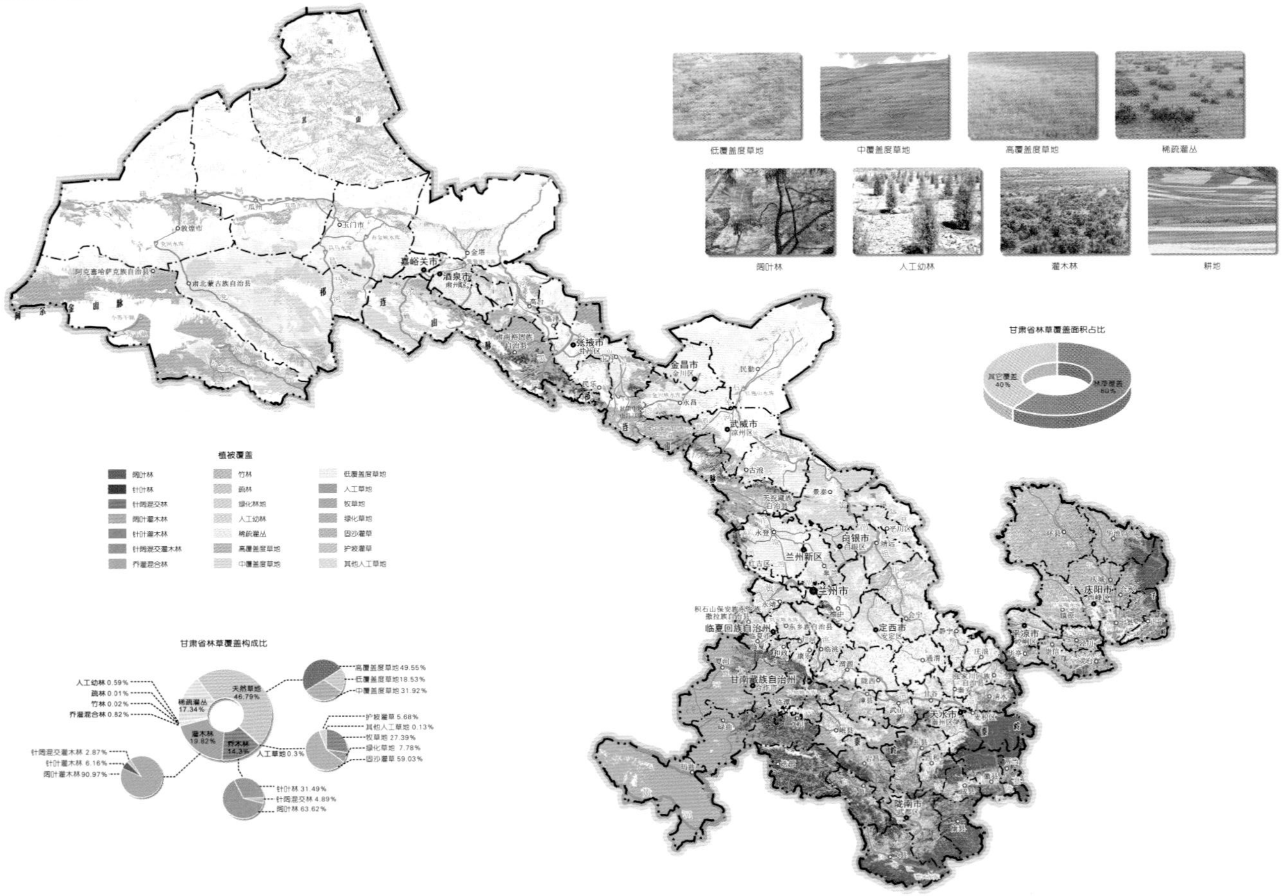

甘肃省地表覆盖——植被（一） 1:3 500 000

甘肃省第一次全国地理国情普查成果地图图集

彩图 6　甘肃省植被覆盖图

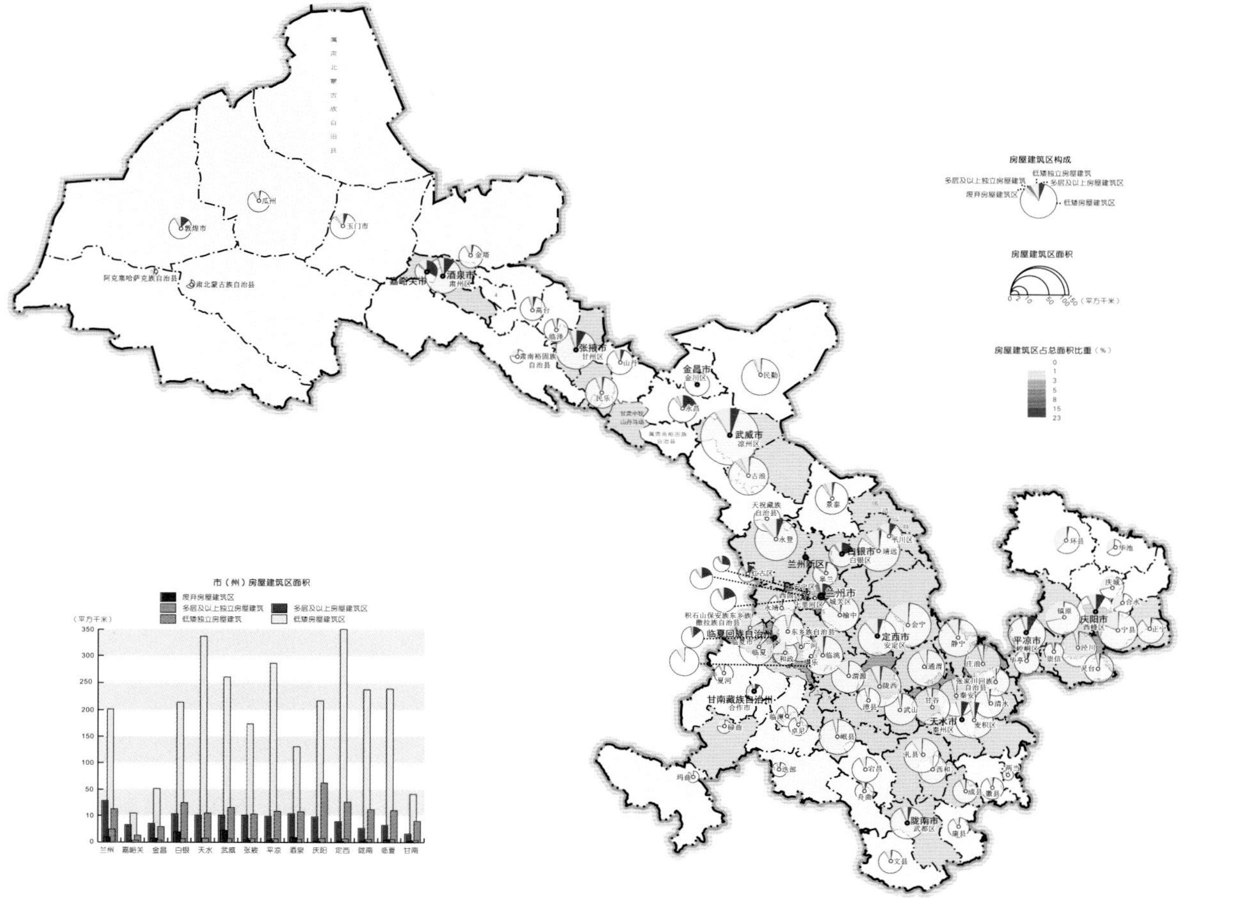

城镇功能单元——居民地 1:3 500 000

甘肃省第一次全国地理国情普查成果地图集

彩图 7 甘肃省居民地分布现状图

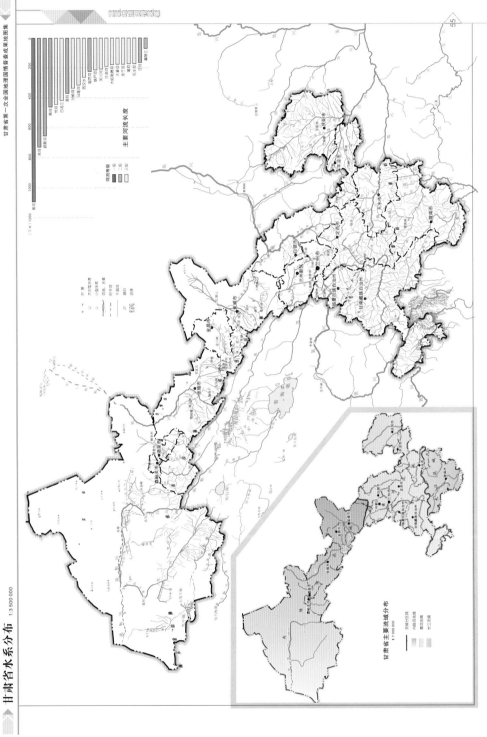

彩图 8  甘肃省水系分布图

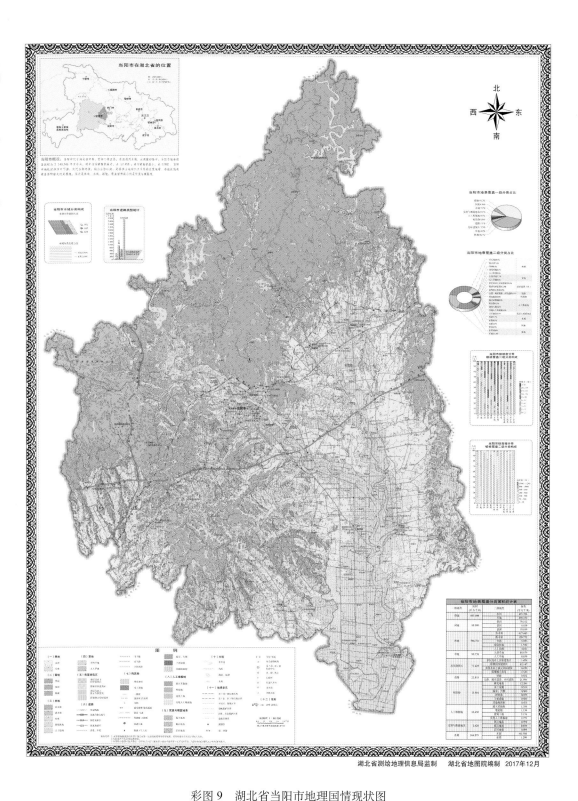

彩图 9　湖北省当阳市地理国情现状图

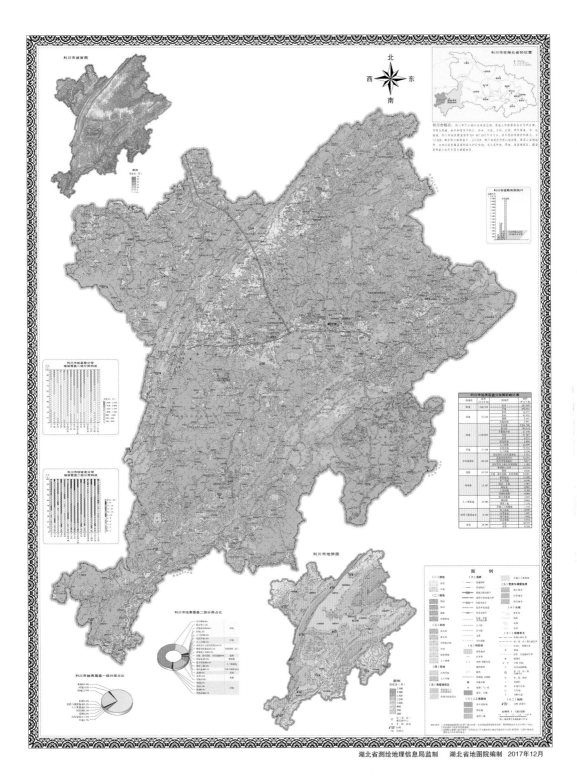

彩图 10　湖北省利川市地理国情现状图